U0065354

中國茶葉研究社叢書

吳覺農主編

茶葉全書

威廉·烏克斯原著

中國茶葉研究社社員集體翻譯

下冊

中國茶葉研究社出版

上海

茶葉全書（下）

中國茶葉研究社叢書

茶葉全書 下册

ALL ABOUT TEA VOL. I

一九四九・五・一・（一——一〇〇〇）

原著者 WILLIAM H. UKERS

翻譯及出版者 中國茶葉研究社
上海四川北路一六三〇號

主編兼發行人 吳覺農

經售者 開明書店
上海福州路

定價：

心一堂 飲食文化經典文庫

茶葉全書 下冊

目次

第四篇　商業方面

可倫坡茶葉拍賣場

加爾各答茶葉拍賣場

倫敦倉庫中之茶葉打堆

一九三五年美國茶葉檢驗局選定標準茶情形

倫敦茶葉拍賣場

美國茶葉扦樣方法：左，用特製螺鑽打孔。
右，用金屬製之把取樣。

倫敦商業售賣室之入口
（茶葉拍賣場即在此處）

包裝工場——倫敦

自動包裝機器——倫敦

美國茶葉混合機，附有空氣吸引裝置

美國碎切篩分機

英國一六——軸碎切篩分機

自動秤重之茶葉包裝機

波士頓JUMBO式旋轉茶葉混合機

包盒機

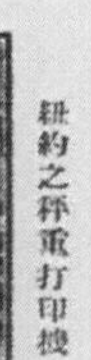

紐約之秤重打印機

紐約袋茶（TEA BAG）包裝工廠

一九二六年菲列特爾菲亞百五十周年紀念博覽會中之日本茶廣告

中國茶葉廣告——中國洋莊茶同業公會製

現代英國式之茶葉廣告

近代法國式之茶葉廣告

典型的印度茶廣告——印度茶葉局製

世界每年茶葉供給量與巴黎鐵塔及帝國大樓之比較：

世界之最高建築帝國大樓，自頂至底高一二四八呎，其主要部份自底至八十五層高一〇四八呎。其容積爲三七、〇〇〇、〇〇〇立方呎；但每年茶葉供給量之總箱額容積爲九五、〇〇〇、〇〇〇立方呎，爲帝國大樓之二倍半。巴黎鐵塔高一千呎，以巴黎鐵塔底面積二三〇方呎造成之茶葉塔，高達一八〇〇呎，計高出八百呎。

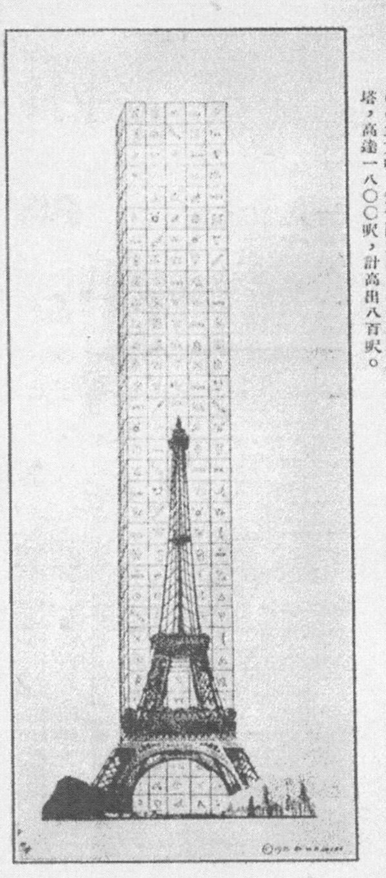

第一章　產茶國之茶葉貿易

世界上產茶國之主要貿易中心——印度之茶葉貿易——加爾各答公賣市場——錫蘭之茶市——可倫布公賣市場——荷印之茶葉——爪哇及蘇門答臘之貿易協會——中國貿易習慣——中國之主要茶葉口岸——日本茶葉買賣情形——輸出口岸——台灣之茶葉貿易

茶葉從產地運往消費各國，其運輸之途徑，與其他東方物產相同。就一般而論，茶葉必由生產者經過代理商，或駐產地之出口商之手而輸出，其間制度容有差別，而順序則大率相同。

產茶各國之最重要運輸中心，印度爲加爾各答、吉大港、圖提科林、加里庫特；錫蘭爲可倫坡；爪哇爲巴達維亞；蘇門答臘爲棉蘭；日本爲清水港、橫濱及神戶；中國爲上海、福州、漢口及廣州；臺灣爲台北。加爾各答及可倫坡雖有正式之茶葉市場，惟多數印錫茶葉仍運往倫敦公賣市場出售。至於其餘產茶諸國，除有一部份茶葉運往倫敦及阿姆斯特丹市場者外，餘者多直接售與各消費國之進口商。

一——印度之茶葉貿易

加爾各答爲印度茶葉之最重要之市場及航運中心。一部份南印度茶葉經由可倫坡輸出，一部份從加里庫特或圖提科林直接運往消費各國。印度東北部茶葉之一部分由吉大港起運，所有運至此處之茶葉，均以倫敦公賣市場爲目的地，有便輪即儘速裝運。

印度之茶園大都爲英人之有限公司所經營，總公司均設在倫敦、加爾各答、利物浦、格拉斯哥或其他經濟中心，此外亦有爲印度土人組織之公司及茶農私人所經營之茶園，惟此種茶園近雖漸見增加，但究屬少數，凡自有茶園之公司均派有代理人或推銷員駐在加爾各答或倫敦。

茶葉在茶園製造包裝以後，茶園管理人即將茶葉送往駐加爾各答之代理人，如在倫敦設有總公司者，則代理人對於茶葉之處理，須聽命於總公司。此時茶葉寄存於該地港務委員所經營之堆棧中。堆棧有二處，一爲哈特路（Hide Road）堆棧，專爲堆置由鐵路運來之茶葉；一爲吉特波爾（Kidder Pore）堆棧，專儲由水路運來之茶葉。前者面積爲二八三、三一一方呎，後者爲二四五、〇〇〇方呎。每棧約可容納十萬箱。港務委員爲孟加拉商會所委派，其所用工作人員均雇自本地或國外，一切棧費均由港務委員負責徵收。

代理人對於茶葉棧單之處置有兩種辦法，棄可將棧單交由加爾各答之經紀人在當地出售，或將棧單寄與在倫敦之代理人，再轉請經紀人在倫敦市場拍賣。如採第一種方法，代理人所處之地位正與賣者相同，可將茶葉已出運消息告知其委託之經紀人。加爾各答之茶葉經紀人祗有四家，即湯麥斯公司（Messrs. J. Thomas & Co.）、馬倫公司（Carritt Moran & Co.）、克來斯魏爾公司（W. S. Cresswell & Co.）及非奇斯公司（A. W. Figgis & Co.）。經紀人接受委託經售以後，即可通知貨棧，使預作一切檢驗之準備，先將茶箱分行排列，每箱鑿一小洞，每箱取茶葉數磅作爲茶樣。

經紀人對於茶樣如認爲均勻滿意，即可將箱上所鑿之洞重行封固，一面將茶樣分成許多小樣，於拍賣前數日先分送每一可靠之買客；倘經紀人認爲樣茶參差而與原樣不符，則該批茶葉即作爲「零星雜茶」，另行出售，或將各箱茶葉重新混和，另扦新樣。此種手續皆在堆棧內辦竣，然後將茶葉重新包裝，以待買客來函定購。

加爾各答之堆棧

加爾各答之堆棧以吉特波爾棧較爲著名。此棧位於胡格利(Hoogly)河濱，離城約二哩，係一狹長之建築，面積650×118呎。茶箱在屋內分行堆疊，每二行間留一狹弄，棧內更須留存充分餘地，使經紀人在扦樣時得以迴旋自如，若干茶箱預先已在頂面或底面鑿有便於扦樣之小孔。

加爾各答之公賣市場

在茶季時，茶葉在公賣市場定每星期二拍賣。一日內成交數往往多至四萬箱，價目範圍每磅自一安那六派至五盧比。在六月及一、二兩月雖亦有少數交易，但旺月則在七月至十二月之間。茶葉拍賣係在加爾各答茶葉貿易協會指導之下舉行，拍賣地點在茶葉經紀人公會所租賃之公賣廳內。在競賣時四個經紀人輪流到場，各人約在競賣之四日前，列印一種目錄，連同將拍賣之茶樣分發各進貨商店。一切拍賣事務皆由加爾各答茶葉貿易協會負責辦理。

拍賣時間自上午十時起，至下午四、五時止，惟在旺季時，遇有大批茶葉從茶園運到，則拍賣時間往往延至晚上七時或八時。

在一九二五——二六年拍賣季之下半期，對於出賣數量曾加調節，每星期以三萬箱爲限，其目的在於分配均勻，使不致有過多過少之弊。此外更有一種節省時間辦法，即將五百磅以下之小件貨物另印目錄，俟其餘茶葉拍賣後再行拍賣，因此項數量微少之茶葉不爲一般大顧客所注意。

如賣客認爲所估價目過低，即可停止拍賣或將茶葉暫存加爾各答，以待漲價，或轉運至倫敦市場，以期得較優之價格。

在加爾各答公賣市場，拍賣茶葉以磅爲單位，在棧房交貨。裝運則以箱爲單位，每箱重量自八〇磅至一二〇磅不等，片末每箱重約一二〇磅，小葉茶每箱重約八〇磅。

在拍賣時之叫價，凡在八安那（印幣名）以下之茶葉，每磅以一派增減，其在八安那或八安那以上之茶葉，則叫價增減不得少於四分之一安那。每次拍賣約有叫賣員四人，將目錄內所開貨物售罄爲止。叫賣員叫價極快，買客非十分注意不可。

加爾各答買茶情形

買客必須非常精確，必須決定茶價之限度，惟雖盡最大之努力，亦未必定能成交，因在場買客每多至五十人，其中極易有一競爭者先出之價，正合於自己所預定者，而自已又不敢將價再行抬高，故一買客如能在競賣場中以與其限度相差極微之價而獲成交，其心中之滿意，自不待言。

買客在成交以後，即當儘速趕本週第一隻郵船將樣茶寄出。惟每次進貨，均須逐一扦取貨樣，以備寄發，手續極爲繁瑣。每星期二爲競賣日，如郵船開行日期爲星期四，則必須於二天內辦好一切手續，時間非常匆促。

有數種費用必須在茶葉裝出以前付清，其中如檢驗、扦樣及印刷費每箱爲三安那；堆棧費每九十磅爲三安那六派；租金每九十磅每星期爲九派；佣金百分之一；並須繳納政府所徵用以作爲印茶宣傳之捐稅。以上各種費用雖在裝運時繳付，但概歸茶園負担，在開與買客之賬單內扣除。

加爾各答茶商協會

加爾各答茶商協會係由賣客、買客及經紀人合組而成，凡在加爾各答之一切茶葉交易，皆受此協會之支配與管理，其目的在於促進買賣雙方在加爾各答市場上之共同利益。

協會一切事務由九人所組成之委員會處理之。選舉委員係採用投票方法，買客、賣客與經紀人三方面各自推舉代表爲協會委員，每年於十二月間舉行一次，常年會費一百羅比，入會費十羅比。

在協會規程中規定協會得向賣買雙方各收佣金百分之一，無論出於競賣或私人自行成交方式，概須收此項佣金。對於茶葉之報告與估價，每件茶樣取費二羅比，除非經紀人能在加爾各答售去報告上所列茶葉總數量百分之二十五以上，方可免收此項手續費。

經紀人不得直接收取棧單，一切在加爾各答出售之茶葉，必須經過登記合格之代理商之手，此種代理商之姓名住址，必要時須向協會之委員會報告，如所售茶葉並無已登記茶園之商標，則經紀人在代爲兜銷以前，可責成賣客提供關於此種茶葉之來源及一切詳細情形。

經紀人必須遵守協會規章，如有違反，即須處以五千羅比之罰款，並須有殷實之保證人二人，各負二千五百羅比之責任。經紀人無論直接或間接，不得參預茶葉之採辦或裝運，同時茶商或代理人亦不得經營茶葉購買、出售或裝運業務。

除茶商協會以外，更有一種茶葉經紀人公會，由加爾各答四經紀人合組而成，專爲其自身利益而設。

表一　十年內在加爾各答競賣場售出茶葉之箱數及每磅之平均價

時期	亞薩姆		卡察		雪爾赫脫		大吉嶺		杜爾斯		丹雷		*帖比拉		其餘各地		合計	
	箱數	價目	箱數	價目	箱數	價目	箱數	價目	箱數	價目	箱數	價目	箱數	價目	箱數	價目	箱數	價目
		羅比 安那 派		安那 派		安那 派		羅比 安那 派		安那 派		安那 派		安那 派		安那 派		安那 派
1923—24	237,189	15—10	95,759	13—10	97,291	13—11	50,492	1—2—2	255,262	14—7	37,253	14—2	…………	…………	10,167	13—4	783,413	15—0
1924—25	259,473	1—0—8	77,607	14—10	89,928	14—9	45,547	1—4—3	267,207	15—4	29,176	14—8	…………	…………	9,603	13—10	778,541	15—11
1925—26	229,626	14—9	81,248	11—6	100,237	11—10	45,730	1—3—0	224,548	13—1	30,806	12—0	…………	…………	10,771	11—10	722,966	13—5
1926—27	273,327	12—9	99,452	11—6	95,765	11—5	48,578	1—0—8	276,586	11—9	39,739	10—9	5,405	9—7	11,870	10—9	850,722	12—3
1927—28	269,913	15—5	69,233	13—7	93,030	13—4	49,425	1—3—0	269,281	14—8	45,040	13—5	7,890	12—6	14,143	12—9	817,935	14—10
1928—29	279,259	12—4	72,553	10—1	95,780	9—10	40,874	14—8	251,194	10—11	43,650	9—11	8,952	9—2	14,420	10—2	816,964	11—4
1929—30	305,239	10—10	59,925	8—5	100,504	8—2	47,664	14—11	273,923	9—6	52,864	8—6	12,594	7—4	10,744	8—0	863,459	9—11
1930—31	256,117	10—1	59,104	7—9	85,701	7—7	38,304	14—9	240,579	9—1	50,525	8—0	11,836	7—0	12,532	8—4	754,703	9—4
1931—32	251,855	7—10	72,352	4—9	116,482	4—9	28,866	11—5	206,378	5—11	48,976	5—2	11,841	4—6	9,617	6—11	746,367	6—5
1932—33	250,797	5—11	70,233	4—5	100,915	4—3	27,659	9—8	243,175	4—8	56,213	4—4	11,607	3—11	12,244	5—8	773,843	5—2

表內數字並不包括次貨及受損茶葉、茶末在內。

* 一九二六——二七年前包括於雪爾赫脫內。

貿易範圍及運費

上列表一表示十年內加爾各答售出茶葉之箱數及平均價，依此十年之平均價而論，大吉嶺茶常佔首位。

南印度並無如加爾各答及可倫坡所有之主要茶葉市場或拍賣場，其所屬各區出產之茶葉均從南印度各海口運往可倫坡或倫敦市場，或直接送與消費國之買客，下列表二爲一九二七年至一九三二年六年間從南印度輸出茶葉之數量。

表二　在六年內從南印度輸出之茶葉

運往地	1927	1928	1929	1930	1931	1932
聯合王國	42,635,331	43,992,019	47,164,651	41,446,098	45,077,023	49,946,978
澳洲	7,534	599	16,992	10,206	7,339	11,092
美國	53,957	64,255	99,755	279,927	185,794	175,024
可倫坡	3,922,879	3,776,240	4,109,209	4,846,876	2,928,373	3,243,313
其他口岸	994,343	814,021	893,638	854,302	1,024,656	1,137,159
總磅數	47,614,044	48,647,134	52,284,245	47,437,409	49,223,185	54,513,566

茶葉由加爾各答運往倫敦，需時約五星期，運往紐約需七星期。輪船裝運之取費標準，依容量而不依重量。故可裝一百磅之茶箱，如與僅裝九十五磅之茶箱大小相同，則運費亦同，茶葉海運運費從加爾各答至倫敦，每五十立方呎作一噸，約為二鎊，至紐約約二鎊十五先令。

加爾各答之茶葉買客

欲成一幹練之茶葉買客，必須具備種種資格或條件。對於茶葉不獨須有明確之認識，且須熟諳各種茶葉之銷路，何者行銷於某處，何者最合於某地之嗜好，均當胸有成竹，餘如對於變化不定之市況，以及經濟、運輸及匯兌諸事，亦須有優越之智識。更須有果斷卓見，使其當事人能預知市況之趨勢。此外又須專心致志於其所担任之工作，在旺月或工作繁重之時，雖個人享樂亦當一併犧牲。其工作之繁劇，決非體弱者所能勝任也。

大多數買客之養成，自出學校以後，先在倫敦之茶葉公司實習數年，在此期內大都不給薪津。實習期滿後即派往印度充任助理買客，經過相當時期後，如才能勝任，即可升為正式買客。此項人才以受過良好普通教育者——尤其關於商業方面之教育——為最宜，更須有易於訓練之素質。

若聘到印度任職，大概訂約五年，期滿後如雙方同意，得續訂三年。薪給向守祕密，但一幹練之買客，其收入當不亞於從事他業者，且除薪水以外，往往得分潤紅利，惟大都不供住宿。

至於茶葉買客之聘約則並無一定格式，各公司各有其自備之合同；助理買客所訂之合同，其格式亦同。

六月至十二月為工作最繁忙時期，平均每一買客之辦公時間自上午九時或不到九時起，遲至下午七時半始止。當時適值炎暑，溼度幾近百分之百，揮汗工作，備極辛勞。其日常例行工作大部份為站立與辨味。每星期所需辨味之茶甚至有多至二千種者。每星期二舉行公開競賣，自上午十時開始，直至下午七時或七時後始能竣事。星期四為寄發最忙之一日，例如寄出進貨茶樣，在棧單上簽字，開出匯票，皆須於是日辦畢。電報亦為一種極重要工作，每日與世界各地來往之電報有如雪片，大有應接不暇之勢。所開貨價大概每磅以四分之一分(Cent)以內為基。一個買客之工作既如此繁重，故除星期日以外，幾無休息或遊戲運動之時間。

買客之假期視其服務時期之長短而異。一初來之買客須在五年以後方有假期，以後每隔三年或四年給假一次。假期尋常為六個月，但在三、四、五諸淡月中，買客亦有至各國考察有關本身業務之一切事項，以消磨其假期者。大多數買客之旅費由雇主供給，在假期內仍得領取全薪。

一買客在東方服務二十年之久者，大概已有相當積蓄，許多買客於此時即返本國另覓其他職務，但亦有繼續工作至三十年者。

二——錫蘭之市況

可倫坡為錫蘭之一主要城市，位於錫蘭島之西海岸，自加爾各答乘輪船六天可到，自倫敦乘郵輪需廿一至廿三天，自美爾鉢(Melbourne)為廿一天。錫蘭與南印度之鐵路交通可藉摩壇海峽(Monmar)之阿孚納舒考第(Ahanershkodi)與塔萊曼那(Talaimannar)兩地間一短距離之輪渡而溝通。可倫坡與錫蘭各大城市之間有公路網相連接，鐵路線則幾伸展至一切茶區。

可倫坡海口以東方之克拉巴姆交接點(Clapham Junction)著稱，凡往來於印度、澳洲、海峽殖民地及遠東各地之郵船與貨船皆在此停泊，以備載客、裝貨或取給燃料，因此茶葉不僅可直接裝運至英國與歐洲，且亦可運往澳洲、新西蘭、非洲、南北美洲、俄國及西伯利亞等處。駁運貨物有特別便利之設備，在關吏督察之下，船貨可直接從一船轉駁至他船，或將貨物起至岸上而堆存於駁運棧內，以候轉運。在可倫坡與南印度各口岸如圖提科林之間，通常有定期之交通。

茶葉在茶園製成並積有相當數量以後，即裝入箱內運寄可倫坡，或由可倫坡直接運往倫敦，或即在可倫坡市場出售。在本地出售之茶葉，大概以各殖民地與澳洲為目的地，同時亦有一大部份從英國再運至此等市場。

裝運時大都係用茶園原來之包裝，但在可倫坡成交之茶葉亦有聽顧主之指示而重行包裝者。每週之茶葉競賣均在可倫坡舉行，受錫蘭商會及可倫坡茶商協會之管理。

錫蘭茶葉以英國為最大主顧，約佔銷售總額百分之六十一，澳洲及美國次之，前者約佔百分之九，後者佔百分之七。新西蘭與南非洲亦為錫蘭茶之重要市場，其餘如埃及、伊拉克及小亞細亞亦為未來極有希望之市場。

可倫坡港

可倫坡港實際上為陸地所環繞，東南二面連接大陸，西北二面圍以海隄，其中所包之水面計達六四三畝。裝貨卸貨皆用駁船，碼頭全長一〇、六〇四呎，裝有最新式之電氣起重機及蒸氣起重機等設備。堆棧容積五八三、六三三方呎，口岸歸一港務委員會管理。

錫蘭之大多數茶園與印度及爪哇之情形相同，亦為本地之公司所

有，此等公司之代理人負責經營公司之財產並處置其出品。茶葉在茶園製造及包裝以後，即由公司經理從鐵路運交可倫坡之代理人。此後茶葉運銷之路線有四——(1)運往英國，在倫敦公賣市場拍賣；(2)在可倫坡公賣市場拍賣；(3)如已受定購，即可直接運往消費國；(4)在可倫坡用私人交易方法出售。

預約定購辦法，為錫蘭近來之一種新發展，惟其應用之範圍遠不如在爪哇之廣。

可倫坡售茶情形

錫蘭所產之茶約有半數係在可倫坡之公賣市場出售。該處有正式之茶葉經紀人六人，即 Somerville & Co.、E. John & Co.、R. Gordon & Co.、Forbes & Walker、Bartleet & Co.及Keell & Waldock。每一經紀人在每次競賣前均發刊一種目錄。各茶園之代理人將所欲出售之茶葉之花色開單寄與經紀人，經紀人即將此項花色之茶列入目錄內，然後經紀人將茶樣及目錄送交就地之出口商店，惟此必須在舉行競賣前之上週星期五上午十時以前送出。

目錄寄出以後之各種手續，與在加爾各答公賣市場所用者相同。每逢星期二在商會之競賣廳舉行競賣一次。茶之分批稱為「票」(Breaks)，重量在一千磅或一千磅以上者為大票，不滿一千磅者為小票，惟最少須三百磅方得列入目錄內。

目錄中編列之每票茶葉如下：

At Messrs. John Jones & Co.'s Stores

On Estate Account

MARABOOLA............................Inv. No. 16

B & H (Native Packages)

36......322......15 Half chests Br. Or. Pekoe 820

37......329......16 Chests......Orange Pekoe 1283

票上所寫「On Estate Account」字樣，即貨單為原出品人(公司

或個人）之財產之意；貨單之號碼自一號起，係從公司或茶園之會計年度開始時依次編列，第一個數字「36」係該單貨物之號碼；第二個數字「322」係經紀人樣茶箱之號碼；「B&H」即打包與加箍之意；最後一個數字「825」則表示磅數。茶之包裝可分四種：（一）「本地包裝」係用錫蘭之本地木材製成；（二）日本「楓樹」箱；（三）專利木箱，如Venesta、Luralda、Bobbins、Acme及其他；（四）「金屬」包裝，係在木架上裝置輕金屬。

代理人賣茶之佣金大抵爲百分之一，另加送至堆棧之車力、扦樣、存棧及保險等費，各項合計大概每磅在半分至一分之間。此項費用亦包括營業費及代理處之辦公費等在內。代理人之取費，其實有名無實，倘不足支付錫蘭籍職員之薪給。茶園代理人必須任用富有經驗之植茶者，若輩所得之酬報極豐，往往被聘爲代理公司之董事或邀請合夥。倫敦各公司所管茶園之面積雖多過本地公司所管者約二倍，但本地代理公司之家數極多。

在可倫坡拍賣場所欲拍賣之茶葉，顯然遠過於實際出售者，但此非茶葉在可倫坡供過於求之意。代理商店往往向賣茶經紀人規定限價，如競購者所出最高之價未能達到其限價之數，則其競賣之權利仍可保留至次日下午一時止。換言之，貨主對於賣價如認爲不滿足，儘有拒絕出賣之權，與賣茶經紀人言明，使競賣者競抬價格，而以最後出價最高者爲得主。然實際上此項從競賣場提出之茶葉，往往在第二天內由私人議價而成交。

特別之契約方式

錫蘭亦有少數之綠茶出產，大多數行銷於美、蘇二國。此種綠茶大都不在競賣場出售，而由訂約預定，備有一種特別之契約格式，載明賣買雙方之條件。

紅茶之定購亦有一種特別之契約方式。錫蘭商會每年指定若干茶業專家，如遇有爭論時可在此指定之專家中選擇一仲裁人，執行公斷。

全年之茶市

錫蘭全年皆有茶葉生產，印度則每年春季有三個月停止工作。此一間歇時期對於工作過度之買茶經紀人確爲一種恩惠，蓋藉此可得一休養身心之機會也。其在錫蘭之不幸同業則毫無間歇之時間，必須長年不斷工作，每星期需應付一千五百至二千種之茶樣，僅聖誕節及茶葉貿易節有數天休息。

加爾各答有許多買茶經紀人每年可回英國一次，但在可倫坡之習慣，則工作至三年後始有六個月之假期，有時尚須等待較久之時間方可得到休假。在熱帶中，人之生命比在他處更無把握，休假者已整裝待發，但因一同事之疾病或死亡而又須臨時打銷歸計者，屢見不鮮，結果遂不得不再候一年。

可倫坡之茶葉專家對於製茶之科學方面，亦須有相當智識，俾能對於由茶園送來之茶樣加以品評或表示意見。關於茶之評驗方法，係用茶葉一份——其重量等於值六辨士之錢幣一枚——放置一小壺內，冲入八分之一品脫之沸水，蓋上壺蓋，經五、六分鐘後，將茶汁傾入磁杯中，其泡過之茶葉則取出置於倒置之壺蓋上，從茶汁之滋味，泡過茶葉之香氣與形狀，以及樣茶乾葉之外觀，以判斷茶之品質。

可倫坡亦與加爾各答相同，買茶經紀人必須使樣茶於成交後趕第一班郵船寄出。每星期二或四（例如此星期爲星期二，下星期即爲星期四，交錯變換）爲郵寄日，故買茶經紀人須於二天內趕辦寄發手續，而所購茶葉貯存之地點或相隔甚遠。

茶稅與茶捐

可倫坡所以未能成爲一茶葉集合中心地，其最大原因在於每磅茶葉進口須徵茶稅二十五錫蘭分（約等於美金八分或英幣四辨士）之故。曾有人主張准許茶葉用保結方法（意即在提貨時納稅）輸入或轉口，據若輩之宣傳，此項計劃可使可倫坡成爲印度、爪哇或竟爲中國茶葉以及錫蘭本地所產茶葉之一大集散中心。

惟在現行之辦法下，亦有相當數量之南印度茶在可倫坡競賣，此種售賣品係從預備轉運之堆棧內所存大槼之茶葉扦取茶樣而得。錫蘭實際進口之茶葉數量，實無足輕重。

茶葉之出口稅每百磅征收二·三七羅比，此種稅率自一九三二年四月實行以來，至今未變。

除出口稅以外，對於出口茶更有每百磅十錫蘭分之捐稅。此種捐稅係爲維持茶葉研究所之用，因一九二五年所頒佈之第十二號條例，即所謂「茶葉研究條例」，自一九二五年十一月十二日起發生效力。

一九三〇年，在倫敦之錫蘭協會、錫蘭茶園主協會、錫蘭植茶業者協會及低地區物產協會一致贊成在一九三一——三三年將每百磅茶葉之捐稅增加至十四錫蘭分，因茶葉研究所對政府負債甚多，原來十分之稅率不敷應用。此種增加之稅率繼續徵收至一九三四年年底。

在一九三二年，另征每磅半分之捐稅，作爲新成立之茶葉宣傳機關之經費。自一九三三年以後，爲推行限制茶葉生產計劃，又加征每百磅十四分之捐稅，於是每百磅出口之茶葉總計須納稅三·一五羅比。

港口捐及棧租

港口捐係根據每箱茶葉之淨重計算，凡重在五十磅或五十磅以下者，每件收捐三分，自五十磅至一百磅者，每件六分，以後每加二十磅或不滿二十磅，均加捐一分。付清此項捐稅以後，茶葉方可在碼頭留置三天，星期日及海關例假日不計入在內（若輪船在此項休假日得特准裝貨，則不在此例）。在三天滿期以後，多一天或不到一天，即照原稅率多收一天捐稅，包括星期日、海關例假日及裝貨之日在內。

出口之茶葉堆存於有遮欄之棧房內，每週須付與出口捐同類之棧租，不及一週者亦以一週計。

運費

在大戰前，茶葉運往英國，每噸平均運費約三十五先令。至一九一六年，突增至二百四十五先令。至一九一七年，竟達三百先令之最高紀錄。在一九一九年初期，每噸之運費爲一百三十先令，至同年後期即漲至一百七十五先令；在一九二〇年中期仍保持一百七十五先令之數額，至一九二一年中期跌至六十五先令，至同年末又跌至六十先令。一九二三年四月至一九二五年六月一日之時期中，則停留在五十二先令六辨士之數，以後又增至五十七先令九辨士，公定折扣爲百分之十。

運至澳洲之運費爲七十一先令三辨士；至美國（紐約、波士頓、菲列得爾菲亞）爲六十七先令六辨士；至馬賽、安特威普(Antwerp)、阿姆斯特丹、鹿特丹、漢堡、不來梅及意大利各口岸爲五十七先令九辨士；至費班（Durban）爲六十二先令；至開普敦（Cape Town）爲七十二先令十辨士。

茶葉競賣之數量及價值

可倫坡茶葉公賣市場自一九二三年至一九三二年之十年中，其競賣數量及平均價如下表。

年別	本地公賣之磅數	平均價羅比·分	年別	本地公賣之磅數	平均價羅比·分
1923	82,956,852	1.02	1928	117,940,469	0.85
1924	95,613,729	1.04	1929	132,805,644	0.81
1925	100,958,076	0.96	1930	119,773,827	0.75
1926	105,277,310	0.99	1931	110,058,150	0.57
1927	113,271,778	0.94	1932	111,560,761	0.42

貿易協會

可倫坡茶商協會共有會員四十二人，包括在可倫坡市場買賣茶葉之買客、茶園代理人以及代表個人與茶葉經紀人而非商店雇用之一切茶葉買客。該協會係在錫蘭商會之指導下組成，以維護茶業之利益爲宗旨，其職責在於監管茶葉之競賣事宜。

可倫坡經紀人協會由上述物產或股票經濟人六人組成，係爲維護其會員之利益而設。

錫蘭商會約有會員一百人，其宗旨在於促進並扶植與維護錫蘭之商業，收集或分析有關錫蘭商業之消息，糾正公認之錯誤與祛除有害之限制，決定關於當地習俗與慣例之一切爭端或異同之點，並設立調解或仲裁庭，應雙方當事人之請求而執行調解或仲裁；與公共機關在他處之同性質之會社以及有關業務之個人互通消息，並將一切程序與議決案件印成彙編，以備商業上之參考或採用。錫蘭商會之主席或副主席即爲可倫坡茶商協會之當然主席。

可倫坡之茶葉買客

在可倫坡一成功之茶葉買客必須具備多種之資格，即熟諳各種顧客之嗜好，明瞭各地市場之需要，以及各產茶國之情形，對於茶之製造亦須有相當智識，能知各種不同之茶葉係何種不同方法製成；尤須有強健之體格能抵禦酷熱之氣候，而最重要者更須具有敏利之味覺。

如欲成爲一茶葉買客，最初可加入一倫敦茶葉機關，學習每日之例行公事約一年，然後轉入一茶葉買客之事務所，協助買客扦樣與司秤，由此即可得到在堆棧內應辦手續之智識，亦由是可學習分別茶葉之種類或等級；用嗅覺鑑別所售之各種茶葉，開始幫同買客辨別茶味，辦理茶葉之過秤與勻堆；寄發樣茶；照料準備之茶葉；保管存貨；襄助其他一切。同時可以獲得茶葉營業上之智識，參與茶葉競賣並摘錄其價目，將競賣部分之茶葉依各種等級或產區而分別成堆，以供買客辨味。其責任逐漸增加。在初期實習以後，一練習買客進步之迅速與否全視其能力與味覺之大小銳鈍而異。實習時期平均自三年至五年。

經過上述訓練而到錫蘭之一生手，即可任爲初級買客，從事茶葉之辨味，並學習一種新幣制之應用，親赴公賣市場購買小票茶葉，逐步學習，而其責任亦逐步增加。

最適合於此種職位者爲中等學校出身之青年，有強健之體格，富於熱誠與懇切之表情，而能使當事人對之發生良好之印象者，則尤爲一成功之買客所應具之條件。

一初級買客之薪給起初大約每月自四百羅比至五百羅比，在第一次訂約之三至五年之期限中，可逐年遞增至六百羅比至一千羅比。在第一次聘約期滿後之薪給，則視營業範圍之大小與所負責任之繁簡而異，每月可增至一千五百羅比至二千羅比。亦有除薪給以外更可得到貨物之佣金者；此項佣金之數額絕無限制。僅極少數商店備有小屋，可供買客之住宿，但須作爲薪金之一部份。

茶葉買客之聘約並無一定格式，一担任買客之人或依彼受雇之公司所用標準格式而簽訂合同，或竟以一言爲定而不訂任何契約。

一初級買客之日常例行公事約如下述：晨七時至工廠視察，並部署一天之工作程序，在上午八時半至九時之間至辦公室，直至下午四時半至五時之間始停止辦公。其離辦公室之時間自然遲早不同，在郵寄日及茶葉競賣日工作繁重時，須至傍晚六時或六時以後方可離辦公室。按照大概情形，一買客可在較早之時間（四時半至五時）離開辦公室，大多數商店之政策，多鼓勵其低級職員從事運動。戶外運動之時間自下午四時半至五時或六時至六時半。在夜間八時至八時半之間進晚餐，十時或十一時就寢。

高級或正式買客，間或至工廠中視察，通常此種視察多少帶有督導性質。自上午九時或九時半至下午四時或五時，彼恆在辦公室中，但每逢茶葉競賣日及競賣以後之二天，則留辦公室之時間較久。上午之時間大概用於茶之辨味一項工作上，下午則專事寫信。

一買客在錫蘭服務至五年者給假一次，其後經過四年給假一次，更後則每三年一次。假期大約爲六個月，在事前排定，惟有時因發生意外事故而不得不有所變動。來回之頭等客票由公司供給，在假期內給以半薪或全薪。

服務期限之長短大有差異，惟大多數買客之服務期多在十五年至三十年之間，至四十五歲或五十歲時退休。

三——荷屬東印度

荷印首府巴達維亞亦爲茶葉之一大市場，位於爪哇島之西北角，離其海口德番比利克（Tandjong Priok）六哩。在巴達維亞行政區（Batavia Residency）及布林加統治區（Preanger Regencies），大部份之爪哇茶葉皆產於此一帶地方。

爪哇之茶箱係用木製，內襯以鉛皮或錫皮，每箱可裝茶一百磅。一部份茶箱雖聽任茶園自製，但三夾板之專利式茶箱之採用已漸見普遍。茶葉在包裝以後，即用貨車送至最近之車站，由鐵路運至巴達維亞。

德番比利克港有外口一，內口三。外口圍以長堤，蓄水面積約三五○畝。內口各長一、二○○碼，惟闊狹不同，第一內口闊二○○碼，第二內口約一六五碼，第三內口約二三五碼。各內口均築有碼頭，裝以現代式電氣起重機，在碼頭上有港務當局及私人輪船公司所設之堆棧。有一公路及雙軌鐵路自該港通至巴達維亞。茶葉先運至巴達維亞車站，然後由鐵路運往各處。茶葉運至阿姆斯特丹，每方公尺之運費需三十七盾五十仙，運至倫敦為三十八盾五十仙，各以九折實收。

巴達維亞之茶葉幾全為英國公司所收買，在該處所設之英國公司或代理處約有七、八家。在他方面，茶葉之出售則幾完全操於荷人之手；惟亦有三家英國公司及一家德國公司支配多數之茶園，此外有少數中國人及亞拉伯人亦有茶葉出售，惟範圍較為狹小。

爪哇之茶園大部份隸屬於若干公司，此類公司在阿姆斯特丹或倫敦均設有總公司，其中有在巴達維亞設立代理處者。茶園經理對於茶葉之處置直接聽命於公司之董事，如在巴達維亞設立代理處，則由代理處轉達董事之意於茶園經理。董事之指示方針依據其所持之政策而定，此項政策可分二種：將一切茶葉在阿姆斯特丹、倫敦或巴達維亞出售，或視各地茶葉市場之公議市價而酌予處置。如在巴達維亞設有代理處，代理人可將處理茶葉之一切實際費用向公司報銷，並可收取所經售茶葉之定額佣金。

茶葉在一爪哇茶園製成以後，即運往下列各地之一：（一）運至倫敦，在公賣市場出售；（二）運至阿姆斯特丹競賣；或（三）運至巴達維亞，用私人契約方式輸出至消費國。最後一種方法即為此處所最注重者。

巴達維亞並無公賣市場，茶葉以私人交易方式售與當地之公司或各消費國之代理處。有賣茶及買茶經紀人，若幹向買賣雙方各收取千分之五之佣金。港務當局所設之堆棧並無勻堆茶葉之設備。處理茶葉所需之費用如下：

	巴達維亞	德番比利克
運費	每箱一七・五分	每箱二○分
棧費	每箱六分	每箱六分
保險	每月○・五％	每月○・五％
統計出口稅	○・二五％	○・二五％

預約購買

大部份茶葉之銷售為定期交貨。此或為一茶園一年內或一年以上各種茶葉之全部產額，或限定某種茶葉在一個月、三個月或六個月內之產額，或包括乾季內所產優良之茶葉，或包括雨季內所製次等之茶葉。此全視顧客之需要而定。就大體而論，荷蘭之茶葉生產者對於出售茶葉之事，一切惟顧客之命是從。實際上，有許多茶葉在離開茶園以前早經售去，或將茶葉運至巴達維亞顧客之倉庫，或直接送往顧客指定之口岸。

預定以 f. a. q.（Fair average quality）標準為根據，意即一種商標所代表之某一季候所產茶葉之平均品質。此種預定方法與看樣購茶不同，辦理頗屬不易，往往發生糾紛。假如有一顧客在十二月間向一茶園預定次年六月至九月間之生產，則必須對於該茶園能產生其種品質之茶葉有相當之把握。

在賣方亦必須注意不使其出品之標準低落，因實際上在巴達維亞所售之茶多屬預定，完全以商標為選擇之標準，故賣方若不顧商標之信用，即將失去一種極有價值之資產。各茶園之商標為全世界所熟諳，在消費國之顧客如對於某種商標之茶葉表示不滿時，即飭令在巴達維亞之代理人不再購買此種商標之茶葉，雖該茶園以後所出之茶葉在品質上已加以改進，但非經過若干年不能恢復其已失之信譽。

有時一個茶葉顧客對於送來之定貨發覺低於預期之標準，遇有此種情形時，則賣方多將此事請茶葉評檢局或專門之經紀人鑑定，往往可得到滿意之解決，如認賣方對於平均品質之標準尚須加以考慮，則此事即須取決於仲裁庭。

數量

巴達維亞每年所售之茶平均約有五千萬磅，其主要之顧客為英國、澳洲及美國。茶之品質因時期而有不同，但爪哇茶葉大別之可分二類：在六月至十月之期間生產優良或乾燥季之茶；在十月至五月之期間生產次等或雨季之茶。尋常在一年之首先數月出產較多，而自七月以後則出產較少。

蘇門答臘

蘇門答臘似為任何產茶國中之最有希望者，其植茶面積在十年或十五年以內大有擴展至三倍之可能。沿東海岸之棉蘭對於蘇門答臘所處之地位，正如巴達維亞對於爪哇相同。棉蘭為一重要之商業中心，離比拉灣德里（Belawandeli）海口十二哩，有鐵路及汽車路連貫其間。因蘇門答臘東海岸有驚人之發展，故在比拉灣河口有一港埠之建築，該港口之出入水道與該河本身常不斷疏濬，以維持航運。

比拉灣港舊址有八二〇碼長之碼頭一處，新址亦有二〇一碼長之碼頭一處，排水二十八呎，船隻可以停靠，有裝煤碼頭兩處，各長三十三碼。此外尚有一分隔之水潭，即稱謂「可可葉港」者，以供本地帆船之停泊。又建築一千碼長而有遮蓋之碼頭，使大洋輪船即使在退潮時亦可駛近。

東海岸所產之茶葉盡屬於少數規模宏大之英、荷、德諸國公司，其輸出程序大致與爪哇相同。

運往爪哇、星加坡及檳榔嶼之茶葉多轉運至澳洲、歐洲及美國。在蘇門答臘島上則並無茶葉之消費。茶葉自巴達維亞運至美國平均需時七星期，運至倫敦為三十三日，運至阿姆斯特丹為三十三日或三十四日，從蘇門答臘起運則可減少數日路程。

協會

與爪哇茶葉有密切關係之唯一組織即為巴達維亞之茶葉評檢局。該局在實質上雖為一植茶業協會，但對於巴達維亞市場實有極重大之影響。其目的在於用試驗方法以改進爪哇之茶葉，一面供給生產者關於市場上需求之專門消息。T. W. Jones 係一茶業專家，即為此項工作之負責人，彼係繼 H. T. O. Braund 之後而任斯職。至於該局在行政及文書方面之工作，則由 Geo. Wehry 進出口公司所主持。該局設在巴達維亞該公司之廣大場基上。

買茶經紀人亦有一團體，名為巴達維亞買茶經紀人協會，以促進在巴達維亞市場買茶經紀人之公共利益為宗旨。該會會員包括八家公司之代表，此外凡在巴達維亞一切購買茶葉之人亦皆為合格之會員。

除買茶經紀人協會以外，巴達維亞茶業界中尚有一商業團體，即巴達維亞商業協會。該協會之性質係代表一切商業與工業，惟較為瑣細之事則交專門之商業團體，如買茶經紀人協會、橡皮業協會等解決之。在巴達維亞之一切商店均為商業協會之會員。

蘇門答臘之一切營售商組有一種協會，即棉蘭商業協會，與巴達維亞之商業協會性質相同。

爪哇及蘇門答臘之茶葉買客

在爪哇與蘇門答臘一成功之買客所應具之資格，須明瞭商業上一般之情形，對於茶葉有充分之智識，並與外國顧客有相當之聯絡或關係。先從充任助理買客入手，以曾受高等教育，尤其關於商業方面之教育者為最合宜。若輩所得之薪給多寡不同，或為商店之一份子，而得分派商店所獲之利潤，或僅取薪給與佣金。關於茶葉買客之任用，並無一定契約格式。

爪哇與蘇門答臘之茶葉買客辦公時間，大約自上午九時至下午四時或四時半，公餘之暇亦有相當娛樂。每三年間有六個月或八個月之休假，在假期內薪水照給，並得將旅費實報實銷。有一部份買客在爪哇僅住若干時，其後卽分赴各地——如可倫坡、加爾各答或澳洲等處。

四——中國之茶市

在產茶國如中國、印度及錫蘭之間有一主要不同之點，在後二者有大規模之茶園，生產大量之茶葉，其主權皆屬於歐人所經營之公司；中國則由農人將茶樹種植於畸零之土地上，祇視作一種副業。若輩所注重者在於他種農作物，故對於茶葉之採摘多漫不經意。

中國茶葉貿易之普通程序係由茶販分別向農戶收買少數茶葉，攜至附近之市場——通常爲接近水道之一大鄉村或市鎭。一般茶行或茶號於每年三月間派人至此等村鎭設立收茶處，貸放款項，若輩大都從漢口、上海或福州等商業中心而來。有許多茶行均接受上海及福州茶棧之貸款，惟漢口茶商在經濟上不仰給於人，故不受茶棧之束縛，祇送樣茶與茶棧，並給以佣金而已。

「行」字卽行列或連串之意，中國貨棧稱爲「行」，似因其有並列之數間房屋，此字現亦適用於各種商品之貨房。茶行之利潤本極豐厚，但自印度、錫蘭及爪哇進入世界茶葉市場以後，其獲利大見減少。

茶葉係經過茶棧之手而售與外國出口商或洋行，先將裝於小罐中之各種樣茶送閱，罐外寫明中文之牌號及標記，由外國茶師檢驗其色、葉與汁。中國茶棧對於出售之茶葉可得百分之一之佣金。

評驗方法係用與一枚六辨士英幣等重之茶葉放入茶杯內，冲入沸水，茶葉在沸水內約浸五分鐘，然後將茶葉倒去。評驗結果，如茶師認爲合意，卽令再送半箱，經檢視後，如與樣茶相符，乃令將整批所購之茶送至堆棧，以備檢驗。洋行間或發覺整批之茶葉與樣茶不符，則將原貨退回，或與茶棧另議減價。

中國境內各方向皆有橫亘之道路，惟多崎嶇不平。在內地及南方諸省之道路，闊度極少有五呎以上者，故不便於行車，馱運之獸類亦極缺乏，在無水路之處，祇能用人力運送。此外尚有若干通商大道與驛路，其在平原上之闊度約自二十至二十五呎。

全中國祇有鐵路七、五〇〇哩，過去因內亂頻仍，以致打斷展長路線之企圖。

中國之貨物運輸泰半依恃江河，其主要之河道有五：卽西江、閩江、漢水、揚子江及運河。

揚子江爲中國之主要河流，長三、二〇〇哩，橫貫中國之中部，約在北緯三十一度之地點流入黃海，經過富饒而人口稠密之城市，如鎭江、南京、九江、漢口、武昌、漢陽、宜昌、涪州、重慶及瀘州等。長江流域爲一片肥沃之土地，面積七十萬方哩，人口二萬萬。長江下游可通大輪船之水道約一千哩，其上游可通淺水輪者三百哩，再上可通帆船者二百餘哩。揚子江實可稱爲中國之生命線。

其重要僅次於揚子江者爲運河，南以杭州爲起點，北以天津爲終點。在天津與白河會合而直達北通州；在鎭江與揚子江會合；在杭州與鎭江之間則爲蘇州。

捐稅

在過去半世紀中，出口稅與內地雜稅之繁重，給予中國茶葉以莫大之障礙。出口稅原規定於一八四二年之南京條約中，繼於一八五八年在天津條約上又重加規定，每担收稅銀二兩半（一担等於一三三．五磅），卽按值收百分之五。惟茶之價值從未達到每担五十兩之數，後來因茶價低落，以致出口稅增至按值抽百分之十。在一九〇二年，茶葉出口稅減至一又四分之一兩，至一九一四年又減至一兩（一兩等於美金七十分）。

在一九一八年，茶葉市場顯然呈現不景氣之氣象，一部份茶商呼籲停止出口稅，結果得當局之核准，自一九一九年十月十日起免稅二年。至一九二一年末，情形仍未好轉，又將免稅期限延長一年。以後一再展期，直至一九二五年爲止。至一九二七年，終於永遠取消出口稅。

中國之茶葉生產者負担內地之苛捐雜稅，即所謂「厘金」者，至爲繁重。茶葉每一移動皆須納捐，不僅出省有捐，即在同一省內亦處處有捐。此項厘金所收之確實數額無從查考，全由各地地方當局任意規定。惟一担茶葉所繳厘金鮮有少於二兩者。自產地運至漢口，一担茶葉須納二兩半以上，由此一事而觀，即可知厘金之苛重矣。（譯者按：厘金業經政府命令取消）

上海之太平洋運輸局（Trans-Pacigic Freight Bureau），最近請上海中國茶業公會注意茶葉之包裝，並請速予改善，俾茶葉達到目的地時不致因包裝不良而受損害。同時，爲勸誘中國茶商採用堅固木材以製造茶箱起見，特提議如不改善包裝，則現時每噸（四十立方呎）茶葉所收美金六元之運費應增加美金二元。

弊

中國之茶葉貿易向來積弊重重，每經一中間人之手即多一層剝削，最大之中間人如買辦者，洋行所購各貨亦均須向貨客收取佣金，且視此爲其應享之權利。中國人習非成是，對於此項陋規視爲當然，反以不付陋規爲可恥。中國海關往往被人詆爲弊端百出，此語似非憑空誣蔑。

出口市場

中國茶葉輸出之主要市場爲漢口、上海、福州及廣州等通商口岸。當與俄國通商取道恰克圖而尚未改循西伯利亞鐵道之時代，天津亦爲茶葉運往俄國之一出口市場。廈門曾有一時期亦係一輸出中心，然今已沒落。磚茶之主要市場爲接近蒙古邊界之張家口、包頭、歸化及四川省西部與西藏邊界毗連之打箭爐及松潘。

在一九三一年，國民政府頒行茶葉檢驗條例，凡出口茶葉須經商品檢驗局之檢驗而執有驗訖證者，方准放行。

漢口茶葉市場

漢口爲中國內地之一大茶葉口岸，位於揚子江北岸，在漢水與長江會合之點，東距上海六百哩。在揚子江南岸而與漢口隔江相對者即湖北之省會武昌。漢口與上海之間每日有輪船往來，一面有較小之輪船可直達宜昌，大洋輪船一年中有六、七個月可溯江直達漢口，惟漢口運往外國之貨物則一律在上海裝輪出口。輪船在漢口裝貨皆於江心或躉船上行之，茶葉從堆棧直接駁運至躉船，然後裝上貨船。

漢口因地居湖北、湖南及江西產茶最多三省之中心，而與四川、安徽、陝西及江蘇等省又有水道相貫通，故漢口能成爲中國最大之茶葉市場至六十年之久。惟其獲致如此重要地位之原因，則一部份係大多數俄國茶商在此處設有工廠，故自俄國失去大主顧之資格以後，漢口在爲外國茶商薈萃中心之一方面，即開始失去其重要性。一九一四——一八年之世界大戰，使漢口之茶葉出口事業頓告停止，多數茶行亦紛紛停閉。其後當正常之商業關係恢復原狀時，外國茶商認爲上海係採辦茶葉更適宜之中心地點，即在漢口仍設分店者，亦不過視作一種輔助機關而已。往漢口之茶葉專家亦逐年減少。漢口與上海之茶價相差每担不過二、三兩，僅敷自漢口至上海之運費及匯水，但在上海購買時，須付當地中國茶行之額外佣金，以及加倍之勞工費與碼頭棧力，至於扦樣與棧租等費用係由個別議定，平均每担約一兩半。

有一種相當數量之茶葉，即所謂「陸路茶葉」，自漢口循漢水運至樊城，再由樊城從陸路運往西伯利亞及蒙古。

一九二五年，蘇聯政府在漢口收買茶葉，而成爲茶葉一大主顧，但近年來蘇俄實際上已消失大主顧之資格，故漢口能否恢復其從前茶葉市場之地位尚屬疑問。原來在漢口設有工廠之俄國茶商即不停業，亦因喪失在俄國各地之推銷機關而受嚴重之打擊。在漢口有製造磚茶之俄國工廠三家，分屬於下列三個公司：即阜昌洋行（Molchanoff Pechatnoff and Co.）、順豐洋行（S. W. Litvinoff & Co.）及新泰洋行（Asiatic Trading Co.——現屬英國）。此外尙有一中國工廠，屬於新山公司（譯音）。

在國民革命軍北伐以前，在漢口在外國茶葉出口商有下列數家：協和洋行(Robert Anderson & Co.)、新泰洋行(Asiatic Trading Co.)、天裕洋行(Alex. Campbell & Co.)、天祥洋行(Dodwell & Co.)、錦隆洋行(Harrisons, King & Irwin, Ltd.)、怡和洋行(Jardine Matheson & Co.)、禪臣洋行(Siemssen & Krohn)、杜德洋行(Theodor & Rawlins)及同孚洋行(Wisner & Co.)等。

就一般而論，中國茶商極爲守舊，若輩仍然希望俄國茶商終有回至漢口而成爲茶葉大主顧之一日。中國茶商在漢口有一茶業公會，但外國出口商覺無法勸醒若輩，使其於業務改進上採取一致行動，例如要求若輩改良裝茶用之木箱之質料而迄無效果一端卽可概見。中國茶業界中有許多人一味依賴外國出口商代爲用鐵皮與篾席重加綑紮，而不思自己改用堅實之包裝。

過去之匯兌問題

一外國茶商如在漢口買進一批茶葉，其付給中國茶商之茶價必須用本地之漢口銀兩，同時開出折合美金或英鎊之支票。

匯兌爲外人在中國經營商業或銀行業最感困難之一問題。就廣義言之，匯兌可分國內與國外二種，外國商店及銀行專辦國外匯兌，至於國內匯兌除在漢口、上海與天津之範圍內以外，統交與中國買辦代辦。因中國銀兩在重量及成色上複雜情形，銀圓及輔幣種類之繁多，且實際上幾各成爲獨立性質而又無一定之兌換比率，故外國商人不得不將國內匯兌一事委託買辦代爲處置。

國內匯兌必須顧及一切商業上之交易，包括漢口以外各地所購之貨物在內，本地所通行之辦法卽在一家或一家以上之外國銀行，間或在一家中國銀行開立銀戶與洋戶。如按貨物出售地之通用貨幣付款，則必須折合銀兩，然與在銀行所存之銀兩在重量及成色上或有不同，在他方面或須以銀圓付貨價，則銀圓之市價可向銀行查詢。中國龍洋與墨西哥銀圓之價格幾全然相同。一年中在某種季節對於銀圓之需求激增時，市價漲高至超過鑄幣廠定價之百分之五。

銀兩從不鑄成錢幣，祇不過代表各地一定之重量與成色而已。實際之銀塊鑄成元寶或銀條，其含銀之成份爲九九六至九九九，每枚重約五十兩上面刻明銀兩之數值及熔鑄者之標記。熔鑄者對於所刻之重量與成色須負保證之責，其標價爲一般人所承認，猶如美國造幣廠所鑄之廿元金幣一樣。

國外匯兌或爲對於中國貿易最困難之一問題，關於匯兌手續之熟練祇從實際經驗而來。金銀之兌換率係根據世界最大市場所定此二種金屬之比價。此種行情表由上海英商匯豐銀行每日掛牌公佈，漢口匯豐銀行每日在接到上海分行之電報以後，卽印成行情單分發在漢口之匯兌掮客及銀行與商家。行情單內載明漢口某種貨幣與外國某種貨幣之比價，每漢口銀一兩等於外國貨幣幾何；惟與日圓比價則寫每百日圓等於漢口銀若干兩。

漢口外商茶葉大市場之期限最多不過四個月，但尋常總在六星期左右，茶季自五月十五日開始，直至十月中旬爲止，惟最重要之交易多在五月底至七月初之一時期中。在該時期，中國爛客自其本鄉攜帶貨物至洋行兜售，茶師卽在化驗室加以檢驗，化驗室之設備極爲完全。

從前在漢口之俄國茶葉市場有一奇異之點，卽此鄰接中國最大產茶區之內地口岸亦卽爲茶葉之一吐納地點。當磚茶工廠猶在辦理之時，有大量茶末從錫蘭、爪哇及印度輸入，與本地所出茶葉混和篩分。中國茶末爲數不多，價值亦廉，每担僅值銀五兩至十兩，而錫蘭、爪哇及印度之茶末則每担之價須四十兩至七十兩。

福州

福州爲福建省之省會，亦卽該省茶葉市場之中心。福州在上海之南約四五五哩，位於閩江之北，離海三十四哩。外國輪船因閩江水淺，祇能在南台島對岸羅星塔附近下碇，該處與福州相距十五哩。

有一時期，俄人及英人曾在福州開設磚茶製造廠數家，當時磚茶出口貿易亦極一時之盛。然其後此種貿易卽轉移至漢口與九江，其一部份理由爲福州茶葉不合於製造磚茶。惟有幾家外國工廠現爲華商收買，仍在繼續經營。

福州之中國茶商有許多派別，有名公益堂(譯音)者專營出口貿易，其內部大多數爲廣東人。此外有專營內銷茶之三大團體，卽北京幫、天津幫與廣州幫是。北京幫係由河北、山東兩省商人所組成，將茶葉先運至北平，然後轉道運往華北各地及蒙古；天津幫將茶葉運往天津；廣州幫專以福建茶葉供給華南各省。

在福州除上述之中國茶商以外，尚有八、九家外國商店或分店，專營茶葉之出口貿易。

福建茶葉大抵一年採摘三次；第一次在五月間，月初所摘爲白毫，月中所摘爲工夫與小種，此數種茶葉至六月底方在市場出售；第二次所摘之茶至九月中旬在市上出售；第三次在十月底。

廣州

廣州離香港八十哩，位於珠江口三角州之頂點，爲廣東、廣西兩省之政治中心，人口稠密，商業繁盛，有一辦理完善之航線與香港交通。

輪船自香港開往廣州，在半途須經過一狹隘之海口，名爲虎門，再前進卽至廣州之港口黃埔，運茶船卽在此處停泊，以待裝載茶葉運往紐約與倫敦市場。

在一八四二年以前約一百五十三年之時期中，廣州爲中國特許外人通商之唯一口岸，在該時期中，其市面亦特別繁榮，直至一八四二年八月間訂立南京條約以後，始與上海、寧波、福州及廈門同列爲五大通商口岸。

在十九世紀中葉，廣東省輸出之茶葉佔中國茶葉出口總數百分之五十以上。茶葉貿易之權操諸英人之手，但英人所輸出者祇限於紅茶。所有廣東之茶葉以前皆從廣州裝運出口，嗣因茶葉之品質不佳，他省乃後來居上。至一九〇〇年，廣州遂不復成爲一重要之茶葉出口市場。在今日，祇有少數工夫、橙黃白毫、小種及包種等茶葉由此運往澳洲、南美洲及美國，此外尚有一小部份貢熙及副熙茶輸運出口。

上海

上海爲中國沿海一大國際都市，地在黃浦江之濱，離黃浦江與長江會合點十三哩，距倫敦一一、〇〇〇哩，距舊金山五、〇〇〇哩。在東方貿易之一切歐、美輪船皆在上海停泊，遂使上海成爲中國最大之茶葉出口市場。

上海茶葉輸出季每年自六月一日開始，在理論上至次年六月方告終止，但上等茶葉大概皆係預定，至遲在十月或十一月間裝運出口。一年中其餘之時期雖亦有營業，然祇屬散漫斷續之性質。

就中國茶葉之出口市場而論，上海並不居於若何重要之地位，然在一九一八至一九二二年之經濟恐慌中，漢口與九江相繼衰落，上海遂代之而興。上海係一輸出口岸與匯兌市場，故對於商業有極大之影響。第一，綠茶各商將存貨從安徽、浙江等省移來而集中於上海，以備運往美國；其次，俄國茶商從漢口、九江等處將紅茶及磚茶運至上海，然後轉裝蘇俄商船運往海參威。因其地位適中，運輸便利，又因各大茶葉公司均有總機關設在此間，故上海今日之地位更日見重要。

各地茶葉集中於上海之數量頗大，上海之全體中國茶商聯合組織一種特殊之茶業公會，如不受該公會之管理，茶葉卽無成交希望。在上海大部份之茶葉交易皆屬安徽之綠茶，大多數之中國茶商亦由安徽而來。中國茶棧所得之佣金爲百分之一。

依據數年前所定一種普通規章，一切茶葉成交，無論外銷或內銷，皆在事前訂立契約，一切照約履行。從前此種契約上載明茶葉之過磅與交貨以一星期爲限，貨價必須在四天內付清。但因大部份存貨遠在他埠或內地，此種條款往往不能適用，有時甚至引起誤會，爲顧到事實，此項條件在勢不得不予以變更。現時在上海所簽之一切契約，將茶葉過磅與交貨之時期展長至三星期，付款更遲延一星期。

各地中國茶商均有各種團體之組織，其主要者有中國茶業協會（在上海）、上海茶商公會、漢口茶商公會及福州茶商公會等。

中國正在努力使其輸出之茶葉標準化，以期保持其僅存之出口貿易。在一九三一年七月間，實業部頒佈檢査出口茶葉之法規，規定所有茶葉出口須先受檢驗，凡未持有商品檢驗局之證明書者即不准裝運出口。

陸上貿易之路線

中國亦從陸路運出大部份之茶葉，其目的地爲俄國、蒙古及西藏，其中有一小部份則運往暹羅與緬甸。以前運往俄國之茶葉均經由漢口、天津、張家口、恰克圖之路線。茶葉從漢口運往天津，則由海運。抵天津後，轉裝帆船，溯白河而至通州，從通州改用駝運至張家口及恰克圖；有時駝隊亦自天津起運。俄國商店在天津設有辦事處及堆棧，關稅即在該處征收，同時發給駝運通行證。

有時大宗茶葉在未西運以前，集中於張家口。有許多本地小茶商自恰克圖趕至張家口收買茶葉，若輩在漢口並未開設分店或辦事處，即在現今，仍有少數中國茶商從蒙古趕至張家口，購買天津客商運來之每箱六十斤裝之福建紅茶。張家口亦爲一磚茶與茶葉市場，此項茶葉係從平綏鐵路運來，其目的地則爲蒙古之庫倫。

但現在輸往俄國之茶葉係由海道運至敖德薩（Odessa），或先運至海參崴而由西伯里亞鐵道裝運。從海參崴至莫斯科之鐵路運費係按重量計算（大約每磅運費爲美金九分），故運往俄國之茶葉大多數用專利式之茶箱包裝；蔴袋曾經試用，但結果對於所裝茶葉頗有損害。據云成千累萬之箱茶亦有從陸路經過甘肅、新疆而運至布哈拉及高加索者。

有大量之磚茶輸往俄國、蒙古、西藏及新疆。磚茶從張家口、包頭及歸化由駝運推銷於中亞細亞高原全地，以換取羊毛、皮貨及皮革。

四川、雲南兩省皆有磚茶輸往西藏。雲南之茶葉貿易中心爲思茅、石屛（IPing）及易武。每年有一萬以上之茶葉經過思茅，其中百分之三十由陸路運至越南之東京，百分之七十經過四川而運至西藏。每年秋季有許多西藏人到思茅購買磚茶，將所購茶葉從陸路運回西藏。更有許多紅茶先輸往暹邏及緬甸，然後轉運至西藏。雲南茶季自三月開始。

對西藏貿易之兩大商業中心爲四川西部之打箭爐及西北部之松潘。通拉薩之大道須經通打箭爐，該城爲對西藏南部與中部貿易之市場，包括拉薩、昌都及德格等處。松潘爲對阿姆杜（Amdo）及青海貿易之市場，以茶葉易取西藏之皮貨、羊毛、麝香、藥材及其他物品。

在中國之買茶經紀人之資格

在中國，一成功之買茶經紀人須熟諳何時茶葉質劣而價昂，何時茶葉質優而價廉，並須有決心，如遇前者之情形時，自可置之不理，然一遇後者之情形時，則應儘量購入。

買茶經紀人大概先在倫敦或紐約之經紀人事務所內，爲其將來之地位預作準備。

五——日本之茶葉貿易

近十餘年來，日本之植茶面積極少變動，實際上專種茶樹之舊地略見減少，然雜植於他種作物中間之茶樹適足抵補其減少之數量，且因改良栽培方法而使收穫量激增。近因製茶成本增高，似頗難與其他產茶國競爭，而他方面各產茶國在大戰以後又漸次恢復其大規模之輸出。

日本亦與中國相同，茶葉由個別農人作小規模之生產，茶農有時自製茶葉而僅留復火之一步，在靜岡等處之中心茶場完成之。但製茶費用頗大，現在有許多茶農完全放棄自製之企圖，將鮮葉售與茶販，由茶販轉售與茶廠，而在茶廠中用機械製造。

在日本之購買季，一俟第一次產品在市場出現以後即行開始。第一次產品大約在四月底上市，此項新上市之早採茶葉價值頗昂。但如係正常之季候，實際之茶市須至五月半開始，倘因受冰霜之損害，則茶季開始更遲。至十一月底，內地貨物大部份皆可應市，因內銷貿易約於九月下旬開始，直繼續至此時也。

一切貿易幾全在靜岡市內之茶町、行在（Anzai）及北番町等處辦理，此數街道在市內毗連相接，佔地甚廣。

推銷制度

日本，茶葉從生產者推銷至消費者，此一連環中之第一環爲山方茶販。山方茶販在產茶鄉村向農戶分別收買毛茶，售與在其本區之中間商。中間商以從茶販所購得之毛茶轉售與茶行，其佣金在靜岡爲百分之二，在東京爲百分之五。茶行將毛茶精製後售與營內銷茶之躉賣商，或將製成之茶售與複製商再加以複製。躉賣商將茶葉批發與零賣商，以達於日本之消費者。

如爲輸出或外銷之茶葉，則複製商即成爲其中之一環。此種商家有自設之茶廠，向中間商、茶販或茶農購入茶葉，在其茶廠精製以後，售與日本之輸出商或洋行。

輸出商例無自設之精製茶廠，其任務在於收購製成之茶葉，加以包裝而輸往外國。收買茶葉時所看之茶樣或係已複製，或係尚未複製者。其所以用未複製之茶樣意在顯示毛茶之真實形狀，成交後再由複製商加以複製，使符合已複製之茶樣，在十五天至二十天之限期內交貨。

茶葉售價係依重量計算，外銷茶以一磅爲單位，外銷之複製茶以一百磅爲單位，毛茶以一貫（十六分之一担）爲單位。輸出貿易之條件或在輸出口岸之輪船上交貨，或逕運至目的地，隨顧客之意而定；後者之保險、水脚等費當然歸買方負担。由國外寄來之定單大概託銀行信用担保，或給以三十天、六十天或九十天之定期匯票。

在靜岡以現款購買有百分之二之折扣，在他區則並無折扣。

茶葉之審評

日本之茶葉審評室大都三面不通光，在朝北開窗一面，置一長櫃，窗外無竹簾或木牌，使光線祇從上面下射。審評用具爲盤、秤、五分鐘之沙漏、匙、鐵絲杓、杯、壺等，用杯試驗之手續係一種普通方法，在加入沸水以後，將茶葉留置杯內十分鐘，然後用鐵絲杓將茶葉取出。

審評時所應注意者有五點：即形狀、色、汁、味及香。每點假定爲二十分，則合成一百分。試舉一例：某種茶葉，審評之結果——形狀一五分，色一八分，汁一六分，味一九分，香一二分，合計爲八十分。

在若干區域，對於分數之分配略有不同，此全視各種茶葉所注重之點不同而異，例如玉露茶之標準定爲形狀二十分，色二十五分，汁十五分，味二十五分，香十五分，合成一〇〇分。

日本茶葉之標準

日本每一茶業從業員不論茶農、製造者、商人、茶販或零售商均須加入本地之茶業組合，由各地茶業組合選舉代表組成聯合會議所，復由聯合會議所推派代表組成中央聯合會議所。

上述各組合規定三種茶葉標準，大別之爲：輸出之標準，此種標準與美國政府所定之標準相同。製造者對於毛茶之標準及生產者之標準，此種標準係各聯合會議所所制定。製造者之標準爲一種實驗之標準，在毛茶未經最後之精製手續以前加以適當之調整。各種標準係於三月間根據上一季之茶葉而制定。制定標準之委員以九人爲限，由日本中央茶業聯合會議所所長委派。在此九委員中，有聯合會議所之代表二人，輸出商之代表二人，茶商代表二人，茶農代表二人，查驗員一人。

茶葉除茶末及茶梗外，在汁、香、味各點必須合於所定之標準。茶末及茶梗祇以香爲比較，烘茶亦祇以香與味爲比較，惟紅茶與磚茶則不受此限。

茶葉之查驗

日本查驗茶葉大概經過三重手續：（1）在工廠內，（2）在內地各市場，（3）在輸出口岸。茶葉組合在主要之生產區域委派查驗員頻頻赴各工廠查驗，以防止不正當之製造方法。茶業聯合會議所或茶業公會之查驗茶葉則在市場舉行，其辦法係在十箱茶葉中抽驗一箱，五十箱中抽驗二箱，一百箱或不到一百箱，抽驗三箱，在一百箱以上之大票茶葉每百箱抽驗一箱。茶業聯合會議所在大多數重要市場均設立查驗處。中央茶業聯合會議所管理輸出茶葉之查驗事宜，惟此項查驗工作有時委託聯合會議所辦理。

靜岡之輸出貿易

靜岡爲日本茶葉輸出之主要市場，在該處有十二家日本及外國商店積極從事於此種貿易，茶葉購買季約自五月一日開始，直至十一月間始告結束。有少數外國茶商長年留居日本，但大多數人皆於冬季間至美國。

日本約有茶葉復製商六十家，其中有半數專供內銷，其餘半數則營外銷，若輩在輸出貿易上頗居重要之地位。

靜岡係靜岡縣之首邑，爲日本之茶葉中心，在橫濱西南約一百哩。

在某一時期，茶葉完全在橫濱、神戶之租界內經營。所有在租界內之商店皆營輸出貿易，皆有自設之製造與包裝工場。此項商店在業務上之性質幾完全相同。毛茶從鄉村運入橫濱或神戶，售與日本茶商，若輩又轉售與輸出商，以備運往美國市場。以同樣之茶樣送與各輸出商，而由輸出商自行估定其價值。一票茶葉自廿扭、卅扭以至三、四百扭均有，以出價最高者爲得主。各商店皆自製茶葉，自行包裝，故須有宏敞之房舍以供儲藏，並須有烘焙、篩分及包裝之工場，更須雇用大批人員。起初烘焙、篩分及包裝等手續皆用手工，其後逐漸改用機械，以謀減少成本。至今日，手工製造已成過去之陳跡，已普遍應用機械。

約在二十五年以前，有許多日本小茶廠在靜岡及其附近次第開設。靜岡位於產茶各區之中心，橫濱市場之毛茶即由此等茶區所供給。除毛茶以外，同時尚有土製茶葉供給橫濱市場。起初此種土製茶葉不受一班在橫濱、神戶自有工廠之茶商所歡迎，但不久即漸能吸引美國茶商之注意，若輩感覺無自行製茶之必要，其中有數家遂於每一茶季之數個月內在靜岡收買現成土製之茶葉。此輩外國茶商因全恃本地複製茶廠所供給之製成茶葉，自然不能使成茶與茶樣符合，更無法使各種花色劃一，年復一年，參差愈甚，其不能與有全部初製、精製設備之茶商媲美，自屬當然之事。

經過若干時期，在橫濱、神戶之一般老公司相繼將其工廠移設於靜岡。今日靜岡已成爲日本全國茶葉之中心。靜岡所處地位之利益，在於裝運毛茶至橫濱、神戶之水腳及茶箱之費用均可省去；同時，購得之茶葉較爲新鮮，不必在同一時間收買數百扭大票之茶葉，此使山方茶販無攙雜之可能，因在大批茶葉內混入少數雜質即不易察覺。茶葉買客對於毛茶品質較易控制，每次購入之數量雖小，但積少成多，總能達到所需之數額。

因此，經營美銷之茶商顯然可分成二類：第一類有自設之工廠，仍在繼續收買毛茶而加以烘焙、篩分、勻堆與包裝；第二類從複製茶廠購買製成之茶葉，經包裝後即可輸往外國。現在第一類茶商爲數甚少。

運輸口岸

離靜岡約八哩，在駿河灣上有一清水港，從此港輸出之茶葉約佔日本茶葉輸出總額百分之九十。茶葉由靜岡用馬車、火車、電車或卡車運來，由駁船送往大輪船上。有三家裝卸貨物之公司在此備有寬廣之貨棧與裝貨設備。

次於清水港之茶葉運輸口岸爲橫濱，位於東京灣上，接近東京四週之產茶區。神戶爲第三茶葉運輸口岸。四日市昔曾爲輸出口岸之第二位，但現已落後。

出口茶並不徵稅，但有進口稅及每磅一分半之當地公會捐，此項捐稅大部份作爲宣傳之用。關於出口茶葉之主要費用如下：

(一)從靜岡至清水港每小箱茶葉之運費，馬車十一錢；卡車十五錢；火車三錢；電車三錢。

(二)從清水港碼頭至輪船之駁運費（包括裝貨費在內）每小箱自五錢至八錢。

(三)保險費每千日圓每年四十錢。

(四)在清水港每月棧租平均每小箱五錢。

(五)輪船運費至太平洋各口岸每噸美金四元；轉巴拿馬至紐約每噸九元；轉巴拿馬至蒙特里爾每噸十一元。

(六)從陸路至芝加哥及美國東部各口岸每磅一分半；車運每磅二分。(一噸等於四十立方呎)

組合

日本各種茶業組合已如上述。日本中央茶業聯合會議所之一部份工作爲推廣國外市場，其與製造、市場等問題有特別關係之組合則有靜岡縣茶葉精製業公會及製茶業公會。

在日本之買茶經紀人

在日本欲成爲一買茶經紀人，須具備下列之資格：對於茶葉有充分之智識；有決斷之能力，並對於其自己之判斷有自信心；對於日本之特性有同情之瞭解；善於設法增進購茶客商之善意或好感；最後，更須有極大之忍耐心。如欲成爲一買茶經紀人，須從在本國之辦公室內練習入手，自看樣練習生而升至助理員或推銷員；然後至日本以次等地位實習數年，在此期間須不斷學習。一個買茶經紀人之最高薪給爲四、五〇〇美元，外加辦公費。在茶葉購買季之時期中，買茶經紀人須日夜工作，幾無遊戲之餘暇。在茶季以後，若輩又須往各處推銷，並爲次年之營業預作準備。若輩全無休假期，且一經任爲日本之買經紀人以後，即無改營他業之機會。

六——臺灣之茶市

與日本相同，台灣茶葉大都由小農在小規模之私人園地上栽植。此輩小農大多數爲中國人，不過近來有一大規模之日本公司起而經營，該公司有宜於種茶之墾地約十萬畝，開闢茶園八處，更有許多新建之現代化茶廠。

台灣之中國小農將茶葉粗製以後，即直接售與精製茶廠，或經過茶販之手而售與精製茶廠。廠商與茶販均係中國人。有時茶葉經過一種棧房而施以初步製造手續。有許多毛茶經包裝後，用帆船沿淡水河而運至台北市內之大稻埕市場，然後售與本地茶莊或洋行，由茶莊及洋行將茶葉加工精製，從淡水河運來之粗製茶係用袋裝，每袋約重六十磅。

茶樣先寄交居住台北之茶販，復由茶販轉送各輸出商；但茶樣鮮有與整批之茶葉相符合者，此祇不過一種製成之樣茶，以示毛茶在鄉村茶廠所能製造之樣式而已。經過許多討價還價之手續，然後議定一種價格，將茶葉精製以後，裝往台北。其包裝茶葉或用半箱裝，每箱約二、三十斤；或用盒裝，每盒約七斤。如果製成之茶與樣茶不符，則又須經過一番議價手續。

聯合售賣市場

聯合售賣市場在法律上之地位無異一種組合或公會，在台灣總督之指導下進行一切，其日文正式名稱爲「台灣茶協同販賣所」，總機關設在台北，分機關視各地方需要而設立。

舉凡公司、公會或在台灣總督之鼓勵政策下所設立之合夥商店，皆得爲該市場之合格會員。交託聯合市場出賣之茶葉皆用競賣方式，交託者往往限定出售之價格，不過有時以所限最低之價出售。由該市場經售之茶葉數量約佔烏龍茶及包種茶輸出總額之十五分之一。

凡屬該市場之會員，照章均須將茶葉送往市場，但有一部份會員並不遵辦，而將其出產之大部份售與茶販。有若干會員爲茶廠之主人，此項茶廠受政府之津貼，其中有九十五家爲「乙級」廠，四家爲「甲級」廠。

聯合市場經售茶葉之數量年有增加。爲獎勵起見，該市場亦對茶農放款，惟數額以各茶農所交託茶葉之售價百分之五十爲限，此項貸金在將來售得之茶價內扣除。

台灣所製之茶葉有七種，最著名者爲烏龍。茶季分爲五期，即春季、初夏、中夏、秋季及冬季。茶葉論担購買，以日元計算。

輸往美國之烏龍茶，以前所分之等級爲Ordinary、Superior、Finest 三種，其後逐漸變爲 Fair、Good、Superior、Fine、Finest、Choice 數種，新近 Fair 已改爲 Standard，以與美國政府所定之標準相符。現行之等級如下：

(1)Standard；(2)Fair；(3)Good—分爲 fully good、good to superior、on superior；(4)Superior—分爲fully superior、superior to fine、on fine；(5)Fine—分爲fully fine、fine to finest；(6)Finest to Choice；(7)Choice；(8)Choicest (fancy)。

除上列各等級以外，有時更增加一種中間等級 Good Cargo（與good同）。

臺北

台北位於台灣之北端，位於北緯二十五度四分及東經一二一度二十八分，在一寬廣之平原上，右瀕淡水河。該城以前劃分爲三區，卽城內、艋舺及大稻埕，一九二〇年改爲市，併入四週之區域，現有轄境面積六‧七方哩，人口一七三、〇〇〇人，其中日人佔四八、〇〇〇人。

艋舺位居淡水河畔，昔日曾爲一繁盛口岸，但在過去半世紀中，該河日漸淺涸，不便停舟，結果使該城突然衰落，代之以興者爲大稻埕。

大稻埕在城內之北，其開闢距今僅七十年，離淡水河口約十哩，爲台灣之茶業中心。該區之大部份地方築有磚屋拱廊等，有中國婦女及女孩坐在拱廊下揀茶，更有許多製茶工廠及貨棧。大多數外國茶商之住宅皆在淡水河一帶。

淡水

淡水爲一中國人市鎭，在台灣之西北沿海，在一八九五年以前，當日人攫取該城時，尙屬內地最重要之運輸地點，現則已並不重要。該城離台北十四哩，有鐵路與台北相連接，離廈門二二〇哩，離福州一六一哩。

基隆

基隆爲台灣極北之一口岸，離神戶九八六哩，離橫濱一二四五哩，離台北十八哩，所有台灣茶葉皆從此處運出。茶葉從台北用鐵路及電車運來，堆存於轉運公司，向台灣總督所租賃之貨棧內。港口上之設備近來有極大之進步，包括一裝置現代機械之碼頭。裝貨係用駁船運送。

台灣茶業之一重要現象卽爲台灣總督所辦之茶葉檢驗制度，檢驗之目的在於防止劣茶之輸往外國。爲制定茶葉檢驗之標準起見，茶葉檢驗處從烏龍茶及包種茶公司收集茶樣，在標準釐定以後，卽分送各茶葉商店。在茶葉製造者與收購者之間訂有合約，如茶葉經檢驗後而認爲合格，則一切費用歸收購者負担，如不合格則費用由製造者負担。

台灣總督所頒佈之規章特別注重於輸出茶葉之包裝方法。取締不完全之包裝者計有三種規定，第一種係取締茶箱材料之不堅實；第二種指定烏龍茶包裝所用之鉛皮每方呎不得輕於二又四分之三兩，包種茶所用之鉛皮每方呎不得輕於二兩，鉛皮上亦不得有細洞；第三種勸誡勿於輸出用之茶箱上使用不良之外包皮。

商業組合

除以聯合茶農之利益爲宗旨之生產者公會以外，尙有二種組合，其目的在於聯合台灣茶商之利益，一爲在台北之台北外商公會，一切外國商店皆爲合格之會員，由會員中推舉委員五人，負責主持一切；一爲台北茶商組合，係由經營烏龍茶、包種茶之商店、行、包裝業者及茶販組合而成，大多數會員在台灣向日本當局註冊之中國人，但在會員中有一家美商，三家英商，二家日商，以及許多華商。

後一種組合積極從事於阻止次等茶之製造，該組合在茶季中派員至大稻埕各茶區巡行，在行使職權時可得警察之協助。

在臺灣之買茶經紀人

如欲在台灣成為一成功之買茶經紀人，對於台灣烏龍茶必須有澈底之認識——關於烏龍茶在台灣之收購情形及所需要之種類——並須有一種使其委託人能深信不疑之品格，且須以茶業為專業，隨時在茶葉市場中潛心學習。擔任此項工作之人選以有良好之品性，並有健全之體格而能抵禦台灣之氣候者為合宜。

買茶經紀人之薪給並無一定之標準，大概由經紀人與店方私自訂定。在茶季中著雖殊鮮遊憩之時間，但在一年中之最後數月則比較空閒，可得相當之消遣或遊憩。休假之規例各店不同，亦由各店之雇主與雇員雙方私自議定，在休假期間仍得領取全薪，並給以來回之旅費。服務期之長短亦並不一律。在台灣經營烏龍茶至三十年之久者為數頗少，在他方面，有若干人之服務期僅僅數年，其原因不外失去健康，或因店主停派台灣買客，或因家庭關係而回國。

第二章　茶葉消費國之市況

運往主要市場之運輸日期——至美洲東部及西部之路線——倫敦、阿姆斯特丹、紐約、波士頓及其他各處之茶葉買賣——美國之茶葉法及按照聯邦政府標準之茶葉檢驗——其他各國之貿易習慣——過去及現在之供國市場

從產茶各國之初級市場輸往倫敦、阿姆斯特丹、紐約以及其餘轉賣市場之茶葉，係用無數輪船及帆船裝運，但自有速率既高容積又大之輪船以來，帆船幾全歸淘汰。因茶葉之消費遍及全球，故海洋上裝運茶葉之船舶，往來不絕。

大部份輸出之茶葉係運往倫敦。倫敦爲世界最大之消費與轉賣市場，約佔總額百分之六十。在歐洲市場中，阿姆斯特丹位居第二，但僅佔輸出總額百分之四；在美洲方面，紐約佔輸出總額百分之五。其餘百分之三十一則直接或非全直接分配於各消費國。在此類消費國中，澳洲及新西蘭因有較高之消費率，且鄰近產茶國，故更居重要之地位。

茶葉運往數處主要之轉賣及消費市場所需之時間，因所裝船舶之快慢，頗有差異，大致如後表中所載。

表中所列運至某一口岸之日期有二天或二天以上之差異，其原因係裝運之船舶有快慢之故。如自加爾各答運往倫敦，或需三十二日，或需三十六日，即因船舶有快慢所致。

就大體而言，至阿姆斯特丹與至倫敦之時日相同。自東方至此二口岸，有直接之郵船航線。裝往阿姆斯特丹之茶葉，大抵由直接之郵船運送，不必取道倫敦。

茶葉運往紐約之路線

所有印度、錫蘭、爪哇及蘇門答臘運往紐約之茶葉，幾皆取道蘇彝士運河。若經過太平洋而運至美國西岸沿海各口岸，然後由巴拿瑪運河

至各主要茶葉市場之運輸時間

起運地點及日數	加爾各答	可倫坡	棉蘭	巴達維亞	上海	橫濱	基隆
目的地：倫敦	32—36	23	27	33	42	52	48
阿姆斯特丹	33—37	23—24	27—28	33—34	42—43	52—33	48—49
紐約　鐵路*	……	……	……	……	44	37	45—55
紐約　巴拿馬	……	……	……	……	50—55	48	65—75
紐約　蘇彝士	48—53	40—48	50	50—58	70	77	70—80
舊金山	34	35	33	31	20	15	17
溫哥華、西雅圖、大科馬	44	40	43	43	18	11	22
雪尼	43	26	38	15	29	36	40
墨爾鉢（新金山）	38	21	43	20	31	38	42
奧克蘭	45	37	35	32	33	40	44
惠靈頓	45	37	35	32	34	41	45

* 經太平洋再由火車經北美大陸至紐約

或從陸上由鐵路運往紐約，亦屬可能。但此在經濟上頗不合算，因由蘇彝士運河運至紐約與經過太平洋而運至美國西部沿海之運費，幾無甚差別，然從西岸沿海至紐約之額外運費，對於在紐約市場之競爭，殊爲不利。

中國、日本及台灣之茶葉可經由蘇彝士或巴拿馬運河而運至紐約。在從前，有一部份茶葉經過太平洋而運至美國西海岸，然後由鐵路運至紐約，正如今日運往聖保羅、芝加哥及其餘中部各城市相同，但近年來茶葉鮮有由鐵路運往紐約者，因經由巴拿馬之水路運費，較爲低廉。

一——倫敦市場

倫敦爲世界最大之茶葉市場，久已成爲茶葉貿易之脈搏。全世界之茶價大部份以倫敦行市爲關鍵倫敦市價上漲，各國市場莫不同受影響；同樣，倫敦市價下跌，全世界亦皆隨之而跌。

大多數重要之茶葉生產公司在倫敦皆設有總公司，對於業務上之一切設施，如關於開闢新茶園，擴充原有茶園，及輸送茶葉至何處等事，皆由倫敦指揮。就一般而論，存積世界各地之茶葉，皆以倫敦爲輸運之樞紐，每年經過倫敦之茶葉約有五五〇、〇〇〇、〇〇〇磅，包括國內消費與轉口。

倫敦商埠之行政由商埠當局負責主持，築有綿亙三十八哩之深水碼頭，完全裝置各種機械化運輸工具、起重機及貨車。倫敦運茶碼頭爲第六大碼頭，開闢於一八〇五年，現佔有水陸面積一百畝。

清淨檢查

當茶葉裝到倫敦時，即在深水碼頭卸貨，然後用鐵路或駁船運至下列公營堆棧之一：（倫敦商埠當局所設之堆棧有二處——卡特勒街及商業路）Monastery、Brook's、Red Lion、Smith's Co-lonial、Mon-ument、Chamberlain's、Hay's、Cooper's、Row St. Olave's、New Crane、Nicholson's、Butlers、Metropolitan、Buchanans、Oliv-ers、Central、Orient、Mint、South Devon、Gun、Brewers及London and Continental。

在聯合王國境內，對於帝國所產之茶葉，每磅收稅二辨士，外國出產者，每磅四辨士。惟純潔而合於衛生之茶葉，方許用作飲料。凡輸入之茶葉，在上岸時概須受政府所派茶葉査驗員及化驗員之檢驗，此係按照一八七五年所頒佈之食品及藥物出售法令辦理。不合格之茶葉祇能作爲提取茶素之用，此種茶葉先須在海關及國產稅稅吏之監視下，施以變性處置，以防混用爲飲料，並須將變性之茶樣及變性所用之藥品送交實驗室察閱，以證明確已經過變性之手續。依照海關及國產稅當局之定章，祇能用石灰及阿魏（Asafoetida）爲變性藥。

堆棧及過磅

當茶葉送到堆棧時，堆棧公司即派人過磅，代表貨主之掮客亦來察看每件貨物有否受損。過磅前即將以前裝運時所用之重量取消，而改用「倫敦重量與皮重」。

秤皮重時，係就每批二十件或不足二十件之貨物中抽出三件，傾出茶葉，秤取其包皮之平均重量。每批二十一件至六十件之貨物抽秤五件；每批六十件以上之貨物抽秤七件。毛重在二十九磅或二十九磅以上之貨物，得折減一磅，在二十九磅以下者則不准折減。一部份受損之印度及錫蘭茶葉可在拍賣場鑑貨，但亦須經過海關化驗員査驗之手續。

經茶廠匀堆進口之茶葉，如重量相差不多，即秤取其平均之皮重；如因任何理由而有重行匀堆之必要，則非一一分別過秤不可。凡毛重在二十八磅以上之貨物，其空包皮以半磅爲準。如空包皮之重量適爲平均磅數，則即按磅計算；如重量適爲半磅或半磅以上，即加入第二磅內，如重量在半磅以下，即在磅內照減。爲求此種規則之能推行盡利起見，空包皮之重量——包括釘及其他一切配件——應較半磅少數嘀，而其毛重應較一磅多數嘀。

對於各種茶葉之進口、提貨及存貨作非正式估計時，所用之每箱平均重量如下表所示，此項表格見於倫敦茶葉經紀人協會所印發之報告。

倫敦茶葉進口，存貨及提貨之非正式估計中所用之平均重量

茶類	包裝	平均重量
印度茶	整箱	每件118磅
,,	半箱	每件70磅
,,	盒	每件21磅
錫蘭茶	整箱	每件106磅
,,	半箱	每件70磅
,,	盒	每件20磅
爪哇茶	整箱	每件110磅
工夫茶	整箱	每件106磅
,,	半箱	每件64磅
,,	盒	每件20磅
小種茶	整箱	每件90磅
,,	半箱	每件50磅
,,	盒	每件17磅
花薰茶(Scented caper)	盒	每件21磅
花薰橙白毫	盒	每件20磅
烏龍茶	整箱	每件60磅
,,	半箱	每件44磅
,,	盒	每件19磅
白毫	整箱	每件60磅
,,	半箱	每件44磅
貢熙	半箱	每件58磅
,,	盒	每件17磅
副熙	半箱	每件65磅
,,	盒	每件25磅
珠茶	半箱	每件60磅
,,	盒	每件34磅
麻珠	半箱	每件66磅
,,	盒	每件37磅
日本茶	包件	每件60磅

茶葉之堆棧費在付款期限（在出售日以後之三個月）以前歸賣方負担，在該期限以後則歸買方負担。每件貨物之棧費如下：

毛重五十磅或五十磅以下　　每星期八分之三辨士
毛重五十一磅至一百磅　　每星期四分之三辨士
毛重一百零一磅至一百五十磅　　每星期一又八分之一辨士
毛重一百五十磅以上　　每星期一又二分之一辨士

自一九三〇年一月後，此租金率已減百分之七．五。

查驗及扦樣

茶葉在過磅及取得皮重以後，如茶商亟欲出售，可通知其賣茶經紀人出售。如欲待善價而沽，自亦可聽便。但茶商如有出售之意，可令經紀人將茶葉印入目錄內，以備競賣。此係普通之習慣。惟茶葉亦可用私人訂約方式出售，正如預先定購之情形相同。

賣茶經紀人派一查驗員至堆棧，在茶箱或包件上編號標明船隻及進口年份。有時打開包件頂面之一部，剝斷箱內所襯鉛皮，以便扦取茶樣。現行之查驗方法皆係鑿洞，其法係在每件上鑿一小洞，扦樣後再用洋鐵封閉洞口，從每件中用鐵桿扦取少許茶葉，將所取出之樣茶置於各個盤上，由棧員擺交坐候棧內之查驗員。查驗員乃逐一加以檢査，檢查其大小、色澤或一般之形狀有無差異，並運用嗅覺察看有否汚穢或損傷。如查無差異，該批茶葉即認為合格；如有差異，則必須重行勻堆。勻堆之用意在使茶葉之品質勻整劃一。此種勻堆手續如在國外辦理不合，則全部茶箱均須打開，將茶葉傾出，經細加拌勻後，方將其再放入箱內。

賣茶經紀人得到查驗員之報告以後，即將此項茶葉印入目錄內。此項目錄在距公賣前一星期分送各躉買商，一面通知堆棧，陳列從每件取出作為樣品之茶葉。躉買商派遣扦樣員至堆棧扦取各種陳列之茶樣，扦樣員從陳列之茶箱內扦取樣茶，惟須留存同重量同品質之小包茶葉於箱內。

當樣茶送到經紀人之辦公室時，即須放置鉛罐內，以免受潮劣變。每罐貼一號碼，各與樣茶目錄內之號碼相同。

在出售時，如經拍賣人之要求，或在出售後之星期六——若磅碼單已於星期四下午五時送交買茶經紀人——買客應付與賣茶經紀人以每件一鎊之保證金，或目錄內所載之其他保證金。其餘貨價則在付款到期日——在出售後三個月——或在此限期以前付清，一面收回保單。賣茶經紀人在收到貨款時，應將保單或他種保證文件連同茶葉送交買客。買方所付保證金及其餘貨價自付款日起至付款限期日止，可得年利百分之五之利息。買客按茶葉起卸時之重量及皮重付價。

關於所售之茶葉如有任何爭議，可取決於二位仲裁人，此項仲裁人須為下列任何一機關之會員，即在倫敦之印度茶業協會，倫敦之錫蘭協會，倫敦茶葉買客協會，倫敦買茶經紀人協會，或倫敦茶葉經紀人協會。雙方當事人各推選仲裁員一人，必要時得由仲裁員另推裁判一人。仲裁員各得仲裁費二Guinea（1 Guinea 等於二十先令），裁判員得二Guinea，包括若聲有時須親至堆棧之公費在內。

關於茶葉輸入倫敦及在堆棧內所辦各種手續之費用如下表所列。

一九二四年四月一日前後茶葉在倫敦之取費

（適用於船隻裝運之一切茶葉）

	包	件		
	不超過50磅	51磅至100磅	101磅至150磅	超過150磅
實收數（包括起貨、碼頭費、屋租、分堆、過磅、上岸、査驗，併剔除不超過尋常修補百分之五之損傷損客之扦樣檢査，陳例以備公賣，送貨之堆置及由陸路送貨，從分堆日起兩星期之租金）…………	3先令10辨士	3先令 4辨士	2先令10辨士	2先令 6辨士
實收數（包括除扦樣以外之檢査如非陳列公賣，最少每包取費6辨士）…………	4先令0辨士 3先令8辨士	3先令 6辨士 3先令 2辨士	3先令 2先令 8辨士	2先令 8辨士 2先令 4辨士
	每　件	每　件	每　件	每　件
磅取皮重…………	1先令	1先令 6辨士	2先令	2先令 6辨士
拚堆及皮重…………	1先令 4辨士	2先令	2先令 8辨士	3先令 4辨士
再度陳列（最少每批2包）…………	1先令 4辨士	2先令	2先令 8辨士	3先令 4辨士
損傷超過一種商標或一票茶葉之百分之五之檢査：收堆、放入、加蓋、用紙包裹、裂補、重裝及重堆…………	2先令	2先令	2先令	2先令
每星期租金…………	½辨士	¾辨士	0先令1⅛辨士	0先令1½辨士

買茶經紀人

買茶經紀人爲大多數茶葉拍賣之中間購買人。若輩約有十二人，皆爲倫敦買茶經紀人協會之會員，其正常佣金爲千分之五。買茶經紀人所以存在之理由有四：第一、若輩爲其當事人選擇適宜之茶葉，並寄與茶樣及估價單；第二、若輩使較小之商人亦能得到其所需要之茶葉，即由買茶經紀人在購得一批貨物中分一部份與小商人，其剩餘貨物則由自己購存；第三、若輩可使顧主不必宣佈眞姓名；第四、由買茶經紀人代買茶葉總較顧客自買爲便宜。

買茶經紀人往往在未接到買主之定單而認爲有銷路時，即先將茶葉購入。此項茶葉放入貨目單中之預定項下，凡在公賣場爲買茶經紀人所已定而未脫售之茶葉，名義上即列入此項目內。此項貨目單逐日公佈，使經售茶葉商人、拚堆商及其他經營推銷業務者，可從其中選購所需要之茶葉。

茶葉之評驗

一俟有充分之茶葉送到買客之辦公室時，茶師即開始工作。在茶市旺盛之季節，每一批印度茶往往有五萬件之多，代表一千二百至一千四百種不同之茶葉，每宗有每宗之茶樣，故每一批到貨，即有一千二百種不同之樣茶須加以檢査評驗與估價。大多數躉賣商所雇用處理印度茶之買客不止一人，因在該季中，每星期所應細加査驗之樣茶爲數綦多，決非一人在短促之競賣時間內所能應付。普通所採用之方法係由一人專司小種白毫、白毫及橙黃白毫之評驗，另一人負責評驗茶末、茶片、碎白毫及碎橙黃白毫，惟各等級之編列與公賣場不同。

有時一買客所注意者在價而不在貨，換言之，即祇擇價目最低之茶葉。若輩察看茶葉之形狀及商標而擇取次等之小種白毫，不必有檢驗之麻煩，其估價全憑嗅覺，貨色一經看定，即向經紀人定購。

如茶師之目的在於選擇茶葉之各種花色，以備最後售與大不列顛之雜貨商，則其所取之程序卽大不相同。其法係先將所欲檢驗及評價之茶葉分成等級，卽將茶末、最低級之小種白毫、碎白毫、白毫、橙黃白毫及碎橙黃白毫分別堆置，大吉嶺茶則另行泡汁試驗，以便在評價時有所根據，並與「標準茶」相比較。所謂「標準茶」卽以存貨或新近售出之茶葉爲標準，而測驗尚未成交一批茶葉之品質與價值。

每宗待驗之茶葉，以一編號鉛罐所盛之少許樣茶爲代表。從每罐取出與一枚六辨士錢幣等重之茶葉，放入專爲試驗用之壺內，當二十種或三十種樣茶秤入壺內以後，卽用開水冲泡。所用之水祇以第一次沸滾爲度，不必俟至第二次沸滾。茶葉在沸水內浸五分鐘或六分鐘——時間係用沙漏或茶師特備之鐘錶計算——然後將水壺倒置於茶杯內。因有壺嘴抵住茶葉，不致漏出，而祇將茶汁傾入杯內，同時泡過之茶葉則留存於倒置之壺上，自此卽可將茶汁與茶葉分別試驗。按照所列壺杯，由左而右，依次逐一試驗。照例先試驗較次之茶葉。

每宗茶葉經估價以後，買客所願付最高之限價卽由助手在目錄內加上暗記，使買客易於識別其所選定之茶葉及所願付之價格。

倫敦之茶葉公賣

倫敦茶葉公賣係在明星巷三十號之倫敦公賣廳舉行。如茶季旺盛，印度茶每星期公賣二次——星期一及星期三，錫蘭茶在星期二，爪哇及蘇門答臘茶在星期四，有一部份中國茶亦在星期四，但大多數中國茶均以私人議價而成交。公賣時間上午自十一時至一時半，下午自二時十五分或二時三十分起，係與買茶經紀人商酌而定。

茶葉與若干其他可根據標準品所訂之契約而交易之商品不同。有無數等級，其評價多憑個人之判斷。判斷時所最注意者爲茶葉之形狀及香味，故對於每批茶葉個別之檢查及試驗極關重要。

每逢倫敦茶葉公賣時，大陸各國及不列顚諸島之客商雲集於此。當拍賣開始時，賣買經紀人對於茶葉之品質或價値均提供意見。此項意見殊不一致；自然，賣茶經紀人欲得可能最高價格，而買茶經紀人則惟求最低之價格。有時貨主向經紀人限定最低之價格，如不到限價寧使收回不賣；但就一般而言，貨主終於得到最佳之價。此項議價由貨主之代理人與經紀人商定之。

經紀人出售茶葉係依照茶葉經紀人協會排定之程序辦理，俟第一賣茶經紀人出清其目錄內所載之貨色，然後輪至第二經紀人，依次出售，不得爭先恐後。出售之手續係遵照通常之競賣辦法。茶葉以磅計，叫價以法升（Farthing，英國幣名，値四分之一辨士）遞增。如競賣者之叫價相同，則該宗茶葉卽售與第一叫價者。否則以叫價最高者爲得主，惟未到限價者除外。如遇此種情形卽可將茶葉收回。

拍賣之進行頗爲迅速，每小時約可拍賣二〇〇至二五〇宗，有時九萬件茶葉（代表三千種不同之貨色），在一星期內卽可售罄。每一項目經賣茶經紀人拍下小鎚以後，卽立刻開始拍賣第二項目。實際上叫價完全歸經紀人辦理，但躉賣商爲經紀人之委託人，往往在旁用暗號表示，使經紀人可繼續抬價，或與另一競賣人分買之。

在拍賣結束後，買客可向賣茶經紀人事務所接洽，並領取通知單，以憑扦取其所購入各種茶葉之茶樣。此項通知單係遞交存放茶葉之堆棧，以購入茶葉中之若干磅換取同重量之樣茶。但以一人赴堆棧提取樣茶而評驗各種茶葉，勢所不能，故祇能憑嗅覺及茶葉之外形而加以鑑別。惟此項換回之樣茶以次貨混充者極少。

清算所

茶葉清算所（Tea Clearing House）成立於一八八八年，地址在非爾波得巷(Philpot Lane)十六號，爲倫敦茶葉堆棧之城中區辦公處，其地位爲碼頭管理員與茶商兩方之居間人，係一私營公司。倫敦茶商爲該公司之會員，每年捐助經費，其所辦事務包括保單之保管與傳遞、扦樣、送貨、附綴卡片、捆紮、繕發對於各碼頭及堆棧之通知單及協助商人取回保單及其他文件，由上述情形以觀，清算所並非一終極市場，僅爲有關堆棧各項事務之一中心點。

除上述之功用以外，清算所更印發十三種名目不同之印花票，票價自半辨士至二先令六辨士不等，堆棧內之少數費用可用印花票付給。清算所亦爲繪製統計表，以及報告關於茶葉之堆存，輪船到埠及啟碇日期等消息之總機關。

拋售期貨

倫敦之印度茶業協會在一九二四年九月提出建議，主張凡生產者不應將一九二五年之收穫量預先拋出，此建議幾爲其全體會員所贊同。加爾各答之印度茶業協會及錫蘭之種植者對於此舉皆表示合作。此項協定對於北印度在一九二六及一九二七年之收穫量仍繼續有效，直至一九二八年廢除。

反對預先拋賣之理由有二：第一、預訂之契約如至出貨時茶價低落，買方或將不予踐約，以致生產者有存貨充斥無法銷售之苦；第二、如茶價漲高，買方恐將以廉價預購之茶葉向市場傾銷，且拋售足以減少拍賣時之競爭。故生產者祗求按最近之市價出售，而不願冒此風險。但在一九八八年有二、三最大之顧客反對此項取締拋售之政策，自此以後，乃一聽生產者預先訂約拋售，或在拍賣場按照通常辦法出售。

倫敦之茶價

倫敦市場有左右世界茶價之權力，加爾各答及可倫坡之市價通常較倫敦少二辨士，此係前二者與後者每磅運費等之差額。各種茶葉之比價，如錫蘭、北印度、南印度、爪哇及蘇門答臘等處之茶，每週變動頗劇。但就逐年之平均價核算，可分列如下之等次：錫蘭第一，北印度第二，南印度第三，蘇門答臘第四，爪哇第五。

在北印度茶葉中，又可分成下列之等次：大吉嶺居首，亞薩姆次之，杜爾斯居第三位，卡察及雪爾赫脫居第四位。

二——荷蘭市場

阿姆斯特丹爲歐洲第二茶市，每年成交之茶葉約有三千萬磅，包括行銷荷蘭及輸往歐洲各地與北美洲之茶葉。每年從鹿特丹輸入之茶葉數量較爲微少。

在歷史上，阿姆斯特丹爲歐洲最早之茶市場，荷屬東印度公司用武裝船隻運入大批茶葉，以備分銷於歐洲大陸及英國。今日阿姆斯特丹爲荷屬東印度之爪哇與蘇門答臘茶葉之主要銷納市場，但阿姆斯特丹在爪哇及蘇門答臘茶葉未出現以前，早已成爲重要之市場。阿姆斯特丹位於愛河南岸，愛河爲前須德海之一臂，此海今已成爲內湖，更名爲伊塞爾米爾（Ijselmeer），有一運河式之阿姆斯德爾河（Amstel）流經該城而入於愛河。在愛河須德海之入口處有一沙洲，以致阻塞該方面之商業交通，但現今排水量最深之船隻亦能通過一運河而行駛於北海。在阿姆斯德河中，由人工築成三島，鐵路以島上爲起點，經過該城之前方而組成一長串之埠頭，其中之一爲 Pakhuirmeesteren van de Thee，即茶葉堆棧公司之巨大貨棧所佔有，此堆棧公司係一私營公司，原爲荷屬東印度公司在一八一八年所創辦，凡在阿姆斯特丹市場所銷售之茶葉幾全經過此項堆棧之手。

進入荷蘭之茶葉皆須繳納每百公斤七五弗（1 Florin = 40.2美分）之進口稅。進口稅率在一八六二年以後之六十二年中，原爲每百公斤二十五弗，自一九二四年起始增至七十五弗。此項每磅增加達荷幣十三分半之重稅，對於荷蘭銷售茶葉之正常發展實有嚴重之阻礙。一九二七年時，一般進口商曾向內政部請願減少茶稅，繼於一九二九年，因受英國取消茶稅之鼓勵而又進行廢除茶稅運動，但均歸失敗。

阿姆斯特丹之公賣市場

荷蘭茶葉市場之能造成重要地位，端賴阿姆斯特丹之公賣市場，凡運來競賣之茶葉，由茶葉堆棧公司代爲收藏於其所設之堆棧內。此輩進口商即爲商人、銀行及荷屬東印度植茶業者之董事或代理人。堆棧公司之任務爲茶葉之貯藏、查驗、分類、過磅、稱皮重、分成批別，爲競賣場扦樣及憑「保單」送貨。此項保單最初以執有茶葉者之名義簽發，但因有關於破產之糾紛，乃於一八四五年改變辦法，自此以後，保單以發給「持票人」爲慣例。如貯藏之茶葉未經査驗，則發給「貯藏憑證」，惟貯藏憑證與保單不同，並不保證茶葉之品質。

査驗之方法，係用電氣鑿孔器在每箱上鑽一小洞，然後用中空之長鐵桿插入茶堆中，以扦取均勻之樣茶。對於如此扦取之茶葉，憑嗅覺及其外形而加以査驗。

從爪哇茶園或巴達維亞茶商運來之每票茶葉往往包括不同之種類，尋常在每包上印有同樣之號碼。各種或號碼不同之茶葉予以分別處置及扦樣。茶箱須經檢視及秤衡估定皮重，以求得其淨重。凡非十分完好之茶箱卽須打開，細加驗看，並扦取茶樣，以視與整批茶葉是否完全相符。如在各箱所貯同種同批之茶葉，其品質各異，應在競賣時聲明，如認此種差異關係重大，則可將各件茶葉傾出，重行拚堆，在拚堆時須注意勿使茶葉擠碎。

茶葉之秤衡及定皮重，係採用一種極準確之專利自動磅秤。決定平均之皮重爲一件極重要之工作，將重量及皮重列入印成之茶樣表內，此項茶樣表在海關亦可視作一種目錄，惟須在競賣二星期半前印發。

茶葉堆棧公司對於每宗交易超過一萬四千箱者，向進口商收取每百公斤（淨重）二・四五弗之手續費，以九五折實收，此項手續包括起貨、上棧、爲海關過磅、査驗、扦樣、列印目錄及發給保單等。此外，進貨商須付堆棧以每十二箱茶葉每週〇・二五弗之棧租，自茶葉進入堆棧之日算起，至公賣日後二月爲止；自付款到期日（卽公賣日後三月）起，由買方每月付棧租及火險費〇・一二五弗，至茶葉出棧日爲止。付款雖以三個月爲限，但習慣上茶價總在成交後二星期內付清，如在此時付清，有千分之一二・五之折扣，惟在交貨時又須付〇・二〇弗，作爲在付款限期前之火險費。

東印度植茶者銷售茶葉，大都假手於其代理人，卽進口商。進口商以生產者名義代辦一切手續，可得百分之一至百分之二・四之佣金；但由茶葉公司董事自售之茶葉，通常不收費用。

在他方面，有爲買主完全代辦之經紀人，若輩可參與或不參與實際之競買。常有因買主不願出面而使經紀人代爲叫價，否則由買主自行直接競購。但無論如何，在一宗茶葉成交以後，必由經紀人負責訂立契約，並向賣方收取千分之七・五之佣金。

公賣由茶葉進口商協會主持，在 Brakke Grond 大廈之公賣廳舉行，一切由茶葉堆棧公司與茶葉進口商協會密切合作。在競賣時，由一正式拍賣員負責辦理。

全年舉行公賣廿三次，除暑假外，每隔二週舉行一次。一俟第一次公賣完畢，卽將第二次之貨目單發表。在公賣以前二星期，將貨樣送交經紀人，經紀人將茶樣寄與其當事人。在拍賣時之合法競買人雖限於荷蘭茶商，但茶樣有時分送於全歐洲及利凡脫。經紀人之任務在於檢驗樣茶，並評定其價値，惟檢驗及估價需要一專家担任。一般大商人及打包公司有其自用之茶師及估價員，由若輩估計預備公賣各批茶葉之價値。

公賣自上午十時開始，全日工作，如交易數量鉅大或手續進行遲緩，往往延至下午四時或四時以後始止。每宗同商標同種類之茶葉，以六十箱爲最多。在一宗茶葉中購買其一部份之第一買主有以同一價格購買同宗中其餘茶葉之權利。凡六十箱一宗之茶葉，通常分成三十六箱及二十四箱兩小宗。當一宗交易拍下後，買客卽須提出經紀人之姓名，俾經紀人可辦理簽約手續。

在拍賣以後，經紀人卽將買主之眞姓名宣佈。買主須於十四天以內付清茶價。同時，買主卽可取得在堆棧所存茶葉之保單。外國顧客可經由在荷蘭所設之中間商行購買茶葉。阿姆斯特丹拍賣場有一特點，卽對於外國顧客與國內買主同樣重視。在荷蘭進口之茶葉約有半數在國內銷售，其餘半數則運銷國外，此與倫敦市場之情形適成對照。後者對於茶葉之銷售，內銷約佔百分之九十，外銷僅百分之十。在阿姆斯特丹市場，英人及愛爾蘭人頗居重要之地位。愛爾蘭人所以欲在此購買茶葉，因自阿姆斯特丹輸往該國之運費較自倫敦爲低廉。

此項競賣之受主爲較大之茶葉打包公司或躉賣商，若輩將所購得之茶葉分成小票，轉售與較小之商店，大多數茶葉經過打包商及拚堆商之手而售與零賣商。荷蘭內銷茶約有五分之四爲打包商、商店及設有分店之商號所購入，此等商店在拍賣場有自派之代表，或委託經紀人代購；其餘五分之一爲中國及英屬印度之茶葉，係在東方及倫敦市場用私人訂約方式購買。在阿姆斯特丹有二十家茶葉進口公司，阿姆斯特丹有茶葉經紀人八人，鹿特丹有經紀人五人，若輩爲特許收買茶葉之人。

通過荷蘭海關及堆棧以處置茶葉之辦法，其用意在謀商業上之便利，尤其對於再輸出之貿易。此種辦法遠較倫敦所採用者爲進步。在荷蘭國內推銷茶葉，因遍地河流縱橫，運輸便利，故其價亦廉，此非任何國家用鐵路運輸所能及。

倫敦因英國國內貿易關係，在世界茶葉市場上仍將保持其首屈一指之地位，可無疑義。但英國在市場上若不採取更經濟更進步之方法，則其幹練而善於經商之鄰國荷蘭，將在再輸出之貿易上有逐漸增高其地位之可能。

鹿特丹之進口貿易

鹿特丹之茶葉市場，遠遜於阿姆斯特丹。在鹿特丹無公賣市場，輸入之茶葉由進口商直接出售。在市場上有茶葉經紀人五人，茶葉進口公司一家，亦如在阿姆斯特丹之進口商，代表生產者，而經紀人則代表一般茶葉打包公司及躉賣商。

貿易協會

關於荷蘭之茶葉貿易有重要之協會二，即茶葉進口商協會及荷屬印度植茶業者協會。阿姆斯特丹茶商加入進口商協會，植茶業者協會以增進荷蘭茶業各部門之利益爲宗旨。又有一宣傳局附屬於植茶業者協會之祕書處，至目前爲止，宣傳工作僅限於荷蘭，但其活動範圍正在逐漸擴展，將來或能達到國際宣傳之階段。

三——美國

供飲料用之一種特定標準之茶葉，可免稅輸入美國，茶葉副產物——茶渣、篩餘之茶末及茶屑——則每磅需徵稅一分，並須担保專作製造茶素及其他化學品之用。

輸入之茶葉有印度、錫蘭、荷屬印度、台灣、日本及中國之紅茶；日本、中國、印度及錫蘭之綠茶；台灣及華南之烏龍茶；更有少數從中國南部各口岸運來之花薰茶。

在美國並無茶葉公賣市場，進口商向產茶國或在倫敦、阿姆斯特丹等市場用競買方式或由直接商洽採辦茶葉。現在美國茶葉躉賣交易約有百分之六十至七十係向國外直接定購。

紐約市場

紐約爲茶葉輸入美國之一主要口岸，就數量而論，則佔世界茶葉市場之第二位。在紐約並無起卸茶葉之特殊地點，單就茶葉而言，祇有曼哈坦（Manhattan）及布魯克林（Brooklyn）二處。堆存茶葉之貨棧約有六十處 。主要之公營堆棧有在布魯克林之 Bush Terminal 堆棧，Theodore Crowell Gough 及 & Semke 之堆棧與在曼哈坦之 Fidelity Warehouse公司。在其餘堆棧中，若干爲大打包公司所設立，專堆其自有之茶葉。

按照海關章則，堆存茶葉之貨棧應受海關收稅員之指定，貨主並須出具保結。不在指定貨棧堆存之茶葉，在未經查驗並得到移動許可證以前，須置放於進貨公司或公共貯藏所內；在保結繳入以後，茶葉可在進口商自有之房屋內堆存，以候查驗。如遇此種情形時，則收稅員委派一管貨員在堆存茶葉之房屋內監視，其所需之費用歸進口商負担。在任何堆棧留待查驗之茶葉，必須與其他商品分離。依海關定章，准許特約堆棧內之茶葉在某種條件下得重行打包裝運出口。所有棧租、車力及工資等一應費用，均歸進口商負担。

紐約進口商大概在茶葉裝到以前之一星期至三星期可接到郵寄之樣品。大多數印度、錫蘭、荷屬印度及日本之茶葉係按淨重輸入，故在海關方面不必重行過磅及秤取皮重；但照中國衡量所購入之茶葉，必須過磅及秤取皮重。過磅由一正式之司秤店辦理，每件過磅取費六分，秤取皮重取費五十分，如一宗貨物在九件以內，則抽秤二件，以估定皮重，如在十件以上一百件以下，則抽秤三件；如在一百件或一百件以上，則抽秤五件。

各種包件及茶箱之重量與在倫敦市場相同。當每一批茶葉運到時，進口商即派人至堆棧提取大樣，從大樣中分成若干小樣，送交茶葉經紀人，復由經紀人分發與茶葉掮客、躉賣商及連鎖商店。經紀人正常之佣金爲百分之二，但有時大宗交易經雙方商定，得減至百分之一。

紐約進口商備有貯在編號鉛罐內之標準樣茶，在其派駐產茶國之買客或代理人之辦公處內，亦有同樣之茶樣。其所備中國、日本及台灣之茶樣，大都一年更換一次，對於印度、錫蘭及荷屬印度之茶樣則更換之次數較多。

在茶葉運到以後，所有主要之費用包括下列各項：報關、車力、棧租、工資、桶費、保險、利息、扦樣、過磅、秤取皮重、掮客費及佣金。

其他美國之主要輸入市場，按輸入數量之多寡而依次列之如下：東部海岸之波士頓；太平洋沿岸之西雅圖、舊金山；中太平洋夏威夷羣島之檀香山。

美國之茶葉法規

按照一八九七年之茶葉法——此法後經一九〇八及一九二〇年兩度修正，凡進入美國之茶葉均須存放於特約之堆棧內，由進口商或承辦貨物者向港埠收稅員出具保結，以保證茶葉在未經查驗放行以前決不移動，等候依據政府所定之標準以查驗茶葉之清潔、品質及是否適合於飲用。多年來茶葉法在財政部之主持下實施，現則改歸農業部執行。

茶葉由農業部部長正式規定爲：嫩葉、葉芽、各茶種之體節，以許可之製造方法處理者，並證實其種類及產地與茶名皆符。含灰份最少爲百分之四，最多不得過百分之七；合於一八九七年三月二日議會通過之茶葉法所規定之條件，此法載明關於茶葉之輸入及檢驗條例。（註一）

當茶葉進入駐有査驗員之五口岸之一時，隸屬於茶葉檢驗處之扦樣員乃將每批每類茶葉扦取樣品。扦樣係用一種尋常之夾木及特製之尖叉，待洞鑿成以後，乃將竹耙或鐵絲耙插入洞內。扦樣時應注意勿使茶葉破碎。

扦得之樣茶由一政府所派之査驗員予以比較，檢視其清潔、品質及適合飲用各點是否不低於標準。如進口商或承辦貨物者對於査驗員之意見表示異議，可請美國茶葉糾紛調解處公斷。調解處由農業部長在部員中遴派三人組織而成，地址在紐約。調解處委員並不親自査驗茶葉，惟當庭監視茶業專家所作査驗手續是否適合。最後被調解處摒棄之茶葉必須於六個月內搬離國境，否則即須受海關當局燒毁之處分。

茶葉以一包或一件爲單位，無論迫令輸出或燒毁，不得將一整包茶葉分拆處置，但遇有農業部於一九二三年八月間所頒佈茶葉法第九條所載之情形時，則不在此例；該條規定如次：

（一）如遇進口之茶葉含有過多之茶末，則可加以篩分，此項茶葉之品質若合於標準，可准許進口，惟篩出之茶末必須在政府之監視下予以燒毁或輸出。

（二）如茶葉因受損而被摒棄，可將受損部份除去，在海關之監視下輸出或燒毁，其餘完好部份如合於標準，可再請求査驗進口。如茶葉進入無査驗員之口岸，則由海關提取茶樣，進口商亦提取一份茶樣，送交附近之査驗機關，並附以一式三份之稅關執照表一紙。

註一：Service and Regulatory Announcement No. 2, Supplement No. 1. 美國農業部食品、藥品及殺蟲藥粉管理局一九二八年二月出版於華盛頓。

現有茶葉檢驗員駐於美國之五大輸入口岸或區域。在一九三四年六月三十日會計年度終止時爲止，輸入美國各口岸之茶葉約有八五、〇〇〇、〇〇〇磅。

政府所定之茶葉標準

政府之標準，係由農業部每年委派七人組成之茶葉評驗委員會所制定。此項委員會依法須於每年二月十五日以前成立，一經成立以後，即應儘先召集會議，推選主席，決定茶葉之標準，將決定之標準呈准農業部長付諸實施，其實施期每年自五月一日起。

按照茶葉法，祇制定適合飲用之最低等級之清潔及品質標準，以避免有規定價格之任何企圖。在法律上所以規定具體標準之用意，在於有一種一定之尺度，俾一切輸入美國之茶葉有所依據，而使茶葉法有一律及確定之管理。

在標準規定以後，將選定之茶葉分發各茶葉檢驗員，復由檢驗員照成本售與茶商。在茶葉法上規定：凡輸入美國之茶樣，應依照茶業習慣——如試驗茶汁，並在必要時得加以化學分析等手續——與政府所定之標準相比較。既有此項規定，則駐產茶國之收貨員或外國茶商於裝運茶葉以前，即可與美國政府所定之標準相比較；在試驗時如能慎重將事，則無論出口商或進口商均不致有被拒絕之危險。

Read 試驗法

按照茶葉法，凡茶葉中有含非固有之物質，均認爲不純潔之雜質。對於此項雜質之存在，可用任何便利之方法查察而得，向來所採用之方法皆甚簡單省廉。其中有所謂 Read 試驗法者，爲查察茶葉着色與塗粉之一種方法，爲已故美國農業部黴菌分析學專家 H. Alberta Read 所發明。其法係用每吋有六十個網眼併有蓋之篩一面，用二英兩茶葉在篩上篩簸，將茶末篩在一張八吋闊十吋長之半光滑白紙上，秤取茶末一釐（Grain），散置於一張試驗紙上。試驗紙最好放在玻璃或雲母石之平面上，用一柄長約五吋之鋼製扁平礙藥刀，頻頻施以壓力。如茶末中含有有色物或其他雜質，即可將此項雜質之細粒排列紙上，然後將茶末刷去，用一直徑七吋半之普通放大鏡，在紙上察看。爲求明晰而能區別其細粒起見，宜在光線充足之處觀察。

如被查驗之茶葉所含雜質較多於標準，則可檢取一磅樣茶，送交附近農業部所設之食品與藥物檢驗站加以分析，如查得所含雜質果多於標準，則此項茶葉即被拒絕進口。

被拒茶葉之聲辯

如一進口商對於茶葉查驗員之判斷表示不服，須於三十天以內繕具一種特備之聲請書遞交收稅員，收稅員即將聲請書連同被拒茶葉之樣品封寄紐約之美國茶葉糾紛調解處。調解處邀請特別適合於此種任務之茶葉專家二人或三人，查驗此項被拒之茶葉。茶葉專家將被拒茶葉與政府之標準樣茶一併在調解處當場查驗，如此二位專家之報告與查驗員之報告相符，則查驗員之判斷自應認爲準確，反之，如該二位專家之意見與查驗員之意見歧異，則再徵求第三專家之意見。調解處對於各專家之報告詳加考慮後，將應行處置之辦法分別通知海關當局及進口商遵辦。

茶葉專家所查驗之茶葉有政府之標準茶與被扣之茶葉，二者雖陳一處並不表明而使無從分別，以免有先存成見之弊。查驗程序自左而右，例如，受檢驗之茶葉有四種，經專家分別等級以後各杯位置雖有移動，但因杯底有暗記，故不難辨認標準茶所置之地位，如標準茶在左起第三位，則在其右面之二杯即爲被棄之茶葉，如是重複試驗數次，方可得到結論；第三證人（即專家）祇在前二位專家之間有不同之意見時始被徵召。

茶葉法自一八九七年訂定以來，除在一九〇八年五月十六日略有修正，及在一九二〇年五月三十一日自財政部移歸農業部接管以外，殊少變更。惟在一九〇六年六月三十日所頒佈之食品與藥物法令對於茶葉亦同屬適用。

因美國政府與茶業界採用同一試驗及同一貨物標準，一面在產茶國之收貨員對於茶葉所含之雜質亦能施行簡單之初步試驗，故近年來非完好之茶葉輸入美國者極少，因不清潔或因含雜質過多而被拒絕進口者亦鮮有所聞。凡輸入美國之茶葉，必須合於衛生而有優良之品質堪供品飲者，方稱合格。

四——其他國家

除英國及荷蘭以外，在任何主要之茶葉輸入國內均無茶葉公賣市場。在其他國家，如美國，茶葉買賣係經過經紀人、進口商或中間商之手。在不直接從產茶國或從倫敦及阿姆斯特丹採購茶葉之處，茶葉可從較大之轉口市場如紐約、悉尼、墨爾鉢、蒙特里爾、溫哥華、鄀伯林、埒爾法斯特、阿爾及爾、奧克蘭、惠林頓、開普教、亞歷山大及漢堡等處購入。

唯一之例外爲俄國，茶葉由通常競爭式之私營企業一變而爲一國營茶葉收購機關購買。

俄國市場

俄國對於茶葉之需求，在世界大戰以前及大戰開始之前數年中爲茶業最大之支柱。當時，俄國每年之消費量約近一九〇、〇〇〇、〇〇〇磅。在一九一七年革命以後，俄國茶葉市場頓告崩潰，在一九二一年以後，俄國始重新成爲茶葉買客。

一九二五年，蘇維埃聯邦將茶葉貿易收歸國家專營，收購機關有二：一爲茶葉托拉斯，總局設在莫斯科；一爲全俄消費合作社中央聯合會，於一八九八年在莫斯科成立。後者於一九一九年在倫敦設立一獨立性質之公司，名爲Centrosoyus有限公司，但在一九二七年五月，英國會與蘇聯斷絕商業關係若干時日。近年來蘇維埃政府係向英國合作社及東方各產茶方面收買茶葉。

一九二五年，政府授予茶葉托拉斯及全國消費合作社中央聯合會以在蘇維埃共和國內供給茶葉、咖啡及可可之特權，同時將所有商辦之躉賣與打包公司以及主要之零售商店一概移屬該托拉斯，與其他國營合作社須經過蘇俄之代表商店如倫敦 Arcos 有限公司之手購買者不同，茶葉托拉斯有權向產茶國如中國直接採購或在倫敦及阿姆斯特丹公賣市場直接購辦。在施行政府專賣制之第一年中，輸入之茶葉達二三、〇〇〇、〇〇〇磅，幾較上一年之輸入增多兩倍。中央聯合會所經營者佔輸入總額五分之一。

茶葉托拉斯起初通過俄人所設之商店在中國購買若干茶葉，但其大宗交易則由該托拉斯之倫敦分店在倫敦市場購入，中央聯合會亦向倫敦市場收購茶葉。

從經驗上感覺雙重之營業機構耗費太大，茶葉扦拉斯乃因此停辦，自一九二七年以來，蘇俄之全部茶葉貿易集中於全國消費合作社中央聯合會之手。

俄國主要之茶葉輸入口岸有下列數處：在西伯里亞鐵道終點瀕日本海之海參崴；沿黑海之巴統及敖德薩；瀕波羅的海之列寧格勒。

以前俄國市場從中國漢口吸收俄商在該處所製大量之磚茶，但在世界大戰期中，沙皇軍隊亦祇飲葉茶，由此磚茶之地位遂發生動搖，故有人預料將來俄國新市場所吸收之茶葉大部份必爲葉茶；但如謂磚茶將從此完全絕跡，則又未必盡然。

第三章　茶葉躉賣貿易

茶葉分配之途徑——大不列顛及美國之躉賣業——適合飲水之拚和法——為品質香氣而拚和——美國、英國、荷蘭、斯堪的那維亞、蘇俄、法國、澳洲及新西蘭之特殊拚和法——英國、美國及加拿大之茶葉包裝——茶葉容器——茶袋

在茶葉銷售過程中，最重要之一環當推躉賣業。英國之躉賣商假手買茶掮客而購入茶葉，一面以原來之包裝或經過拚堆及打包之手續而售與鄉間躉賣商、兼營批發之零售商及零賣雜貨商。美國之茶葉躉賣則操於茶葉進口商、掮客及批發商之手。

英國之躉賣商包括茶葉拚堆商、包茶商店、在各地有支店之商店、合作社、批發商及出口商等。同一商店同時兼營茶葉貿易各部門之業務，亦為數見不鮮之事。

躉賣商之經營方法

倫敦為世界最大茶葉消費市場之實貫中心，其在躉賣市場方面，當然居於極重要之地位，就大體而論，可為其餘一切市場之模範。倫敦之最大茶葉商店供應零售商之方法，不外下列三種——以其自己商標之分包茶葉供給零售商；以散裝出售，而使零售商自行拚堆及分包；以零售商名義並用零售商之商標批發分包茶葉。

躉賣公司之茶葉部通常在每種茶葉中選擇一種或一種以上認為最適合於貿易目的之標準，一買茶經紀人有多種用鉛罐裝之茶樣，以作購買時比較之用，此項茶樣隨時或有更換，但總以能得更滿意之效果為準則。有一部份經紀人能比較亦能判斷茶之優劣，良好之經紀人在每次購買時例須以茶樣與有已知價值之標準相比較。

進貨若有錯誤，其損失極大，當發覺一批茶葉不合於其所懸之鵠的時，最好之辦法莫如趕速忍痛貶價脫貨，以免日久損失愈大。且推銷員對於存貨中之「呆貨」，亦祇得漠然置之，以致茶葉有劣變或損壞之虞。

現今大部份售與零售商者多為現成分包之茶葉，不分包之茶葉有一種缺點，即躉賣商必須多備各種各等之貨色以應市面之需求，而且每次交易，同業中亦有同樣之貨色與之競爭，當然各自誇其品質之優良，如不幸零賣各戶對於茶葉又無真知灼見，不能辨別貨之高低，往往高貨反為次貨所排擠。

躉賣商藉廣告及推銷員以發展營業，若輩大都以分包之茶葉批發，而將所有散裝之貨色皆在同一之商標下出售。當此項商標之信用一經確立而所售茶葉能使買主滿意之時，即有同業之競爭，亦不易攘奪其營業。

大不列顛之躉賣業

大不列顛之茶葉拚堆商，包括一般拚堆及打包之商店，對於國內外之躉賣商及零售商作廣泛供給。若輩不僅為其自己商標之茶葉打包，且亦為其他躉賣及零售商店之私人商標茶葉打包。有一部份茶葉拚堆商係一種各地有支店之商店，專向其自己之分店銷售，而不供給其他商店。有一家極大之拚堆及打包商店為一聯合躉賣合作社，可稱為不列顛市場上最大之茶葉收買機關；其餘躉賣商及零售商則購入原箱之茶葉，然後自行拚和及打包。

較大之茶葉銷售商在拍賣時有其自己之收貨員到場，但並不參加叫價，除非買茶掮客不到或別有他事，方親自出馬；不過無論如何，一切

交易仍以買茶掮客之名義出面，而付以百分之一．五之佣金。

有數家較大之拚和及打包公司，甚至有印度、錫蘭及東非洲等處自置茶園種植茶樹者。

在倫敦，有一茶葉買客協會，其目的在於保障躉買商之利益及應付市場中臨時發生之事情，會員約有一百十家。

據估計，祗在倫敦一處約有五十家拚和商或打包商，其營業範圍遍及於全國；此外，在全國尚有在省區推銷之同性質商店約一百家；經營茶葉之躉賣雜貨商，在貿易中心約有主要商店三百家，在小村鎮之次等躉賣商店約有四千家至五千家；經營茶葉而在各地有支店之商店約五百家，包括約一萬五千家之個別商店；除上述以外，更有將茶葉自行拚和之合作社，經過分佈全國之五千家合作商店而售出大量之茶葉。躉賣合作社為合作之最高組織，大多數糧食由自己生產，自己製造，並有自設之工廠、糖菓廠、輪船、火車及堆棧，總店設在曼徹斯特城（Manchester）巴龍街（Balloon Street），分店以地方合作社形式——經營零售雜貨一類之業務——深入於各方面。其營業範圍之廣，可從下列事實窺見一斑：其試驗茶葉及其他一切費用每年達一萬萬英磅之鉅；在不列顛市場上為最大之買主，每年承銷九千萬磅；凡合作社設有工廠之村莊，即完全屬於其勢力範圍內。

美國之躉賣業

在美國有茶葉躉賣商三千七百家，包括雜貨批發店及專營茶葉與咖啡之批發店，尚有三百二十五家連環商店亦經售茶葉。

在美國，茶葉經紀人及茶葉掮客之地位係處於躉賣商及進口商之間，但茶葉經紀人及掮客為數不多，近來躉賣商有直接向進口商購買之趨勢，凡運入美國之茶葉，百分之六十至七十皆為躉賣商直接所定購。

在躉賣商中經營大量茶葉者約有一千二百家，專營茶葉者為數較少，大多數商店不過在各項躉賣貨物中亦另設茶葉部而已。分包或散裝茶葉均有出售，大多數專營茶葉及咖啡之商店為迎合一般人之嗜好起

見，多注重於咖啡，而對於茶葉並不同樣重視，直至最近，此種態度始稍有改變，此當然不能概括較大之茶葉打包商，在若輩之出品中，茶葉實佔極大之百分比。

美國有許多躉賣商將茶葉打包工作委託專營此項業務之商店代辦，躉賣商先令茶葉裝至打包商店，裝成各種大小式樣之包件，然後運回，再售與零賣商。但有少數較大之躉賣商則有自設完備之打包工場，裝置一切為拚和及打包用之必要機械。

躉賣時之拼和法

在四十年前，躉賣商及零售商所售之茶葉並未經過拚和手續，一仍東方茶國運來之原狀。此種辦法在躉賣商固屬便利，但結果殊覺不甚滿意，一則因貨色難以與下批茶葉一律，二則因躉賣商均相競銷某數種茶葉，以致最先推銷此數種茶葉之商店不易得到第二次之定購。

今日躉賣業出售拚和之茶葉已成為普遍之習尚，按照各種公式拚和，以消除因季候或他種原因所生之差異，而使貨色劃一。由於養成對於此項拚和茶之需要，可使與銷售散裝茶所同感之困難消失。

據估計，在英國所售之茶葉，拚和及分包之茶葉佔百分之八十，不分包者僅佔百分之二十；其比例在主要茶葉消費諸國雖各有不同，但分包茶葉在各處均居領導之地位，則並無二致。由於此種原因，在許多產茶區乃有逐漸使一種顯著之特性專門化之趨勢，期以適合於拚和用之需求，而不復注重於普通專供品飲用之品質矣。

茶葉專家——在一拚堆商店之茶葉專家除對於其工作須有一種自然之傾向外，更應有銳敏之嗅覺、味覺，豐富之商業知識，並熟諳市場之情形。在成為一精明練達之專家以前，悠久之經驗亦屬必要，對於一切茶葉，至少對其所在市場最流行各種茶葉之性質，必須明瞭；此外，對於各期所產茶葉之特性亦須知悉，因各期所產茶葉在市場上之價值不同，故須將各批茶葉加以選擇與拚和而使最適合於各區之飲水及消費者之口胃。凡對於此種最後一點能以最少之費用而得最佳之成績者，即可

稱爲成功之茶葉拚和專家。

茶葉專家或茶師可得優厚之俸給，近年來婦女亦有從事於此項工作者，而且成績極好。

因長期研究大不列顚對於茶葉之需要，而使拚和專家察覺在口胃上有某種基本的殊異，口胃爲專家在拚和茶葉時所最注意之一事。例如在倫敦及泰晤士河以南各郡之飲茶者，據云對於茶之品質並不講究，然在工業區之煤工及其他工人則嗜飲上品之茶；蘇格蘭所需要者爲品質優良而有香氣之茶葉；愛爾蘭所消費之茶葉在品質上均較優於蘇格蘭或英吉利。

在美國，對茶之口胃亦殊不一律，此爲茶葉專家所應注意之點。中國綠茶大都行銷於中部諸州，而在其他各處則製成拚和茶飲用；烏龍茶之主要銷路係在紐約、賓夕佛尼亞及東部諸州；醱酵茶即由印度、錫蘭、爪哇、及蘇門答臘茶拚和而成之橙黃白毫，行銷全國；日本綠茶則大部份銷售於沿加拿大邊界自新英格蘭（New England）以西迄明尼蘇達（Minnesota）一帶之北部諸州，中西部之依阿華（Iowa）、密蘇里（Missouri）及堪薩斯(Kansas)，以及太平洋沿岸之加利福尼亞等處。

適合飲水之拚和法——一個成功之茶葉拚和專家所應具之資格不僅須有敏銳之味覺，在明星卷認爲一個茶葉專家必須明瞭英國各地飲水所含之化學成份。茶爲茶葉浸在水內之一種溶汁，所用各種水之重要正不亞於所用之茶葉，因二地之水從不相同，故在拚和以前必須明瞭水之軟硬性程度，方能適合調味。有一部份茶商備有英國各地之飲水圖表，以資參考。此項茶葉之試驗。有許多大打包公司從各城裝運飲水以備拚和圖表視情形之變動而隨時加以改正，每遇各地零售商欲購茶葉時，即先杳對圖表，然後將茶葉拚和以期適合顧客所在地之就地情形。將刺激性較强之茶運往某處，刺激性較弱之茶又運往某處，以與各地化學成份不同之水相配合，其由此泡製之茶，在兩地幾全相同。

一切拚和之茶葉可分成三類：有刺激性或敏感之茶葉、濃厚而火力較高之茶葉及强烈而有香氣之茶葉。凡軟性之水需要細小粒狀，强烈而無苦味之茶葉；至於有刺激性强烈芬芳之茶葉則最適合於硬性之水。

最適合於軟水之茶葉爲高地之錫蘭茶、濃厚之杜爾斯茶、大吉嶺茶、康格拉茶、尼爾吉利茶及金塔克（Kintucks）茶。

較有香氣之茶葉適合於中性之水，如祁門茶、大多數之錫蘭茶、大吉嶺茶、卡察茶、雪爾赫脫茶、亞薩姆茶、爪哇茶及蘇門答臘茶等。

最適合於硬水之茶葉爲濃厚强烈之茶種，例如烏龍茶、宜昌茶、沙縣茶、派特萊（Padraes）茶、濃厚之邵武茶、婺源綠茶、雪爾赫脫及杜爾斯有數季所產之茶，與有刺激性之亞薩姆茶。普通所用敏感之茶葉大都爲亞薩姆種，在亞薩姆天氣較冷地方之遜種茶產生一種較硬之葉，可泡製有刺激性及敏感之茶。

從事茶葉拚和之人，從經驗上獲知一種優良有香氣之茶葉不能與粗茶拚和，如爲求香氣而用花薰茶，則其餘配合之茶葉應擇濃厚而强烈者，否則其所泡之茶汁必極淡薄。一種拚和茶由少僅二種或多至二十種配合而成。照例以多用幾種爲較善之政策，如此則拚和之茶葉即使缺少一、二種，或以他種代替，亦不致覺察有何不同之處。

一種中等價値之茶葉在任何飲水中均能泡製濃烈之茶汁，可用一種有香氣之錫蘭茶及濃厚之杜爾斯茶，再加上少許花薰白毫或烏龍茶（在十六磅或十八磅茶葉內攙入一磅已足）配合而成。配製一種較爲適合於高度硬性水之中等價値之茶葉，則可用一種敏感有刺激性之亞薩姆茶以代替有香氣之錫蘭茶，香氣在硬水中不易顯露。

一種適合於中性飲水之上好拚和茶，可用濃厚之錫蘭碎白毫及有香氣之亞薩姆白毫，或更加上少許花薰茶拚合而成，如用一種刺激性强烈之亞薩姆白毫，則不必再加花薰茶。適合於軟性水之一種適口拚和茶，其配合之主要成份爲上等錫蘭碎白毫及濃厚之杜爾斯白毫，更加上最優良之台灣烏龍茶，以增香氣。

一種由紅、綠茶及烏龍茶平均配合之完備拚和茶，其構成之比例爲台灣夏季所摘之茶百分之四五，婺源茶或副熙百分之三〇，早採之日本藍製茶百分之一五，有香氣之錫蘭茶、亞薩姆茶、大吉嶺茶、爪哇茶或蘇門答臘之白毫（任擇一種）百分之十。如用各種道地之茶葉拼和，拼和後任令堆置數星期而使各種香氣融合適當，則此種拼和茶必極適口，且香氣亦極調和，而無某一種茶葉之特殊滋味。

拼和茶葉使能適合各特殊地域之飲水之法，在大不列顛及其所屬殖民地應用最爲普遍，但此種方法近已漸次推行於美國及其他茶葉消費國，在各該處較爲進步之茶商皆已採用拼和方法。

品質上之拼和法——市上雖常有對於不用拼和方法之各種上等茶葉之需求，但茶販覺得用某種簡單之拼和法所製成之茶葉較易銷售。例如用等量之中等錫蘭茶與印度茶拼和而成之茶葉，較二者中之任何一種單獨出售爲易於推銷。在英國出產之茶葉中拼入少許烏龍茶，在芬芳及香烈方面亦有顯著之利益，此於上等茶葉爲尤然。

任何色淡汁弱之台灣茶若與錫蘭茶拼和，即能改進其品質；中等工夫茶與錫蘭茶、印度茶、爪哇茶或蘇門答臘茶拼和亦屬有利。

一種低級賤價之拼和茶有時亦稱「桶茶」（Barrel tea），係拼合台灣標準茶、工夫茶及低級麻珠或貢熙茶而成。

有一部茶葉拼和業者不顧用製造不精之中國茶葉，彼等以爲即使混入百分之十之一小部份，亦極易爲同業所察覺，但此種見解殊覺不甚準確。例如中國一種無刺激性之武寧（Moning）紅茶與强烈之錫蘭茶及印度茶拼和即能得極美滿之效果。此種拼和茶可保持一年而不致走洩香氣，若單用錫蘭茶則香氣不易保持。

分包茶葉之成分——在英、美市場上最著名分包茶葉之製法，因一種顯明之理由而大都保守祕密，惟就大體而言，一種銷行極廣之混合茶大概拼合精選之茶葉而成，不外：（一）錫蘭茶與印度茶拼和；（二）錫蘭茶、印度茶或爪哇茶、中國茶及台灣茶以各種不同之比例配合而成。例如一種價格公道之英國分包茶係由中上等級之印度茶與錫蘭茶均勻配合而成；一種著名之加拿大分包茶包含一大部份高地錫蘭茶及若干高等爪哇茶。

在美國有一種最著名之分包茶銷行全國，係由印度茶與爪哇橙黃白毫拼和而成；另一種銷行頗廣之美國分包茶包含上中等級之印度茶及錫蘭茶，並有少數中國茶。日本茶及台灣茶常作爲單獨飲用，但近來台灣紅茶用作拼和者漸廣，拼和茶——綠茶及紅茶——在消費總額中，約佔百分之十至十二。

近年美國對於橙黃白毫之需求激增，因適應此種需求而多製備此項拼和茶，以致使混合範圍縮小。在美國，錫蘭茶及印度茶之需要最廣。

應用機器之拼和法

如在倫敦所行之茶葉拼和法，先從拼和商所存千百種之茶葉中選出二十種左右認爲宜於拼和之茶樣，按照通常所用方法，一一加以試驗，然後選定幾種作爲拼和之用。從此項選定之茶葉，依照混合專家所擬定之公式，合成少量之拼和茶。惟須注意其配合之比例，因在此項少量拼和茶證明滿意時，即可將詳細計劃送交堆棧，以便如法大量仿製。

在美國有許多躉賣商對於茶之拼和僅憑進口商或掮客之設計，而使拼和之茶葉合於標準。有時進口商不僅爲躉賣商拼和茶葉，且亦代爲打包。

每個拼和商各有特殊之拼和方法，有沿用在地面拼合各種茶葉之舊式而頗屬可棄之方法者，亦有採用茶葉拼和機，而以科學方法拼合者。但無論採何種方法，所最宜注意者即爲拼和切勿過度，因過度拼和足以摧殘茶葉之鋒芒，甚或碾成碎末，以致呈現黯淡之色澤。一種小軋碎機或雙磨機爲必備之工具，用以截斷大葉之小種白毫或白毫。

用以拼合之各種茶葉應有不同之特性，故製造一種拼和茶必須慎選其特性，且須使合於各種特性之標準，庶幾可使一種茶葉保持其常態，而不致時有變更。同樣，須切記勿將碎茶及大葉混入，拼合之小葉恆沉至底層。不過小葉或碎葉亦可自行拼合，而製成一種碎拼和茶。

日本茶在一部份商人之意以爲其味不如中國綠茶，但以日本釜製茶與中國副熙拼和，則可彌補此種缺點。

日本茶、雪爾赫脫茶及工夫茶往往可用作賤價拼和茶之補充物；質優葉小之工夫茶亦有同樣之効用。

美國之拼和茶

製造一種拼和茶必須澈底明瞭茶葉之試驗法，單持公式殊嫌不足。在他方面，欲供給特殊之公式亦頗覺困難，因其對於營業之性質，所服務之地域，各期所產茶葉之變化，市場情形及市價變動等均極有關係。對於上述各項情形雖不能忽視，但下列各種標準拼和茶對於美國之茶葉拼和業頗有用處。

拼和醱酵茶——此種茶葉可從印度茶、錫蘭茶、爪哇茶及中國紅茶拼和而成，爪哇茶、印度茶或錫蘭茶，可相互更替用之。有一種賤價之拼堆茶（零售六角）可用二份爪哇白毫與一份「華北」工夫拼合而成；另有一種同價的拼和茶係拼合等量之雪爾赫脫白毫、卡察白毫及工夫而成。

另一種低價拼和茶（零售七角）係用二份錫蘭白毫及一份印度之卡、雪爾赫脫、杜亞斯或丹雷白毫所製成。另外一種售價相同之拼和茶可用等量之錫蘭、爪哇及卡察或雪爾赫脫白毫拼合而成。

有一種售價中等之拼和茶（零售八十分）可用碎橙黃白毫及亞薩姆白毫各一成拼合而成。另一種係由二分爪哇橙黃白毫與一份「華北」工夫所合成。

一種超等拼和茶（零售一元）可混合九成錫蘭橙黃白毫與一成大吉嶺白毫而成。另一種之拼合成份爲碎橙黃白毫、橙黃白毫及大吉嶺白毫各一份。

各種不同種類拼合而成之茶葉——此種茶葉之拼合成份或爲紅茶與綠茶，或爲紅茶與烏龍茶，或爲烏龍茶與綠茶，或爲紅茶、綠茶及烏龍茶。在從前所用多爲副熙茶，但因此種茶葉之供給極有限制，且價亦甚高，故現改用日本茶或麻珠爲代替品。

一種低價之拼堆茶（零售六十分）可用三份台灣茶與一份麻珠或日本茶拼合而成；或用等量之廉價麻珠、工夫及烏龍茶製成之。

有一種零售七角之拼和茶，其比例爲台灣茶三成、錫蘭碎橙黃白毫二成及日本釜製茶二成。另一種低價之拼和茶可拼合五份台灣茶、三份麻珠、一份日本籠製茶及一份爪哇碎白毫或白毫而成。但有一部份拼和商認日本茶與麻珠不宜拼合在同一種茶內。

一種售價中等之拼和茶（零售八十分）可用五成最優台灣茶，三成次等副熙，一成優良日本籠製茶及一成錫蘭白毫拼合而成，或用等量之副熙、工夫及烏龍茶合成之。

一種超等拼和茶（零售一元）包含五成優良台灣茶、三成頭等副熙、一成頭摘之日本籠製茶及一成優良錫蘭白毫。其餘中等價格及高等價值之拼和茶亦由低等拼和茶所用同樣之原料及同樣之比例配合而成，不過選取較爲高等之材料而已。

在一部份拼和商之意，以爲在各種不同茶葉拼合製成之茶內，至少須用紅茶百分之五十，使有充分之濃度。

日本綠茶製成之拼和茶係用高等或低等之日本茶配合而成，有時偶或加入副熙。

橙黃白毫拼和茶——一種低價之橙黃白毫混合茶（零售六角）可用等量之錫蘭（如價不過貴）、阿薩姆、卡察及爪哇之橙黃白毫拼合而成。因錫蘭橙黃白毫價格較印度或爪哇產者爲貴，故不常用於低價之茶葉。一種售價中等之橙黃白毫拼和茶（零售八角），可用等量之錫蘭及爪哇（或印度）橙黃白毫拼和而成。一種超等橙黃白毫拼和茶（零售一元）包含等量之錫蘭及大吉嶺橙黃白毫。

其他各國之拼和茶

英國——英國拼和商可用等量之湖北紅茶、錫蘭小種白毫、亞薩姆小種白毫及花薰紅茶（Scented Caper）製成一種低價之拼和茶。一種售價中等之拼和茶包含等量之武寧紅茶、安徽茶、華南紅茶、大吉嶺白毫、亞薩姆小種及錫蘭金黃白毫。一種優等混合茶所包含之成份爲六成碎亞薩姆茶、六成碎錫蘭茶、二成大吉嶺白毫、一成寧州紅茶（Ningchow Moning）及一成政和紅茶。

一種極名貴之正山小種茶與價值甚廉之邵武茶拚合，每能產生一種極好之小種混合茶；錫蘭茶亦易與價值較廉之爪盤谷茶拚合而製成一種富於錫蘭風味之拚和茶。

有一家著名之倫敦茶葉打包公司採用良好有色之印度茶作為其所製各種拚和茶之基礎，再加入芬芳之錫蘭茶；有時亦用若干純粹之爪哇茶。該公司於每種「混和」所用之茶葉約有八種，因此，即遇一種拚和茶售罄時亦易於仿造。其所製零售二先令八辨士或三先令之高價拚和茶係用品質優良之亞薩姆茶、錫蘭茶，有時加入若干芬芳之大吉嶺茶拚合而成，該公司深覺純粹而可單獨飲用之錫蘭茶極受顧客之歡迎。

荷蘭——雖然荷蘭茶葉之平均消費量甚高，但其所消費高價茶葉之百分比甚低，低廉之茶所包含者大都為爪哇茶及普通之中國茶，例如普通之湖北武寧紅茶及碎坦洋工夫。中擋茶葉則用等級較高之爪哇茶、印度茶及錫蘭茶拚合。愈高等之拚和茶則所用英國產之茶葉愈多，有許多打包商在北高等拚和茶內亦用一種優良之坦洋工夫，加入少數祺縈之小種茶。在荷蘭北部，中國白毫銷行日廣，綠茶從不作為拚合之用。惟有二、三種拚和茶內亦用少量之台灣烏龍茶。

斯堪的那維亞——斯堪的那維亞打包商用以拚合之主要茶葉為中等及高等品質之錫蘭橙黃白毫與白毫，若輩亦用少量之錫蘭碎橙黃白毫、大吉嶺與亞薩姆之橙黃白毫及白毫；有一部份打包商則採用少量之爪哇茶。在中國紅茶中被採作拚合之用者為武寧紅茶、新門紅茶、坦洋工夫等茶，及為數極微之小種茶。至於綠茶則全然不用。

俄國——一種標準俄國拚和茶，包含三份普通正山小種茶、一份普通寧州武寧紅茶及一份華南紅茶（Kaisow）。一種售價較高之混合茶係用三份正山小種茶、一份華南紅茶、一份寧州紅茶及一份中國橙黃白毫拚合而成。

有一種為一般喜飲淡薄芬芳茶之人而製之「隊商」(Caravan) 拚和茶，用中國新門紅茶約百分之六〇、中國政和紅茶或大吉嶺茶百分之三〇、烏龍茶百分之五及中國嫩白毫百分之五拚合。在此種混合茶中，新門紅茶之效用在於中和而不過於強烈，大吉嶺及中國政和紅茶取其有香氣，烏龍茶取其有刺激性，嫩白毫——完全係白色頂芽所製成——祇取其形狀美觀，但對於所泡茶汁並不發生若何效力或影響。此種拚和茶極合俄人之口胃，飲時往往放入一片檸檬。在中歐及斯堪的那維亞所消費之茶葉幾純屬一種全葉之茶，其一般之需求在為淡薄芬芳，而不在於有濃烈之汁液。

法國——一種尋常品質之拚和紅茶所用祇是中國茶，其配合成份為十五份良好之中國正山紅茶，三份華南紅茶及二份武寧紅茶。一種稍粗之拚和茶包含四份中國正山紅茶及一份錫蘭白毫，二者均有芳香。

一種價格公道祇用中國茶所製成之法國拚和茶極受法人之歡迎，係由四份超等中國正山紅茶及一份寧州紅茶拚合而成。一種中、印拚准茶包含四份中國正山紅茶及一份種於平地或矮種之大吉嶺茶，此種茶葉性頗強烈。

一種超等法國拚和茶純由中國茶葉所製成，包含十四份小種茶、三份精選之寧州紅茶及三份頂尖嫩白毫。一種中、印拚和茶係用三份中國正山小種茶、一份精選之寧州紅茶及一份優良亞薩姆白毫所製成。

澳大利亞及新西蘭——在此等島嶼上茶葉之平均消費量頗高，但不用綠茶，其最佳之拚和茶幾純用錫蘭茶或攙用百分比極小之印度茶，然總以不侵犯錫蘭茶之特性為度。在澳大利亞，打包商之間競爭頗烈，在拚和茶中僅有攙入少許爪哇茶，以便貶價競銷者。

碎切及混合機

為碎切大葉茶而使適合與較為精細之茶葉拚和所用之機器，種類頗多。其構造之重要部份包括入口及碎切用之滾筒一條或多條，滾筒周圍刻有溝槽，溝槽之大小適當於所軋茶葉之大小。滾筒之溝槽有各等大小，以供軋成各等大小茶葉之用，通常為一英寸之 1/8、3/16、1/4、5/14、3/8、7/16、1/2及3/4，各滾筒可更替裝入機中用之。滾筒轉動時所抵觸之金屬阻力板均受一螺釘之控制，可隨意使之鬆緊，以便加以清除；只須有一釘或小梗介入，此板即能自由鬆退而後立刻恢復原位。

碎切機之大小，自櫃上所用袖珍式之小機以至工廠中所用每小時能碾茶葉一、一五〇至二、五〇〇磅之巨大自動機均有。有幾種軋碎機裝有釘類通過器，以便將拆包或傾倒時偶或混入茶葉內之釘類剔除。亦有裝置電磁鐵，以吸取茶葉內混雜之任何金屬物者。

有一種篩分與碎切兩用機為一般大拚和商所採用，此種機器裝有一面大篩，藉曲柄軸之力而振動，以篩去茶末或塵埃，然後將篩淨茶葉送至機器之軋碎部。此項機器亦如構造簡單之切茶機一樣，有用手搖或用動力之區別，並可裝置除釘器。

混合或拚和機亦有數種，大多數為旋轉鼓形筒式，其大小自用手搖者以至用動力之自動式者均有。用手搖之機器大小亦不一律，有在櫃上或秤上所用之樣茶拚堆機，其所能混合之數量不過二、三磅；然亦有能混合五十磅至半噸之較大機器。至於用力推動之拚和機經常能容五〇磅至一、五〇〇磅，然在幾家大拚和公司內所用一種特殊之機器，則每次能混合三、〇〇〇磅或甚至四、〇〇〇磅之茶葉。

有幾種混合機藉一中心軸而使鼓形筒旋轉，鼓形筒有架或支撐物支持，使茶葉從筒之周圍向外射出。亦有筒耳（Trunnions）及阻力輪（Friction Wheels）以支持鼓形筒，並使之旋轉，以省去中心軸，以便茶葉由鼓形筒中心之一端向外射出者。圓筒由以打綴帽釘之鋼板製造而成，內部光滑，質地充分堅硬，在滿載茶葉而轉動時足以抵抗扭轉力。鼓形筒藉一減速齒輪徐徐旋轉，其內部之茶葉裝置亦藉另一齒輪而作螺旋運動，俾茶葉得以拚合透徹。有一堅固之生鐵架用螺釘緊釘於地板上，使機器開動時不致動搖。

英國之茶葉包裝

因競爭之劇烈，使茶葉包裝業有發展為機械化及運用有效方法之趨勢，其發展之程度並不稍遜於其他任何工業。在英國茶葉包裝之一標準例子，可從下述在倫敦附近一家大工廠之工作情形中窺見一斑。

茶葉由產茶各國運到倫敦碼頭，復由船塢堆存於特約堆棧內，以待海關施行茶葉之清潔檢查。第二步，將各箱茶葉送到製茶工廠，由一當在開動之電梯直送至最高一層之樓上。如有大葉之茶則先通過碎切機。各種新到之茶葉均傾倒於機上所裝之許多漏斗內，茶葉從此漏斗而通過下一層所裝之混合機。此種英國混合機可容納二噸茶葉，從此機裝入可容一英擔（Cwt合一一二磅）之袋內；此項茶袋裝入走廊車往茶葉打包室，在走廊邊有闊大漏斗可將茶葉通至打包機上，每一打包室有十二漏斗，每只漏斗能容混合茶一、五〇〇磅，每遇一漏斗出空時即有一紅燈出現。

機器之製造視所需秤之包件之大小而異，此項機器種類繁多，但其原理則一。機器動作之速度每分鐘能完成七十袋茶葉之秤重、包裝及封固等工作，其進行之迅捷足以使人為之眼花迷亂。此項機器之主要構造有在同一平面上緊密並列之圓盤或桌面二具，向同一方向旋轉；在一隻盤上放入製袋用之紙，頃刻即可製成一端封固之袋，其餘一隻裝有接受器十二架，以接受從第一盤移來之袋，使直豎於接受器上。圓盤作間歇之旋轉——即在旋轉之進行中，每隔若干時間有片刻之停止，以備繼續其工作，自將一捲紙裁下一片，直至將其製成可裝一定數量茶葉而完全封固之紙袋為止。此項紙袋襯以不透水之紙，在封裹用之紙之一面塗上膠水，裁成適當之大小而摺疊之，套於第一盤上所裝八具模型之上；此時盤在旋轉，當每一模型循其圓軌而旋動時，機件之作用即壓使封裹用之紙條之有膠一面粘住其他一面，由此而封固其一端。紙袋製成以後即推移至第二盤上，第二盤裝有接受器十二架，每架可容直豎之袋十二隻，當紙袋脫離第一盤時，輕巧動作用使紙袋由橫置而變成直豎。

自動秤重機從上一層樓之大漏斗內漏下之茶葉秤取準確之分量，以之傾入紙袋內。在第二盤下面有一振動機使茶葉充實於袋內，同時有一壓力器漸漸壓下使茶葉充實，然後將茶袋向外推移，而自動也加以計數。打包機所用之秤重機可分四組，其所秤茶葉之重量，極為準確。

自紙條放入包裝機直至製成可盛茶葉之紙袋，需時八秒，茶葉裝入包內每四包需時二秒，秤重所需時間且較少於打包者，故秤重之機械分為四組，二組專司秤重，其餘二組，則同時將茶葉裝入袋內，使此二種工作——製袋與裝茶——於每分鐘七十包之速率完成。每袋茶葉均於秤好後在秤重機內等待打包機之接取，故秤重機之容量顯然必須多於實際所需要之數量，以免茶葉過滿而溢出。

秤重過程係將漏入秤重機中之茶葉全重量，分派為向下流注之許多股，每股大小均預為決定，起初源大流湧，最後乃細如點滴，有一組秤桿輪流轉動，每股之全重量即分批依次流注於各桿上。秤盤係一接受器，其底面有一雙重鉸鏈之蓋 藉機械之力而張開，由打包機上之接觸器藉電力以控制之。有一避塵域並有兩扇玻璃門之罩，罩於各具秤重機上。

茶袋隨一不斷轉動之皮帶而向前推進，此時紙袋之一端封固，其餘一端亦加封閉，同時有一直豎之紙袋摺口。當此循環不停之皮帶在滾筒旋轉時，此豎立之紙袋摺口即自動關閉，由第二皮帶將紙袋送至在打包機右面之標籤機。

在離開標籤機時，紙袋集為小包，每包內裝茶葉六磅。此項小包堆置於許多有車輪之小車上，待此項小車裝滿後，即由電力之工廠貨車運往貯藏所。

美洲之茶葉包裝

美國——美國之茶葉包裝設備，大致與英國相同，惟大多數機器均在美國製造，在美國之打包手續較英國為精細，而費用亦較大，蓋運輸路程較長，且發售與零售商之時間亦較遲，故對於茶葉必須有較為妥善之保護。

有一專營茶葉包裝之美國標準工廠，據稱為美國最大之茶葉包裝公司，其地址在荷波肯（Hoboken），隔北河（North River）而與紐約相對。工廠建築為一十二層之大廈，辦事室設於頂層，其餘各部之分配均合於重力制度之設計，使茶葉可自第十層之篩分機及軋碎機而傾瀉於底層之裝運室。

該公司之總辦事處設在頂層。在第十一層即辦公室之下一層有一設備完全之鉛罐製造廠，所製鉛罐足敷該公司大部份出品之用。鉛與紙板亦間被採用。

第十層有一部份用作試驗室，室內祇靠北一面通光，牆皆塗成綠色，調節光線用之竹簾亦油成綠色，靠北首有一長櫃，在櫃上有秤取試驗用茶葉之小秤，以及一排一排之杯壺，牆上掛有一隻小鐘。

試茶採用英國方法，即秤取若干茶葉置入壺內，冲以沸水，每隔六分鐘，鐘上之鈴即可噹而鳴，然後將茶汁傾入杯內，而將浸過之茶葉傾於倒置之壺蓋上。

工廠中之進行程序自十層開始，原裝茶箱送到該層後將茶葉倒出。茶葉從箱倒入木桶內，用手將木桶移至本層所裝之Savage式篩分機及碎切機，而傾入於漏斗內。

茶葉經過篩分及碎切以後，由輸送器運至兩架用電力開動之Burns式混合機中，此項混合機係一種末端開口式之機器，每架可容納茶葉一、五〇〇磅。在徐徐轉動之圓筒內有逆列之架隔，每二十分鐘能混合數百磅或四分之三噸之茶葉，每當隔門旋進時，茶葉即由筒之中心向外射出。在混合之進程中，由一吸引扇將一切纖毛及塵埃自動移入裝於機器一邊之一烟突式接受器內，在此接受器之頂端，有一空氣導管直通屋外，將極微細之塵灰發散於空中。

當茶葉拚合完畢以後，即傾入於底部裝有活動門之車內。車在一種有裂縫之軌道上駛行，茶葉從裂縫傾入第九層所裝包裝機之漏斗內。此項裂縫有十四個，下面緊接十四個大漏斗，分作兩行排列；一行將茶葉傾入於裝紙包之機器內，另一行則傾入於裝鉛罐之機器內。

在室內裝紙包之一邊，將茶葉裝為半磅、四分之一磅及一角包數種。紙袋在室之一端用機器製成後，由輸送器傳遞至為插入襯裹鉛皮用之另一機器內。

此項集結之紙袋在離開襯裹機以後，仍在輸送器上，即由此輸送器送至秤重及裝茶機，將所需要一定數量之茶葉自動裝入袋內，裝好茶葉之紙袋由一種篩器振盪而下。茶葉從漏斗落入準確之電秤盤上，然後裝入紙包內。

各包茶葉由輸送器傳遞，經過一封口機將紙袋密封以後，送達有一女工管理之第五部機器；該機將紙包加上臘紙之封套，並在其一端蓋印。此後茶袋即送達另一羣女工而裝入於紙板箱或木箱內，於是由電梯送到底層之裝運室。

在室之對面一邊，茶葉用鉛罐裝成一磅及四分之一磅二種，此項鉛罐茶葉係用另一套機器包裝。鉛罐從第十二層上之溝道降下，由工人用手將襯紙插入。茶葉由自動秤重機裝入鉛罐內，其程序與紙袋裝之茶葉大致相同，不過其運用方法半用機械，半用手工而已。當秤盤傾側時，盤中茶葉即經由一小嘴子而倒入鉛罐內，由一工人執罐承接之。每一鉛罐裝滿時，由工人置於輸送器上，送至無實茶葉用之機器，另一工人迅即安上蓋頭，將鉛罐運到標籤及乾燥機上。

鉛罐在貼上標籤以後，即裝入木箱或紙板箱內，可裝四分之一磅之罐五十罐，或一磅罐二十五罐，木箱之蓋用釘釘住，或將紙板箱封固，然後將此項包件送至底層之裝運室內。在裝貨之月台上有一條三軌之鐵路，上面可放許多車輛。

加拿大——加拿大茶葉輸入之主要口岸有哈利法克斯、聖約翰、蒙特里爾、多倫多及溫哥華。茶葉由躉賣商輸入，若輩以原裝之箱茶或經過拚堆及分包手續而售與零售商，據估計，所售百分之五十爲散裝茶，其餘百分之五十爲分包茶，大多數單獨出售之茶爲錫蘭茶；印度茶則多作拚和之用。在該自治領內之拚和商對於拚合茶葉並無固定之公式，但大部份端視各季茶葉之品質而定。

從事拚和工作之最廣者，祇有三城市，即蒙特里爾、多倫多及溫哥華。在魁北克（Quebec）、鄂大瓦（Ottawa）、溫尼伯（Winnibeg）及其餘若干中心，亦經營少許拚和工作，但在較小地方之茶商大都向英國購入混合茶。凡進入加拿大之茶葉在准許銷售以前，均須經政府所派之試驗員詳加檢驗，以覘是否有攙雜作僞情形。

在多倫多有一加拿大最大之拚和及包裝公司，係一所四層大廈之建築，佔地六七、〇〇〇方尺。將購進之箱茶運至頂層而傾入於漏斗，以後之一切動作皆應用重力，不必再經過其他手續。

加拿大所用機器大多數係英國製造。茶葉準備包裝之第一步工作係運用在頂層所裝 Savage 式之漏斗、碎切及篩分聯合機。茶葉從三個口進入漏斗，而由底部一個出口傾瀉於下一層所裝之拚和機內。漏斗上面之一入口通至碎切滾筒，碎切滾筒將粗大或細長之茶葉軋成勻整之大小以後，落入正在簸動之篩盤內，由篩盤直接篩入下面之拚和機內；茶末則落入另一溝道，而積聚於拚和機旁之一大接受器內。在漏斗左面之入口祇通至篩分機，因此使適當大小之茶葉不必經過切碎程序，而僅除去其茶末或塵埃而已。在漏斗前面之第三入口直接供給茶葉於下面之拚和機，此入口專備無塵埃及大小勻稱之茶葉之用。

又有兩架Dell 式拚和機。此項拚和機係鋼製龐大之鼓形筒，直徑十二英尺，闊七英尺，在兩條強固之軸上旋轉，旁有齒輪以限制其旋轉之速度，在此二架混合機中，一架可容茶葉二噸，其他一架可容一噸半。

茶葉從拚和機藉重力而落入大玻璃槽內，由玻璃槽通過自動電秤而入於包裝機。

該公司採用 Driver 式雙重自動電秤，懸垂於天花板之托架上。所謂雙重電秤實係兩架秤，此兩架秤輪流運用，每分鐘能完成半磅裝之茶葉一二〇包。

Day 式自動包裝機係從自動秤重機接取茶葉。在此種包裝機之某一部份，將鋁片自動拚成一端開口之袋，置於接通秤盤之輸料管下，以便裝入一定數量之茶葉，然後將鋁袋封口而傳遞至標籤機——亦係包裝機之一部份——鋁袋經標籤以後，即送至打包工人，由打包工人直接裝入箱內。包裝機平均每分鐘能裝三十二包。

自動標籤器係屬Day 式包裝機之一部份，但該公司亦採用一九一三年從德國運入之 Jaegenberg 式標籤機。在此種機器之一邊有一自由運送機，各包茶葉由此機送往在旋轉中之八邊鼓形筒之對面，由一機械手指從鼓形筒中抽取標籤而膠裹於各包茶葉上，同時有一自動打日期器將包裝日期印在每一籤條上。此項機器每小時能出一、五〇〇包。

有一種加拿大自製之 Morgan 式重力運送器，將滿裝茶葉之木箱從包裝機運至自動打釘器，此重力運送器全係鋼鐵所製成，有一連串之中空管，每管之直徑爲一英寸半，各管間之距離亦爲一英寸半，而微微向下傾斜。此項中空管懸於許多滾筒之支撐物上，藉以儘量減少磨擦。

木箱從重力運送器取下而置於美國 Morgan 式打釘機之下，由打釘機分二次打入十六枚釘於各箱上。在打釘機上面有一正在振動之盤，由八個輸料管供給所需要之釘；在脚踏板上一踏，即有一笨重之鐵條壓下，將八枚釘同時壓下——七枚釘入箱之一端，一枚則釘入旁邊。

其他各國之躉賣貿易

澳大利亞洲——有少數澳大利亞洲最大之躉賣商在產茶諸國有自派之買客，其餘躉賣商收購茶葉多假手於經紀人或稱掮客。但大多數茶葉均由少數進口商輸入，取佣轉售與躉賣商。

各種牌號之分包茶葉已逐漸代替從前所售各種花色之散裝茶，其銷售之比例，分包茶佔百分之七〇，散裝茶佔百分之三〇。在報上登載分包茶之廣告，係自一家躉賣商店創始，其後漸漸推及於各家，直至現在一個澳洲零賣商乃需要廣告上所載半打以上種類不同之分包茶。除廣告以外，包裝批發商爲向零售商競銷起見，每星期中將各種大小及各種品類之分包茶用送貨車送往各零賣商一次，從此項樣品中，零賣商可選購各種大小及各種品類之分包茶各若干。若舉在商業上之競爭非常劇烈，此種推銷制度是否太費已成爲問題；但至少使零售商有任意選擇之便利。各地有支店之商店爲在澳洲茶葉躉賣業之主體，此與英國及美國之情形相同，不過其範圍較小而已，因其所包括之支店最大者祇有八十家，其次有不到三十家者。

墨爾鉢(Melbourne)及雪尼爲澳大利亞躉賣業之拚和及包裝中心。但一切拚和工作並非全由躉賣商辦理，有幾家零售雜貨店自營拚和，並圖以其自己之名義或牌號而發展此項業務；亦有委託躉賣商以零售商自己之牌號而代爲包裝者，不過以躉賣商牌號出售之茶葉仍佔較大之百分比。

新西蘭——茶葉爲此島上食物躉賣業之一重要部份，少數則爲專營此業之大商店所輸入。此項商店在奧克蘭（Auckland）、惠靈頓、都內丁(Dunedin)皆設有辦事處，在克利斯特徹池(Christchurch)亦設有代辦處，此四處爲新西蘭之四大商業中心。

茶葉從可倫坡或加爾各答之茶行大批輸入。售出之茶葉約有百分之五十五爲分包茶。

北愛爾蘭——就統計而觀，北愛爾蘭連同英格蘭與蘇格蘭爲大不列顛聯邦之一部。以茶葉供給北愛爾蘭之主要躉賣業中心爲倫敦及利物浦。在培爾法斯特（Belfast）之躉賣商收購茶葉，大部從英國倉庫而來，實際上向產茶國直接採辦者絕少；零售商所售之茶葉係向本地或英國躉賣商購入，按磅出售之茶葉通常包成一啢、二啢、四啢、八啢及一磅數種，每磅售價約自八辨士至二先令。

愛爾蘭自由邦——大部份售與零售商之茶葉爲在倫敦設有總公司之英國躉賣商所供給；但愛爾蘭躉賣商對於此項營業亦得分營一份，若舉至少有一部份係向阿姆斯特丹市場採購。

荷蘭——在荷蘭有許多包裝商及拚和商，從前亦有其擅長，若舉所有之設備自最靈巧之現代式自動機械以至於手工用具，例如拚合用之杓及包裝用之手工模型。在荷蘭，最重要之拚和及包裝公司設在鹿特丹，茶葉用機器以羊皮紙包裝，每具機器每分鐘約能完成六十包。該公司以分包茶售給全荷蘭之零售雜貨商。

在荷蘭所售分包及散裝茶之比例，前者約佔百分之八〇，後者佔百分之二〇。在鄉間，一切茶葉幾全以分包出售；在阿姆斯特丹亦有若干散裝茶出售，但大部份爲旅館、機關及軍隊所消費。

德國——茶葉由駐於漢堡及不來梅(Bremen)之進口商輸入德國，若輩所用之巡迴推銷員向德國各大城市之躉賣商兜銷。其茶葉之主要來源爲倫敦與阿姆斯特丹拍賣場，或從上海直接輸入。

若與英國及荷蘭相比較，德國所消費之茶葉並不多，但在法蘭克福(Frankfurt)、加爾斯盧合(Karlsruhe)、慕尼黑(Munich)及其他躉賣業中心均設有拚和及包裝公司。茶葉分裝五〇，一〇〇及二五〇克之紙袋；四分之一磅及半磅罐；及十或二十克之小袋。德國或英國牌號之袋裝茶葉爲城市居民所歡迎，至於小袋廉價之茶葉則盛銷於鄉村。

德國茶葉之聯合機關以一種協會名 Verband des Deutschen Teehandels 者爲代表，其總機關設在漢堡之 Neuer Wandrahm 街五號。

法國——法國所銷之茶葉幾全由馬賽(Marseille)輸入。法人或英人所辦之主要進口及混合商店在巴黎及馬賽均設有公司，若輩專營印度茶、錫蘭茶及安南茶之包裝及銷售，但亦採用一小部份之中國茶及荷屬東印度茶。錫蘭茶有各種品類之標籤，例如橙黃白毫、小種白毫或小種等；但法國包裝商將印度茶標明典型的印度商標，如虎牌等等。

除進口商及包裝商以外，尚有躉賣及零賣之食物商店(其中有在他處設立分店者)，此等商店出售其自已商標之茶葉。其中有少數商店自營進口業，但大多數則向巴黎或馬賽之進口商購買茶葉。

包裝商及躉賣商用巡迴推銷員以銷售茶葉，最通行之包裝式樣爲半箱裝，內貯用錫箔包之小包茶葉。

俄國——蘇俄茶葉經過消費合作社中央聯合會之手，而與其他一切食物概歸政府專賣，有許多設備完全之拚和及包裝機構從前爲私人所經營者，現均歸此政府機關辦理。但因缺少信用放款而使茶葉之銷售大受限制，在大戰前之十年中，俄國每年之經常消費量爲一〇〇、〇〇〇、〇〇〇磅，以視一九三三年輸入之茶葉僅四二、五六四、〇〇〇磅者，相去不可以道里計。

消費合作社中央聯合會在莫斯科所辦之一拚和及包裝公司爲俄國茶廠之典型。該茶廠有一宏大之四層巨廈，裝有一具最大之拚和機，茶葉從拚和機送出而送於包裝室內各長檯上所置之電力秤重機上，在室內有大批工人以手工將茶葉包入封固而不透空氣之紙袋內。

現今在俄國市場上之大多數茶葉爲拚和茶，仿照舊日商店所用大小不同之紙包，並求適合於消費者之口胃。價目及重量均印在籤條上，惟重量已改用克以代替俄磅。

茶葉由各地消費合作社依照中央協會規定之價格零售，但因不夠供給，私人茶商乃得利用機會，經營少數茶葉買賣，若輩所售之價往往超過規定價格一倍以上。

瑞典——如在斯堪的那維亞其他諸國一樣，瑞典飲用咖啡較茶爲多。瑞典對於分包茶之需求傾向於各種小包，而不取大量之包件，在躉賣市場上有多種混合茶出售，其大小自極小之二啢紙包茶以至用蠟紙包之半磅及一磅罐裝茶均有。最大之拚和及包裝躉賣商店之一設在哥德堡(Goteborg)，該商店以原來所裝三公斤、五公斤或十公斤淨重之箱茶出售，或以自己牌號分裝各種大小之包件銷售。因包裝之品類及大小有種種之不同，故不便應用自動之機械，該商店僱用五十名女工從事包裝茶葉之工作，其銷售對象大部份爲瑞典之躉賣商及零售商。

瑞典包裝商竭力鼓勵分包茶之銷售，若輩爲增進茶葉銷路之最好方法莫如推銷出名之分包茶。就一般而論，雜貨商並不能辨別錫蘭碎橙黃白毫、印度橙黃白毫或中國小種等，但祇能籠統認識錫蘭茶、印度茶或中國茶而已。有一部份商店出售按磅計算之散裝茶，但如遇此種情形時，雜貨商之定貨單上往往指明「某種價格之茶葉」。

挪威——在挪威市場，大部份茶葉由零售雜貨店以散裝出售；不過較爲前進之茶商大都購買罐裝或用鐵箔包之茶葉，每罐或每包裝茶四分之一公斤至一公斤。以茶葉供給挪威之主要諸國爲英、德、英屬東印度、丹麥及荷蘭。

丹麥——在丹麥所銷之茶比較受限制，但有幾家外國商店以其自已牌號之茶葉在市場上出售。荷蘭較大之躉賣商從產茶國直接輸入原箱之茶葉，而在就地重行包裝，並加上牌號。外國牌號之茶葉由包裝商店之當地代表出售，在丹麥包裝之茶葉則由包裝商直接售與零售商，茶葉從英國、英屬印度、中國、荷蘭及德國輸入，其輸入之多寡如上列之次序。

葡萄牙——輸入葡萄牙之茶葉或由直接裝運，或轉倫敦、馬賽、漢堡等處，而以原來包裝——整箱或半箱——運入，由就地之代表——大部份代表倫敦商店——出售。馬賽及漢堡之商店亦佔一部份營業。茶價通常根據於里斯本之市價（包括保險、水脚及葡領事簽發運照費在內），以淨重計算。

西班牙——輸入西班牙之茶葉幾全由英國商店如立勒東（Lipton）、賀蘿門（Horniman）、李共魏（Ridgeway）及里昂（Lyons）等而來。此項商店之巡迴推銷員向較大之雜貨進口商逐一兜銷。

比利時——與美國及荷蘭相較，比利時對於茶葉之消費甚少。茶葉零售業向一、二家進口商批購，或從倫敦及阿姆斯特丹之出口商採辦。

瑞士——茶葉並非一種普遍之飲料，大部份爲供外國旅客之用，而外人來此遊歷者爲數極衆。茶葉由躉賣雜貨商輸入，而售與零賣商店，最大之零售店爲連環商店及各地有支店之店舖。

奧大利——茶葉由躉賣商進口商輸入，轉售與零賣糧食舖及熟食店。茶葉之正常來源爲德、俄二國商人。

匈牙利——自沿亞得里亞海（Adriatic）之阜姆（Fiume）港口失去以後，布達佩斯（Budapest）之躉賣商乃成爲匈牙利之主要茶葉進口商，雖然全國較大之糧食店亦輸入不少茶葉。供給茶之主要根據地爲漢堡、不來梅、倫敦及的里雅斯德（Trieste），所售茶葉大多數爲德、英二國打包商所出之分包茶；不過有許多匈牙利商店輸入最優良之茶葉而自行包裝。外僑爲主要之消費者，本地土著，尤其鄉村住戶，以茶葉當作一種藥物爲醫治痰傷風咳嗽之用。

意大利——茶葉作用進餐或社交時之飲料，祇限於外僑及大衆遊歷家，茶葉在意國土著視茶葉爲一種藥品。大不列顛爲供給茶葉之主要來源。茶葉以原裝之整箱、紙袋或鉛罐輸入。供應零售業之就地包裝工作大都在熱那亞或米蘭辦理。

波蘭——主要之輸入以但澤爲必經之口岸，大部份茶葉由倫敦而來，但亦有一小部份來自荷蘭。有若干茶葉在到達時拚和，亦有若干在到達後拚和，舶來品之拚和茶大都爲著名英國商店之出品，其所出小包之茶葉凡有英國茶出售之處頗爲膾炙人口。由本國商店拚和之茶葉以錫箔包之紙袋出售，紙袋外面loro以帶徽，其大小有五〇克一〇〇克、二〇〇克、二五〇克、四〇〇克、五〇〇克及一公斤裝數種。有一個時期在波蘭在俄國統治之下，曾禁止散裝茶出售，一切茶葉均須重加包裝，帶徽由政府頒發，爲已納稅之一種標記。有一部份茶葉由外國或本國包裝商裝成裝璜美麗之小鉛罐出售。茶稅在進口時繳納，以後不再重征，茶葉以散裝或分包出售均可。

愛沙尼亞——茶葉由雜貨店及糧食店經銷，專供城市居民之消費。

立陶宛——茶葉大都由躉賣商以散裝輸入，然後分裝小包以售與零賣業，茶葉大部份由德國而來。若以散裝輸入則可省許多國產稅，因原裝之分包茶課稅較多於散裝茶二倍半。

拉脫維亞——茶葉之輸入大部份由英國、但澤、德國、荷蘭、美國及立陶宛而來。

芬蘭——躉賣商輸入散裝茶，而以其自己特殊之牌號出售；印有外國商標之分包茶亦有若干銷路。

捷克斯拉夫——躉賣商輸入箱茶，俟分裝小包以後分配給零售雜貨商店；有一大部份在捷克斯拉夫消費之裝散及分包茶由英國而來。

希臘——茶葉祇有極微量之消費茶葉從英國、埃及、法國及荷蘭輸入，其輸入途徑或經過特別代理人之手，或由雜貨商一類之商人辦理。

保加利亞——保加利亞不似南歐諸國而爲一飲茶國，此無疑因與俄國接近之故，俄國人在正常之狀態下爲茶之嗜飲者。不過其消費之數量極爲有限，在保加利亞茶葉通常以散裝輸入，即需包裝亦在就地辦理。

羅馬尼亞——茶葉之消費不多，主要之供給來源爲德國，次之爲英國、法國、荷蘭及意大利，惟英國牌號之茶葉在外僑中最受歡迎。茶葉由羅馬尼亞進口商輸入，轉售與一般商人。

敍利亞——在上層社會中消費少量之茶葉，至於遊牧民族根本不知茶爲何物。低等茶葉以散裝輸入，較爲高等茶葉則以罐裝輸入。茶葉出口商通常派一專責代理人駐於貝魯特(Beirut)，以便向全敍利亞推銷，代理人將茶葉售與雜貨商及藥材商。

土耳其——輸入之茶葉爲五〇磅及一〇〇磅之箱茶，近來一般人逐漸傾向於五〇磅裝，因其更適合於小商人之購買。在土耳其全國人口中，約有百分之九五購買論磅之散裝茶，其餘百分之五購買包裝或罐裝——大多數爲英國牌號——之茶。散裝茶普通與一種樹葉名 Brusa 者混合，此種樹葉外觀與茶葉相似，但缺少芬芳。散裝茶往往置於開口之箱內，暴露於空氣中，以致容易走泄香氣。

巴勒斯坦——茶葉由躉賣雜貨商輸入，分配結零售雜貨商店。回教徒佔全人口百分之七五，若輩絕對不飲茶。

伊朗（即波斯）——茶葉爲極受人歡迎之一種飲料，由躉賣及零售糧食商從加爾各答及可倫坡輸入。按照海關定章，茶葉進入波斯必須經過下列各口岸之一：布什爾（Bushire）、林加（Lingah）、班達爾（Bandar）、阿拔斯（Abbas）、査皮哈爾（Chahbehar）、査斯克（Jask）、謨罕默拉（Mohammearh）、阿瓦士（Ahwaz）、阿巴屯（Abadan）、阿斯太拉（Astara）、派爾維（Pahlevi）、麥什迪薩（Meshedissar）、班達爾加士（Bandar-Gaz）、求爾法（Julfa）、可汗（Khoi）、沙太克蒂(Shahtakhti)、可達阿弗林(Khoda-Afarin)、該斯里錫林（Kas-ri-shrin）、貝傑蘭（Bajgiran）、巴倫（Balan）、魯得弗倍特（Lutfabad）及都什達布（Duzdab）。茶葉在進入指定口岸以後，即可自由轉運至其他各處。

伊拉克——在伊克並無包裝商，茶葉以散裝按公斤（二又五分之一磅）或 Oke（二•八磅）出售，用尋常之包紙包裹。有少數茶葉亦以罐裝出售，此項罐裝茶由英國茶葉包裝商裝成標準之大小。散裝茶大多數從加爾各答及可倫坡輸入。

中國——茶葉在專售茶葉之小商店零買，各種品類之茶葉裝在不通空氣之大罐內分行陳列，價目每磅自一元至十元不等。茶葉店亦用罐類貯藏烘乾之茉莉、天竺葵、玫瑰及其他花朵，以備加入於茶葉內，迎合個別顧客之口味。

西藏有大量磚茶從中國西部邊區之四川省循陸路運來，大部份通過西藏邊境之康定（打箭爐）而分配於全西藏。西藏茶業大部份握在西藏之富商巨賈及喇嘛手中，後者委派特別管事以經營此項業務；在四川邊界，中國商人對於西藏茶業亦佔一席地位。資本雄厚之喇嘛及西藏商人常備有巨額之存貨，以備政治上發生變故而貨源斷絕時，亦可維持營業至數月或數年之久。有一部份西藏富商且以投資於茶業爲處置其過剩資財之一種適當辦法。茶價離康定（打箭爐）愈遠而愈昂，在打箭爐每包十八斤之茶葉售價約銀二兩，在甘孜則售四兩，拉薩售六兩。

海峽殖民地——茶葉由躉賣商輸入而批發給零售商店，散裝茶售與本地居民，四分之一磅至一磅之分包茶則供給歐洲之僑民。

法屬印度支那（即安南）——與遠東其他民族相同，法屬印度支那人——包括東京、安南及交趾支那——亦以茶爲唯一飲料。所售茶葉大多數爲安南所產，但中國茶商亦運入不少中國茶，躉售與城市居民。

摩洛哥——飲茶爲摩洛哥人一種根深蒂固之習慣，若輩飲綠茶，上海爲供給茶葉之主要根據地；紅茶祇供歐洲僑民飲用。大多數之重要出口商在摩洛哥城均設有代辦處。

阿爾及利亞——在阿爾及利亞人口，中歐人佔八〇〇、〇〇〇人，故爲茶葉之一良好市場，經售茶葉者爲雜貨商、藥房及藥商。

埃及——茶葉由以賺取佣金爲業之商人輸入，轉售與分佈全國之躉賣商及零售商，進口商與產茶諸國有直接之聯繫。最著名英國商標之茶葉亦有大宗交易，此項茶葉大部份係供外僑之消費。

突尼斯——在土著及外僑中消費大量之茶葉。供給突尼斯商人之主要茶商爲加拿大、倫敦及馬賽之散裝及分包茶葉商店。法律上規定在紙包外面所印之重量必須用法國衡量。

納塔耳——大多數輸入之茶葉裝於可容五十六磅之容器及不到十磅之紙袋內。零售商出售散裝茶，或一磅、半磅、四分之一磅、二嗬及一嗬裝之分包茶。

南非聯邦——茶葉大都以散裝輸入，在南非洲有許多商店專將茶葉分裝小包，通常裝成一磅、半磅及四分之一磅數種，加貼商標出售；零售雜貨商亦採取同樣方法，將購入散裝茶重行包裝而置於特製之袋內，並加以適當之標籤。低等茶葉以散裝出售，幾在每一雜貨店均可購得，南非洲躉賣商輸入合於此項用途之茶葉極多。

牙買加（Jamaica）——一切消費之茶葉由金斯頓（Kingston）躉賣商輸入，再分配給零售雜貨商。

厄瓜多爾（Ecuador）——祇有極微數量之茶桌出售，且大部份爲供給外僑之用。

祕魯——食物商經過外國出口商代表之手而輸入茶葉，進口商將茶葉轉售與較小之零售雜貨商，有一部份茶葉爲在祕魯之中國躉賣商所經營。

智利——智利人爲南美洲最喜飲茶之民族，茶葉以五十磅、八十磅及九十磅之原裝包件輸入，由躉賣商加以拚和分裝一磅、半磅、五分之一磅、十二分之一磅及五十分之一磅之小包。茶室亦購買一公斤裝之茶葉及最小之原裝包件——每包裝五十磅。

哥倫比亞——咖啡爲可倫比亞主要出產之一，亦爲全國所最歡迎之一種飲料，但散處於五、六個城鎭之上層社會及有閒階級，在社交時亦多飲茶，茶葉由進口商直接輸入。

巴西——茶葉由進口商直接輸入，轉售與零售雜貨商。巴西人喜飲咖啡，而茶葉大部份爲外僑所飲用。

巴拉圭——從英國輸入之茶葉佔極大之百分比，茶葉由進口商直接輸運，而以零躉出售。

烏拉圭——茶葉祇爲在首都蒙特維的亞（Montevideo）及內地大城市中少數居民所飲用，由許多食品進口商及特種雜貨商輸入國內，若輩經營外國食物一業頗著成効。高等茶葉以包裝大小不同之分包茶輸入，卽以原貨現成出售；低等品質之茶葉則以散裝出售。

阿根廷——茶葉之消費爲數極微，幾全供外僑之用。

尼加拉瓜——茶葉祇供外僑之消費，茶葉之來源雖有一小部份由英國輸入，但其主要之供給者爲美國。

薩爾瓦多（Salvador）——茶葉之消費總額至不足道；薩爾瓦多亦爲一生產咖啡之國。經營茶葉進口業者爲中國商人及大雜貨商，若輩以茶葉供給一般有此需要及有力購買之人。

哥斯達利加——茶葉消費甚少，如英商立勃東（Lipton）及李其魏（Ridgeway）數家之茶葉每磅零售價約一元七角五分，以視咖啡之每磅僅售二角五分者，價目相去甚遠。所有消費之茶葉係由英、美、德及中國所輸入。

危地馬拉——茶葉消費不廣，而其唯一消費者爲美、英、中諸國之僑民。

墨西哥——英、美二國之大茶葉包裝商在墨西哥均設有代辦處，以便在就地兜銷，代辦處往往備有存貨以供當地之需求，至於離墨西哥城較遠地方之定貨，則由包裝商直接裝運。有少數茶販亦貯存若干茶葉在就地銷售；其餘如雜貨店及兼設茶樓之酒館等亦從英、美二國輸入茶葉。

茶葉容器

歐洲包裝商多採用一種紙製容器，若輩駐於零售市場附近，脫貨迅速，馬口鐵製容器亦有一部份被採用，但不若美國所用之廣。在美國，茶葉須經遠道運至零售商之手，且因多飲用咖啡，而使茶葉脫售滯滯。

用鉛皮包裝茶葉有一時極爲普遍，現在實際上已廢止不用，除因價貴之理由以外，鉛質又易使茶葉失去色澤，以致使人疑爲陳貨。

硬紙板作爲包裝茶葉之用甚廣，因紙板用於自動機上較爲經濟。在紙板內通常襯以鉛、鋁或錫紙，外面用羊皮紙包裹；有若干包裝商採取四面用纖維質及兩端用馬口鐵之容器。

關於分包茶以何者為最有効之容器一問題，在美國甯見紛岐。用錫紙及硬紙板製成之容器在車路上及脫貨迅速之連環商店中固屬有利，但在零售商店茶葉留置架上之時間較久，或須經過長距離之運輸，則此項紙板或錫紙製之容器不甚適宜，故多採用頂蓋可移動之馬口鐵容器。

美國包裝商銳意製造精緻美觀之茶葉容器，此種努力非英國及其他任何國家之包裝商所能及，無論在着色及設計上，無不力求美備，務使美國各著名拚和商所出之分包茶有顯著之個別色彩，此在紙袋、紙板、混合式或馬口鐵質之容器皆有同樣情形。

個別之茶袋

在美國，茶葉多在小紗布袋內泡製，至少有十餘家商店專營製造茶袋及包裝業務。有二、三十家著名茶葉包裝商亦有製造茶袋及包裝機之設備。此項機器之式樣有三種，其最通行之一種每具價值一萬二千元。

在美國市場上，各種形狀之茶袋可分成四大類：第一、即所謂「茶球」者，係用未經縫製之一塊圓形紗布，在頂端收束而縛以繩索；第二、即「茶袋」，在紗布之兩邊縫合，使成為一長方形之袋，俟茶葉裝入以後即將開口一端收束，其最流行方法係將開口處用鋁帶紮住，此為一種專利式之製法；第三、為一圓形之袋；第四、為形如枕頭之袋，將一塊長方之紗布折疊，三面縫合，而不必收束。每類茶袋均用繩繫一籤條於其上，籤條上載明茶之種類、品名及發售人姓名。袋口所縛之繩為牽引茶袋之用，當茶汁泡成相當濃度時，即將茶袋提去。第五及第六類之茶袋採用穿孔之羊皮紙以代替紗布，而製成方形及圓形之袋。

袋裝茶葉之價值殊不一律，因各包裝商裝入袋內之茶葉有多寡，及所用之袋有大小故也。茶袋大別之可分二類：即用於個別茶杯者及用於茶壺者；後者又有可容二杯至四杯茶葉者之不同。

在個別茶杯用之茶袋，每磅茶葉可裝二〇〇袋，但有若干打包商裝

成二三五袋甚或有裝成二五〇袋者；在用於茶壺之茶袋，每磅茶葉可裝一〇〇至一二〇袋或一五〇袋。在可裝二〇〇茶杯用袋內之茶葉，每袋約重十二分之一唡，茶葉如裝一百五十袋，則每袋重十分之一唡；換言之，每千袋可裝茶葉五磅至十磅。此使袋裝茶葉之價值，視茶葉之等級及每袋茶葉之數量而定，大約高過散裝者二倍至三倍。

新近採用茶袋供冰茶之用，流行頗廣。此項茶袋所裝茶葉自一唡至四唡不等。裝一唡之之茶袋可泡茶一加侖，裝茶較多之茶袋其泡茶之水量亦照比例增加。

用機器包裝茶袋之方法已達到非常完備之程度，有時一切進程全屬自動，機器對於散裝茶、繩索、紗布以至於製成茶袋之一切手續，均在一繼續連貫之動作中完成。此種機器頂端有一漏斗，茶葉由此傾入，通過一輪轉之管子——管子內面刻有來復線，一如鎗膛之狀——而輸入機器中。此輪轉之管子保持茶葉之均勻流動，而使其流入一自動之秤盤內，當茶葉達到一定之重量時，秤盤即自動傾側，將茶葉傾倒於一方量好之紗布上。

紗布由一小刀自動裁成適當之大小，此項機器可加以調整，以便裁成任何所需要之大小。因機器有此種調整作用，故不難裁製每磅茶葉所需之茶球（即球形之茶袋）。

當機器在開動時，輸送茶葉之管將茶葉從袋口傾注於紗布袋內。有一剪刀形之機械握住袋之頂端，而送至一處，將頂端修剪整齊，然後送至另外一處，將袋之頸部縛緊；最後送至第三處，繫上一相符之籤條。在此第三處有一籤條貯藏器，所用籤條即為此貯藏器所供給，用一繩索穿過籤條上之一小孔，然後緊緊縛住。此外復有一小刀修整袋之頂端，最後乃將裝滿茶葉之袋送至女工處，由女工裝入運輸時所用之容器內。此項機器每日（工作八小時）能包裝盛滿茶葉之袋一八、〇〇〇隻。

從前幾乎任何紗布皆可作製造茶袋之用，其後幾經研究始採用一種漂白有吸收性之紗布。美國茶袋所用此項紗布每年達八百萬碼以上。

第四章　茶葉零售貿易

茶葉經由零售商而達消費者之手——獨立零售店——雜貨店及普通商店——藥店——代理店——鐵路員工以優待券買茶——合作社——連環商店——郵購商店——贈品商店——家庭服務商店——小包與大宗——拚和及包裝

茶葉分配之最後一環爲零售商，通常約有七種——獨立之零售店、代理店、合作社、連環商店、郵購商店、贈品商店及貨車送貨商店。

依照貿易之方法，此七種商店可分爲三大類：第一類爲顧客到店內購買者，包括獨立之雜貨店及百貨商店、藥店、餐館、茶店及食物店、代理店、合作社、連環商店及贈品商店；第二類爲郵購商店，收到定單後，卽將茶葉用小包裹郵寄於顧客，以普通遞送或快郵遞送；第三類爲貨車送貨商店，其辦法爲雇用推銷員沿門推銷茶葉，爲廣招徠且進一步而使成爲老主顧起見，貨車送貨商店之老闆常贈送顧客以家用之禮物。

獨立零售店

雜貨店及百貨商店——茶葉零售店之重要者爲獨立之雜貨零售店及小規模出售雜貨之百貨商店，此等商店在美國約有三二五、〇〇〇家，在英國則有八〇、〇〇〇家。

茶葉最初僅在咖啡店及藥店出售，至十八世紀時始出現於雜貨店中。當時茶葉爲一種奢侈品，售價每磅十六至二十四先令，但茶與咖啡及朱古力同時成爲富裕家庭之時髦飲料，而倫敦之多數雜貨商及上流社會人士發覺茶葉之銷售不僅足以增加其聲譽，且可獲得可觀之利潤。

初時並非所有之雜貨店均出售茶葉，在倫敦曾用「茶葉雜貨店」之名稱以示與不出售茶葉者分別；但當茶之應用逐漸普遍時，茶卽成爲雜貨商之主要商品，此種情形至今未變。

若干年代以前之典型雜貨店，爲一光線昏暗而汚穢之房間，窗門黑色，滿佈蒼蠅，地板積有油膩，厚積灰塵，茶葉從無蓋之罐內取出，卽在櫃檯上秤重包紮。其後漸漸改爲預先秤好及預先包裝。又因清潔運商店之競爭，惟有現代化之雜貨店方能吸引顧客。今日之雜貨商店則用彩色之包裝將茶葉陳列架上，並在櫃檯上及窗櫃內，佈置動人之型式。

自連環商店之制度出現以後，零售雜貨店與茶葉乃發生大變動，第一個雜貨商協會遂於一千八百九十餘年間成立，其他會社亦相繼設立。從前各店間之相互猜忌，因訂定同業規則而消滅，互相聯合，發揮團結互助之精神，現今每一城市均有雜貨商協會，會員均曾受商業教育，且有商品分配之科學知識。

美國大百貨商店多有雜貨部出售茶葉及咖啡，其中若干且有設備完美之拚和及包裝工廠，可與批發包裝商之工廠比美，惟規模略小。

藥店——茶葉及咖啡在若干美國零售藥店內銷路頗暢。優良茶葉及咖啡原被認爲藥商之主要貨品之一，因其有藥用之功效；自作爲日常飲料後，至今乃視爲一種副業，但並非卽認爲不重要。

藥商出售此種商品，常感覺若干麻煩，因其並無如雜貨商之有送貨設備，故顧客祇好親到其店中購買，惟普通均提高價格以示其品質之優良。

大餐館、茶店等——歐、美之城市，人口稠密，多數大餐館出售製就之食物如燒肉、生菜食品等，並經營若干種雜貨，包括茶葉及咖啡。牛乳店、肉店、水菓店及蔬菜店亦出售茶葉及咖啡。若干著名之食物店及茶店，用其自有之商標出售小包茶葉及咖啡。

代理店

需要勞工之處，如大工業、鑛業、伐木業等公司之所在地，常有多量之代理店，以最低價格之貨品供給工人，此舉尤以美國爲多，自小規模之雜貨店以至完備之百貨商店均有。

工業方面之代理店立刻可成爲批發商之機會及阻礙物，因由於其爲大股份公司擁有，與零售食物店不同，且其貨物之脫售迅速而有規則。他方面，因擁有雄厚之資本，故能大量購入，而以廉價出售。

批發商在此種情形下，不能以其作爲廣告商標之茶葉及咖啡，以公平方法賣與零售商，故必需在獨立零售商與工業方面之代理店之間任選其一。若干批發商則以散裝茶葉及咖啡，售與代理店，而以作爲廣告之分包貨物售與正當之商人。

工業方面之代理店，除非與其他貿易之地點相距甚遠，極少能在工人中獲得若何巨大之營業，因選擇貨物範圍過於廣闊，一部份之貿易常入於正當商人之手。

在美國之代理店分佈於二十五種工業中，其數達六、七千之多。

鐵道員工之購茶

大多數英國鐵道公司常有所謂鐵道員工優待券協會，鐵道員工均持有此項優待劵，每張每年取費三辨士，其形式爲紅色摺叠之小卡紙，上書張主姓名及號數，並有該協會總祕書之簽名。凡持有此劵者在協會購買茶葉或其他物品，得享受折扣之權利。

茶葉由協會之總祕書分配與城市及郊外重要車站之員工，每星期常有一萬至四萬員工向該祕書購買日用必需品，月台脚夫、售票職員、車長、工程師、火夫，均用此方法購茶，但並不售與零售雜貨商，而僅售與員工家屬。

合作社

合作社亦仿工業代理店辦法，減低社員（多爲工人）之生活費用，但並不如工業代理店之直接減低價格。有許多成功之合作社出售貨品仍照普通之價格，但根據股東之購買數量而分給若干紅利。

合作社在英國極爲發達，現有社員達六百五十萬人。進貨由一批發合作聯合社辦理，聯合社亦有相當數量。英格蘭之零售合作社與英國批發合作社互有聯絡，雖其規模甚小，但銷售之數量極爲可觀。批發合作社以紅利分發與零售合作社，同樣零售合作社亦分發紅利與其社員。

蘇格蘭之合作社亦有一批發組織，其重要不亞於英格蘭之批發合作社。蘇格蘭批發合作社亦與英格蘭同，將紅利分發與社員，有一部份作爲職員之獎勵金。

英格蘭與蘇格蘭批發合作社之營業，包括購買拚和、包裝及每年分配一二〇、〇〇〇、〇〇〇磅以上之茶葉。有一批發合作聯合社以總共成，該聯合社爲有限公司性質，總社設在倫敦。該聯合社掌握英國茶葉貿易之六分之一，並由最大及設備最完美之倉庫，面積一三五、〇〇〇平方呎，每週包裝茶葉一、〇〇〇、〇〇〇磅。

在此聯合社下有零售合作社約一、三〇〇家，社員六百萬人以上，每社各自有商標，共有五千門市店分佈於英格蘭及蘇格蘭各處，此種門市店向聯合社購入茶葉，以供門市銷售。

近年來合作社之門市店大量增加，單在倫敦區內即有二五〇所裝璜華麗之合作商店，此外每城市均有合作商店，雜貨貿易佔總數之四分之三，各獨立雜貨店常與之競爭，圖謀拉攏其顧客，但其中一部份即爲隔鄰合作社之社員。

實際上合作社所最感困難者爲價格之變動，彼等每季躉購大批貨物，不能預料以後市價之漲落，惟因其事業之宏大，尚可使物價保持不變達三個月之久，此爲合作社之弱點，至於獨立雜貨店係每週配貨，故價格得以隨時變動，主婦及合作社社員，一見雜貨店有廉價品出售，自然爭去購買。

爲謀社員之便利起見，若干大合作社設立餐室及茶店，出售其自己商標之茶葉及其他飲食品。

大多數合作社之社員，均受紅利之引誘而入社，紅利之數目各社不同，每購買一磅可得一先令十辨士之紅利，此紅利可立刻取得或儲蓄，後者且有利息。

美國工人雖正忙於組織，但迄今大西洋西海岸之合作事業仍未發展，事實上有少數依照 Rochdale 計劃成立之合作商店，在不同時間內設立，但因經營不善而失敗。在猶他州（Utah）鹽湖城之摩爾蒙斯（Mormons）有一大合作商店，可視爲其經濟及商業制度發展之一齒輪。該商店經售廉價之百貨，包括雜貨在內，經理完善，成績卓著。

連環商店

美國之連環商店，爲應大衆節約之需要而發展，其組織之機構兼有批發及零售二種作用，使生產者及消費者均蒙其利。購入貨物之數量較普通批發商爲多，故得以廉價售與消費者。美國之連環商店，在雜貨業、藥品業、茶與咖啡專營業中甚爲發達，三者均兼售茶葉。

連環雜貨店與高價之舊式獨立零售雜貨店根本不同，其特徵爲現款購買，並減少舊式之招徠方法及送貨等所需之費用。

在預先稱就之包裹上標明價目，大可減省臨時稱茶或其他物品之人工。今日之連環商店，仍有二十種貨物在櫃檯上過磅，雖然此數種貨物亦可預先包裝而標明重量及價目，但顧客總貪便宜而想得多一些。

陳列之技術不外乎整潔，有若干商店，監督員常逐店指導在架上及窗櫃內之陳列；亦有分別發給標準陳列圖畫及圖解與各連環店而使之實行者，同時廣告用之畫圖裝飾，亦一併發給各店。

連環商店通常均兼營散裝及小包茶葉，主要包裝商之小包茶葉，其商標一律印在包裹上，而連環貨商則一店有一店自定之商標。在每種貨物之前而貼一清晰之價目單或印於包裹之兩面，使顧客易於選擇。

少數連環藥店以經售茶葉及咖啡爲主，且大量出售。其中之一有四百五十所支店，以茶葉爲主要之貨品。此種商店曾用種種方法訓練其顧客應用固定之商標，如再加以適當之推廣工作，則不難保持其營業於不墜。美國除連環藥店外，尚有大藥房，如聯合藥房（Rexall）者，委託獨立之藥店代理，亦以出售茶葉及咖啡爲主，應用與連環商店相似之方法，以保持大衆對於其商標之信仰。

專售茶葉與咖啡之連環商店，在英格蘭、美洲、歐洲大陸及安提波提茲島（Antipodes），應用單位購買，於節約零售之原則極爲成功，有許多此等組織專注意於茶葉、咖啡及可可，但同時亦經營雜貨業。例如某一連環商店遍佈於全英國，以經營茶葉、咖啡、可可及其他雜貨爲主，每當明星巷茶葉跌價時，此等商店之櫥窗即將消息立刻公佈，並宣佈其新價格，如市價有所變動，無論茶葉、咖啡或可可即在窗櫃內單獨陳列。其陳列型式每日變換，小包茶葉用有光彩之紙張包裹，將不同商標之茶葉砌成各種型式，以求獲得藝術化及動人之效果。此公司自設工廠以製造及包裝其各種出品，包括茶葉在內，每日以運貨車或馬車分送至各店。

英國有連環商店五百所，共有支店一萬五千所，規模最大者有一千零售支店，且其數尚在增加中。美國有八六〇所，其所轄零售支店之總數當在六萬四千所以上，規模最大者有零售支店一萬五千七百所，出售茶葉佔全國消費總額六分之一。美國連環商店之經營方法與英國極相似，主要不同之處乃在其分佈面積之廣泛，因此在管理上之措施亦各異。

連環商店之經營方法曾傳入荷蘭，在荷蘭之食品零售連環商店以售茶葉爲主。其中某一店有一六〇支店分佈於荷蘭各城市中，此店專售碎茶，以其自定之商標包裝，可可、朱古力、菓醬、通心粉、麵粉等亦可出售。

德國有數家連環商店管轄一百至一千之支店，零售普通雜貨，包括咖啡、茶葉及朱古力。在各支店中出售之貨物，其價格均一律。除雜貨連環商店外，尚有二家連環商店專營咖啡、茶葉及可可，其一專營上等貨物，不僅出售各種上等之茶葉，且用最美麗動人之包裝及裝飾；其餘各店幾全爲供給大衆之需要而設。

澳洲大部份之茶葉由連環商店出售，但此種組織之數目不多，因其人口遠較英、美爲少。其規模最大者約有八十支店，次之則祇有三十，前者完全經售茶葉，並作一單位，其貿易遠在獨立之雜貨店之上。

連環商店在加拿大擴展甚速，一九二八年僅有七百所，一九二九年即增至一千，至一九三六年一月一日更至三千七百所，其中有一、六七〇所爲雜貨連環商店。

法國有一〇六家雜貨連環商店，其所轄支店之數目由十五至一千不等，總數共一八、五〇〇。有一家規模最大，其支店有九五六，專營咖啡，但無專營茶葉者。

美國東部大城市最近出現五分及一角雜貨店，此種商店發源於波士頓，任何雜貨均有出售，包括茶葉與咖啡，各物之價格從無超出五分或一角者。門口設有一籃，當顧客選定其所欲購之貨物後，出門時即付值於籃內。

郵購商店

將茶葉直接郵寄與顧客之郵購商店有二種：其一專營茶葉或咖啡，或二者兼營；另一種爲普通大郵購商店，經營若干種雜貨及普通貨品。第一種在歐、美甚多。此種商店專致力推銷其自己之牌子，使其達到預期之貿易地位。

普通大規模之郵購商店，專營美國及加拿大之農村貿易，分發各種茶葉之目錄，使顧客可選擇適合之價格及滋味，但並不重視其他雜貨。

大概而論，各茶葉消費國中之郵購商店在農村均能獲得良好之効果，彼等先在報紙上宣傳，定期巡行於栽植業中，其後再分送傳單及目錄與未來可能之主顧。

自一九一二年美國政府採用小包郵寄制度後，給與美國之郵購事業以一大推動力，此後，此種貿易方法在零售中極爲重要。

英國零售商所組織之帝國見貨付款協會（Lmperial Cash on Delivery Association），鼓勵其會員採用郵購制度，以「茶葉由輪船走向茶壺」之口號爲標榜。一九二六年三月美國郵政局採用國內見貨付款制度（C. O. D.），以免有愆期之弊，第一年郵局曾寄遞一百萬件以上之包裹。

贈品商店

贈品辦法與茶葉銷售發生關聯，肇始於英國，其後發展至歐洲大陸、北美洲及澳洲。凡購買一磅茶葉，即有背籍、茶杯、碟子或其他物品之贈送；或以贈券發給顧客，積若干張贈券即可換較貴重之物品或十二至二十磅茶葉。此種辦法雜貨商店並不採用，祇有若干茶葉店推行之，在其窗櫃內陳列各種華麗之贈品。

贈品商店至十九世紀末葉大部份關閉，僅有少數留存在荷蘭、英國及澳洲，在美國亦全由沿門推銷之商人代替之。

家庭服務商店

美國之家庭服務商店極爲發達，完全以贈品吸引顧客，按照購買之數量而定贈送之多寡，贈品除瓷器及其他實用品外，尚有銀器、鋁器、玻璃器、絲綢等。一般大規模家庭服務商店現又傾向於預贈禮物之辦法，即一顧客在購物之前可先取得贈品，其選取之贈品先行記帳，俟其所購貨物與預領之贈品相符或相差不遠時，再可第二次預領贈品。每次送貨之定單由送貨者取去，代爲保管，以便計算贈品之數額，一切以使顧客滿意爲目的。

在若干情形下，作爲贈品之物品亦即爲出售貨物之一種，價目表中所列各物之價目，亦即根據於贈品之價値而定，近年美國之家庭服務商店已發展而成爲更普通之一種商業，除茶葉與咖啡以外，更出售各種家庭用品。

在最近刊印之一種「茶與咖啡顧客指南」(Ukers' Tea and Coffee Buyers' Guide)中所載之家庭服務商店約有五百家，其中有小規模之零售店，其服務範圍僅限於百餘戶人家，但亦有擁有兩大製造廠、八十一所支店、送貨車一、四〇〇輛而服務廣至九〇〇、〇〇〇戶以上之大規模商店。

沿門推銷之商店，其數額在美國並無限制，雖然在數萬方面雖其發展之限度尚遠。在倫敦之最大茶葉包裝商號，雖其小包茶葉在全國各雜貨店中甚積已極爲普遍，亦遣派運貨汽車遍歷英倫各處分送貨物與零售業顧客。澳洲亦有大規模之沿門推銷之商號，其中之一有顧客五〇、〇〇〇人以上。

茶葉零售業

茶葉零售業爲當前一大論題，須經多時密切之接觸，方能明瞭其各方面之關係，任何人如欲經營茶葉零售業，必需知曉關於茶業各方面之情形，例如主要之市場普通之特性及季節之變化等。更須明瞭茶葉拚和之原因及方法，並調査沖泡之最好方法，然後遍嘗各種茶味，若在店內無審評之設備，則不妨在自己之桌上審評之。

除明瞭茶葉進入其本國市場之顯著事實外，零售商尚須研究其本地之必需條件，某地之出產在某區域方可得良好銷路，各地所用水之性質亦有不同，此亦與所用茶葉之種類頗有關係。

零售商欲建立成功之事業有二基本方案：一爲向批發商購入已拚和之茶葉而轉售於顧客，另一爲向產茶國購買所需原箱之箱茶而自行拚和，然兩者各有利弊。在今日僅有少數獨立雜貨零售商自行拚和，但此在英國及美國之少數雜貨商店，小規模雜貨連環店及家庭服務堆棧則甚爲普遍，各有拚和之比列，交包裝商店用其自己之商標拚成小包。在他方面，大連環商店、家庭服務商店及合作社均自行拚堆及包裝。

尚有其他之不同點，即若干零售商以大箱或罐裝茶葉大量出售，其他則將茶葉之一部份或全部預秤適合顧客需要之分量，包爲小包出售。

小包與大宗

經營大宗茶葉與小包茶葉究屬何者有利，爲一個人問題，可由每一商人根據其事業之需要而決定之，至其何以不兩者兼營則不成爲理由。從零售商之觀點看來，無疑以經營已有信用之商標之小包茶葉爲最易，既可減少秤重及包裹之麻煩，而又可獲得清潔之効果，況且其獲利較他業尤多。

在另一方面，如零售商熟諳茶業之情形，且對於茶業有興趣，則必能經業大宗茶葉而以相同價值出售品質較優之茶葉，同時使其在經營各物以茶葉爲最有利益。由其對於顧客嗜好之研究再加以些微販賣術，當可確信其能供給適合此嗜好之茶葉。

零售商之拚和及包裝

十九世紀末葉，每一雜貨商及茶葉商均自行創造拚和茶葉，以招徠顧客，倘向批發商購買已拚和之茶葉，則認爲莫大之恥辱，在若輩之意，以爲批發商能否或應否明瞭此等事，殊屬疑問。甚至今日仍有雜貨商店購買原裝茶葉而自行拚和者，且其所經營者更較批發拚堆商爲佳，不過銷售不多之零售商不能從事拚和，因其須購入大批原茶（譯者按：指向產茶國直接購買之箱茶）以推銷於市場，同時更須注意市場之變化。

注意各種茶葉，俟其價格適合時購入，故收購原茶須有充足之資本及有把握之銷路，方能利用時機以獲利。至於選擇若干種茶葉以作適當之拚和——例如由六種至二十種——以便剔除不合時之成分或以他種成分代替之一種辦法，其情形更爲複雜。

有一經驗豐富之英國雜貨商申述其意見，謂假如一次購買六箱以下之茶葉，製成其自己商標之茶樣，送往其所信賴之拚堆商加以比較鑑定，然後照樣配製，即可獲利。初從事於茶業者不知自己拚和抑或現成購買究竟孰爲有利，對於若輩之忠告則以採取後者爲宜。

雜貨商人在創造自己之拚和茶時，可獲悉茶葉之特性。零售商之拚和及包裝方法，實與批發商所用者相同，僅分量較少而已——連環商店等例外——倘使用機器，則更爲簡單，而所需力量亦較小。茶機製造家特為此種工作製成小型之切茶機、篩分機、除梗機、混合機等，但若干商人相信用手工作可得最佳之結果，應用大杓及清潔之地板即可從事拚和工作。

近日小包茶葉銷行甚廣，多數頭等商人嘗試用自有之紙囊包裹，此予進取之商人以强烈之鼓勵，彼等平常只希望其出品能誘致其他零售店之樂為經營。若干老經驗之商人及茶師，頗能創造新商標而獲得相當之成功，但在收到一、二次之定單以後，往往遽行放棄，而仍採用已著信用之老商標。

製成新商標之小包茶葉，實為值得投資者注意之一種事業，如一零售商欲自創一種商標作為副業，則其所處地位較包裝商為不利，蓋包裝商專注全力於此，而零售商則不能專心致志以從事故也。

凡自行拚和茶葉之商人貯藏茶葉，以原裝散茶為佳，蓋各種茶葉尤以錫蘭之小包茶極易變壞。此種茶葉通常每隔相當時間購入一次，而拚和成適合市面需要之茶葉。倘在應用前貯藏於緊密之箱內至一週以上，則其拚和較佳，例如用鉛罐之半磅裝香氣强烈之橙黃白毫，在包裝後一、二週間為最佳，倘在架上放置六月之久，則將失去其最大之吸引力——香氣。

連環商店及廉價商店能以較低價值出售上級貨物之唯一理由，即為當其新鮮而未變質前出售，咖啡亦有相同之効用。

拚和技術之競賽

茶葉拚和業每年在倫敦之雜貨聯合業展覽會中作劇烈之競賽，雜貨及油業評論雜誌社且捐贈一優勝盃，此外展覽會亦發給獎金，頭獎十鎊，二獎五鎊，三獎二鎊，四獎則為獎狀。

此舉為展覽會內五十種有趣味競賽之一，包括雜貨店之各項工作如茶葉、乳酪、燻肉之過磅及包裝、速度及清潔、窗櫃及櫃檯之裝璜及其他有關茶葉拚和之事項。參加比賽者如合乎最高標準，即為優勝，乃廣告其名字並獲得獎盃。

第五章　中國茶葉貿易史

早期之茶葉貿易視作藥物——茶葉當作飲料出售之始——西藏磚茶貿易——隊商貿易——俄商在漢口、福州及九江發展磚茶生產——沿海貿易——英國獨佔時期——俄商獲得控制權——外國工廠——貿易之先驅者——中國之富豪Howqua——著名之茶葉公司

中國之茶葉貿易，肇始於第四世紀四川省出售茶葉作爲藥用之時。其準確之時期，在早期之中國貿易史上，幷無紀載。迨至茶成爲普通之提神飲料以後，茶葉乃急速發展而佔商業上之重要地位。第五世紀末葉，中國與土耳其商人在蒙古邊疆貿易時，即以茶葉爲首先輸出之物品。

早期之中國茶葉貿易

自唐代（紀元六二〇——九〇四年）發明茶葉製造方法以後，茶葉即有運輸之可能，其貿易不久即隨新飲料之名聲直下揚子江而至沿海各省。

約在公元七八〇年，正當茶葉沿江發展之時，著名之茶葉權威陸羽氏，受湖北商人之慫慂，著作其著名之茶書——茶經，此爲藉宣傳以合力促進茶葉貿易之嚆矢。

同年，即公元七八〇年，此項貿易之重要，引起政府之注意，認爲徵收茶稅可爲稅收之一種來源，遂開始徵稅。不久即予廢止，但至七九三年又恢復茶稅。

宋代時（紀元九六〇——一一二七年），中國政府准許在北方進行對外貿易，茶葉貿易乃漸漸發展而成爲後來之商隊。

早期之西藏磚茶

在蒙古邊境開始對外貿易時，四川、雲南二省亦同時與西藏進行茶葉貿易，其後發展爲特殊之商業。

磚茶係將粗茶製成磚狀，並加包紮，用人力、騾或牛經過無數崎嶇險路而運入西藏，此項貿易擴展甚速，直至現今尙無變化。

四川西部之打箭爐及松潘爲茶葉輸入西藏之集中地，然後再運入西藏。集中此兩市場之茶葉，因其生產縣份不同，故其品質亦有差別。

俄國商隊

中國飲茶之消息於一五六七年首由兩哥薩克人 Ivan Petroff 及 Boornash Yalysheff 傳入俄國，至一六一八年中國大使贈送小量之茶葉禮物予沙皇。此禮物在一六八七年之中俄「尼布楚條約」簽訂前，已由陸路經蒙古及西伯利亞運抵俄國。

最初所有之茶葉均由俄國政府之商隊運往俄國，至一七三五年，伊利薩伯女皇建立私人之商隊，來往中俄之間。用此種方法輸入之數量，初時並不甚多，因茶葉之價値太高（一七三五年時每磅十五盧布），僅宮廷貴族或官吏方有能力購買，且商隊亦不能作大量之運輸。十八世紀初葉，每年由中國運入俄國之茶葉，估計總數不超過一萬普特（約三六一、一三〇磅）。十九世紀以後，每年之輸入量增至十萬普特（約三、六一一、三〇〇磅），且全爲磚茶。

商隊貿易雖已過去而成爲歷史上之陳跡，但在茶葉貿易史上卻佔最活躍之一頁。現今已無人能體察其困難，及其藉此法由中國運茶至俄國

國所需時間之久長。通常之商隊有二〇〇至三〇〇匹駱駝，每匹馱四箱茶葉，每箱重約十六普特（約六〇〇磅）。步速平均每小時爲二哩半，每日行程約二十五哩，一一、〇〇〇哩之路途需時十六月。茶葉由水路運達天津後，即用馬及騾馱載，越過山嶺而至張家口，在此地改用駱駝，橫過八百里戈壁沙漠之艱苦路途，此段爲全程之最冒險部分，但爲到恰克圖（Klakta）之捷徑。到俄國之其餘一段路爲經伊爾庫次克（Irkutsk）、尼烏提斯克（Nij-Udinsk）、托木斯克（Tomsk）及鄂穆斯克（Oomsk）而至基里亞賓斯克（Cheliabinsk）。

當一八六〇至一八八〇年間，取道蒙古之中俄商隊貿易達到最興盛之時期，以後則因西伯利亞鐵路築成一部分而開始衰落。至一九〇〇年海參威至俄國之鐵路完成時，商隊乃完全絕跡。從前商隊運茶需時十六月者，現藉鐵路則七週已足。

俄國磚茶貿易

約在一八五〇年，俄商開始在漢口購茶，於是漢口成爲中國最佳之紅茶中心市場。俄人最初在此購買者爲工夫茶，但不久即改購中國久已與蒙古貿易之磚茶。

一八六一年漢口開放爲對外通商口岸，俄人乃在此建立其磚茶工廠，彼等改良中國壓製磚茶舊法，其後改用蒸氣壓力機。後於一八七八年使用水壓機。初時，製造俄銷磚茶之原料爲零碎之茶末，後因貿易日漸發展，爲商業上之需要，乃將品質良好之茶葉，用機器磨成粉末以製磚茶，結果在俄國家庭所用之磚茶品質日佳，而銷售之數量亦遠勝工夫茶或未經壓實之茶葉。其後，輸入大量之印度、錫蘭及爪哇茶末，以增加原料之來源。

在七十年代，俄商開始在福州製造磚茶，另有三家英國商店亦設立磚茶廠。一八七五年福州之磚茶產量爲六、二〇〇、〇〇〇磅，一八六九年增至一三、七〇〇、〇〇〇磅。從此時至一八九一年間，其貿易常有盛衰。一八九一年以後，俄商移轉其貿易於漢口及九江。

一八九一至一九〇一年之十年間，俄人在九江製造磚茶極爲發達，在一八九七年開始，自錫蘭輸入茶末，混入於原料中製造紅磚茶。一八九一年九江之俄商工廠開始製造茶餅，但其貿易並不佔重要地位，其最高之產量，在一八九五年，計達八七二、九三三磅，現在已完全停製。

一九一八年九江及漢口之市場因俄人停止購茶而受打擊，大多數工廠陷於停頓，許多中國及俄國商店均遭遇經濟困難。

在漢口市場上俄國革命前之著名茶葉洋行如下：新泰洋行（Tea Trading Co.）；百昌洋行（K. & S. Popoff Bros.）；源泰洋行（D. J. Nakvasin & Co.）；阜昌洋行（Molchanoff, Pechatnoff & Co., Ltd.）；順豐洋行（S. W. Litvinoff & Co., Ltd.）等，尚有數家係託其他洋行代理者如：A. Goobkin；A. Kooznetzoff & Co.；V. Uyssotzky & Co.及Vogan & Co.等。在上述洋行中，有數家附設新式工廠製造磚茶及茶餅，其在漢口存在較久之中國茶號，最著名者爲紹昌，設有工廠，製造磚茶輸往蒙古及西伯利亞，此外尚有忠信昌、順安棧、新隆泰、源隆、永福隆、洪昌隆、熙泰昌、森盛昌、公昌祥等。

漢口除有中俄所設之公司外，尚有英、美、德、法公司亦於不同之時期內，分設支店，作爲購貨處或經紀字號。

沿海貿易之發展

中國早期之茶葉出口貿易史，頗爲朦昧，約於公元五九三年，中國文化及佛教傳入日本以後，常有帆船攜運少量茶葉至該國。

歐人從中國沿海輸出茶葉者首爲荷人，彼等於一六〇六——〇七年間由葡萄牙之殖民地——澳門運茶至爪哇之巴維達亞，當時彼等企圖與廣州之華商直接貿易，但爲葡人所阻。其後荷人竟欲奪取澳門，但卒歸失敗，惟在中國海岸附近佔領台灣而得一根據地，直至一六六二年方被驅逐。一六六三年及一六六四年荷人曾短期佔領廈門及福州，此後彼等獲准與其他外人共同在廣州通商。一七六二年荷人在廣州建立一工廠，於是重要之茶葉貿易，遂得開展。

美國於一七八四年與中國發生貿易關係，當時「中國皇后」號船載滿人參至廣州，而換回茶葉及其他中國之產品。中美間茶葉貿易曾有短期之中斷，但美人在廣州所得之地位僅次於英人。在一八四四年七月三日中、美簽訂商約，自此中、美之茶葉貿易遂漸漸發展，直至八十年代印度及錫蘭茶接辭中國茶葉在美國之地位爲止。一八八六年後，貿易乃漸下降。

俄國在一八六六年派遣商船二艘至廣州，以觀察有否在該處插足之可能，但北京之中國政府寧願其仍循前已在華北建立之商隊貿易，不准在廣州未建立地位之國家而在廣州貿易。

法國於一七二八年首次企圖建立商業地位於廣州者，爲私人經營之商業。嗣後在一八〇二及一八二九年重新在此方面努力。其他國家亦絡續來廣州通商，一七三一年瑞典東印度公司正式成立，亦如丹麥及奧國之公司向行商租借貸土地，建築工廠。

英國向中國通商，經數度努力以後，方達成功之境。一六二七年英國東印度公司遣派商船隊來廣州，但爲葡萄牙所制止，扣留其船隻於澳門。一六三五年該公司與葡萄牙簽訂商約，准許其在澳門貿易，同年兩廣總督准其在廣州通商。一六六四年英國東印度公司在澳門設立辦事處，一六八四年又在廣州之河邊設立一工廠。

英國獨佔時期

英國東印度公司最先從爪哇輸入中國茶葉，後由印度之蘇打拉斯及蘇拉特（Surat）輸入，最後則直接由中國輸往。一六八九年第一次直接輸入之茶葉係在廈門購買者。早期之購買茶葉乃由該公司委託在中國之辦事處代辦，再運至蘇打拉斯。

自十七世紀末葉起，英國向中國購茶數量漸增（爲供本國消費及轉售於他國），掌握此利潤豐富之貿易垂二百年之久。一八八六年達到貿易之最高峯，此時中國之輸出總量約三〇〇，〇〇〇，〇〇〇磅。此後英國商人之目光轉注於印度及錫蘭茶葉，乃漸放棄中國市場而讓與其競爭者之俄國商人。

俄商獲得控制權

俄國商人於一八九四年繼英國之後而控制中國市場，直至一九一八年方停止向中國購茶。初期俄國市場上之中國茶葉，均由商隊經陸路運往，後由西伯利亞鐵路裝運，除陸路運輸外，俄國又在六十年代開始以船舶運茶經蘇彝士運河而至黑海之港口奧得薩（Odessa），此種運輸爲量甚少，殊不重要。至八十年代環境改變，俄國在中國沿海之輸出日漸發展。因英國將其在中國市場之地位讓與立足已穩而發展迅速之俄國商人，至九十年代時中國市場完全受其控制。

俄國繼續保持其在中國茶葉貿易之優越地位，直至一九一八年。因國內發生革命，使俄人購買茶葉完全停頓，結果使中國之茶葉對外貿易衰落，加以中國內戰，一九二六年間其影響波及漢口，結果少數外人之茶葉公司，乃不得不退回上海，於是遂形成該地爲茶葉對外貿易之中心。

廣州之公行

當早期歐洲之冒險家來至中國時，華人對彼等均甚驚懼而隱存蔑視，視歐人爲蠻夷。至一七〇二年，中國朝廷派遣一官員——或稱皇商辦理對外人之貿易，此實含有獨佔之經紀人性質，外人必需向其購買茶葉、生絲及瓷器，而彼亦向外人購買所需之外國物品。廣州後爲唯一准許外人通商之處，而此官員則爲該地之重要官吏。

因皇商不能順利供給外人所需之貨物，故頗引起外商之不滿，彼乃於二年後（一七〇四年）准許增用若干華商襄理其事，以應付此範圍日廣之商業。因特有此項特權，外人每船貨物須向此官員獻銀五千兩（一六六七鎊），此種襄助皇商辦事之商人，從未超過十三名，即普通稱爲行商，其行或倉庫多與外人之工廠隣近。自行商在對外貿易上出現後，皇室所派之官員乃成爲稅收機關。直至一九〇四年此職始行裁撤，其職權遂移歸總督之手。

行商之業務日漸擴展，至一七二〇年彼等組織成一公會或名公行，意在調節價格，此後公行操縱外商之業務。直至一八四二年鴉片戰爭結束，南京條約簽訂之時，始將公行制廢除。

外商船隻駛來廣州，只能寄碇於十哩外之黃埔，不能進入珠江一步，待船到埠後，須請行商中一人爲保證，方得進行各種事務或卸貨。行商不久卽變成政府與外商間之媒介，其本身則爲捐稅之徵取者及糾紛之調停者，當發生訴訟時，卽其自定之法律裁判。H. B. Morse 描寫其地位云：自始至終外商之貿易爲被壓榨者，而公行則爲搾取者。（註一）

行商在靠近工廠建有倉庫，由內地運來之絲、茶卽堆存於此，必要時在工廠內改裝、過磅、綑縛及貼標籤。在送往黃埔裝船之前，須先向皇商納稅。

最重要之行商爲浩官、潘麗泉、茂官、殿官、昆官、章官、經官及鰲官。浩官爲行商中之資格最老者，死後遺產極豐。

廣州之夷館

廣州之夷館均位於河邊，William C. Hunter 之描寫如下：從西邊開始，首爲丹麥工廠；中隔中國商店，稱爲新中華街。次之爲西班牙工廠，再次爲法國工廠，其側爲一家行商東生行，此處隔一舊中華街，對面則爲美國工廠，奧國工廠，其邊爲另一行商寶順行，與之毗連者爲瑞典工廠，舊英國工廠及豐太行。此處又隔一狹巷名珠巷，新英國工廠之高牆形成此巷之邊界，其東爲荷蘭工廠及河浜工廠，所謂河浜工廠乃由一小河而得名。此河沿城牆而流入江中，原爲城西之壕濠。全部建築爲數十三，其後爲自東至西之一狹而重要之長街，稱爲十三行街。（註二）

擁有遠東貿易獨佔權之英、荷公司爲英屬東印度公司及荷屬東印度公司，分別成立於一六〇〇年及一六〇二年，其各該本國之商店在廣州貿易者均須經其特許，法國、瑞典、丹麥及奧國之東印度公司從事與廣州直接貿易，雖曾活躍於一時，但終於失敗而停止。

外人工廠之公所在十三行街對面之舊中華街，公所與貨棧同爲行商所有，而租賃與外人者，其費用亦由外人維持。

留居廣州之白種人在工廠內猶如犯人，帳房、貨倉及茶葉審查室均在底層，並有銀庫、買辦室、助理員室及工人宿舍亦同在底層。二樓爲休息室，膳堂，三樓則爲白種人之寢室，房屋所佔總面積共十五畝，其中大部分爲臨江之空地。

外商之先驅者

一八二五年在廣州之重要外人商店如下：Magniac & Co. 爲怡和洋行（Jardine, Matheson & Co.）之前身；Thomas Dent & Co.；Ilbery, Fearon & Co.；Whiteman & Co. 及 Robertson, Cullen & Co.。此等公司爲英屬東印度公司特許在遠東經營商業者，一八三三年以後，方得自由貿易，不受東印度公司之限制。

廣州工廠及其經營貿易之重要，單由茶葉一項卽可知之，茶爲其主要輸出品，除中國與日本以外，其他各國均賴其供給，中國茶爲彼等唯一可採辦之茶，且只限於廣州。而日本在當時尚在閉關自守時代，不與外人通商。

中國富豪——浩官

在廣州行商中最著名爲伍崇曜，外人稱爲浩官（Howqua），爲該時之首富及外商之好友。彼爲廈門人，生於一七六九年，出身微賤，當其僅二十歲時，因有與外人經商之天賦才幹而被許可加入公行。Sydney 及 M. Greenbie 二氏在 Gold of Ophir 一書中敍述浩官在中外商

註一：H. B. Morse 著：The Trade and Administration of China 一九二一年倫敦出版。

註二：William C. Hunter 著：The Fan Kwae at Canton Before Treaty Day 1825——1844，一八八二年倫敦出版。

人間，隨時隨地保持靈敏之手段，並調整中外商人間之關係及克服各種困難。

一八二五年浩官被認爲一老資格之行商，飽嘗此種生活之甘苦。彼之財富日漸增加，但其責任亦隨之加重，彼極欲卸去該項職務，但政府不准其退休。

浩官之職務除經營其商業外，尙與外人作私人之酬酢或社交活動，當時有一種禁例，不許外人攜帶其白種婦人至廣州，但外商偶有祕密攜帶其妻子入境者，喬裝男子，以圖混過中國官廳之耳目，但不久卽被察覺，浩官乃被迫依法執行其職權。

在行商中以浩官爲最富有，致常爲政府官吏所剝削，雖然如此，浩官之私邸在廣州仍爲最華麗者。一八三四年時財產估計達二千六百萬美元之鉅。此時彼決意致其全力於美商 Russell 公司。彼與該公司及其他美商公司所訂之合約均爲祕密性質。彼有一軼事，卽彼之某一管理人私用 Russell 公司之款項五萬元，彼乃立刻全部賠償。

公行制度之沒落

浩官與其他英美商人投資於鴉片貿易，而引起一八四〇——四二年之中英鴉片戰爭，結果簽訂南京條約，使公行制度消滅，並開放中國之口岸准許外人自由通商。當鴉片戰爭初期中國得勝時，英人之工廠悉被焚毁，最後英國勝利時，乃向中國政府索取賠款六百萬元，而中國政府責令行商負担此費用。浩官個人曾捐出一百一十萬元（註三）。當戰時及戰後，浩官衰老多病，加以財產損失之刺激，遂憂鬱而死。

中國著名之茶商

中國茶葉對外貿易之重要中心，經若干次之變遷，直至今日乃爲廣州、廈門、福州、寧波、杭州、漢口、九江及上海各城市。在十八世紀及十九世紀初葉，中國沿海之茶葉出口貿易均集中於廣州市場，廣東省之茶葉全由此輸出。此後，外商因欲購買優良茶葉而漸注目於湖南、湖北、福建、江西及安徽等省，茶葉貿易亦逐漸擴展至廈門、福州、寧波、上海，最後竟達漢口及九江。

中英鴉片戰爭於一八四二年結束之後，根據條約而履行五口通商，此五口岸爲廣州、上海、寧波、福州及廈門。其後漢口於一八五八年，九江於一八六一年，杭州於一八九六年相繼開放。

現時中國茶葉出口貿易之中心在上海，上海列爲世界第八商港，爲蘇彝士運河以西最堂皇而現代化之商業中心。

在上海經營中國茶葉貿易而成立已有九十年以上之歷史者有二家，卽英國怡和洋行（Jardine, Matheson & Co., Ltd.）及德商禪臣洋行（Siemssen & Krohn）。前者自始卽經營茶葉，後者則已在二十五至三十年以前放棄茶葉貿易。天祥洋行（Dodwell & Co., Ltd.）成立已有十七年。

怡和洋行成立於十九世紀之初葉，創辦者爲 William Jardine，彼於一八〇七年來遠東服務於東印度公司，最初與彼合作者爲 James Matheson 及 Hollingworth Magniac。

Jardine 博士爲蘇格蘭南部人，一七八四年生於羅赫馬本（Lochmaben），其族數代居住於當非利斯（Dumfriesshire）。James Matheson 生於羅塞斯（Rosshire）。Magniac 爲一瑞士商人之後裔，僑居澳門至十八世紀之末，彼在一老商店 Beale & Read中服務，後加入爲股東，而改名爲Beale & Magniac 公司，最後再改爲 Magniac 公司。

在其營業開始之早期，Jardine 常來往於印度與中國之間，Matheson 則在印度從事處理 Jardine 從遠東帶來之貨物，而 Magniac 則在廣州及澳門出售從印度及馬來輸入之商品。彼等之業務與時俱增，至一八二七年 Jardine 及 Matheson 二氏發覺在澳門有設一永久性商店之必要。其在廣州之業務則由特許之 Magniac 公司主持，兩者均能

註三：Sydney 及 Majorrie Greenbie 著：Gold of Ophir 一九二五年紐約出版。

獲利。

一八三四年，東印度公司之獨佔貿易勢力消滅，Magniac 公司亦解體，Jardine, Matheson 及 Magniac 三人乃另組一怡和洋行，於一八三四年三月廿四日首次遣派一免稅船由廣州開往倫敦，Hunter 稱謂「首艘載運免稅茶之免稅船」（註四）。

自香港成爲英屬地以後不久，該公司卽於一八四二年在該處設立總公司，一八五九年在橫濱設分公司，隨後分公司陸續設於東京、下關、靜岡及神戶，並設於台灣之台北及大連。一八七〇年，其經營之茶葉均係在上海、福州及廈門採辦。另外又在中國之北平、廣州、鎭江、重慶、汕頭、天津、漢口、南京、九江、牛莊、宜昌、青島及蕪湖等地，亦設有分公司。紐約之分公司開設於一八八一年。倫敦代理處爲Matheson 公司。

一八三八年 Jardine 於遠東留住二十年後離去，公司之業務遂由 Matheson經理，彼亦於一八四二年離中國，繼任者爲其姪 Alexander Matheson，彼曾在印度受初步之商業訓練。其後公司之主持人爲Andrew、David、Joseph、Robert Jardiue（均爲創辦人Jardine之姪）及 William Jardine，此外復有 William Keswick、John Bell-Irving、James J. Keswick、James J. Bell-Irving、C. W. Dickson、W. J. Gresson、Henry Keswick、David Landale、C. H. Ross、John Johnstone、D. G. M. Bernard 及 B. D. F. Beith（現任總經理）等人。

德商禪臣洋行爲 G. T. Siemssen 及 Werner Krohn 二氏於一八八八年在福州所設立，係繼承 Siemssen 族早年所設 Siemssen 公司之舊業，該族於一八四〇年時卽從事經營中國茶葉貿易。該公司在福州經營茶葉貿易，直至一九〇〇年始將其茶葉部結束。Krohn 死於一八九七年，Siemen 死於一九一五年。

英商天祥洋行(Dowel & Co., Ltd.)爲 George Banjamin Dodwell 與其同僚於一八九一年所設立，初名 Dodwell, Carlill 公司，總公司原在香港，分公司設於上海、漢口、廣州及福州。該公司且接收在一八五八年成立之 Adamson, Bell 公司。Dowell 前在此公司船務部工作。一八七二年來中國，迨一八九一年此店解體後，彼與其他同事組織 Dodwell, Carlill 公司，一八九九年改爲有限公司，同時總公司亦移至倫敦。除在中國設有支店外，其分店並遍佈於橫濱、神戶、倫敦、哥倫坡、紐約、舊金山、西雅圖及其他各地。天祥洋行之中國茶葉購貨人前爲 A. J. H. Carlill 及 H. A. J. Macray，現今在上海者爲 R. G. Macdonald，在福州者爲 J. G. P. Wilson。Dhwell 返倫敦任總理，直至一九二三年退休，而由其姪 Stanley H. Dodwell繼任。創辦人 Dodwell 死於一九二五年。

上海之英商錦隆洋行（Harisons, King & Irwin, Ltd.）爲W. W. King 於一八七八年所創立。一八九二年其子 W. S. Ki g 加入後乃改爲 W. W. King & Son，一九〇四年改爲 King, Son & Ramsey公司，一九〇八年改爲 Westphal, King & Ramsey公司，一九一八年再改爲 Harrisons, King & Lrwin 有限公司，並設一支店於漢口，由H. Winstanley 主持之，另一支店設於福州，以 A. S. Allson 爲經理。在上海之現任總理 W. S. King，爲中國茶葉貿易之領袖，亦爲中國茶業協會之主席。此協會包括全部主要之外國茶葉公司。W. S. King 於一八六九年生於漢口，其父於一八六三年代表倫敦之 Moffatt and Heath 公司來中國接收 Shaw, Ripley 公司。W. S. King 受敎育於英國達爾威治學院（Dulwich）而在其父曾經學業之同一商店中爲練習生。

在上海其他之著名外人茶葉公司如下：協和洋行（Robert Anderson & Co., Ltd）；天裕洋行（Alexander Campbell & Co, Ltd）；福時洋行（Compagnie Franco Africaine, Ltd）；保昌洋行（E. H. Gilson）；乾記洋行（Gibb, Livingston & Co.）；杜德洋行(Theodor & Rawlins）及同孚洋行（Wisner & Co.）等。

陳翊周爲一經驗豐富判斷明察之中國茶商，爲上海茶葉貿易之領

註四：同註二。

袖，亦爲上海茶商公會主席，因其聲譽之隆而得此地位，彼於一九〇六年創辦忠信昌茶棧，彼除經營茶葉爲主業外，尚擁有若干其他之大企業及錢莊。

在中國茶商中，其最老之一家商店爲華茶公司，係唐亞衛所創，現則由其二子唐叔璠及唐季珊經理。華茶公司成立之目的爲減少推銷中國茶葉至歐美之外國中間商。唐季珊經數次考察歐美後，蜚聲於歐美茶業界。該公司雖早於一九一六年成立，然其大規模經營，則在歐戰以後。

福州爲一最適合之茶葉出口港，亦爲福建省之海運中心，但有一部份茶葉由廈門出口。福州之最老茶絲出口商太興洋行(Bathgate & Co.)爲 John Bathgate 及Tobias Pim 二氏於一八七九年頂受倒閉之 Olyphant 公司而開辦，兩人均爲此店之店員，當該店倒閉後，彼二人即再組織而擴大之。John C. Oswald 於一八八六年加入該店，彼於一八七三年在倫敦進口商 E. & A. Dea on 公司開始經營茶葉，一八八六年赴福州而加入太興洋行。Oswald 死於一九三〇年，其子 J. L. Oswald爲現今之主持人。

一九二六年美國進出口公司 Brewster 公司在福州成立茶葉部，並聘 Ott、Heinsohn 爲茶葉收購人。彼前曾服務於漢堡之著名茶葉公司 Friedr. Wilh. Lange 公司。Brewster 公司在德國、英國、荷蘭、意大利及美國均設有代理處。

其他在福州著名之茶葉出口商如下：協和洋行（Robert Anderson & Co.）；天祥洋行，乾記洋行（Gibb, Livingston & Co.）；德興洋行（M. W. Greig & Co.）；錦隆洋行；怡和洋行及杜德洋行（Theodor & Rawlins）等。

廣州在快剪船航行時代，爲此業之中心，但並非重要之產茶區，只在北江清遠縣附近有少許茶樹栽培，產低級紅茶。此種產品輸往香港、海峽殖民地、荷屬東印度、澳洲及南洋。廣州與美國之茶葉貿易已告消滅，僅每年有數千磅茶葉運往美國，爲當地華僑團體消費之用。

在廣州沙面之茶葉出口商爲 Deacon 洋行，約於一八九〇年成立。Herbert Dent 洋行，於一八七〇年成立。委托前者爲代理人。天祥洋行於一八九一年成立。Hannibel 洋行於一九一〇年成立。怡和洋行約於一八三四年成立。其他尚有無數之中國茶葉公司裝運茶葉至海峽殖民地。

第六章 荷蘭茶葉貿易史

荷蘭東印度公司首先載運茶葉至歐洲——爪哇茶成爲商品之一種——蘇門答臘茶進入市場——阿姆斯特丹茶葉協會——荷蘭之輸入貿易——茶葉經紀商行——拍賣貿易——包裝業

一五九五年四月二十一日某荷蘭公司以商輪四艘武裝結隊由泰克塞爾島（Texel）出發駛往印度購買香料及東方物產，一五九六年抵爪哇之萬丹，即利用此港爲香料貿易之根據地，彼等感覺各處土人皆樂與貿易，至一五九七年八月遂裝回大量有價值之貨物而歸，國人鳴炮熱烈歡迎之。當此公司之商船隊尚未返國時，其他公司已紛紛組織成立，幷各自遣派其商輪從事此種冒險貿易。及至一六〇二年，航行印度之荷輪已達六十餘艘之多，貨物大量進口，於是市場遂有過剩趨勢，各貨隨之跌價，商船公司因而倒閉者甚衆，其餘未倒閉者，亦均岌岌可危。因此，國會發起將現存各公司之財產聯合組織一新公司，遂於一六〇二年三月二十日在海牙（Hague）成立荷屬東印度公司。

新公司之資本額幾達六、五〇〇、〇〇〇弗（Florin），規模之大，遠過其他投機貿易之經營，國會幷投權統治印度，協助對抗西班牙及葡萄牙之戰爭，並與祖國經常貿易。實際統治之權乃操之於公司中十七董事之手。

荷蘭商人早於一六〇一年已抵中國經商，將中國物產裝載返國，故該公司於一六〇二年開始營業時，即以十四艘商船駛往中國，而首批茶葉之輸入荷蘭者，係於一六〇六——〇七年由中國之澳門運往爪哇；而於一六一〇年復從爪哇儎往歐洲。茶葉成爲歐洲人之正常商品，乃始於一六三七年荷蘭公司之十七董事上書於巴達維亞總督之時，呈文內稱：「茶葉已開始爲人民所需要，吾人希望每艘船均裝有若干箱中國茶或日本茶」。在此事發生之三十一年以前，英國東印度公司早已發出第一張購茶之定單。

直至一六五〇年，荷人僅運少量之茶至歐洲，在荷蘭東印度公司之案卷內，其船單紀錄中在該年底以前，由印度駛回之十一艘船中，日本茶葉運抵荷蘭者只有五箱，重二十斤（約三十磅）。

一六八五年時，情形略有轉變，因十七董事上書巴達維亞總督云：

吾等已決定增加茶葉之需要至二萬磅，且茶葉品質必須新鮮，包裝良好，方合吾人之要求，茶葉若因時間過久而變壞，甚或品質低劣者，簡直無價值可言，此在前文已說明之。

在該世紀下期，荷蘭公司之茶葉貿易遂漸發展。一七三四年輸入荷蘭之各種貨物中，茶葉計有八八五、五六七磅，一七三九年當茶葉由一商船隊從印度儎歸之貨物中之價值列爲最高時，即佔荷屬東印度公司輸入品之主要地位。在一七五〇年左右，紅茶開始代替綠茶之位置而輸入荷蘭，同時亦代替一部份咖啡，而成爲早餐中之飲料。

在一七三四年至一七八四年之五十年間，該公司輸入荷蘭之茶葉數量增加四倍之多，每年達三百五十萬磅。但因有他國之東印度公司競爭關係，不特使荷屬印度公司之利益倒弱，且其結果使荷人被逐出於英屬印度大陸及錫蘭島之外，荷蘭曾在此兩地設有多數重要工廠，荷蘭公司自被印度、錫蘭排斥其利益後，即加强其在荷屬東印度之生產，以資補救，但在十八世紀初葉，陷於經濟困難而卒至於破產，及至一七九八年拿破崙征服荷蘭時，該公司遂作最後之解體，所有權力亦從此消滅。

爪哇茶進入市場

荷蘭政府在爪哇實施統制下所產製之茶葉，於一八三五年首次進入阿姆斯特丹市場出售，惜以品質不佳，價格（一五〇至三〇〇荷蘭分）遠低於生產成本。一八七〇年之土地法規定將政府土地分配於各私人植茶者，乃將整個環境改變。但茶葉墾植之資金，一時未易籌措，因為當時人皆重視種植咖啡及金雞納樹，認為更有利可圖，故爪哇茶在七十年代時品質仍低，價值亦低於英屬印度茶。

其後於一八七七年有巴達維亞商店創辦人 John Peet 者，喚醒爪哇植茶者對荷屬東印度茶葉之經營，並選送茶樣至倫敦，請英國經紀商品評。該經紀商指出荷蘭茶之劣點，並回送英屬印度之優等茶樣以作比較，結果使爪哇植茶者改變茶樹品種之栽植，採用亞薩姆種以代替中國種，同時採用機器製茶。一八八〇年至一八九〇年間，爪哇茶葉品質已逐步改良，至世界大戰前，巴達維亞已躋於茶葉貿易之重要地位。大戰後巴達維亞市場繼續發展，至今成為世界重要茶葉市場之一。巴達維亞茶葉貿易協會更訂定茶葉貿易管理規約。茶葉賣買多由英國商店經手，此種商店已成立者約有七、八家。每年在巴達維亞出售茶葉數量微有不同，平均幾達五千萬磅，其主要之輸出地為英國、澳洲及美國。

巴達維亞茶葉貿易協會

巴達維亞貿易協會為巴達維亞之重要商業組織，於一八五〇年五月一日由當時著名商人所創立，為整個爪哇工商業之代表機關，會員不下一百八十五位，城中各商業店主皆包括在內，該會訂定標準及仲裁規則以管理巴達維亞市場之茶葉買賣。

巴達維亞茶葉檢驗局於一九〇五年成立，爪哇茶葉之改進，為受其主要影響之一。其第一任茶師為已故之 H. Lambe，服務期間自一九〇五至一九一〇年，繼任者為 H. J. Edwards，服務期間自一九一〇至一九二〇年。在一九二〇至一九二三年間為 H. A. Pullar，繼之者為 H. J. O. Braund。至一九二九年 Braund 退休時則由其助理 T. W. Jones 繼任。巴達維亞之 Geo. Wehry 公司自始即担任該局之管理及文書工作。

在一九二二年有若干主要茶葉商店組織一巴達維亞買茶者協會，係由 C. H. Roosemale Cocq、W. P. Phipps、W. G. Barney及P. Daniel 等人所發起，會員共有十個，入會資格只限於買茶者。

蘇門答臘茶葉之進入市場

首次蘇門答臘茶葉於一八九四年由 British Deli & Langkat 煙草公司從日里之 Rimboen 茶園裝往倫敦，該批茶葉有六大箱，十七小箱，運費每磅二便士。在一九一〇年蘇門答臘茶葉之生產因 Harrisoms & Crosfield 公司及後數年荷印土地理事會與其他生產及輸出商等之努力，而臻於重要之階段，又以應用現代化最好方法大量生產茶葉，致使蘇門答臘於茶葉貿易中佔一地位。

阿姆斯特丹之荷蘭茶葉貿易

如上所述，茶葉在一六三七年後乃正常輸入阿姆斯特丹，至一六八五年，進口貨輸入為荷屬東印度公司所獨佔。

阿姆斯特丹東印度公司之董事會下分五組：即供應組、送貨組、倉庫組、帳務組及印度貿易組。

在十七及十八世紀時之倉庫組由兩倉庫主任所管理，彼輩在就職時須向阿姆斯特丹市長宣誓，該倉庫組在東印度公司總公司之東印度大廈內設有辦事處。

在荷蘭東印度公司取消以後之一新茶葉公司

約在十八世紀之後半期，倉庫組與供應組合併而名為商業組，當東印度公司在一七九八年十二月卅一日結束時，該商業組仍繼續營業，及至一八一八年，改組為 Pakhuismeesteren 或 Warehouse Masters 公司。其創辦人為 Josua van Eik，為東印度公司最後一任倉庫主任，彼於一八三一年逝世後，由其子 Josua van Eik Jr. 繼任，直至一八七八年逝世爲止，現在之股東爲 A. Bierens de Haan、C. F. Bierens de Haan 及 L. L. Bierens de Haan 等人，該公司在前世紀某一時期會營咖啡與茶葉，但一八五八年以後則專經營茶葉。管理阿姆斯特丹茶葉拍賣事宜之爪哇茶葉進口業協會將一切進口業務皆委託 Pakhuismeesteren公司代辦。

在阿姆斯特丹經營茶葉者可以下列二種機關代表之：即茶葉進口業協會及茶葉生產協會。前者成立於一九一六年，爲在阿姆斯特丹市場代茶園辦理之各茶葉進口公司所創設，此協會與 Pakhuismeesteren van de Thee 公司共同辦理阿姆斯特丹市場之茶葉拍賣事宜，而在阿姆斯特丹市場不能出售之茶葉則由該協會會員負責推銷，同時在拍賣時參與競買者，必須經過協會所特許之經紀人之手，方可購入。

Abr. Muller 爲該茶葉進口業協會之第一屆主席，在任五年（一九一六至二一），以後由C. J. K. Van Aalst繼任，服務二年（一九二一至一九二三），其後 C. J. A. Everwyn 服務六年（一九二三至二九），J. Bierens de Haan 服務五年（一九二九至三四），自一九三四年起改由 A. A. Pauw 繼任。F. H. de Kock van Leeuwen 在一九一六年至一九三四年間任祕書，後繼者爲 F. W. A. de Kock van Leeuwen。

現任會長A. A. Pauw 於一八八〇年九月一日生於哈雷姆（Haarlem）地方，一八九八年任職於阿姆斯特丹之荷蘭貿易會社，在荷屬印度蘇里南(Surinam)及遠東之辦事處內服務至二十六年之久，於一九三〇年升任阿姆斯特丹總公司之總經理。前任茶葉進口業協會主席J. Bierens de Haan在一九二九年被選爲主席，遂成爲阿姆斯特丹市場上要人之一，同年被選爲茶葉生產協會委員會委員。彼曾攻讀於烏得勒夫（Utrecht）大學，得有法學博士學位。一九〇〇年任荷蘭貿易會社經理部之祕書，至一九一八年升任爲總經理。

茶葉生產協會成立於一九一八年，以聯絡並保護荷蘭茶葉生產事業爲主旨，其會員除包括在歐洲佔有地位之荷屬印度各茶葉公司外，有志趣於茶業者亦得爲特別會員。該協會，在祕書處之下設一統計局，爲屬於該會業務之部份，此外更有一宣傳部，由前爪哇植茶者A. E. Reynst主持其事，宣傳範圍包括荷蘭及其附近諸國，宣傳經費乃由政府抽取一種栽植捐稅而來。

荷蘭之進口貿易

如本章前節所述，荷屬東印度公司爲最先輸入茶葉至荷蘭者，但當一七九八年該公司停閉後，其特有權利已消失，貿易遂成爲私人之企業。

荷蘭最早之進口公司而目今仍存在者，爲阿姆斯特丹之H. G. TH. Crone 股份公司，該公司成立於一七九〇年六月二日，即在東印度公司結束前數年成立。一八八五年該公司接受第一批由巴達維亞輸入之爪哇茶之委託寄售，並於一八九三年開設第一家爪哇茶葉生產公司，此乃荷蘭最早成立之茶葉公司，並公開招股。該公司在巴達維亞及舍馬蘭（Semarang）均設有支店。

荷蘭貿易會社爲阿姆斯特丹一大銀行性質之公司，分公司遍設於東方及遠東，如在鹿特丹及海牙等地，該公司在茶葉貿易上佔一重要領導地位，阿姆斯特丹拍賣場中多委託其代售茶葉，該會社於一八二四年獲得特許而成立。C. J. K. Van Aalst 任總理，其董事爲A. A. Pauw、Baron Collet d' Escury 及 Creua de longh 諸氏。祕書爲 F. H. Abbing。

Heekeren 公司爲阿姆斯特丹之茶葉及咖啡進口公司，自一八二八年以來即用此名，但爲若干異名公司演變而來。其創辦人爲 J. J. van Heekeren。該公司早在一八七〇年即已開始在拍賣場銷售茶葉。十九世紀後半期，該公司在 F. L. S. van Heekeren 經理之下，曾發展大規模之進出口事業，與 Heekeren 合作者爲 S. C. van Musschenbroek。前者死於一九一四年，後者不久亦相繼死亡。二十世紀初期該公司經常經營爪哇茶葉之進口事業。

茶葉經紀業務

Jan Jacob Von te & Zonen 公司創立於一七九五年 ，為阿姆斯特丹市場上茶葉經紀商之領導者，至一八七八年，其主要人物 Robert Voute 逝世後始放棄其領導地位， Vonte 在當時被人稱為中國之王 (The emperor of China)。

Leonard Jacobson & Zonen 公司為鹿特丹之茶葉經紀商，在該店創辦人之子 J. I. L.L. Jacobson 經營之下，該公司對於傳入茶樹栽培至爪哇有歷史上之重要關係。

茶葉躉賣貿易

荷蘭最老之茶葉批發公司為 N. V. Douwe Egberts公司，該公司遠在荷屬東印度公司運茶葉及其他東方物產至荷蘭銷售時已成立。除經售茶葉外，又經營烟草及咖啡。該公司於一七五五年為 Egbert 所創立。Egbert或名 Egbert Douwea 為 Douwe之子，蓋當時祇有名而無姓，公司一向以店主人之名 Douwe 或 Douwe Egbert 為名。

另一荷蘭之茶葉及咖啡批發公司為鹿特丹之 N. V. Van Rees Bu-ksen& Bosman's Handelmaatschappij 公司，該公司成立已百餘年之久，經營茶葉進出口業務。一九二三年改用今名。

鹿特丹之M. & R. de Monchy 公司為 E. P. de Monchy 於一八二〇年所設立，亦有百餘年之歷史，一九五〇年始易用今名。

L. Grelingers Im & Export Mij N. V. 公司設立於阿姆斯特丹，專營綠茶及爪哇、蘇門答臘與中國之紅茶，於一八六〇年為 L. Grelin-ger 所創立，一九二三年改為有限公司。

阿姆斯特丹之 N. V. Heybroek & Co's Handel Mij 公司經營茶葉批發業務遍達全歐陸，并在爪哇、加爾各答、錫蘭、中國等處設有代理處，在鹿特丹亦設有分公司。

J. Goldschmidt & Zonen 公司為阿姆斯特丹之批發商，於一八八七年開始經營茶業，此後 J. E. Goldschmidt 往倫敦學習茶業，當時由中國品種製造之爪哇茶品質低劣，彼則盡量介紹亞薩姆及錫蘭之優良品種，以改良茶葉之品質。

茶葉包裝業

Otto Roelofs & Zonen 公司為阿姆斯特丹之茶葉拚和商及包裝公司，並為荷蘭皇后之糧食供應者，於一七八四年為 Otto Roelofs 所創設。

A. F. Kremer Haarlem 茶葉包裝公司營業，範圍遍於荷蘭全境，於一七九六年為 T. H. Nremer 所創立，初時彼以茶葉當藥材出售。該公司之事業由創辦人之子孫繼續經營歷四代之久。

荷蘭之包裝業當首推鹿特丹之 De Erven de Wed J. van Nelle 公司，該公司創始於一八〇六年，創辦人去世後，由其妻繼續經營，後又傳其子孫，該公司在創辦初期，僅經營製成煙之包裝，不久以後，遂增設咖啡及茶葉拚和與包裝部，最近數年新工廠亦次第築成。

第七章　英國茶葉貿易史

東印度公司專賣權終止後私人企業攫取英國之茶葉貿易——僞茶充斥市場——法律取締劣茶——紅茶替代綠茶——茶稅之變遷——歷史上之明星巷——印度茶及錫蘭茶進入市場——茶葉經由蘇彝士運河運輸——拼和茶及小包茶爲人所愛好——企業化之零售商——二十世紀初期之貿易

除中國以外，英國爲世界上最大之茶葉消費國，同時更爲茶葉之再出口國。關於英國初期之茶葉貿易史，在上卷第六章「世界上最大之茶葉專賣」公司中已述及之，此種專賣至一八三三年終止，供給茶葉於英國消費者之任務遂轉移於英國之商人。但事實上直至數年後，東印度公司在遠東，尚保持其政治上之機能，且爲印度之實際統治者。故自一八三四——一八三五年，開始在印度發展茶業。

東印度公司運至英國之茶葉，大部分爲在中國所能購得之最優良綠茶，因供給不足及稅率高昂之故，其所定價格非一般人民所能購買。以是衆望能採取自由競爭方法以壓低茶價，使成爲大衆之飲用品。此種希望在停止專賣後十年，確已達到，每年之消費量遂增加百分之六十三——總數量達五三、〇〇〇、〇〇〇磅——至一九二九年，其數量更增至五六〇、〇〇〇、〇〇〇磅，較前增加十倍。

英國初期之茶葉輸入商，因東印度公司所能供給上等品質茶葉之數量有限，自不易廉價購得綠茶。爲供應人民需要及使茶價低廉起見，遂採用僞造混合物及人爲之着色。此種僞造品一部分在中國製造，但大部分則在國內製成。倫敦成立許多小工廠，專從事於柳葉、烏荊子葉及接骨木葉等僞茶之製造及着色，並收集用過之葉片，以備混用。

當時一般人對於零售商所最感不滿者即爲混和一事。優良茶葉之混和顯然爲茶葉商人之一種詐計，藉此使較次之茶葉亦可混充較優良品質之茶葉，惟在今日混和（或拚和）可以增進茶葉冲液之品質，在可靠茶商爲之，則爲一種有極需要之貿易方法。

Richard Twining I（一七四九——一八二四）爲茶商及小品作家，對於其祖父 Thomos Twining（一六七五——一七四一）即倫敦最初之茶商，如何製造混合茶，有簡略之說明：

在余之祖父時代，士紳淑女均有親自至店中購茶之習慣，箱中之茶例須倒出，以備選擇，而余之祖父在顧客之前，親自將若干茶葉混和，泡於杯內而使彼等嘗之，一再配合，直至適於購買者之口味而後止，蓋當時已無人喜歡飲用未經混和之茶葉矣。

一七八四年頒布調換法規（Commutation Act）以後，走私之風稍戢，而以前充斥市面之僞茶亦因此減少。惟英國商人尙有一種困難，即東印度公司所供給之茶有時品質多已劣變。例如一七八五年有許多零售商推舉精明幹練之代表如 J. Travers、A. Newman 等親至公司之總經理室，提出強硬之抗議，指明是年三月出售之一、〇八七箱茶葉中有三六〇箱完全不適於推銷，應由公司收回。

一七二五年英國第一次頒布取締茶葉攙僞之法律，規定除沒收外，更須處罰一〇〇鎊。在一七三〇——三一年，罰則減輕，祇處罰金而不沒收，如發現有僞茶時，每磅處罰十鎊。一七六六——六七年，更加以拘禁之重罰。另一種取締僞茶之法律頒布於一七七七年，由於攙雜作僞之風盛行之結果，影響所及，不僅使森林中樹木大受損耗，且危害帝國人民之健康，減少稅收，阻礙正當商業之發展，更將因此而使人民習於怠惰，故有此項法律之制定。但 Twining 在其一七八五年所著之小冊中，謂政府之壓力並未發生效力，且謂每年仍有大量僞茶，在英國境內製造，甚至有用其他更有害之物質以混充者。爲使公衆明瞭僞茶之性質而知所警戒起見。Twinning 詳述僞茶製造之經過，其法係收集家庭所拋棄之罔餚茶。在日光下洒乾後再行烘焙，烘乾後堆積於不甚清潔之地板上，經過篩分後加入明礬水與羊糞拌和之，再攤於地板上使之乾燥，即可發售於茶販。

至一八四三年時，英國內地稅局仍有檢舉再乾茶葉之案件，一八五一年倫敦泰晤士報載有一名 Edward South 者與其妻同犯製造大量僞茶之罪。一八六〇年首次頒布取締一般僞造食品之法律後，至一八七五年通過英國食品及藥物法（England Food and Drug Act），由此劣茶製造始告斷絕。

自一八七五年通過此食物與藥物法以後仍有大量罔餚茶及僞茶繼續在倫敦發現，與優良茶葉同樣經過海關而輸入。政府對於此輩奸商頗感應付困難，乃設置茶葉檢驗員，其任務爲防止非正當茶葉之混入，此種措置頗能生效。因僞茶製造人及輸入商知被發覺之後，其貨物將被退回，以是僞茶之進口大減。

現在產茶國家不再製造僞茶，惟輸入英國之茶葉仍須受嚴格之檢驗，如發現有攙僞或混和罔餚茶之茶葉，即予沒收而焚毀之。但此種僞茶如經海關之特許亦可輸入，以專供製造茶素之用。

紅茶超過綠茶

因攙僞着色種種弊端，公衆對於綠茶之信仰動搖，而需要中國之紅茶漸增。此種茶葉以武寧、正山、界首等地紅茶最受歡迎，凡經營此業者對於紅茶之品質非常熟悉，當印度茶首次出現於市場時，紅茶亦並未受若何影響。其中有某種香氣與滋味，仍爲嗜茶者所留戀，爲謀供應此種需要，乃採用橙黃白毫與 Capers 混和而成之茶，此即現在所用拚和方法之濫觴。現今多數茶葉，均在拚和後出售，而紅茶早已行之矣。

英國茶稅之變遷

茶早已成爲英國政府收稅之最佳商品，在一六六〇年每加侖征稅八辨士，以飲料爲對象。此種飲料出售於咖啡室，正如酒一樣，亦藏於小桶中，加熱後即可供顧客飲用。一六七〇年稅率增至每加侖二先令，惟實際上派人至咖啡室估計所製飲料之分量，所費不貲。因此量液抽稅之辦法，即行廢止。至一六八九年遂依乾茶葉每磅五先令抽稅。

一六九五年茶葉由遠東輸入者每磅加稅一先令，由荷蘭輸入者每磅加稅二先令六辨士，其數值在商業上已大有可觀。

一七二一年在 Robert Walpole 爵士秉政期內，將各種入口稅如茶、咖啡、朱古力等概予豁免，使此種物產在英國之貿易，得以自由發展，同時對於國內消費之茶葉仍征收相當之茶稅，在一七二三年英國輸入之茶葉，第一次超過一、〇〇〇、〇〇〇磅。

在一七四五年，每磅茶稅征四先令，此外更有附加稅百分之十四。是年對於東印度公司亦按其售價征收每磅一先令，加附稅百分之二十五。一七四八年每磅仍徵一先令，但附稅則增至百分之三十。至一七四九年倫敦成爲茶葉運往愛爾蘭與美國之免稅口岸。

此後茶稅續繼增加不已。一七五九年附加稅增至百分之六十五，一七八四年增加百分之十二。因茶稅太高，遂造成走私之風，海岸一帶爲有組織之走私隊活動之區域，西海岸之漢斯脫馬綏堡（Hurstmonceus）爲此項走私隊之集中地，倫敦某報於一七七六年五月記述一走私案發覺之經過，該批走私之茶共有二千磅。同時又記載有一稅吏於牛津街之公寓內發見並沒收十二袋之走私茶，該地即現在倫敦西端之商業中心。

一七八〇年倫敦與魏明斯忒及南馬克（Southwork）之包羅（Borough）等地方之茶、咖啡及朱古力商人，組織一協會，以與走私相頡抗，并懸賞徵求關於僞造着色茶葉之報告，對於報告人除給賞金五鎊外，且不宣佈其姓名，並可予以保護。

走私之風繼續增長，有人估計在茶葉輸入總值中走私與由東印度公司輸入者各居其半，甚或有估計走私數量竟達總額三分之二者。一七八四年國會通過一種調整法規。將以前百分之一一二〇之附加稅減至十二先令半，即減少至十分之一。此種附加稅之減少，對於走私及僞造茶葉之取締頗著成效。而正當輸入之數額亦因此倍增。

此種減低茶稅相當數額，僅能維持數年，其後又復逐漸上昇。其原因在於歐洲各國爲償還拿破侖戰債之故，而不得不出於增稅一途，其後幾經變化，至一八一九年茶稅附加稅增至百分之一百。一八三三年經國會通過改爲每磅征稅二先令二辨士。當時茶葉之平均價値每磅爲三先令六辨士，惟以英國有大規模之禁酒運動，而使茶之用途激增；平均茶價亦降至二先令二辨士，故捐稅適爲茶價之百分之一百。當時茶葉附加稅之增減變化，亦與茶稅相同，至爲複雜。

一八三四年，在原則上爲茶葉之黃金時代，當時附加稅廢除，而正稅亦依茶之品質而分等次。普通茶葉每磅收稅一先令六辨士，優良者二先令二辨士，最優等者三先令。此稅率維持至次年，其時茶價跌落，茶稅亦自二先令二辨士減至一先令十一辨士，約爲百分之十二。

茶稅爲歷屆財政當局任意增減而上落靡定之時期共凡五十年，至是乃漸入正軌，但仍未能減輕負担。一八三六年茶稅已固定爲每磅二先令一辨士，直至一八四〇年，始再改爲每磅二先令一辨士，並加附稅百分之五。一八五一年改爲每磅二先令，附加稅百分之五，以後繼續征收二年。

自此以後，茶稅逐漸減低。一八五三年減至每磅一先令十辨士，一八五四年減爲一先令六辨士。在克立孟戰爭（Crimen War）時期，卽一八五五——五六年，又增加至一先令九辨士。但在一八七一年印度叛變時，卽改爲一先令五辨士。一八六三年爲一先令，一八六五年爲六辨士，一八九〇年爲四辨士。

英國如不與其他國家發生戰爭，則此四辨士稅率或能維持久遠。但一九〇〇年波爾（Boer）戰爭發生，茶稅又增至六辨士。一九〇六年改爲五辨士，至一九一四年十一月英國參加世界大戰時遂又昇高至八辨士。一九一五年更增至一先令，此種稅率維持至一九二二年。一九一九年採行優惠制度，凡帝國自產之茶減去二辨士，而其他國家所產者仍須照納全稅。

一九二二年茶稅減至八辨士，一九二三年再減一半，仍回復至四辨士，與一九一九年相同。一九二六年雖有再減茶稅之議，但未實行，財政大臣向國會說明政見時，亦以未能廢除茶稅爲一憾事。

自査利二世以來，終於在一九二九年四月二十二日，第一次將茶稅完全廢除，此爲二六九年來茶葉得以免稅輸入帝國之創舉，但免稅僅實行三年，至一九三二年又對於外國茶征稅四辨士，本國茶二辨士。

在結束茶稅以前，當一略述反對茶稅同盟（Anti-Tea-Duty League）喚起公衆輿論之重要性，此種工作奮門垂二十五年，卒能達到目的，而使受苦多年之英國人民脫去茶稅之桎梏。

同盟之產生爲波爾戰爭後茶稅過分增加之結果。此種主張最初於一九〇四年十一月茶業領袖會議中提出討論。參與此會者有倫敦印度茶業協會主席 F. A. Roberts 公司之 C. W. Wa'lace 以及 A. G. Stanton、H. Compton 諸氏。後又有P. R. Buchanam 公司之A. Bryans 參加。爲成立一種組織起見，遂於一九〇五年一月十五日召集印度、錫蘭茶業協會之聯席會議，於一九〇五年一月二十三日始正式定名爲反對茶稅同盟。因 H. Compton 對於茶葉有豐富之智識，並具有宣傳天才，遂被推爲組織幹事。渠曾在印度種植茶葉凡二十年，回國以後，以著述歷史及小說聞名，後同盟組織日趨健全，爲過去任何關於茶葉貿易之宣傳工作所不及，彼等所用之標語爲「立卽聯擊倫敦之要害」，而事實上果能本此方針進行。F. A. Robert 爲該同盟主席，West Ridgeway 爵士爲會長，尚有副會長 Glasgow 伯爵等十六人，其執行委員亦有十五人。

同盟最初之會所在魏明斯志之會議街三十五號。一九〇六年 Balfaur 政府之失敗，論者認爲受 Comptom 及其同盟之煽動所致。主席 F. A. Roberts 在檢討其一年來之工作時，述及國會議員同情於茶稅之減低，最足使人滿意。

Compton 之努力對於明星卷之若干利益不無衝突，故於一九〇六年之初，即打消其所擬組織所謂免稅茶葉同盟之計劃，彼不幸身罹印度所流行之痢疾，神經遭受損害，於一九〇六年至馬特拉（Madeira）之航途中從所乘之船上，投海或失足而死，是其希望亦不能再見諸實現，後由 S. R. Cope 繼任幹事，此會直至一九〇九年始告終止。

歷史上之明星巷

明星巷（Mincing Lane）為倫敦之商業中心，商人及經紀人之事務所林立於此，若輩所經售之貨物範圍極廣，早與國外貿易發生關係。Stow 在十六世紀出版之「倫敦之調查」（Survey of London）一書中謂「熱那亞（Genoa)及其附近之人為走廊中人(Galley men)，因彼輩經由走廊而出時，即攜有酒類及其他商品」，彼輩又常集居於明星巷，Mincing 一字實為舊英語字首上 Myncheu 之傳訛，即聖海侖（St. Helen）尼之意。

在十六世紀時，偶然有貿易家集合於此，此後該地遂成為商人及經紀人薈萃之所，並在世界各地派有代表與通訊員。

至十六世紀末葉，商人與船長等赴殖民地貿易者，均在特定之咖啡室內會談，以促進其營業。西印度商人常集中於牙買加（Jamaica）咖啡室，而在東印度貿易者則常集中於耶穌薩冷咖啡室。商人利用此種場所從事貿易，同時咖啡室經理亦備有報紙、市價消息、船期表以及輪船所到各港口之最近消息，一切關於競賣事務，皆在咖啡室燈火下辦理，而船租等事亦均在此種場所為之。

一九一一年，一部分倫敦商人發起創立倫敦商品售賣室（Commercial Sale Room)，其建築物遂成為明星巷之營業中心，在其最初成立之二十三年中，商品售賣室之主要貿易為糖、酒以及其他西印度產品。此外更有脂肪、香料、漆樹皮以及葡萄酒等。當東印度公司稱為約翰公司（Jonn Company）享受印度以及中國貿易之專賣權時，一切貨物即由彼等之船舶運輸，運至其自設之倉庫以後，乃在印度館（India House）出售。

因東印度公司專賣之結果，使英人對於同一物品比其歐洲國家私人經營者常須付較高之價格，以是人民大感不滿。國會乃對此加以研究，最後歸論之結果，東印度公司終歸失敗，自一八三三——三四年起，以前為印度館專售之茶葉以及其他東方物產，乃歸明星巷之商品售賣室經售。

一九九六年，重建營業房屋，並加擴大，至今仍在繼續經營。其競賣室設於樓上，樓下則為預定室，並備會員定期集會之用，亦即為買賣之場所。

最初祇有中國茶輸入，但後來自新產茶國輸入者，如英國屬地所產之茶，亦開始出售。有一可紀念之競賣，現在倫敦茶商中尚有身歷其境者，即一八九一年四月十八日所舉行之一次競賣，是日有一批加脫莫（Gartmore）之錫蘭茶，係 A. Jackson 代表之 Mazawattee 公司以每磅二十五鎊十先令之高價購得之。

普通所謂「明星巷」一詞，係包括一切物產之市場而言。如以茶葉言，則包括 Fenchurch 街、Great Tower街 及 Eastcheap 街。

茶葉買賣之演進

茶葉在英國最初由咖啡室及藥房出售，其後玻璃店、綢緞商以及磁器商亦均兼營，據傳有一速寫作家亦兼營茶葉。

在十八世紀初葉，由舊時胡椒店蛻變之雜貨舖亦開始售茶。至十八世紀中葉，英國茶葉消費量達二百萬磅，以是使多數雜貨舖進而專售茶葉，稱為茶葉雜貨店，以與其他普通雜貨店分別。普通雜貨店專售香料、乾果、糖等，不售茶葉。

在十八世紀中，雜貨舖為推銷東印度公司之東方產品之主要過程，其他商人對於此項營業亦欲染指，以是專售英國及荷蘭陶磁器之陶磁舖開始兼售東方輸入之磁器，同時亦兼營茶、咖啡、朱古力。藥房及糖果店亦經售茶、咖啡及朱古力等。

較小之茶葉雜貨店以及若干茶葉零售商因東印度公司出售茶葉每批

至少為三百至四百磅，對於如此大量購買殊感困難，故由數家聯合選定一批，出價競購。輸入英國之任何少數茶葉，在法律上均須向東印度公司購買，但亦有經過中間商人如 Smith 公司、Kemble公司、Travers & Kemble 公司及現在之 J. Travers 父子公司等之手者。此種公司在東印度公司定期出售時購得茶葉，復轉售於國內商人。有時更供結市內零售商人。

十九世紀之初，茶葉成為英國雜貨舖中最有利之商品。當時零售茶葉之商人在法律上規定必須於門上懸掛售茶之招牌，否則當課以二百鎊以下之罰金。且若茶必須向登記之茶商或東印度公司購買，否則亦課以一百鎊以下之罰金。商人須紀錄其售出茶葉之數量，以備稅吏之檢查。

當時雜貨舖之業務逐漸擴大，乃兼營葡萄酒以及其他特殊物品如茶葉之類。茶葉為此類商品中之最有利可圖之商品，故自合作社、百貨公司、連環商店、旅行社、贈送禮物公司、郵購公司等出現以後，茶葉亦為為此類公司之售品之一。

印度茶及錫蘭茶加入市場

一八三九年一月十日為英國茶葉貿易史上最可紀念之一日，蓋是日為印度茶第一次出現於倫敦市場。若干年來，英國商人對於華茶貿易之一種依賴性頗覺憂慮，當東印度公司專賣權停止後，在英屬印度即開始試行種茶。一八三八年有相當數量之亞薩姆土種茶製成，由當時印度之最高統治者即東印度公司裝運八箱至倫敦出售。

當時一般人對於印度屬望甚殷，以是運載茶葉之船亦加以相當之改善。當茶葉裝到與出售時，頗能引起英倫人士之新奇趣味，此項茶葉在印度館出售，以該公司為賣主，八箱分別拍賣，均為該街之著名商人 Pidding 船長所得。

明星巷之經紀人感覺亞薩姆茶之前途極堪樂觀，雖首批貨物製造尚未完善，但有人願出每磅一先令十辨士至二先令之高價定購五百至一千箱，此種預定辦法未為賣方所接受。次年第二船亞薩姆茶運到時，其所得價值雖不及上年，但亦相當昂貴，每磅自八先令至十一先令，祇有一種稱為 Toychong 之極粗茶葉，則售每磅四先令至五先令。

最初之古門（Kumoan）茶為在印度栽培之中國種，於一八四三年由 Falconer 攜至倫敦，彼即為退職之該省植茶監督人。數年以後，印度植茶者均知土種茶葉之品質優良，全力注意栽培此種植物。不久私人之栽培事業繼首倡者東印度公司而興起。因創始於一八三九年之亞薩姆公司與創始於一八五八年之 Jorehaut 公司植茶獲得成功之後，故自一八六三年至一八六六年乃有許多新公司繼起從事於種茶事業。

加爾各答首次正式售茶為一八六一年十二月二十七日。次年，即一八六二年二月十九日又出售一次。自此以後，每隔相當時期舉行拍賣一次，現則每星期一舉行定期拍賣，如所售茶葉超過三萬箱時，則在星期二賡續拍賣，售賣時季在一年中約有八個月。

錫蘭茶最初加入市場在一八七三年，運茶二十三磅至倫敦，以後急起直追，在茶葉貿易史上造成發展最速之一例。

可倫坡之茶葉拍賣，每週舉行一次，開始於一八八三年六月三十日，最初出售之地點為 Somerville 公司之茶葉經紀室。

錫蘭茶葉受大戰之打擊頗大，可倫坡之公開拍賣於一九一四年八月停止。一九一九年實行戰時茶葉統制。嗣以一九二〇年劣茶充斥市場，乃行廢止。後當局立即採取限制辦法，使貿易得以迅速恢復原狀。

茶葉經由蘇彝士運河運輸

當英國屬地之茶葉最初進入本國市場之數年中，特別設計之船舶從中國裝運茶葉至英國，極為迅速，在茶史上開一新紀錄。此種快艇之帆船以中國快剪船聞名。一八六九年蘇彝士運河開通，遂東至英國航程縮短，快剪船時代乃告終結。自是以後，競製馬力大而又快速之輪船，使新上市之茶葉能迅速運至倫敦，不致愆期。至一八八二年，運輸業競爭入於最劇烈階段，Stirling Castle 號輪由上海至倫敦，祇須三十日。

最初經過運河之輪船，其船體甚小，僅數百噸。保險公司恐路上遇險而遭受損失，故索取高額之保險費，但此種過慮立即消滅。由於需要而籌造快船，以利在運河中航行，且對於船身及載重各方面亦有激烈之競爭，結果有若干輪船在遠東航行一次，能載四五百萬磅以上之貨物。在一八九〇年City of Corith號輪載茶五、〇九五、〇〇〇磅，一九〇九年City of Paris號載茶五、〇〇〇、〇〇〇磅。一九一二年Collegion號載貨五、四〇〇、〇〇〇磅至倫敦。

小包茶業

小包茶業創始於一八二六年，爲一美國教友派之教徒John Horniman創行於魏脫島（Isle of Wight），現由W. H. & F. J. Horniman有限公司經營。Horniman創設小包茶之目的，在於使消費者當偽茶及着色茶充斥市面之時，可得較爲純粹之茶葉，彼先用人工將純粹茶葉閉封於襯錫紙之紙包內，後又發明簡單之手工包裝機，直至業務發展必需移至倫敦時，始不復採用此項簡陋之機器。

Mazawattee 茶葉公司，事實上爲最先經營大規模小包茶葉之公司，此公司於一八八四年開始採用高價及純粹之錫蘭茶，並廣作宣傳，同業中頗多仿效者，因此使錫蘭茶之價值提高，以致最後不得不用印度茶混和，藉以壓平價格而利於推銷。小包茶在當時極爲盛行，惟以零賣價之低廉，使新進者不敢貿然從事，蓋欲推銷一新牌茶葉，非有極大之廣告費用不可。因此後來漸向另一方面發展。

拼和茶批發業

拼和茶之優點在於其價格與品質能適合一般之需要，故得發展迅速。有許多公司，應運而生，若干公司之業務範圍甚大，有倉庫及審茶室等完美設備，爲過去任何茶葉貿易公司所不及。爲求適合於任何性質之水與不同之地方，故需要貯備多種茶葉及極高之技術，並在此種拼和工廠中，常有電燈及動力之設備，以前用手工作者，現均以自動之機器爲之。

企業化之零售商

茶業之最後發展，在最近爲企業規模之零售公司，其經營方式，採取廣設分店制度，其特點爲改進供給業務，集中收購，調節茶價，並減少中間商之剝削，有許多商店辦理此類業務，頗爲發達。與此項商店之性質近似者爲英蘇聯合合作批發社，此在茶葉貿易之購買方面爲最有力之單位。

二十世紀之貿易

一八九三年至一九〇八年錫蘭茶舉行一種宣傳運動，尤以美國爲主要對象，其經費取給於錫蘭茶稅。印度茶之征稅開始於一九〇三年，因英屬地之茶葉生產過剩，欲藉此擴充印度茶之國外市場。在大戰時期，茶業甚爲繁榮，但戰後市場上又有茶葉供過於求之現象，後因銀價突然大漲，印幣較原値增高二倍，以是更形成嚴重之危機。當一九二〇年時，各產茶公司均大告虧損，而整個茶業亦受相當之影響，惟旋即恢復，以後數年英國茶葉貿易又回復其以前之盛況。

現已停辦之中國茶業協會於一九〇七年成立於倫敦。以中國茶完全無過量單寧之有害成分爲理由，鼓吹購用中國茶。一九〇九年又有英國四十家茶葉批發公司聯合舉行一種優良茶葉之宣傳，以增加優良茶葉之採用，繼續辦理五年，頗著成效。

一九一四年大戰開始，使茶業陷入於悲苦之境，一九一四至一九一五年有若干茶船爲德國潛艇所擊沈，其中有數艘如Diplomat號及City of Winchester號爲Emden號及Konigsberg二軍艦所擊沈。最初當局禁止茶葉自英國輸出，但不久即稍見鬆弛。一九一五——一九一六年因茶葉產量短絀，運費增加，以致茶價上漲甚高。一九一六年九月，英國完全禁止茶葉輸出，惟輸往中立國如西班牙與葡萄牙者除外。

一九一七年英國爲統制戰時食糧起見，乃成立糧食部，而茶之統制尤爲政府所重視。且非英屬地出產之茶葉亦在禁止進口之列，以是中國及爪哇茶均被阻止。在英國所能購得者僅為印度及錫蘭茶。船舶統制部最初允許每月由印度及錫蘭運入茶葉一千六百萬磅，以供國內消費，但以一九一七年九月二十九日為週末之一週內所運到之茶葉僅五〇〇、〇〇〇磅觀之，尚不及正常消耗量（六百萬磅）十分之一。

茶葉統制在施行之始，因與已有之貿易習慣相抵觸，並以委員會毫無經驗，採取未經試驗之方法以應付未及預料之困難，自難免發生若干不滿，但在統制之下，供給尚能平穩增加，以合理之價格分配於一般消費者。

茶葉統制繼續行至一九一九年六月二日，此後茶葉貿易又回復其原有途徑，因統制而發生之影響，至次年——一九二〇年亦完全消滅。當時因戰時及停戰初期之茶價高漲，故有大量之茶葉之囤積。大部分為次等品質之茶葉，在明星巷以每磅五辨士出售。但至次年茶葉貿易又趨繁榮。

一九二六年報上對於茶葉批發業之投機頗有爭論，故全國食糧會議即開始研究，並作成一種報告。在報告中對於茶葉在英國如何分配以及零售商所用之各種方式探究甚詳，此項報告於次年十月出版，對於投機之事下一診斷。惟據報告所述，生產者似立於最有利之地位，能限制在倫敦出售茶葉之數量，故投機之機會依然存在，而價格亦因此而受影響。

英國屬地中之最後從事於茶業者為非洲之怯尼亞，其最初運出之茶於一九二八年一月十八日到達明星巷，共有茶葉十二箱，為怯尼亞茶葉公司所屬之加倫伽茶園（Karenga Estate）所產，品質頗佳，輿論亦均加稱替。

在一九二八年下半年，倫敦茶業界中發生一種劇烈之爭辯。當時代表錫蘭及印度植茶者之倫敦錫蘭協會、印度茶業協會及倫敦南印度協會請求貿易局依據一九二六年之商標法發布命令，對於茶葉商標不論其為小罐或大箱，均應標明是否英國產品，抑係外國產品，此種要求，由於爪哇及蘇門答臘茶之輸入漸增而大足威脅印度及錫蘭茶之故。

雜貨業公會聯合會，蘇格蘭雜貨業協會，設有分支店之店主協會，買茶經紀人協會，全國生產經紀人聯合會，蘇格蘭茶葉批發會協會，在荷蘭之英國商會以及國會中合作會議之委員會，對於上述請求羣起反對，經貿易局之慎重考慮，決定在目前茶葉貿易之狀況下，尚不適於頒布前項命令，遂於一九二九年三月將此項決議向國會報告。

一九二〇年印度及錫蘭之植茶者因生產過剩之結果，均曾同限制辦法，因此使產量得以切實減少。

因英屬印度、蘇蘭、爪哇及蘇門答臘收穫豐稔之結果，一九二九年普通茶葉在倫敦市場，有大量之過剩，遂使此類茶價一致下跌。惟優良茶葉在當時尚有若干銷路，但受一般市場之影響亦均跌價。至是年年底，各製茶公司之紅利均形減少，或暫停發給，生產過剩之影響，乃益見明顯。因此英國及荷蘭植茶者協會均同意自動減少一九三〇年之生產量，惟以荷蘭不能限制土人所植茶葉之運銷，故此項計劃收效不大，至一九三一年遂不再繼續。但因生產繼續過剩，乃於一九三三年有印度、錫蘭及荷屬東印度限制茶葉輸出五年協定之訂立，各簽約國均須依照協定限制茶葉之輸出，使過剩存茶減少至正常比率，各該國並在主要消費國舉行聯合宣傳。同時，印度之英國植茶者開始實行生產限制之計劃。

第八章　印度之茶葉貿易

由英屬印度及錫蘭輸入英國市場之首次茶葉——加爾各答之茶葉貿易——歷史上有關之茶葉公司之概述——老哥倫坡公司起初從事咖啡業——咖啡業失敗後轉營茶葉——新公司進入其領域——茶葉貿易勃起——哥倫坡茶商協會

印度茶葉首次輸至英國市場，由生產者自行辦理，但不久在加爾各答有甚多之代理公司成立，專代生產公司辦理茶葉出口事宜。自一八四〇年至十九世紀末葉，有十餘代理公司頗見活躍。至今仍裝運大量印茶。此種公司均在其所代理之公司內爲股東，使完善之茶園管理與運銷有密切之配合，其中有若干公司其營業範圍遍及於世界各地。

加爾各答之茶葉公司

茲將加爾各答茶葉貿易上最著名之公司，略述如下：

Gillanders, Arbuthnot 公司，兼營銀行業務及代理運輸等業，爲加爾各答最早與茶葉貿易有關之公司。

Jardine, Skinner 公司，爲經營茶園代理之先驅者，於一八四三年由 David Jardine 所創立。一八四五年與 Charles Binney Skinner合夥，自一八五三年 Jardine死後，此公司遂與香港之怡和洋行各在其範圍內彼此合作。

George Henderson 公司，於一八五〇年爲 George H nderson在加爾各答所創立，初名 Henderson & Macurdie 公司，乃 Henderson在倫敦明星巷設立 George Henderson & Sons 公司後五年之事。在其加爾各答之公司，於一九二五年變爲私人之有限公司。

J. Thomas 公司爲茶葉經紀人兼營鑑祕等業，乃一八五一年間爲已故之 Robert Thomas 與 Charles Marten 二氏所創立。

Begg, Dunlop 公司爲茶園之代理人及經理者，於一八五六年爲David Begg 與 Robert Dunlop 二氏所創立。

Begg, Dunlop 公司，與加爾各答之茶區勞工協會及印度茶業協會之事業與進展有關。

Duncan Brothers 公司於一八五九年爲Walter Duncan、William Duncan, 及 Patylck Playfair三人所創立，最初名爲Playfair Duncan公司，一九二四年改爲私人有限公司。該公司憑藉印度茶業協會及茶稅委員會而竭力促進印度茶葉貿易之利益。

Barlow 公司約於一八六〇年爲 Thomas Barlow所創立，最初爲曼徹斯特及倫敦 Thomas Barlow & Brother 公司之分店，數年來皆爲Thomas Barlow & Brother 公司所管轄之茶園之代理人。

Williamson, Magor 公司之業務與英國茶葉之發展並駕齊驅，該公司早在一八六〇年間爲 J. H. Williamson 所創立，彼於一八五三年來至印度任亞薩姆公司經理，使早年印度茶業由失敗轉爲成功，彼實有巨功。

加爾各答茶商協會

加爾各答茶商協會於一八八六年九月八日成立，係由茶葉界諸人在孟加拉商會內召集會議後所組織者。D. Cruiekshank 爲該次會議之主席，其他到會者有 A. Wiloon、J. Macfadyen、J. G. Mugous、C. J. Sharpe、A. Curritt、T. B. Cass、W. L. Thomas、G. A. Ormiston、C. S. Hoare 等人。

哥倫坡之茶葉貿易

目前經營錫蘭茶葉貿易之老哥倫坡公司，均爲昔日之咖啡園代理商，後因咖啡葉病而致咖啡事業失敗。至一八八年間，茶葉在商業上漸佔重要地位，各公司乃紛紛改營茶葉。在一八九〇年至進入下一世紀時，錫蘭茶葉在新市場備受歡迎，而錫蘭之植茶者在海外宣傳亦極爲活躍，哥倫坡之茶葉貿易，漸有蓬勃之景象，當時除原有之咖啡公司改營茶葉者外，更有若干新興公司之創設，共致力於茶葉之發展。茶葉公司大別之可分爲三類——賣茶經紀人、茶園代理商及茶葉運銷商。

哥倫布茶商協會成立於一八九五年八月九日，約有五十個會員。

哥倫布經紀商協會成立於一九〇四年。其會員爲六家哥倫布產品及股票之經紀人。

第九章　英國之茶葉貿易協會

推廣並保護在倫敦之英國茶葉貿易利益之六協會簡史——倫敦之印度茶業協會——倫敦之錫蘭協會——倫敦之南印度協會——茶葉經紀人協會——買茶經紀人協會——茶葉購買者協會

發展及保護倫敦茶葉貿易利益之六協會爲：倫敦之印度茶業協會（Indian Tea Association, London）、倫敦錫蘭協會（Ceylon Association in London）、倫敦南印度協會（South Indian Association in London）、倫敦茶葉經紀人協會（Tea Broker's Association of London）、倫敦買茶經紀人協會(Tea Buying Broker's Association of London)及倫敦茶葉購買者協會(Tea Buyers Association of London)。

印度茶業協會（倫敦）

爲使北印度茶園主人及經理間對於其共同利益採取一致行動起見，印度茶區協會（Indian Tea Districts Association）即現在之印度茶業協會於一八七九年七月二十二日在格槃沙婦街協會會館內所舉行之盛大會議之後成立。

T. Douglas Forsyth 爵士被舉爲會議之主席，且提出組織該會之議案，而得全場一致之通過，至於協會設於倫敦而不設立印度之理由，則詳述於下列計劃書內：

廣大之產地使協會不能設於印度，茶園主及其他有關方面均傾向於倫敦，該城遂成爲協會總處最適宜之地點。同時植茶者及居於印度有利害關係者之合作，對於協會不但極其重要，且幾爲該會不可缺少之支持者。

更重要之目的說明如下：

（1）作爲與印度茶產直接間接有關者之通信中心，收集並發送有關茶業之消息。

（2）盡力使茶產業主與經理間對於各種重要問題達到一定程度之一致調和，以求減低生產成本、改良品質及增加茶葉之需要。

（3）注意印度及英國立法對於茶業及茶區一般利益之影響，倘爲實現其目的所必需，則可設法使現行法律重加修正或變更。

（4）採取必要之措置以改良交通及運輸工具，並使勞工及移民源源流入於需要最殷之茶區。

個人每年之會費定爲一基尼（Guinea），但對於公司及茶園主人則請求大量捐助。對於此項計劃，響應者極衆，僅在二星期內即有七十個會員加入。Douglas Forsyth 爵士當選爲協會主席，Ernest Tye 被聘爲祕書。

加爾各答之印度茶業協會於一八八一年五月十八日在孟加拉商會舉行茶園代理人會議時議決成立。

一八九四年倫敦協會取消印度茶區協會之名稱，並徵得雙方同意將倫敦印度茶區協會與加爾各答印度茶業協會合併，名爲印度茶業協會，設分會於倫敦及加爾各答，其目的在使此二協會之關係更臻密切，以合力發展印度之茶業。

倫敦分會處理在英國發生之各項問題，而加爾各答分會則處置印度發生之問題，在二分會中各有一常務委員會，辦理會務，且對於會員所發生之問題予以指示，但該委員會並無執行之權。倫敦協會之辦公處設於明星巷二十一號，年會及選舉職員於六月間舉行。該會計有會員一八一個，個人會員二十三個，名譽永久會員一人，即 P. R. Buchanan 公司之 Arithus Bryans。

倫敦錫蘭協會

倫敦錫蘭協會於一八八八年四月三十日成立，其目的在保護及增進錫蘭茶業之共同利益。組織該會之最初建議由 James Sinclair 及 H. Kerr Rutherford 提出於一八八七年錫蘭種植者協會在錫蘭甘特（Kandy）舉行之會議，並經一八八八年二月十七日該會年會批准。

一八八八年四月十六日錫蘭茶業界在倫敦東方銀行之董事室，舉行籌備會議，種植者協會之建議曾被考慮而予以接受。二星期後，新協會之首次會議舉行於同一地點。

會議決定協會之名稱為錫蘭協會，職員有會長、副會長及祕書各一人，會費規定個人為一鎊一先令，商店則為三鎊三先令。

第一年該會有會員八十八個，一九二五年增至五五四個，其中一三五個為公司，五十四個為代理處及商店，三六五個為個人會員。自一九二五年後，每年之會員甚少變動，年會及改選職員於四月之最末星期一舉行之。

在倫敦之錫蘭協會並無常務及執行委員會，但代以行政會議，由會長、副會長及五十六個會員所組成，並有三位永久名譽會員：為 Hugh Clifford、Noman W. Grieve 及 H. K. Rutherford，後二位為茶人。

祕書辦公室及倫敦錫蘭協會之總會設於大塔路(Great Tower St.)埃獨爾巷（Ildol Lane）十一號，該會與在錫蘭其他協會之關係，雖均為獨立之組織，但能共同一致為該島之公衆福利而努力。

倫敦南印度協會

倫敦南印度協會成立於一九一八年一月，因南印度各界認為應有一協會設於倫敦以處理關於南印度之種植、運輸、貿易及商務等各界種問題。

該會之目的於一九一八年二月二十八日所舉行之臨時大會中所訂定之規則內說明如下：

> 單獨或與南印度種植者聯合協會或其他同樣目的之團體共同發展南印度之種植商業及實業等各項利益，並處理其他臨時發生之事件。

該會成立後，凡有關共同利益之事，均與南印度種植者聯合協會及加爾各答及倫敦之印度茶業協會密切合作。

倫敦茶葉經紀人協會

此會成立於一八八九年，其目的在保護賣茶經紀人之利益。在現今之全體會員中（二十三個）包括買茶經紀人二名，彼等係在訂立嚴厲限止買茶經紀人加入為會員之規則以前數年所選出。該會有十六人之委員會，包括主席及副主席各一人，為每年一月舉行之常務會中選出，委員會排定會員在拍賣場出售之次序，處理所需印刷品及市況等有關問題，並使種植者及購買者協會知悉有關本身利益之事，每週商情報告由明星巷三十號之協會辦公處印發，協會主席為H. B. Yuille，祕書為A. B. Newson。

買茶經紀人協會

一八九九年此會成立於倫敦，其主要目的在保護並維持及普遍促進會員在商業上之利益。該會約有會員十個。John J. Bunting 為會長，名譽祕書為 S. T. Willcox。

倫敦茶葉購買者協會

茶葉購買者協會創立於一八九八年，其目的在保護會員之利益，制定規程，以管理買茶之業務，此項規程隨時加以修正。職員包括會長、會計各一人及由十六人組織之委員會。會員限於在倫敦市場之真正購買者，現有會員一百十五個。協會除通常注意購買貿易之利益外，遇有關於共同利益之事，常與其他貿易團體聯絡。

第十章　茶葉股票與茶葉股票貿易

茶葉股票被衆認爲投資對象——市場發展之情形——若干著名之股息——爲投資者編印之股票目錄及手冊——投資者成爲茶業之基礎穩固——茶葉股票交易必將繼續發展

若干年前，大多數茶葉公司之股票，皆握於開闢茶園者及其親友之手，僅限於極狹之範圍內，此種情形卽在今日亦仍存在。茶葉股票在某一時期內交易頗盛，但無一自由市場。惟在至一九二二年之繁榮期間，社會對於茶葉股票之興趣激增，其市場亦大見擴充。

茶葉股票之交易

茶葉股票之大宗交易限於倫敦，而倫敦證券交易所則爲此項買賣之主要市場。惟有若干茶葉股票貿易亦爲阿姆斯特丹之證券交易所及倫敦明星巷茶葉與橡皮股票經紀人公會所經營，而蘇格蘭公司之股票在格拉斯哥及愛丁堡亦有一部份交易。至於印度錫蘭之處比股票，則在加爾各答及可倫坡交易。

一切茶葉股票皆係記名式，其在大多數英國公司大抵可以抵押轉讓。因股票之票面額過大，在市場上頗呈呆滯。票面額有一百鎊比或五鎊、十鎊數種，甚或有一百鎊者，但爲使其在市場上便利起見，票面價應改爲十處比或一鎊。今日大多數英國公司之股票票面價已實行減少至此項數額。

市場發展情形

在茶葉股票史上之主要發展，多在過去三、四十年之間，而最重要之時期，則在一九二三年以後。最先成立之公司爲亞薩姆公司，創於一八三九年；次爲 Jorehaut 茶葉公司，創於一八五九年，二者均爲採用金鎊制之公司。在六十年代間更有十家公司創設，七十年代加增九家，八十年代又增二十二家，在九十年代間因銷路大暢，新設之公司乃多至一〇三家。

最初組成之公司大抵爲植茶業者之私人企業。若輩冒一切危險，在氣候惡劣之環境中，由自己或向親友募集股本而創辦事業。此項事業大多在倫敦市場上極爲著名。當植茶業者從東方退休之時，若輩將其茶園出售，或改爲有限公司，亦有許多以辦事人之資格繼續任董事或董事長等職務。此種政策使其經營益趨健全，有許多成績卓著之有限公司因此增加不少財產。

倫敦證券交易所約有會員四千人，至今仍爲以英鎊計算之茶葉股票之最大市場。但有一部份人寧捨倫敦證券交易所而就明星巷證券交易所，因後者爲專營茶葉與橡皮股票之機關。該交易所爲明星巷茶葉與橡皮股票經紀人協會於一九一三年所開設，其地址在十四號，創辦之宗旨爲謀居住於明星巷附近之經紀人之便利，約有會員二十五人，每日在上午十一時及下午三時各開盤一次。

數種著名之股息

在二三〇家英國茶葉種植公司中，約有五十家公司之英鎊股票在倫敦及郡營證券交易所內正式開拍市價。其中有多家歷年均能按期發給股息，至於其他及較新之公司更有發給紅利之可能，尤其有數種獲利最豐之股票，爲持票人所不願割愛而絕少流入於市場者。

最著名之股息當推 Jorehaut 茶葉公司。該公司創設於一八五九年，在一八六〇年發給第一次股息，在七十三年之長時期中，僅三次未發股息，即爲一八六六、一八八〇及一九三二年，第一百期股息係在一九二七年發給。至一九一九年，其資本自十萬鎊增至二十萬鎊，係由發行票面額一鎊之紅股（bonus shares）五萬股及普通股五萬股得來；在一九二一年及一九二八年，先後經政府核准增加資本，並印發股票，其資本額乃擴大至四十萬鎊。

在大戰以後，各公司所發最高之股息爲百分之一三〇，免徵捐稅，此數等於百分之一五〇，此爲 Ghoir Allie 茶業公司於一九二二年所發給之股息。

百分之七五至八〇或更高之股息尤爲普通。由辦理得宜之有限公司，如在錫蘭之 Bandarapola Ceylon、Battalgalla Estate、Duckwari Tea and Rubber Estates、Standard and Telbedde Estates 等公司，及在印度之 Borbheel、Brahmapootra、Chubwa、Deamoolie、Dima、Doloi、Pabbojan、Rajmai、Romai、Rungajaun 等公司在最近十年至十五年各時期所發給者，均能達到此數額。

其餘各公司在同時期中亦有良好之紀錄，其股票在市面上往往比若干種價格較高之股票更爲活躍，此因淨利全視投資者對於其股票所付之價值而定。事實上，常有以合理價值購入股息較少之股票，而其所得利益之百分比反而較優。但凡無股息可發時，投資者自無盈利可得。此爲一九二〇年及一九二九——三二年生產過剩之時期中某數家公司之一般情形。

各公司之資本因印發紅股或新增財產常有變動，亞薩姆公司即爲其特別顯著之一例。該公司之原有資本二十萬鎊，現則擴充爲一百萬鎊，每一持票人以原來每股二十鎊之一股換成每股一鎊之股票一百股。

各著名茶葉公司之股票目錄內，載明關於種茶面積、盈利、股息及股票市價等之最近消息，常由股票經紀人編印，並在倫敦、阿姆斯特丹、加爾各答及可倫坡之報章上刊載。

爲便利股票經紀人及股票投資人起見，每年常有數種茶葉股票手冊出版。此項手冊除發表經濟消息以外，並登載市場上有股票開盤之各主要茶葉種植公司之名稱。

各英鎊股票公司之著名手冊爲：The Investor's Chronicle 出版之 Wilkinson's Tea & Coffee Share Manual，R. P. Wilkinson 之 Tea and Coffee Producing Companies 及明星巷茶葉及橡皮股票經紀人協會出版 L. G. Stephens 所編之 Tea Producing Companies。

關於著名之盧比公司之手冊如下：加爾各答 Place, Siddons & Gough 公司出版之 The Investor's India Year Book 及可倫坡經紀人協會出版之 Handbook of Rupee Companies。

綜言之，茶業雖間或發生不景氣，但穩健之投資家僉認爲本業經濟基礎穩固，且全世界對於茶葉消費正有增加趨勢，前途似極堪樂觀。

第十一章　台灣之茶葉貿易

早期茶葉商業——英國領事 Swinhoe 發現台灣烏龍茶業並報告其可能性——外國買茶者之先驅 John Dodd——將茶葉輸往紐約——烏龍貿易之飛速進展——受台灣政府之協助——台灣之其他茶葉——茶葉貿易協會——領袖公司及著名人物簡史

台灣之烏龍茶貿易，開始於一八一〇年之後數年，偶有若干輸入中國，約當中國商人由廈門最初傳入茶樹栽培法於該島之時。至一八二四年，台灣茶遂大量輸往中國。

一八六一年英國派駐該島之首任領事 Robert Swinhoe 將茶業在該島發展之可能希望，報告於其政府，彼實爲發現台灣茶業之第一人。

一八六五年英人 John Dodd 來至該島，次年親訪淡水縣農民，並作台灣烏龍茶出口供給之調查，結果乃創立 Dodd 公司，爲外人茶葉商店之先驅，次年即開始收購茶葉。一八六七年該公司裝運一船茶葉經廈門至澳門。同年中國茶商柯昇至淡水代廈門之 Tait 洋行購買數箱茶葉而歸。

在一八六八年以前，台灣毛茶係運往廈門精製，當年 Dodd 公司在台北之板橋自建精製廠房，且在福州、廈門聘請有經驗之中國茶司，担任精製工作，此乃台灣自行精製之創始，以後茶葉均經精製後，方裝運出口。

一八六九年Dodd公司試裝茶葉二一、一三一担（二八四、一三三磅）逕運紐約，大受該地歡迎。此後台灣烏龍茶在紐約市場遂大量增加。十年後（一八七九年）激增至每年一千萬磅。至一八八九年達一千五百萬磅。輸出最高之數年爲二千二百萬磅。在大戰前平均每年爲一千七百萬磅至一千八百萬磅。歐戰後其數額漸減，截至現今止，每年平均僅七百萬磅。

台灣貿易開始之際，茶葉之精製及包裝大部份操於外商之手，其後中國商人逐漸插足其間，亦握有大部份勢力。至一九〇一年時，台灣烏龍茶均由淡水出口，惟該港口水量較淺，僅能寄泊小輪，巨輪須泊於離岸一哩之口外。台灣出口之茶葉須運至廈門加套簍然後裝輪出運。自日本佔領台灣後，即鑿深基隆港，使巨輪得以駛入。自一九〇一年以來，昔日在淡水之茶葉貿易乃均移至此港。

一九〇一年，台灣總督以二五、〇〇〇圓（一二、五〇〇美元）作爲台灣參加巴黎博覽會之經費。一九三二年總督復在美國報紙上，作台灣茶葉之宣傳，至今仍在進行中。

近代台灣茶葉貿易史上之一重大事實爲一九二三年總督公佈命令出口茶葉須經過品質之檢驗，凡鑑定在標準以下者，概不得裝運出口。

一九三〇年，在島內每百斤茶葉徵收製造捐二・四日圓（約每一三二・二八磅捐一・二美元）但現已取消。總督之取消茶稅，實爲數年來諸主要茶葉出口商呼籲之結果。

台灣之其他茶葉

台灣除烏龍茶大量運銷美國外，更製造大宗包種茶行銷於中國、荷屬東印度、海峽殖民地及菲律濱一帶。烏龍茶約佔出口總量之半，餘者大部份爲包種茶，尙有少量爲紅茶。

包種茶之製造，係於一八八一年中國商人高福薦由福建移居於台北時傳入台灣，自此以後，包種茶之貿易漸漸發展，且爲烏龍茶不需要之過剩生葉闢一銷路。

三井公司製造及輸出另一種名「改良台灣烏龍」茶葉，亦屬於烏龍茶，但經較長久之醱酵，且全由機械製造。一九二三年首次贈送樣品至美國，此後其出口貿易與時俱增。該會社亦製造紅茶，採用錫蘭及印度之綜合方法，在氣候及土壤之適宜條件下，得以製成相同品質之紅茶。

茶葉貿易協會

台北茶商公會成立於一八九三年，大部份會員爲在台灣之中國人，其工作之範圍爲禁止製造劣茶，並在購茶季節時，其職員親往大稻埕之茶區巡察。台北近郊，遂有茶人充斥其間。

台北外商貿易局爲使各外人商店（包括經營茶葉者在內）之步驟一致而設，此團體爲美英商人所組織，成立於一九〇〇年，初名淡水商會，至一九〇六年始改今名。

茶葉出口公司

外人在台灣之第一所出口商店爲Dodd公司，曾保持台灣茶葉先驅之聲譽至數年之久。當Dodd於一八六四年到淡水後，爲英領事Swinhoe發表之台灣烏龍茶之事實而激勵其企圖，其唯一之問題爲農民是否能供給足量之茶葉以輸往新市場，因彼全無烏龍茶製造之知識，故需有妥善之準備，Dodd抵台灣之第一年，即往淡水附近之中國農民間考察，並鼓勵其增加茶葉之生產，且曾數度赴廈門攜帶茶葉至該地之茶廠。翌年Dodd開始收購茶葉運往廈門，在該處精製包裝，並在本地出售，略得微利。彼認爲欲插足英美市場，投資斷不能少，以是籌措經費，於一八六八年在台北之板橋建立第一所精製茶廠，向福州、廈門聘請技術精良之茶司精造箱茶。翌年即有兩艘貨船載其首批茶葉二、一三一担赴紐約，此種新茶之貿易居然立即獲得成功，在東部及新英格蘭各州大受歡迎。Dodd在九十年代之初期逝世，享受其創設之事業所獲得之利益，爲時甚久，其公司約在一八九三至一九〇〇年間停業。

Robert H. Bruce於一八七〇年在淡水成立德記洋行，作爲廈門德記洋行之支店，三年前廈門總店曾派一中國茶葉買客至淡水視察市場狀況，並帶回數包半製成之烏龍茶，此爲德記洋行在台灣之事業之開端。基隆港開闢後，此公司乃移至台北之大稻埕。自一九二二年以來，均與美國Irwin-Harrisons-Whitney公司取得聯絡，其總經理爲Francis C. Hogg，副理爲A. L. Pink。

在廈門及福州之外人茶葉公司，初時並不注意淡水能成爲烏龍茶貿易之競爭者，但不久即因台灣烏龍茶行銷漸廣而警覺，乃迅速在島上建立地位，於是英商Elles公司、Brown公司及Boyd公司於一八七二年設立台灣支店，其中Brown公司及Elles公司，後由美商Russell公司繼承其業，而Boyd公司失敗後，則由Lapraik, Cass公司繼承之，但亦於一九〇一年倒閉。

Boyd公司於一八五四年爲Thomas Deas Boyd及Robert Craig二氏設於廈門，一八七二年設一支店於台北。Craig退休後，Thomas Deas Boyd邀請Willian Snell Orr及Thomas Morgon Boyd二人加入。一九〇三年，Thomas Morgan Boyd與Thomas Deas Boyd退休，W. S. Orr乃邀請Edward Thomas加入。Thomas Deas Boyd死於一九一四年，Fergus Graham Kell於一九一二年加入，但於四年後逝世。至一九二八年Edward Thomas退休，Robert Boyd Orr成爲廈門Boyd公司之最老股東及台灣支店之主人。一九三四年該公司解體，由Carter Macy Tea & Coffee公司繼續承辦其業務，Robert Boyd Orr即服務其中。

另一英商怡和洋行，其總店在香港，於一八九〇年設支店於台灣，其業務現仍在進展中，現今之購茶師爲H. Lachlan。

同時有一美商插足於台灣市場，爲Smith Baker公司，其總店在紐約，此公司在美國與日本之台灣茶葉貿易中曾佔重要之地位。Albert C. Bryer爲台灣之購茶師，至一九一五年其業務爲Carter, Macy公司所接收。

Carter, Macy公司於一八九七年開設一台灣支店，其總店在紐約，自支店開張後，以George S. Beebe爲購茶師。於一九三三四年又接收Boyd 公司之業務。

Averill公司爲一紐約之公司，一八九九年開始辦理出口業務，並請William Hohmeyer 爲購茶師，三年後由 Colburn Hohmeyer 公司繼承之。此公司爲菲列得爾菲亞之A. Colburn 及 William Hohmeyer二人所合股經營。在一九一三年，John Culin 繼 Hohmeyer 爲購茶師，而改組爲 A. Colburn 公司。Culin 曾服務於 Carter Macy 公司達二十年之久，最近在菲列得爾菲亞從事茶業經紀業務。Hohmeyer 死於一九一八年，其公司亦於一九二三年關閉。

另一美商台灣商務公司（The Formosa Mercantile）於一九〇六年參加台灣之貿易，以紐約之 Russell Bleecker 任總理，C. Walter Clifton 爲購茶師，該公司於一九一三年關閉。

一九〇六年美人 H. T. Thompkins 以其個人之名義經理出口貿易。芝加哥之 J C. Whitney 公司於一九一二年設立台灣支店，請 T. D. Mott 爲購茶師，一九二七年英美茶葉貿易公司（Anglo-American Direct Tea Trading Co.）接頂 Colburn 公司之後，亦加入貿易，而請 John Culin 爲購茶師，至一九三一年則由 B. C. Cowan 繼任。

自台灣變爲日本領土之後，即有若干日本商店參與台灣烏龍茶葉貿易。一九一一年三井會社及野澤會社均在台北設立茶葉部，其後於一九一八年淺野及三菱各設立茶葉部，但翌年均停閉。三井會社之首任購茶師爲 Alfred C. Phelan，後由 C. Walter Clifton 繼任。彼自一八九九年起即在台灣爲購茶師，繼續此職位，直至一九一九年逝世方止。John Culin 繼 Clifton 之後任職三年，乃由 W. A. Pokorny 繼任，彼曾服務於三井會社茶葉部數年之久，初在紐約，後在上海。

第十二章 日本茶葉貿易史

日本茶葉貿易係自荷蘭東印度公司裝備少量茶葉開始——二世紀之閉關時代——Perry 司令干涉閉關政策之成功——大浦夫人爲第一個從事直接貿易者——出口貿易始於橫濱闢爲商埠之時——神戶成爲一茶葉口岸——商業轉移至靜岡——著名之公司及領袖人物——茶業協會

數世紀以前，日本即已栽植茶樹，但從不輸往國外，直至荷蘭東印度公司得德川幕府之特許，於一六一一年在平戶島上設立一商館，始有茶葉之輸出。該荷蘭公司在一六四一年遷移至長崎之江口之Deshima島上，荷蘭駐日公使 James Specx 爲在平戶島之第一任監督。

荷蘭商船每年開來一次，自四月間到達，直至九月間始啟椗回國。初來船隻僅三、四艘，其後逐漸增加，最多時竟達六十艘。此項商船裁來各色貨物，如糖、眼鏡、望遠鏡及鐘錶等；由原船帶回之出口貨有銅、樟腦以及其他數量較少之貨物如漆、竹器及茶葉等。

英國東印度公司亦於一六二一年在平戶島設立商館，但該公司並不收購茶葉，其經理 Richard Cox因覺無利可圖，乃於一六二三年停止營業。

日人在荷人到來不久以後，建造海船二艘，一艘駛經太平洋而至墨西哥，一艘開往羅馬。約在此時，因葡萄牙人宣傳基督教而與居民發生各種枝節，致使德川幕府深信欲求國家之安全，非採取閉關政策不可。根據此種決策，在一六三八年除在長崎與華人及荷人作有限制之通商外，實行封鎖各海口，不與外國往來；同時，下詔嚴禁日人建造航海之船舶。自一六四一年至一八五九年，長崎爲祇許華人及荷人（其他任何外國人皆不得享受此權利）通商之唯一日本口岸。日本船舶亦不准駛往外國海岸。

日本之閉關政策維持達二世紀以上，但在一八五三年美國海軍軍官Commodore Matthew Calbraith Perry（一七九四——一八五八）訪問日本，隱示耀武之意，一面更運用外交手腕，雙管齊下，卒使德川政權不得不改變閉關自守之政策。但 Perry 之使命並未立即發生效力，直至一八五九年橫濱港始開放與外人通商，此爲日本之第一條約口岸。

長崎有茶商大浦夫人受 Perry 訪問之影響，首先嘗試直接之輸出貿易。一八五三年，長崎之荷蘭 Textor公司，將大浦夫人之樣茶寄往美、英及阿拉伯諸國。其中一種樣茶引起英國茶商Ault之注意，彼於一八五六年趕赴長崎，向大浦夫人定購一百担（一担等於一三三又三分之一磅）嬉野珠茶。有進取心之夫人接受定單以後，即從九洲島上各地收集茶葉，輸往倫敦。Ault 並在長崎開設Ault公司，E. R. Hunt 即在該洋行任職。後與 Frederick Hellyer 合股在原址創設 Hellyer & Hunt 公司。大浦夫人卒於一八八四年。

茶葉貿易之發軔

日本茶葉具有商業規模之出口貿易，始於一八五九年，即當橫濱開放爲商埠之後。是年五月底，香港怡和洋行在橫濱英界一號之建築落成。Thomas Walsh 公司，即 Walsh, Hall 公司之前身，則設在美界一號；其餘外國商店所佔地位直綿亘至八號，包括英國太古洋行在內，其分行即設在七號。上述洋行因開辦過遲，故在一八五九年輸出之茶葉僅有四十萬磅。此項輸出茶葉用以換回棉布及其他物產。此第一年輸出之茶葉，其中一部份由 Thomas Walsh 公司輸往美國。

美國自始即爲日本最大之主顧，其原因半由於直接航路之通達，半由於當時美人喜飲綠茶之風尙。自一八五〇年初次輸出後，繼於一八六〇年輸往美國之總數爲三五、〇一二磅，略多於美國消費總額千分之一。十年以後，即一八七〇年，此項數字增至八、八二五、八一七磅，即佔總消費額百分之二五；一八八〇年增至三三、六八八、五七七磅，佔總消費量百分之四七；在歐戰前數年，美國從日本每年輸入茶葉四千萬磅，幾達其消費總額之半數。當時出口貿易已達頂峯，日本全國茶區之生產量亦已達到最大限度，營業盛極一時。迨歐戰期中（一九一四至一九一八年）日本工資提高，許多良好茶區如山城、大和、近江、伊勢及下總等，在出口貿易上均一落千丈。現靜岡縣二茶區——駿河及遠州，每年供給輸出之茶葉已降至約二千六百萬磅；其中一千七百萬磅輸往美國，佔美國消費總額約百分之一六・五，其餘則輸往加拿大及他國。

橫濱早年之茶葉貿易

橫濱茶商初與外人交易，殊少經驗，外國商店多雇用中國買辦爲居間人，以消除言語及習慣上之隔閡。若輩不僅能操英日兩國語言，且關於購買貨物及日金折價等事，均極精明而有判斷力。茶葉貿易初用本地貨幣，繼即用墨西哥銀元，與中國久以墨西哥銀元爲標準貨幣相同；遲至十餘年以後，日本政府始調整幣制，而製造商業上通用之日圓。

橫濱茶葉另一困難問題爲茶葉製造之不得法及新茶箱之不合用。此項茶箱經過海上之長途運輸，易使茶葉發霉。當時尙未應用鉛皮襯裏之方法，僅以貯藏經年之舊箱認爲最安全之容器，加工精製之法當時亦未得知。茶葉運輸先用三桅船或小船裝至一中國口岸，然後改裝快艇運往目的地。茶葉爲外國商人能在日本唯一大量購買之貨物，故若輩皆從事於此項貿易。

橫濱在當時爲一原始之漁農村，祇有八十七戶人口；有一片荒廢之土地，初由德川幕府租與外人，即漸漸變成貿易之處女地。至一八五九年末，即橫濱開埠爲商埠之時，居留之外僑中有英人十八名，美人十二名，及荷人五名；翌年復有外人三十名請求租地居住，得政府許可，外僑住宅遂日益增多。

當時雖有排外團體之反對，但本地商人如得其縣當局之許可即得與外人通商。在靜岡縣欲得此項許可證，較他區尤易，一八五九年靜岡茶行在橫濱開設者達十家之多。

一八六一年，大谷嘉平——日本對外貿易中最著名人物之一——廁身於橫濱商人之列，後又轉向靜岡活動。大谷對於橫濱早年之貿易狀況有云：橫濱茶葉係由山城、江州、伊勢、駿河等處所供給。除從產茶區直接裝運以外，各大躉賣商店亦將茶葉運至橫濱，經茶行之手出售。此項茶葉品質優良而乾燥，出口時不必再經過復火手續。茶葉多裝於不受潮之大磁缸內，每缸約可容½擔至⅝担（等於66⅔——83⅓磅），名爲「磁茶」，以示與木箱包裝容易受潮之茶葉有別。此種交易係由茶行將樣茶送交買主，成交時由賣買雙方拍手三下，作爲決定之標記。

第一個合於包裝外銷茶之複火堆棧於一八六二年建於橫濱外國租界內，由廣州、上海等處雇用有經驗之中國茶工，担任此項工作。若輩輸入爲日人前所未知之手鍋及噴糊着色等方法，如此製成之茶葉稱爲釜製茶。用日光晒乾之方法，直至許多年以後方被採用。此項工業所生之副產——茶末，在當時不知利用，往往將釜製茶所剩下之良好茶末，用駁船裝載，傾倒於海中。惟據 Brinkley 所云，早年茶商所得之利潤高至百分之四〇，但此種現象並不久長，因對於出口茶之需求激增，以致茶價逐年高漲，利潤反形微薄。一八五八年，高品級之茶葉每担售價日金二〇元，一八六二年增至二七元，至一八六六年又增至四二元，較之一八五八年增加一倍以上。同時，出口之數量日漸擴充，以抵消狹隘之利潤，使此項貿易有蒸蒸日上之勢。

鑒於橫濱茶葉貿易有長足之進展，一般茶商對於行將開闢之第二通商口岸——兵庫，遂抱有無窮之希望。該口岸依約應於一八六三年一月一日開放，但遲至一八八六年始實行開放。同時，一般愛國分子因受再度商業侵略之威脅，起而作堅決之反抗。結果於一八六七年推翻幕府制度，而重建天皇之政權。嗣於一八六八年一月一日名義上開放兵庫口岸；但外僑認爲神戶更合於若干之用途，故請求改以神戶爲通商口岸，此項請求終得政府之核准。

神戶成爲一茶葉口岸

天皇之新政府成立後，即在神戶劃出一片土地以供外人經商之用，外人乃暗中與就地商人聯絡，其進行計劃嚴守祕密。在一八六八年九月填高一部份地面，由海關出面標賣。

在神戶最先設立之公司及堆棧者爲三家德國商店，即 Gutschunow 公司，Shrutx Reis 公司及 L. Kniffler 公司。至一八六九年五月，有許多其他公司亦相繼開設，其中有設於一號之怡和洋行，二號之 Thomas Walsh 公司，三號爲 Smith Baker 公司之焙茶堆棧，及 Adrian 公司之磚築堆棧與辦事處。荷蘭 Textor 公司，且在九號建築一藝術化之堆棧與住宅；截至一八六九年底，神戶共有外僑一八六人。

根據神戶市政府在一九八〇年印行之神戶史，第一批茶葉由三個大阪商人運交在神戶之 Gisaburo Uriya，渠將一部份茶葉售與怡和洋行之 Harrison，其餘則售與橫濱一〇三號之 Robinson。但此說爲 Juzo Sonobe 所否認，Sonobe 自神戶開放以後即住在該城，據彼稱第一批茶葉係售與 Smith, Baker 洋行，當時該行租用一所本地人之房屋，而其自造之辦事處與堆棧則尚未完工。

早年在神戶附近較大之本地商人非常頑固，不願與外人通商，外人唯有依恃自長崎、橫濱同來之一班資本微薄之小商人。其後富商如大阪之 Kametaro Yamamoto 等人，與外商交易，亦漸頻繁。

自神戶開放以後，長崎遂失去其茶葉貿易口岸之重要性；從該時起茶葉之供給來源可大別爲兩路，即所謂「神戶茶」與「橫濱茶」。神戶茶包括著名之品類如山城地方之宇治茶、江州地方之 Asamiya 茶等；橫濱茶亦包括同樣著名之茶葉如川根、本山、靜岡縣之櫻茶，及東京之八王子茶等。橫濱茶之外觀較神戶茶爲優。

外國商店在神戶所建之堆棧，其初幾全爲複火廠，關於此點，橫濱有較佳之設備多年來，多量毛茶皆在該處轉口。許多收買茶葉之外商在神戶橫濱二處均設有分公司，但其間極少有衝突或對立，因在此二處各有其自己之購買地域。

直接貿易之初次嘗試

日本對外貿易開始之時，多採間接方式，一方以外商爲收購人，另一方以就地茶行爲發售人，後者按從茶各區運來茶葉之總値抽收百分之四・五之佣金。但日後生產額追及甚或超過實際之需求，以致過剩之茶葉陷於無法維持成本之窘境，在山區較爲聰明而有遠見之茶人，乃思求過剩茶之利用，而不顧從減少產額着手。最後若輩定立兩種計劃：一爲籌謀紅茶之製造及直接輸出，而不假手於外商；另一爲製造純潔無色之綠茶，亦由直接輸出。

因此，在一八七三年，實業局之農業組開始在若干縣試製紅茶，不幸試驗竟告失敗；但在一八七五年，內政部部長大久保從四國、九洲二島所產之野生茶試製紅茶，而得到比較良好之效果。雇用中國紅茶技師二人，使在大分縣之 Kinoura 地方及熊本縣之 Yoshihito 地方所設之製茶廠中指導一切製茶工作，所出茶葉經過就地之複火手續而輸往美國，頗收成效。

由於其他一種計劃——製造純潔無色之綠茶——之推行，在一八七六年，派 Tsuneuji Kanmuchi 攜帶精選之樣茶赴美國，計劃至少每月運寄三三、〇〇〇磅。岡本健三郎得政府之許可，在東京木挽町地方之國營試驗茶廠中製造無色茶，但不幸因市場衰落，而使此種計劃歸於慘敗。

在一八七六年有許多直接輸出公司之組成，例如在靜岡縣治津地方之 Shekishinsha 公司，在新瀉縣松村地方之製茶會社，及在琦玉縣 Irima 郡之 Sayama Kaisha 公司等。同時，平尾喜重與田治作諸人，對於發展直接貿易深感興趣，乃在東京九段郡之玉泉亭地方召集一次會議，以謀促進此項業務。但在積極從事於出口貿易之一班人中，無一明瞭外國商業之情形，亦無一與國外市場有絲毫之聯繫，祗有增田氏一人能說英語，此項企圖當然無成功之希望，若輩所經營之事業不久亦皆宣告失敗。

當政府與各商店謀改善市場情形而終於徒勞無功之時，孰知出於意料之外，在某一角落居然顯露絕處逢生之曙光。在一八七六年，有茶葉專家赤堀玉三郎及 Yesuke Kando 二人負責主持野村一郎氏在靜岡縣富士郡 Hina 村所辦之茶廠。若輩創製一種蛛狀之籠製茶，此種新茶葉在美國市場極受歡迎，不久對於蛛足狀茶葉之需求激增，在數年以內，每年輸出額達六百萬磅以上。此種新茶葉自始即對於日茶之擴展市場有極大之助力。

富士郡爲蛛足狀茶——籠製茶之生產地，但 Shida 郡所產之青葉已證明合於製造此種茶葉之用；現在離靜岡城以西約十二哩之藤枝鎭，已成爲製造籠製茶之中心。

提倡性之展覽會

在一八七六年，日本決定參加美國費拉特爾菲亞百周紀念展覽會，以其出產——包括茶葉在內——送往陳列。此爲日本茶葉在美國作重要宣傳之開始，以後繼續在宣傳方面努力，絕少間斷。

一八七九年，日本參加另一次在雪梨（Sydney）舉行之重要展覽會，在此次展覽會中，日本紅茶得到最高之獎狀。日本政府因受此鼓勵，繼續提倡紅茶製造業。次年所有紅茶公司合併而成爲一大公司，名爲橫濱紅茶公司。該公司裝運一大批紅茶至墨爾鉢（Melbourne），又運寄美國 Smith, Baker 公司一、五〇〇担（二〇〇、〇〇〇磅）。但此二批貨物均不能獲利，該公司遂因此停業。

茶葉生產業者之第一次競賽展覽係於一八七九年九月十五日在橫濱市政廳舉行，所陳列之物品係屬樣茶。由二十八茶人組織一評判委員會，專司評判及給獎之責；在展覽會閉幕以後，若輩組織一茶葉討論

會，以研討關於茶葉製造及運銷等問題爲宗旨。

在此時期內，釜製茶及籠製茶用中國祕密方法着色，即使日曬茶普通認爲自然無色之茶葉，亦用黃粉着色，使更表顯受日曬之特色。

整個茶葉之組織

在一八八二年，美國通過一種法律，禁止攙雜茶之輸入，此予着色及粗製濫造茶以有力之制裁。茶業討論會有鑒於此，乃於十月九日在神戶舉行之第二次競賽展覽會以後，採取有效方法，以求適應此新局勢；若輩向政府提出一種備忘錄，詳敍組織全國茶人以謀阻止製造上不良之習慣，實爲必要之理由。

茶業會社臨時規約於一八八四年一月頒佈，在每一產茶區組織就地茶業組合。在五月間，各地茶業組合在東京召開會議，組成日本中央茶業組合聯合會議所，第一任職員如下：會長川瀨秀次，祕書長大倉喜八郎，幹事有丸尾中山、大谷、山本及山西諸人。該會議所自始即從事於改進製造及推廣日茶之國外市場爲目標。

自一八八五年至一九〇〇年間之茶葉貿易

日本之國外茶葉貿易在一八八五至八七年間，由復興而臻於繁榮，造成增設再製茶廠及紛紛開設新茶葉公司之結果。在再製茶廠中，有山城茶葉會社在山城縣伏見郡設立再製茶廠一所，在滋賀縣之大津、土山二地設立再製茶廠二所。新茶葉出口公司開設於清水、神戶、大阪及京都等處。

一八八八年以後之八年中，進行調査國外市場以作日後擴展對外貿易之張本。派遣專使至俄國，以採集直接可靠之消息。結果有一日本茶葉公司之組織，由大谷任經理，向俄國推銷茶葉，並負調査美國市場之任務；但在國內因嫉妬而引起風潮，以致該公司於一八九一年宣告解散。

一八九三年在橫濱七號之太古公司取消茶葉部。同年，開設於二一

〇號之Bernard, Wood公司由Bernard公司接辦，Frazer & Vernum商店則改組爲Frazer, Vernum公司。

在一八九二年，日本中央茶業組合聯合會議所被邀參加將於次年舉行之芝加哥世界博覽會，伊藤熊男特先赴美察看，歸後决定在會場中佈置一日本茶園，其後極受觀衆之贊許。伊藤一平被派往芝加哥籌備，由一留美學生古屋竹之助輔助之，並以山口鐵之助爲經理，小侯彥之助爲顧問。在博覽會開幕期間，經理山口及籌備員伊藤一平在美國作廣泛之遊歷，藉以考察各主要市場。

爲欲利用新得關於美國市場之智識及討論組織一直接貿易公司起見，日本之領袖茶人在前農業部次長前田正七之領導下，於一八九二年發起創設日本茶業組合，總機關設在東京，分機關設於橫濱、神戶及九洲島上。同年，該組合委派曾任哥倫比亞展覽會顧問之小侯彥之助，爲調查美國市場專員，小侯氏富於商業經驗，熟諳英語，其在專員任內頗多貢獻；彼後以神戶茶葉出口公司之代表資格，在美國考察多年。

在一八九四年美國C. P. Low公司，因經營絲業失敗而停閉，由一本地公司日本東貿易會社繼起營業。該公司之一部資本爲前公司之債權人所投資。此本地公司裝運茶葉至芝加哥C. P. Low公司歷數年之久，但最後亦終於清理結束。在一八九四年，中日貿易公司取消茶葉部。紐約Carter, Macy公司在此時期內派遣一收貨員至日本，但茶葉再製手續係由橫濱Cornes洋行經辦。曾任某洋行買辦之Ah Ows於一八九五年在橫濱一三一號自行開設一再製茶廠，將所出茶葉輸往星加坡。

在一八九六年，日本茶葉再製公司及日本茶葉出口公司分別在橫濱、神戶成立，此二公司均爲經營直接貿易而設。

在一八九七年最初直接輸出之茶葉，係在靜岡製造，完全不依托於橫濱。此時全國製茶開始捨手工而用機器，第一部綠茶製造機——卽茶葉滾筒——係在十二年以前爲高林健造所發明，但直至一八九七年始爲茶廠所採用。有一種再製機自一八九二年以後卽爲Frazer, Farley & Vernum公司所採用，其後Hunt公司及Hellyer公司亦相繼裝置再製機械，其裝備情形皆守祕密。但對於再製業最有貢獻之設備，莫如靜岡富士公司之原崎氏，彼在一八九八年發明再製鍋，後又發明茶葉滾筒。

一八九八年，在橫濱四八號之Morrison公司，在二三三號之Middleton & Smith公司，及在一四三號之Frazer & Vernum公司均將茶葉部廢除，一八九九年，仍在經營茶業之本地出口商有下列數家：在神戶之日本茶葉出口公司，在橫濱之日本茶葉製造公司，在伏見之伏見企業會社及在靜岡縣堀之內地方之富士公司。

自一八九七年至一九〇三年之七年，爲本地茶商設法擴展外國市場以消納其過剩生產之時期。在一八九七年，太谷嘉平及相澤喜平二氏向政府獲得每年補助費七〇、〇〇〇日圓（約合美金三五、〇〇〇元），爲中央茶葉組合聯合會議所在以後七年中向國外宣傳之用。

一八九八年，美國徵收每磅一角之茶葉進口稅，作爲一種戰時稅，影響所及，使高檔茶葉之貿易大爲減少。一八九九年，前日本中央茶業組合聯合會議所所長大谷氏遠航美國，力請取消進口稅。後於一九〇七年在紐約組成茶稅廢除協會，經該會之努力，至一九〇三年此項進口稅始宣告廢除。

二十世紀之開端

一九〇一年在橫濱三三號之Mourilyan, Heimann公司營業失敗。翌年，在二二一號之Cornes公司將茶葉部停辦，惟Carter Macy公司關於茶葉再製工作原託Cornes公司代辦，乃在二一六號自行開辦再製工廠。

至一九〇九年終，神戶所遺留之茶葉出口公司如下：Hellyer公司：Smith, Baker公司：John C. Siegfried公司：Carter, Maey公司及日本茶葉出口公司。

自清水開埠爲商埠以後，在靜岡縣設立之再製茶廠列舉於後：

一八九九年——在靜岡縣之靜岡茶葉公司。
一九〇〇年——富士公司之靜岡分店。

一九〇二年——在江尻地方之東海茶葉貿易公司；在藤枝地方之笹野德次郎；在靜岡之森柴助及鳴岡陣之助；在吉田村地方之中村圓一郎；在掛川地方之小笠茶葉公司；在牧野原地方之牧野原茶葉公司。

一九〇三年——在靜岡縣之吉川喬久次郎。

一九〇四年——在島田地方之齋藤藤太郎島田茶葉公司；在金谷地方之村松茶葉會社；在藤枝地方之鈴木當次郎。

上述之本地公司及個人委托下列各商店爲駐美代理人：紐約之古屋會社；在芝加哥之水谷會社；蒙特里爾之西村會社。芝加哥之代理商店與N. Gottlieb公司聯合，約於一九〇〇年以Gottlieb, Mizutany公司名義，爲神戶之日本茶葉出口公司之代理人。

茶葉貿易轉移至靜岡

在同時期，出口貿易開始轉移至靜岡，其地點接近靜岡縣之二大產茶區，此二茶區現爲供給出口貿易之主要泉源。淸水爲靜岡縣之海口，於一九〇〇年開闢爲商埠，在同年有二〇九、七九九磅茶葉輸出。J. C. Whitney 公司首在該處設立分店，至一九〇三年春，Fred Grow自芝加哥赴靜岡，任F. A. Jaques茶葉公司之收貨員，在同年後期，又加入於J. C. Whitney公司。

在一九〇四年，伊勢之四日市口岸闢爲商埠，在同年有五六五、六三五磅茶葉輸往美國及加拿大。

靜岡茶葉所取之途徑自始卽與其他舊市場不同，出口商收買茶葉並不經過茶行之手，係向再製茶廠或山方茶販直接購買茶葉。

芝加哥之Gottlieb, Mizutany公司爲在靜岡設行收買製成茶之第一家洋行，開辦於一九〇六年。至一九〇八年該公司分裂，而由Gottlieb公司獨家辦理。在同年，水谷會社、W. I. Smith公司、J. H. Peterson公司及Barkleg公司皆在靜岡設立辦事處。John C. Siegfried公司於一九〇八年以前在靜岡開設一辦事處。怡和洋行建造一寬廣之再製茶廠，Hellyer公司將總公司移設於靜岡，同時並將其再製茶廠及堆棧大加擴充。此等公司在其再製工廠中裝置現代式原崎氏製茶鍋，Hunt公司當其於一九一二年從橫濱遷來時，帶來廢舊之再製機。

橫濱Smith, Baker公司之茶葉出口部，由Otis A. Poole接管，而於一九一〇年遷移至靜岡。在一九一二年，Geo. H. Macy公司結束橫濱一〇一號之堆棧，而與其他公司遷至靜岡。

在一九一二年終，僅Brandenstein公司一家仍留在橫濱，神戶最後一家公司卽日本茶葉出口公司，亦在不久以前解散；至此，舊日之茶葉貿易史，實際上已告終止。

歐洲大戰期中——一九一四——一八年

日本茶葉因世界大戰而受有利之影響，自一九一四年至一九一八年之時期中，輸出之數量及價値均有增加。有許多紅茶、磚茶及台灣烏龍茶由他國運至日本轉口，以致輸出總額在大戰前五年（一九〇九至一三年）平均每年約四千萬磅，在大戰之五年期中（一九一四至一八年）突增至五千萬磅以上。當時所最感困難者，在於無充分之運輸噸位，因此運費綦漲，日本產茶之成本亦隨之增高，達於茶業史中之頂點。在大戰末期，一般茶商沾染粗製濫造之惡習，加以成本高昂，卒使茶業蒙受不利之結果。

戰後之十年

大戰以後，自一九一九年至一九二八年之十年期中，日本之最大顧主——美國對於東印度紅茶之消費有顯著之增加。同時，日本綠茶之輸入自戰前之平均量四千萬磅及戰時之平均量五千萬磅以上慘跌至一千七百萬磅左右。大多數外國輸出商以前曾積極從事於購買及運銷日本著名之茶葉，今則消聲匿跡而不復在市場上活躍；僅存少數原有之洋行及少數老資格之本地茶葉商店。後者曾出於國家觀念而致力於「直接貿易」，頗收相當成效。

表一指明一九三二年五月一日至一九三三年四月三十日之採茶年度中日本茶葉出口商店之家數，表內亦顯示每家商店輸出茶葉之數量及輸

往之國別。

表一
日本茶葉之輸出量
一九三二年五月一日至一九三三年四月卅日

輸出商	磅數
Irwin-Harrisons-Whitney. Inc.	9,100,202
Siegfried-Schmidt Co.	3,938,953
Hellyer Co.	3,412,801
富士公司	3,123,871
日本茶葉直接輸出公司	2,421,598
日本茶葉收購代理處	2,005,731
栗田兄弟會社	878,656
三井物產會社	848,741
M. J. B. Co.	671,025
三菱商事會社	139,607
日本綠茶生產公司	73,755
吉內商店	41,500
靜岡貿易會社	39 182
日本中央茶業組合聯合會議所	27,983
其他	21,650
合計	26,745,254
至紐約	7,465,833
至芝加哥	7,733,708
至太平洋沿岸	1,831,915
美國合計	17,031,456
至加拿大	2 117,908
至俄國	4,475,649
至其他各國	3,120,181
合計	26,745,254

除出口商以外，日本現今之茶葉市場約有精製茶廠四十家及許多毛茶商販。經營輸出業之精製茶廠如下：

自行精製者——Hellyer 公司及靜岡市內北番町之富士公司。

再製與出售者——在 Dodayucho 之 Choyomon Ishigaki 公司，在材木町之伏見合名會社及日本製茶會社；在 Aoicho 之 Kanetaro Unno 公司；在 Chome Anzai 三號之野崎文次郎公司；在 Chome Anzai 二號之 Naojiro Uchino 公司；在西寺町之 Sataro Sase 公司；在北番町之西北茶葉公司及靜岡茶葉會社；在 Chome Anzai 五號之山本省三郎公司；在 Chome Anzai 一號之 Sunsei 公司；在 Chome Anzai三號之村尾鶴吉公司；在Chome Anzai 三號之過安吉公司及在Chome Anzai 三號之香川合名會社，——上列各公司均設在靜岡縣境內。

鄉村精製商（靜岡縣）——在島田之第一製茶再製所及菅沼大吉；在藤枝之合名會社篠野商店及合名會社西野商店；在川崎之有原八郎；在櫟山之 Izayemon Hitokoto 及齋藤純；在藤枝之鈴木；在毛利町之西野熊次郎；在櫟山之丸山再製所；在毛利町之毛利町茶葉會社；在岡部地方之 Sunkosha 公司；在藤枝之花澤竹次郎及鈴木常次郎；在二俣之 Yenshu Seicha 公司；及在掛川之 Yuzo Hori 公司。

日本著名之茶葉公司

在美國海軍軍官 Perry 訪問日本之六年後，日本開放橫濱爲商埠。怡和洋行之牌號早見於最初外國茶葉出口公司之名單內。

香港怡和洋行於一八五九年在橫濱設立分行，在以後數年中又於東京、下關（馬關）、靜岡、神戶及大連等處設立支行。F. H. Bugbird爲該行之現任經理，總辦事處設於橫濱。

日本茶葉輸出業之另一開創者爲 Smith, Baker 公司，約於一八五九年在橫濱創立。原來之合夥人爲William Horace Morse、Elliott R. Smith、Richard B. Smith、Colgate Baker 及 Jesse Blydenburgh。在日本之神戶、靜岡及橫濱，在台灣之台北，及紐約均設有分行。

Morse 於一八四〇年生於波士頓，少年時即赴日本。Elliott R. Smith 係西點學校之一士官候補生，但不久即赴日。此二人在日本會合而與 Richard Smith 合組此公司。Morse 爲駐橫濱之美國領事。

該公司在一九〇六年改營證券事業，總公司移至紐約，其董事爲 Elliott R. Smith(董事長)、John C. Wirtz(副董事長)、William O. Morse及Gayle Young 諸氏。在一九一〇年，橫濱分公司之茶葉出口部由 Otis A. Poole 接收，而移至靜岡以 Otis A.，Poole 公司名義繼續營業。Smith, Baker 公司，在一九一六年一月一日與 Carter, Macy 公司合併。

在最初之日本茶人中，當以野崎久次郎爲首，彼在茶葉出口業中極負盛名。野崎氏於一八五九年至橫濱，不久即熟習與外人在茶業上交易之複雜內幕，並提攜同業，告以銷售茶葉之手續，彼亦給予中國買辦以不少之助力及指導；在他方面，外國收貨員亦賴以供給若輩之定貨，對於此項定貨之委托，彼自樂於效勞。野崎氏卒於一八七七年，凡與彼有交易或往來之買辦，在橫濱爲彼建立一紀念碑，以資紀念。

大谷氏——在敍述日本茶葉貿易中之領袖人物時，絕不能令人遺忘已故之大谷氏，渠曾任日本茶業組合中央聯合會議所所長有年，爲茶業界之泰斗，在生前即有人爲之鑄像，以表示其豐功偉績，此在日本歷史上爲不多見之榮典。氏之銅像於一九一七年及一九三一年先後在靜岡之清水茶園及橫濱之宮崎町揭幕。氏卒於一九三三年。

大谷氏生於一八四四年，十八歲時加入橫濱之Smith, Baker茶葉公司，初爲該公司之收茶主任，後任該公司之顧問。氏在入Smith, Baker公司以前爲一茶葉中間商，即入該公司以後仍繼續其中間商之營業。當其在該公司服務期內，公司及個人之營業均極發達，以致商譽日隆。

大谷氏對於茶業既感極大之興趣，不久即在日本茶業組合中央聯合會議所嶄然露頭角，一八八七年當選爲該聯合會議所所長，在職四十年，至一九二七年退休。

大谷氏於一八九九至一九〇〇年歷訪美、歐二洲，代表東京及橫濱之商會出席於費拉特爾菲亞之商業會議。氏在會議中演說，力言裝置聯太平洋海底電線之必要（後果成事實），並促請廢除因美、西戰爭所徵之茶稅。

Hellyer 公司——已故之 Frederick Hellyer，在一八四九年生於英國，爲每年赴日本之外國茶商中之領袖。氏於一八六七年第一次赴日本，在其叔父任經理之 Ault 公司內任職。該公司經營茶葉出口業，成立於一八五六年，後於一八六九年停業，乃另組 Hunt, Hellyer 公司。該公司繼續營業至一八七四年，然後由 Frederick Hellyer 與 Thomas Hellyer 昆仲合組之 Hellyer 公司接辦。該公司在神戶經營茶葉出口事業，並在橫濱設一分行。Frederick 於一八八八年至美國，在芝加哥設一分行，即爲該公司今日之總行，後於一八九九年在靜岡另設一分行。至於在神戶及橫濱之分行，直至一九一七年始告停閉。Frederick 於一九一五年逝世，其所遺之事業爲外國茶葉公司中歷史最久之一家，該公司乃由芝加哥之 Arthur T. 與 Walter Hellyer 及靜岡之 Harold J. Hellyer 繼續經營。後者於一九二五年去世，即由前二氏接續經營。Arthur T. Hellyer 爲日本茶業改進委員會之委員。

M. J. B. 公司設於日本之靜岡及舊金山，爲 M. J. Brandenstein 公司之承繼者；後者又轉而承襲在舊金山及橫濱之 Siegfried & Brandenstein 公司，而於一八九三年在橫濱自設茶葉打包工廠。該公司之原來合夥人爲John C. Siegfried與M. J. Brandenstein，其在一八九四至一九〇〇年間派往日本之收茶員爲 Alfred Alden，現任紐約辦事處主任。該公司在 Siegfried & Brandenstein 公司之名義下繼續營業。至一九〇二年 Siegfried 脫離該公司，而自組 John C. Siegfried 公司，原來之公司乃改名爲M. J. Brandenstein公司，以已故之 John Becker爲收茶員，Becker 前在橫濱爲一極著名之人物。該公司於一九二三年九月大地震之後，將在日本之總公司自橫濱遷移至靜岡。Edward Bransten 及 Becker 均於一九二五年卒，翌年該公司改組，易名爲 M. J. B. 公司。碩果僅存之前股東僅舊金山之 Edward Bransten 一人，現任該公司總理兼美國茶葉評檢委員會主席。在靜岡 M. J. B.公司之中島氏爲日本茶業改進委員會之委員。

富士公司——就輸往美國之數量而論，在靜岡北番町六二號之富士公司爲本地出口商店之冠。該公司自一八八八年接收橫濱一家販賣鮮菓商店以後開始營業，起初在歷任經理 Bunroku Maruo、Ihei Osaki、原崎源作、Hichiro Yasuda 等人之擘劃下輸出新奇貨物及食品。至十九世紀之九十年代，該公司開始輸出茶葉，嗣於一八九一年在堀內地方設立一再製茶廠，在原崎氏之指導下，採用一種新方法製茶。在一八九四年改名爲富士合資會社。原崎氏於一八九八年得到其所發明之再製鍋之專利權，此後日本外銷茶之製造方法頓起革命。在一九〇〇年，該公司設一分公司於靜岡，翌年總公司亦遷移至該城，至一九二一年十二月改組，更名爲富士有限公司。

Carter, Macy公司——Macy之名約於一八九四年第一次與神戶及橫濱之茶葉貿易發生聯繫。在該年，一家老資格之外國茶葉商店名Frazer Farley & Vernum公司者——第一家用機械製茶之公司——由紐約之Carter. Macy公司接辦，以Frank E. Fernald爲收茶員。該公司於一九一六年註冊，而於一九一七年遷移至靜岡。Goege H. Macy於一九一八年卒，而該公司至一九二六年停業。

N. Gottlieb設總辦事處於芝加哥，其在靜岡之營業開始於一八九八年，當時Gottlieb爲日茶之收購人兼輸出人。約於一九〇三年，與水谷氏合夥而組織一Gottlieb Mizutany公司，以日本中央茶業組合聯合會議所之代理人資格，在芝加哥代爲推銷日茶。該公司於一九〇五年設一分公司於靜岡，至一九〇八年宣告清理。但在一九〇九年Gottlieb再起而組織Gottlieb Peterson公司；在一九一〇年改組爲Gottlieb公司；一九二一年又改名爲N. Gottlieb公司。Gottlieb於一九二九年六月卒於芝加哥，氏自一九二五年起任日本茶業改進委員會委員，直至死時爲止。

在伊勢之室生山之K. Ito製茶公司，由Kozaemon Ito自任經理，於一八九七年在渠之名義下經營再製業。在一九一七年改名爲K. Ito製茶公司，該公司經營直接出口業，直至一九二四年終爲止。

在靜岡及芝加哥之Siegfried公司爲John C. Siegfried於一九〇二年所創立，其名稱爲John C. Siegfried公司；Siegfried前爲Siegfried & Brandenstein公司合夥人之一，但在一九〇二年，彼在靜岡自設公司收買茶葉，Siegfried卒於一九一五年七月八日。至一九一七年該公司改組，易名爲Siegfried-Schmidt公司，以John C. Siegfriod之子Walter H. Siegfried爲總經理。E. Schmidt於一九三三年拆股，公司名稱乃改爲Siegfried公司；Walter H. Siegfried自日本茶業改進委員會於一九二五年成立以後，即任該會委員。

Otia A. Poole公司在靜岡外商茶葉出口業中頗居重要地位。Otis A. Poole於一九〇九年接收橫濱Smith, Baker公司之茶葉業務而開始營業，至一九二六年Poole退休時宣告停業。

三井物產會社爲一日本之大公司，總店設於東京，分店遍設於世界各商業中心，該公司經營茶業始自一九一一年，同時在紐約設立一辦事處，大規模從事於台灣茶之生產及銷售，雖其在美國推銷茶葉有年，但成爲日本茶葉之直接出口商，則不過近數年內之事。自一九二八年開始，三井會社在靜岡自設分行，經營茶葉輸往美國之直接貿易，此項業務由大谷負責主持。在第一年該公司輸出之茶葉到一百萬磅以上，在十七家茶葉出口商中居於第六位。

Irwin-Harrisons-Whitney公司之靜岡分行爲日本茶葉最大之輸出商，係承辦C. Atwood及Fred A. Grow於一九〇六年所開設J. C. Whitney公司之分行業務。Irwin, Harrisons & Crosfield公司之分行爲R. F. Irwin及A. P. Irwin二氏於一九一四年所設立。Grow係芝加哥J. C. Whitney公司董事之一，每年爲業務關係而赴日本，直至一九一三年以前，始由Oglevee繼任日本經理。Grow對於日本茶業之改進方面盡力頗多，被推爲一九二五年所組織之日本茶業改進委員會之委員，在Irwin-Harrisons-Whitney公司改組以後，即任爲該公司之副總經理，一九〇九年退休，卜居於芝加哥。

J. C. Whitney公司與Irwin, Harrisons & Crosfield公司於一九二四年三月間合併，改稱Irwinr Harrisons-Whitney公司，以J. F. Oglevee、D. J. Mackenzie、Paul D. Ahrens三人爲駐日收茶員。Oglevee於一九二五年退休，而歸老於俄亥俄省之哥侖布城（Columbue），不久即卒。Mackenzie及Ahrens爲現任之收茶員，前者自一九二六年以來，繼續担任日本茶業改進委員會委員之職。

東京野澤會社開始運輸茶葉至美國係在一九二〇年以前，繼則輸往澳大利亞，至一九二五年又恢復對美輸出，在一九三三年，該公司委托紐約Bingham公司爲駐美茶葉經理人。

日本茶葉收購代理所在一九二四年設立於靜岡，店主池田氏前曾在紐約古屋會社任職，後入池田木間會社。日本茶葉收購代理所係設於前恰和洋行之舊址，從事於直接輸出貿易。

英美茶葉貿易公司，其總公司設於紐約，於一九三四年在靜岡設一收茶辦事處，聘石井精一爲經理，石井氏係日本茶葉改進委員會之委員，曾任靜岡富士公司總經理，因自十九世紀初葉以還歷年訪問美國之結果，在彼邦茶葉界卓著聲名，在石井氏之下任協理者，爲R. G. Coughlin 即前英美茶葉貿易公司在台北之收茶員。

日本茶業組合

茶葉討論會於一八八三年召集會議，商討關於茶業之危機，結果向

政府上一備忘錄，請求對於茶葉貿易業加以組織，以期調整不必要茶葉之生產。

政府採納上述之請求，而於次年即一八八四年頒佈茶業組合之組織條例，並撥款一、五〇〇日元，以資助組合之進行。在每郡及每大城市均成立地方茶業組合，由各地方代表所組成之聯合會議所，如靜岡茶葉公會等，爲各地方組合之聯合機關，以溝通各組合間之相互關係；其上有一「中央茶業組合聯合會議所」統率之，其總機關設在東京，以施行茶葉檢驗及促進輸出貿易爲職責。凡從事於茶業各方面之人，不論其爲製造、販賣、栽培、營運或掮客，均須一律加入爲社員。

第十三章　其他各地之茶葉貿易

依朗之茶葉貿易——老俄國公司——蘇維埃管制商業——德國貿易之變遷與進展——德國主要之茶葉公司——波蘭之茶葉貿易——德國之茶葉商業——著名之德國公司——歐洲茶葉消費較少國家之貿易進展狀況——北非與南非之茶葉貿易——非洲茶葉公司概述——澳洲及紐西蘭之貿易

伊朗(波斯)為聯絡遠東及近東茶葉貿易最重要之一環，在其本國內茶葉貿易亦極為活躍。伊朗現代茶葉貿易之鼻祖為 Mohamad Ali Mirza Chaicar, Kashef-es-Salteneh 太子，彼於一九〇〇年時傳入印度茶葉，開始與俄國正式通商，並在本國內栽植茶樹。

在伊朗主要之茶葉貿易公司為：H. M. Ali Ghaissarieh，設於德黑蘭(Teheran)，一八六五年成立。Sherkat, Has Hemi，設於德黑蘭，一九一〇年成立。Haji Seyed Mohammad Reza Kazorooni父子公司，設於布什爾(Bushire)，一八八六年成立。H. M. A. Amin兄弟公司，設於伊斯富汗(Isfahan)，一八五七年成立。Hadji Abdul Nabi Kazerooni，設於設剌子(Shiraz)，成立時間不詳。Haji Mahmud Herati，設於麥什特(Meshed)，一九二四年成立。Abdul Ali Ramazanoff，設於勒斯特(Rehst)，一八九八年成立。

俄國之茶葉貿易

由中國北部經蒙古、西伯利亞而至俄國之陸上隊商，開始於一六八九年簽訂尼布楚條約以後。一八六〇至一八八〇年間為隊商最盛時期，當一八八〇年橫貫西伯利亞之鐵路築成一部份時，即開始衰落；至一九〇〇年該鐵路完成後，隊商遂無形消滅，其後俄國大部份之進口貨均經海參崴而由鐵路輸入。

茶葉除由陸路輸入外，俄國茶商於六十年代時開始經蘇彝士運河而至俄得薩(Odessa)輸入小量茶葉，此路之輸入量極微，直至九十年代以後。始見迅速增加。在同時期內，俄國亦常由倫敦輸入茶葉。

革命前，俄國最大之茶葉公司為：C. S. Popoff 公司、Alexis Gubkin公司及 Wissotsky 公司。初時Popoff公司營業鼎盛，但不久為後起之Wissotsky 公司奪去其大部份貿易。Popoff公司在歐戰後向中國購買貨物，但在其創辦人 Popoff 上校去世後，此公司亦即停業。Wissotsky公司現在波蘭營業，並在紐約設有代理處。Alexis Gubkin 公司自 Gubkin 去世後，即改組為 A. Kusnexow 公司，總公司在莫斯科。其後此公司改為貿易公司後，又在英國註冊，名為亞洲貿易股份有限公司(The Asiatic Trading Corporation Ltd.)。

另一俄國茶葉老商店為 Pavel M. Kousmichoff 於一八六七年在聖彼得堡所設之P. M. Kousmichoff 父子公司。一八九四年其長子 Viacheslav Kousmichoff 加入經營，其他二子Constantin Kousmichoff及Michail Kousmichoff亦相繼加入。Pavel M. Kousmichoff於一九一〇年逝世後，其諸子擴大營業，設分店於聖彼得堡、莫斯科及基輔(Kiev)。一九一七年十月發生共產主義革命，此慘淡經營五十年之事業乃告結束。

此後俄國之茶葉貿易經過數年之混亂狀態，至一九二五年蘇聯政府將茶葉貿易改組，而由國家統制，歸茶葉托辣斯(Chaieupravlenie或 The Tea Trust.)專賣，此為一有名無實之機關，既無資金，又乏信譽，乃於一九二六年末停業，而整個茶業——包括由商營改為國營之舊製茶廠及商店等，均移歸莫斯科之消費合作社中央聯合會辦理，此聯合會以各種貨物供給全國。

該聯合會早於一九一九年在倫敦設有分辦事處，於一九二七年開始在倫敦市場購買茶葉，在中國之漢口亦設有分辦事處。但此等國外之辦事處因有宣傳共產嫌疑，而使其壽命短促，在同年英國政府封閉倫敦辦事處，中國之北京政府對漢口辦事處亦取同樣之手段。

該聯合會因缺乏信用，致購買茶葉大受限制，不能充分供給俄人之需求。大戰前之十年中，平均為每年一萬八千餘萬磅，在一九一七年革命後之混亂狀態時，茶葉之輸入減至每年一千萬至一千二百萬磅。但至一九二六年政府統制以後，則又昇至三千七百萬至三千八百萬磅。一九三二年輸入蘇聯之茶葉總計為三五、一六〇、〇〇〇磅，一九三三年為四二、五六〇、〇〇〇磅。

德國之茶葉貿易

德國與其他國家相同，茶葉最初由藥店出售，一六五七年在諾特豪仙（Nordhausen）一握之茶葉售價十五 Gulden（一・七馬克），至一七〇四年據普魯士之物價表所載，一 Loth（十五克）茶葉之價值為五 Groschen（六十芬尼）。

茶之飲用擴展甚緩，除在近海之地如布勒門（Bremen）及西北之奧斯脫弗雷斯蘭特（Ostfriesland），茶葉之消費較德國其他各處為大。在一九一三年德國之茶葉消費每人每年為七十克（二・四兩），但奧斯脫弗雷斯蘭特則在二公斤以上。至世界大戰時為止，其他國家茶葉貿易之發展未有如德國之緩慢者。一九〇九年達戰前輸入之最高點，總量為四百九十四萬公斤，同年八月德國政府增加茶葉進口稅，每半公斤由二十五芬尼增至五十芬尼，結果使茶葉在國內之消費迅速減少。一九一四年世界大戰爆發，德國整個商業陷入於混亂狀態中。在大戰期內商人極難獲得茶葉，但至一九二一年茶葉之進口量，又達一九〇九年之紀錄。同時，茶葉之進口稅在一九一八年增至每半公斤一・一馬克，一九二九年更增至一・七五馬克，此種高稅率對於大量增高之消費量頗為阻礙。

在德國具有歷史之茶葉進口公司為來比錫之 Riquet 公司，其次為漢堡之 Kirchner Fischer 公司，布勒門之 W. B. Michaelsen 公司漢堡之 H. C. Buhle 公司及 Ludwiy Schwarz 公司等。

在漢堡及布勒門有一種所謂運送貨物商店，出售茶葉、咖啡及可可，直接郵寄與家庭、菜館及旅舍。此種郵售店之最著名者，為 Schilling 公司。布勒門郵箱八百四十四號係 Martin Schilling 於一八九六所設立，以 Eduard Schilling 為茶葉收購人，該店自行輸入茶葉、咖啡及可可等。

德國最老之茶葉分配公司為法蘭克福（Frank Furt）之 Heinrich Wilhelm Sch 公司，成立已逾二百年。

德國之連環商店甚為發達，其中專售茶及咖啡而支店最多者，為萊茵省（Rhineland）非爾孫（Viersen）之一普通雜貨商店 Kaiser's Kaffeegescha，以 Hermann Kaiser 公司出名。一八九九年該公司改組為有限公司，總辦事處在非爾孫。在八十年代末至九十年代初之時期內，該公司遍設支店於德國各地，現在約有支店一千六百餘所之多。

漢堡有一德國茶葉貿易協會，主要之茶葉批發商店均為其會員。

波蘭之茶葉貿易

波蘭之茶葉貿易史實際上為俄國貿易史之擴展，在華沙之進口公司中，最著名者如下：

E. W. I. G. 公司，Fels 茶葉公司，Warzawskie Towarzystwo Dal Handu Herbata，Japonczyk 公司，Krajowa Hurtownia Herbaty，Lipton，Sair, Plac Zelaznej，茶灩公司，Fr. Fuchs 父子公司。

波蘭之茶葉輸入額在歐洲各國中列於第四位，其數量約為德國之半，但較法國多三分之一。

法國之茶葉貿易

早期法國所銷售之茶葉，完全爲中國茶，售價甚昂，在一八八二年巴黎有一售價低廉之錫蘭及印度茶葉零售店出現，此爲由中國茶轉向英印及錫蘭茶之開端。最近由荷印及法屬安南輸入之茶葉逐漸增多，作爲拼和茶之用。

印度茶葉協會（加爾各塔及倫敦）於一九二三——二四年在法國爲印度茶廣肆宣傳，此項工作繼續至一九二七年三月，因法國茶價過高而爲民衆所禁止。

法國茶葉貿易之利益，由一茶業組織保障並促進之。此茶業組織名爲茶葉進口業協會，其會員包括一切重要之茶葉商店，總辦事處設在巴黎。

利物浦華印茶葉公司之巴黎支店，於一八八二年開張，廉價出售印度及錫蘭茶葉。在巴黎當時僅有一、二商店高價零售中國茶葉，但藥店及藥商亦有中國茶出售，作爲藥用，蓋法人甚少以茶葉作爲飲料用者；即有之，亦不甚重視。利物浦華印茶葉公司先在法國開設茶室，以推銷Kardomah商標之茶葉及培養法人飲茶之嗜好爲主旨。

其他較重要之茶葉公司如下：在巴黎之殖民地公司，馬賽之象牌茶葉公司，巴黎之J. Quille & Fils、Lespinasse等。

斯干的那維亞半島之茶葉貿易

挪威、瑞典及丹麥均爲咖啡之大消費國，因此雖有少數現代化及完善之茶葉拼和及包裝商以美觀動人之包裝推銷各種花色之茶葉，然茶葉仍難暢銷。錫蘭、印度、爪哇及中國紅茶之拼和茶較受歡迎，綠茶則無人過問。

在瑞典哥德堡(Gotebrg)之James Lundgren公司爲茶葉貿易界之領袖，係James Christian Lundgren於一八八八年所設立。渠死於一九〇三年，遺下三齡幼子，名Douglas Lundgren，於一九二一年繼承父業，Alma Landgren夫人乃成爲獨資之店主。此店大規模經營拼和茶及包裝茶葉之業務，其售與批發或零售商者乃爲原裝或改裝之箱茶，

或爲各種商標之小包茶，有一種特價品即倫德格蘭之Frimarks Thé茶，每年銷售至二百五十萬包之多。

歐洲其他茶葉消費較少之國家

在歐洲消費茶葉較少之國家中，捷克斯拉夫、瑞士及奧地利三國每年在國內之消費在一百萬磅以上。所有南歐各國及北歐諸國，如芬蘭、愛沙尼亞、拉脫維亞、立陶宛等之國內消費，還在此數之下。比利時在大戰前每年消費量最高達一百二十萬磅，近則降至四十五萬磅。比國之茶葉貿易專供外國僑民以及旅客之需要，其本國人士則與荷人不同，並不飲茶。

奧國最著名之茶葉店爲維也納之Julius Meinl A. G.。

大多數歐洲消費茶葉較少之國家，皆爲荷蘭、德國或英國之主顧，而甚少直接輸入者。故其貿易史僅爲上述輸出諸國之附庸，其零售貿易亦由此等國家之批發商經常派遣旅行推銷員供給之。

北非洲之茶業

北非洲之茶葉貿易始於何時，無從稽考。但地中海南岸各國之土人深嗜茶飲，每年消費茶葉幾達三千四百萬磅，以與北岸居民之消費不過百餘萬磅者相比，不可以道里計，此因一方面回教徒禁止飲酒，他方面則爲拉丁民族多喜飲酒之故。

每年輸入北非之茶葉大概分配如下：阿爾及利亞二百萬磅，突尼斯三百萬磅，摩洛哥一千五百萬磅，埃及一千四百萬磅。大部份爲綠茶。

阿爾及利亞——阿剌伯人從雜貨店、藥店及藥商購買大量茶葉，但其購買之數量並不如朱古力及咖啡之多，茶葉之買賣無論在商店或個人均無單獨經營者。中國綠茶在市場上佔第一位，但多由英國商人輸入，亦有一部份爲法商所經營。有少量茶葉由錫蘭、英屬印度、爪哇及法屬安南運來，由英法著名包裝商所銷售之小包茶葉，如英商Lyons'、Lipton's、Ridgway,s、法商象牌及殖民地公司各家之出品均極受歡迎。

突尼斯——茶葉之零售業全操於土人商店之手而從未由生產公司經營。仿效法國之政策，茶葉入口須納重稅，甚至徵收較重之消費稅，但其貿易並不因此而受任何妨害，依然極爲發達。以茶葉供給突尼斯零售店之主要公司如下：蒙特利爾（Montreal）之加拿大Salada茶葉公司；倫敦之 J. Lyons 公司、Lipton公司、R. O. Mennel公司、Ridgways 公司、Torring & Stockwell 公司及馬賽之 A. Caubert et Fils 公司。

摩洛哥——綠茶爲摩洛哥之全國飲料，久居入口貨物中之第三位，所有入口之茶，均屬中國茶，多由上海裝至馬賽轉運而來。倫敦市場曾一度爲摩洛哥貿易之主要來源，但當大戰發生後，卽失去其領導地位，後卽不能恢復。分級通常於上海行之。

埃及——大戰前數年，埃及土人尚不知有茶。當時只有少數波斯商人及歐洲雜貨商輸入茶葉，以供外國僑民之用。在大戰期中，土人對茶開始加以注意，本地之進口商乃努力推銷至農村區域，此種努力產生良好之結果，尤其因許多土著兵士在軍隊中養成飲茶之習慣，返家後，卽傳播於其同胞間。

開羅之 Giulio Padova 公司首先輸入大量茶葉於埃及。此公司於一八七〇年卽開始營業。其他對於發展埃及茶葉貿易有重要貢獻之茶葉進口商如下：Jacques Hazan Rodosli & Fils、S. D. Ekaireb、E. Agouri & Fils、J. Tasso公司、Sudan進出口公司、I. & J. Aghababa 及 Khouri Cousins 公司。埃及無拼和商，僅有少數小規模之包裝商。

南非洲之茶葉貿易

南非茶葉貿易發軔於一六五二年以後當第一處白人殖民地在南非開普敦（Cape Town）建立之時。荷蘭船最先運茶葉至歐洲，而以該殖民地爲經常停泊之一站。當時中國茶葉獨佔南非市場，至本世紀之始乃漸爲英屬印度所排擠，近來則所有輸入之茶均爲錫蘭及印度茶葉。

好望角省——在開普敦最老之茶葉店爲 Wm. Spilhaus 公司，爲一進出口公司，成立於一八七六年。W. Southall 公司，零售及批發茶葉與咖啡，爲 W. Southall 於一八八一年所設立。初時只售茶葉，至一八九四年始兼售咖啡，該公司自一八九八年至今一向爲創立者之子W. C. 與 A. K. Southall 昆仲所獨資經營。R. Wilson 父子公司爲批發商、經紀人、雜貨輸入商、金屬品商及糖菓商等，爲 Wilson 於一八八四年所設立。Gardner Williams 公司爲食糧及生產商，成立於一九〇四年。Brown-Lawrence 公司爲批發商、雜貨輸入商及金屬品商，於一九二〇年成立。Hayes, Bennett 公司爲雜貨批發商，於一九二三年成立，一九二七年重行改組。Robert Lord 公司爲食品批發及進口商。設立於一九二七年。

在開普敦之其他茶葉店而對於茶葉貿易之發展有貢獻者如下：Nectar 茶葉咖啡公司，爲混合商、進口商及包裝商；咖啡茶葉及朱古力公司，爲混合商、進口商及包裝商；Thorntons 公司爲茶及咖啡之批發商；Maclean 兄弟公司爲專營茶及咖啡之零售商。

南非茶葉貿易發展至本省東南海岸之伊利薩伯港，正當英國移民於一八二〇年在阿爾哥灣（Algoa Bay）登陸之時，好望角省東部以英人最佔勢力，故該地自始卽需要大量茶葉，近來則更擴展至伊利薩伯港鄰近之內地。在伊利薩伯港出售之茶葉，大部份在錫蘭包裝，而由大規模之批發商輸入及分售，且各自有其商標。輸入茶葉之品質因土人及亞洲人超過歐人三倍，故大多數出售之茶葉，其品質多在中等以下。

伊利薩伯港之 A. Mosonthal 公司成立於一八四二年，爲最老之茶葉批發商。Mackie Dunn 公司成立於一八五〇年，爲另一先進之批發商。Drey Fus 公司亦爲批發商，成立於一八六三年。其他各自有商標之批發商如下：Hirsch Loubser 公司，一八七五年成立；Stephan Fraser 公司，一八八八年成立；Mazawattee 茶葉公司，一九二六年成立。

納塔耳——茶葉貿易於一八二五年隨賢班（Durban）城之建立而興起，其貿易史之發展經過與同時代之開普敦及伊利薩伯港相同。初期爲中國茶葉所獨佔，近三、四十年來則爲英屬地茶葉所代替。

約於一八八〇年時，賚班在茶葉貿易上獨享盛舉，蓋自一八五〇年本省茶葉貿易開始以來，該地即成爲第一重要市場，且供給南非聯邦大部份之需要。其生產量以一九〇三年爲最高，計有精製茶葉二百六十八萬一千磅，迨後因工資增加而使茶業衰落。在一九二八年產量約八十萬磅，同時由錫蘭及印度輸入之茶總計達一千一百五十八萬四千磅。

在賚班對於茶葉貿易有重要貢獻之商店如下：Sir J. L. Hulett父子公司；W. R. Hindson 公司；Geo. Payne 父子公司（由倫敦分出）；J. Lyons 公司（由倫敦分出）；W. Dunn公司；Glenton & Mitchell公司（爲約翰尼斯堡之支店）；S. Butcher 父子公司；商務代理公司；T. W. Beckett 公司（普利托利亞之支店）及Karl Gundelfinger 公司。

脫蘭士法（Transvaal）——本省之商業中心爲約翰尼斯堡（Johannesburg）與南非之各港口如賚班、伊利薩伯港及開普敦等有鐵路聯絡，爲該三港之內地分配中心，故在茶葉貿易史上亦佔一頁。在約翰納斯堡之著名茶葉公司如下：

T. Simpson公司爲Mazawattee 茶葉公司在南非之唯一代理處，爲Thomas Simpson 於一八九〇年所設立，有支店六家。

Glenton & Mitchell 公司爲茶葉及咖啡之批發商，係F. H. Glenton及W. Mitchell 於一八九六年所設，一九二一年Mitchell 逝世。現時之股東爲F. H. Glenton、E. J. Porter、A. E. R. Lightfoot 及F. Glenton, Jr。

澳大利亞洲之茶葉貿易

在八十年代前期，澳洲之茶葉市場爲中國茶所獨佔，但在八十年代後期，印度茶開始插足其間，數年後錫蘭茶亦相繼出現。初期時，中國茶之買賣多用拍賣方式。至一八八〇年加爾各答之代理店組織一茶葉企業會社，竭力爲印度茶開闢新市場，企業會社第一批輸入茶葉二、二五九包，計一一三、六八九磅，於一八八〇年十月成交。自此以後，英國茶葉逐漸發展，成爲墨爾鉢及雪梨之中國茶輸入商之大敵。

約在八十年代中期，有人設計六磅、十二磅及二十四磅裝之罐頭茶葉，向農民推銷。此等罐裝茶送至最近之火車站或代辦所。此種分配方法，曾施行二十年之久，頗著成效，但最後終歸淘汰。在同一時期內，有兩種新式商店出現，一爲贈品茶店，一爲廉價連環茶店，前者抬高普通茶葉之售價，而每磅贈送若干禮物，此種辦法不久即失去大衆之歡迎。W. Mcintyre 創辦 Mcintyre 兄弟公司，該公司爲廉價連環商店，上等茶每磅售一先令三便士，以視普遍雜貨店及贈品茶店之售二先令至三先令者，價目相去甚遠。該公司亦曾大量輸入印度及錫蘭茶葉，以期與批發商競爭，但結果卒歸慘敗。

此兩種商店約在九十年代後期及本世紀初期隨時代之巨輪而過去，雜貨店所售之小包茶葉乃應運而生，現在運貨汽車每週將各種大小及不同等級之小包茶送至各零售雜貨店聽候選購。

Irvine & McEachern Pty 公司設於塔斯馬尼亞（Tasmania）之蘭斯敦(Launceston)，爲Colin Nichol Campbell於一八四七年所創辦，經營普通雜貨及茶葉。墨爾鉢之 John Connell 公司爲雜貨批發商，係John Connell於一八五〇年所設立，在斯溫頓街（Swanston Street）設一零售處。一八八七年更設一支店於雪梨。該公司專營茶葉包裝，除自有之商標外，亦可依顧客在定貨時所言明之標記而包裝。至一九一四年時改爲公營公司。

澳洲茶葉貿易之另一開拓者爲 Rolfe 公司，爲一雜貨批發公司，係George Rolfe 及 Edward Bailey 於一八五四年所設立。

澳洲西部富利曼特爾（Fremantle）之J. & W. Bateman 公司爲Walter Bate man 於一八六〇年所設立，此公司自始即經營茶葉，最初名爲 J. & W. Bateman，在一九一九年改組爲有限公司，並在柏斯（Perth）及卡爾哥里（Kalgoorlie）設有分辦事處。

塔斯馬尼亞之荷巴特（Hobart）之 Lester 兄弟公司爲 Joseph Okines 於一八六七年所設，至一八九三年由 Lester 兄弟接收辦理。

墨爾鉢之 Griffiths 兄弟公司經營茶葉及咖啡，爲 James Griffiths

於一八七九年所設立。

G. H. Adams於一八八〇年創辦Adams公司，經營茶葉批發，現時之唯一股東仍爲G. H. Adams。

Edwards Ensign茶葉公司，經營茶葉、咖啡及可可之批發及零售，爲R. C.及T. D. Edwards兄弟於一八八〇年所設立，直至現在，股東仍爲此二人，並在雪梨及比利斯本（Brisbane）設有支店。

比利斯本之A. Tcher Ley & Dawson公司，爲Stephen Acherley及Thomas Carr Dawson於一八八四年在墨爾鉢所設立。

利特維爾（Leederville）之Robert Jones公司，爲茶葉進口商及拼和商，係Arthur Herbert Roberts及Isaac B. Jones於一八九七年十月所創辦，自成立至今，始終經營茶業。

墨爾鉢之雜貨批發商店爲若干鄉間商人所合辦，成立於一九一二年，初時爲批發兼代理公司，至一九二〇年與雜貨批發商店合併。

其他對於澳洲茶葉貿易有貢獻之商店如下：墨爾鉢之Henry Berry公司及Peterson公司；南墨爾鉢之W. A. Blake Pty公司；干敦城（Camden Town）之Randol Woolltt公司及雪梨之D. Mitchell公司與Robur茶葉公司。

紐西蘭茶葉貿易之發展

紐西蘭初期之移民，大多爲英人，茶葉貿易與一八三九年之大規模殖民同時降臨於此屬地。在此時以前，傳道師、水手及伐木者之來此島者，僅攜帶供給自用之茶葉。

島上人士最愛好錫蘭茶葉，印度茶雖亦銷行頗廣，但錫蘭茶佔入口茶之三分之二，近年來紐西蘭之茶葉入口總量平均年達一千零五十萬磅。

第十四章　美國茶葉貿易史

第一艘美國茶船——中國貿易中其他早期航行貿易障礙之去除——在茶葉中獲得大財富——Stephen Girard——Thomas Handasyd Perkins——John Jcob Astor——美國茶葉貿易進展狀況及四十、五十、六十年代時所建立之茶葉商店之概述——七十及八十年代——一八九〇年以後之時期——茶葉協介——加拿大之茶葉商店

當美國尚未脫離母國以前，茶葉被摒於貿易之外。在一七七六年獨立運動成功以後，受二大無形勢力之影響，茶葉在美國乃成為一新興之貿易，其一為以前荷人及英人之移民染有啜茶之習慣，其一為東方與美國間開始由船主進行一種新商業，而茶葉為在廣州唯一可以大量購運之商品。

第一艘美國運茶船

John Ledyard 為提倡中美國際貿易之第一人，按照彼之計劃，船隻自大西洋各口岸取道荷恩角（Cape Horn）而至太平洋西北部，以美國之出產換取皮貨，復將皮貨運至中國，而與茶葉、絲及香料等交易，再取道好望角運返美國。Ledyard 為一航海冒險家，曾往來於北大西洋沿海一帶，向商人及船主遊說，謂地球彼端有大利可圖，但彼竟不為所動。至一七八三年，菲列特爾菲亞（Philadelphia）之 Robert Morris 予以援助，尤以一船航行環球。

Robert Morris 聯合紐約港之 Damiel Parker 公司，設備一船，名中國皇后號，於一七八四年二月廿二日從紐約開駛，不往荷恩角而取道好望角至廣州，載出之貨物為人參，載回者則為茶葉及中國物產。此為首次到達中國之美國船。由 John Green 任船主，Samuel Shaw 任押貨員，其後 Samael Shaw 受命為駐廣州之第一任領事。此次投資共一二〇、〇〇〇美元，獲純利三〇、七二〇美元，約為百分之廿五強。

其他早期赴華之航行

「中國皇后」號於一七八五年五月十一日安返紐約，當時紐約商人集資另建一艘單檣帆船，名「試驗」號，於同年十二月廿六日開航，Peter Schermerhorn 及 John Vanderbilt 二人為此次航行之投資者，船主為Stewart Dean。經兩年之航行，獲利一〇、五二〇美元，其投資額為二〇、〇〇〇美元，儎回之主要貨物為茶葉。

不久以後，皮貨成為茶葉貿易之支柱，而使其國內最需要之現金不致外流。

Robert Morris 向 Samael Shaw 及 Randall 船長購得若燊於一七八六年初期由單檣貨船Pallas 號載來一滿船之中國茶葉。一七八七年復資助 Alliance 號由菲列特爾菲亞駛出，其船長為 Thomas Reid。Alliance 號為第一艘美船取道澳洲而至中國者，該船於一七八八年返國，所載貨物値五十萬元之鉅。

此時，一般人所受新興茶葉貿易之激動不亞於採金之狂熱，當時有一歷史家甚至謂美國之每一小河上之每一小村落均有可乘五人之帆船預備出發裝茶，但實際上僅紐約、菲列特爾菲亞、波維威頓士（Providence）、撒冷（Salem）及波士頓有船開中國。

一七八六年 Elais Hasket Derby 從撒冷開出一貨船，名 Grand Turk，滿載美國土產，沿非洲海岸及印度洋各海島販賣，獲得西班牙

銀幣後，即駛至廣州購買茶葉、絲及瓷器而回。

第一艘從波羅威頓士駛往中國之貨船為「華盛頓將軍」號，屬於 Brown & Francis 公司之 John Brown，一七八七年十二月啟碇，一七八九年七月四日返國。同年，美國政府對入口之茶葉徵收捐稅，紅茶每磅納十五分，珠茶及圓茶二十二分，貢熙五十五分。

當此種商業企圖圓滿成功後，美人相信其與廣州間之貿易將有無限擴大之希望，但此種希望不能見諸實現，因美國之茶葉市場極有限制，且藉以貿易之貨品及銀幣亦殊感缺乏。

商業壁壘之去除

此新興之茶葉貿易正開始入於困難之境時，有二不相聯屬之事件為美國人開闢新市場，一為繼一七九三年法國革命之後所發生之歐戰，一為發現海外貿易之新市場。前者之影響將各國所建之貿易壁壘一掃而光，而使美國貨船得以航行歐洲而無阻；後者發現中國市場幾乎無限制需要皮貨、檀香及南海羣島（Sonth Sea Islands）之某種產品。

美國在西北太平洋之皮貨貿易極為發達，收集大量產品以易取茶葉。在美國北部沿大西洋之波士頓港與中國通商最遲，但以皮貨作為茶葉貿易之主要媒介則最早。一七八七年波士頓有商人六人合資五萬元置備「哥倫比亞」號駛往西北太平洋從事皮貨貿易，由此再開往廣州易取茶葉，然後經好望角駛返波士頓，於一七九〇年八月九日到達。此行之結果極為圓滿，遂由此建立波士頓與中國間之航路。

紐約及菲列特爾菲亞之大多數商人均經營中國茶葉。紐約 John Jacob Astor 從事於此業最早，且繼續經營至二十五年之久。其他尚有 Qliver Wolcott 公司及 H. Fanning 公司，歷史亦相當長久，於一八一二年之戰後，Thomas H. Smith 創立一大企業，但非彼之能力所可勝任，終於一八二七年被迫破產。其後D. W. C. Olyphant 創辦 Olyphant 公司，頗著成績。彼曾為 Thomas H. Smith 之駐廣州收貨員，自其東翁破產後，即自行創業。

因受早期成功消息之影響，經過一段普遍之投機時期後，中國茶葉貿易遂集中於少數大商人之手，如菲列特爾菲亞之 Stephen Girard，波士頓之 Thomas Handasyd Perkins 及紐約之 John Jacob Astor，此數人皆因茶葉致富，成為當時之大富翁。在此時期，在美國人有十萬元已認為富翁，而上述三人則皆擁資百萬，且更為幾瀕破產之各州發展其有利之商業關係。彼等囤積茶葉，俟時機到臨時，乃賣與批發商，以四至六個月之期票付價。

政府為鼓勵起見，准許從事中國貿易之商人得在九至十八個月之期限內繳納捐稅，因此大規模經營茶葉之商人多對政府積欠巨額之債款。Astor 在二十年內積欠政府約達五百萬美元，並得免除利息。

Stephen Girard

Stephen Girard 於一七五〇年生於法國之波爾多（Bordeaux），少年時即服務於一商船，廿三歲任船長。該船於一七七六年在菲列特爾菲亞被封鎖，遂於水濱開設一小店，出售其船上所載之貨物，此為彼日後一生事業之開端。

在一七八九年至一八一二年間，Girard 率領其商船隊，遍歷世界各地，其主要之活動在於菲列特爾菲亞至波爾多及菲列特爾菲亞至東印度羣島間之貿易——後者包括廣州之茶葉貿易。在此時彼已積儲不少資財，其後更成為一財力雄厚之銀行家。以巨額款項貸與政府，而使一八一二年之戰爭得以獲勝，社會上各種公私事業莫不有賴於彼之援助。一八三一年逝世後，以遺產六百萬元捐作興辦菲列特爾菲亞之基拉德學院（Girard College）。此校專為教育孤兒而設，至今尚享盛名。

Thomas Handasyd Perkins

另一美國經營中國茶葉而成百萬富翁之商人為波士頓之 Thomas Handasyd Perkins，彼生於一七六四年，其父及祖父皆在馬薩諸塞州（Massachusetts）經商而成小康。最初彼與其弟 James 合資經營西印度洋商業，甚爲發達，其商店設立於波士頓及衆多明哥（San Domingo）。

一七八九年年輕之Perkins忽發生航行中國之興趣，乃投身於Austracas號商船爲管貨員，該船屬於撒冷之E. H. Derby，彼在廣州時直接獲得不少關於茶葉貿易有價值之報告，而與一著名中國行商浩官結識，其後與之成交大宗貿易，而從不訂立合同。在此次航行之後，Perkins商店之商船繼續從衆多明哥收購糖及咖啡輸往歐洲，但其主要之營業則爲向美國之西北海岸收集皮貨，然後再到廣州易取茶葉，載回歐美銷售。

一八三八年Perkins商店解體，本人退出商業。一八五四年逝世，時年八十九歲。

John Jacob Astor

由茶葉貿易致富而成爲百萬富翁之第三個美國商人爲John Jacob Astor（一七六三——一八四八），當其二十歲時，隨德國之Waldorf夫人至紐約，其所帶之商品僅爲七支笛，由笛商進而爲皮貨商，但其發跡則自勸誘紐約之西印度商人James Livermore合夥經營中國貿易開始。當時，法國巡洋艦及武裝民船專事捕捉駛往英領土之美輪。Livermore因其商船不能前往西印度羣島，遂致改就此業。早在一八〇〇年，Livermore遣其最大之商船載人參、皮革、鐵屑及三萬元西班牙銀幣駛往廣州，此行結果，使Livermore在碼頭之貨物落入Astor之商店內，並分得盈利五萬五千美元。

在以後之二十七年中，Astor經營中國之皮貨、檀香及茶葉貿易，獲得甚厚。一次航行獲得百分之一百者亦數見不鮮，而百分之五十，更視爲常事。一八〇三年後，Astor即自備商船，其船所用之旗幟，爲英美港口所熟悉。

一八一六年兼營銀行業，後於一八二七年放棄茶業，死後其遺產達八百萬至三千萬元之鉅。

一八二〇年至一八四〇年間貿易之發展

一八二〇年時，在菲列特爾菲亞有二十四家商店直接由中國輸入茶葉，而在一八二三年十一月，在廣州有五艘菲列特爾菲亞商船候裝貨物，主要者爲茶葉。美國茶葉貿易之進展本極順利，但後因投機者充斥市場，以致造成一八二六年及其以後數年之不景氣。政府因鑑於捐稅積欠過鉅，乃嚴令催繳，菲列特爾菲亞之最大茶葉商店Thompson公司，因無力繳納稅款，其貨物遂被扣押，但該店店主Thompson商得政府之特許，將其貨物中之一部份茶葉出售，以償還捐稅。Thompson因財政困難而作弊，彼被許提出變賣若干箱茶葉，以付稅款，如爲一百箱，彼即設法將茶葉分包爲一千或甚至五千包，祕密運至紐約市場出售，使本地之收稅員不致起疑，經其數月之傾銷結果，使市場完全崩潰，而貨物之來源亦被察覺，Thompson遂以欺詐罪被捕，卒死於菲列特爾菲亞之獄中。

紐約Thomas H. Smith爲Thomas H. Smith公司之主人，此爲在紐約茶葉貿易受打擊破產之時之一奇蹟，彼單特茶葉貿易致富，一次繳納捐稅有達五十萬元之鉅者。但因受Thompson公司破產之影響，亦同歸於盡。

Smith欠繳政府之稅款達三百萬元。其他範圍較小之商店，雖其失敗對於公衆之影響不若上述二家之鉅，但其失敗之程度則幾相等，其中紐約Smith & Nichols公司，在倒閉後者欠政府十萬元。

如此不幸之混亂，在三十一年代時，使茶葉貿易有成立「總理（Prime Ministers）制度」——每家祗少一人——以應付顧客之必要，此等人爲曾受教育之人士。結果使此項貿易終於回復光榮之境地。

自一八三五年伊利運河（Erie Canal）開闢後，菲列特爾菲亞及波士頓之茶葉貿易乃告衰落，而使美國之北部及大湖（Great Lake）區域變成紐約港商業上之支流。

四十年代、五十年代及六十年代

四十年代爲中國茶葉快剪船之勃興時期，巴爾的摩爾之運輸商 Isaac Mckim 爲最先擁有此項裝貨快艇者，隨後有許多美國運輸商以快船運送茶葉至市場而獲得厚利。其所裝茶葉或爲船主所自有，或係受託代銷。

至六十年代，汽船開始與快剪船競爭，當一八六九年蘇彝士運河通航後，輪船更得極大之勝利。

四十年代至六十年代間紐約之茶葉貿易發展極爲穩定，且因美國鐵路逐漸發達，而使紐約成爲進口貿易之中心。在一八六三年以前，所有輸入紐約之茶葉，都從中國而來，但在該年初期，有一艘三橋帆船「恩主」（Benefactor）號輸入第一批日本茶，委托 A. A. Low 兄弟公司售賣。日本茶不久即大受歡迎，最後增至佔全美國進口茶葉之百分之四十以上。

茶葉貿易在內戰期中所受打擊頗大，除受戰時徵收每磅二十五分茶稅之妨礙外，尚有因投機所受之損失。在一八六三年二月，美國南部聯邦之Florida 號，由船主 John Maffitt 率領，捕獲價值一百五十萬元茶葉而駛往紐約之Jacob Bell 號，二日以後，再捉獲由上海開往紐約之Oneida號，所備貨物共値一百萬元。

戰後在紐約市場所堪注意之事件，爲一八六七——六八年從台灣首次運到之烏龍茶樣品及一八六八年日本茶從橫濱直接運往舊金山二事。紐約各進口商均仍在繼續經營，每年秋季當運茶到埠時，在南街一帶卽大起騷動，自 Coenties 碼頭至 Peck 碼頭間，多爲堆茶倉庫，當時以經營此項貿易爲幸，蓋他業之致富遠不若茶業之易。

自行駛舊金山、日本、中國間之太平洋郵船開航及橫跨大陸之鐵路造成以後，乃另闢一貿易之新路線，茶葉之運輸可藉太平洋郵船經巴拿馬運河而達紐約，因此取道荷恩角之航路費時需五、六個月者可減少至二個月以內。其後蘇彝士運河開通後，赴大西洋海岸之運費減輕，但往極西之城市則爲例外，因需在西海岸登陸而由鐵路運送。駛經蘇彝士運河之不定期郵船多備有大量茶葉。

直至六十年代末爲止，因若干原因，促成紐約成爲美國唯一之茶葉市場。第一、所有從事遠東貿易之船隻均在此卸貨；第二，每磅茶葉二角五分之戰時稅均用金幣繳納，而金幣在華爾街兌換時例有貼水；第三，此時商業上之旅行推銷制尚未實行，貨物之分配多假手於代理處及經紀人，購買者每年常至紐約數次或由郵局寄送樣品，加以選擇。

茶葉之買賣除由代理處分配外，亦常以拍賣方式行之，在漢諾威方場（Hanover Square）之拍賣場由L. M. Hoffman 公司主持，其後改由John H. Draper 公司在前街（Front Street)舉行。此種交易常達數千箱，中國茶及日本茶均有。彼等招引紐約、波士頓、菲列特爾菲亞、巴的摩爾及其他小城市之經紀人參加拍賣。

七十年代及八十年代

在七十年代間台灣烏龍茶大受新英格蘭人士之歡迎，日本茶之輸入亦漸增，但中國茶仍不失爲此項貿易之支柱。雜貨商及零售商常自行購買，並不時奔走於經紀人之門。

因運輸之日漸發達及郵電之普遍應用，紐約漸失去其貿易中心之地位，而由舊金山、芝加哥及波士頓起而代之。因此，紐約許多舊商店均不能立足，當時四十餘家之商店，至今只有二、三家尚苟延殘喘而已。

在八十年代間，大量之着色及粗製攙雜茶由上海源源輸入紐約及波士頓，此種茶在市場上傾銷，使此正當之貿易大起混亂，結果泵向議會請求制定法律，嚴禁粗製茶或劣茶之輸入。

一班擁護純潔茶者遭遇若干障礙，尤以藉此牟利之商人阻撓最烈。但當此項困難克服後，美國第一次茶葉法始被通過，此卽一八八三年之法規，名爲「禁止僞劣茶入口法」。此不過爲一種限制辦法，並無一定之標準，但授權於檢查者，憑其個人之目光以決定之。

一八九〇年以後之貿易

一八九〇年以後美國人口衆多之區域對綠茶之嗜好爲紅茶所代替，茶葉貿易遂大起變動。隨後傳入英屬地出產之紅茶，更助以有力之宣傳、廣告及遊行運動，使中國及日本之綠茶銷行大受打擊。此種新茶之漸次普遍，使荷印紅茶亦乘隙而入。現由東印度輸入之茶竟佔三份之一，錫蘭及印度則共佔三分之二。同時若干日本人自行開設茶葉店以推銷日本茶。倫敦及阿姆斯特丹之商店亦在紐約市場上紛紛設立代理處。因此使本土輸入商及經紀人之數量減少，實際上紐約茶葉市場已落於外國人之手。

回溯此時期中各種瑣碎事件，吾人猶憶錫蘭有一茶業代表 William Mackenzie 謂該時期之美國人已成爲綠茶之嗜飲者，但兩年前印度及錫蘭已開始在美國宣傳其紅茶，因此紅茶之需要漸增。

在一八八三年所頒法規之下，輸入商與審査者之間對於某數種綠茶之准許輸入問題當起爭論，當時並無茶業團體可爲執行仲裁。其後 Thom as A. Phslan、Charles De Cordova及Alfred P. Sloan於一八九五年主張修改茶葉法規，籌集款項以作必需之經費，且有四十五家大商店聯名上呈於議會。結果制定一八九七年之茶葉法規，乃由財政部及輸入商所愼重起草修正者。其大要爲財政部移至農業部，其餘則一無變更。

一八九八年，政府認爲每磅茶葉有征收戰時稅十分之必要，繼續行之數年，對於茶葉貿易大有妨礙，遂有紐約之四十六家茶葉輸入商店及批發店於一九〇一年組織一取消茶稅協會，進行茶稅豁免運動。Smith &Sills 公司之G· Waldo Smith爲會長，Bennett Sloan 公司之 Alfred P. Sloan 爲執行委員會主席。其後於一九〇三年一月一日議會通過豁免茶稅。

一九〇六年舊金山大火爲美國茶葉貿易史上不可磨滅之一頁，延燒三日，全城茶葉商店幾盡付一炬。但損失雖鉅而恢復亦速，由於舊金山茶商之努力，數週後乃得重振舊業，陸續採辦新茶應市。

一九一二年設立美國茶葉審査監理人 (Supervising Tea Examiner of United States)，其職務爲聯絡各地茶葉審査員之工作。George F. Mitchell 被任該職，工作極有成積。彼至一九二九年辭職，改就 Maxwell House Products 公司之茶葉部經理。此後監理人一職不復存在。

世界大戰期間，因輪船受襲擊，使茶葉貿易及其他商業大受阻礙，當此時期，由於封鎖及潛水艇之活躍，平時經蘇彝士運河往美國東海岸之茶葉有改道經日本而至太平洋海岸之必要。

一九一七年巴達維亞茶葉評驗局之茶師及宣傳員 H. J. Edwards攜帶一萬箱爪哇茶來美推銷後，荷屬印度之茶葉乃侵入美國市場，彼於一九二〇年再來美洲，一九二二——二三年間，再爲爪哇茶作宣傳。蘇門答臘茶亦隨爪哇茶之後而插足於美國，各主要產茶國在美國市場遂以同時發展。

一九三三年美國農業部爲明瞭應用錫箔爲茶葉容器是否有害，若干科學家卽開始研究，同時印度茶業協會亦在印度從事研究。結果認爲茶葉裝於襯鉛之箱內，其鉛之含量極微少，不足爲害。單寧酸鉛不溶於水，故在茶汁中殊難覺察有鉛之含量。雖曾試得有微量鉛質，但鉛質係成游離狀態而非合成鹽基。少量之零售茶葉均以鉛皮包裹，今日則以鋁、防脂羊皮紙或透明紙代之。

一九三四年美國茶葉貿易採用競爭方法，大爲美國法規管理員 Hugh S. Johnson 所稱許，而在復興運動（通稱爲 NRA）下討論實行。此方法如美國其他各業所用者相同，其效果爲使工作時間較多，工資最廉，並確定貿易之手段及管理之方法。

紐約之茶業協會

紐約茶業協會（後改爲美國茶業協會）於一八九九年一月五日由下列各茶人代表籌備而成：George L. Montgomery、W. J. Buttfield、Joseph H. Lester、Russell Bleecker、Thomas A. Phelan、George

C. Cholwell、Frank S. Thmas、James W. Mc Bride及Thomas M. McCarthy。其宗旨爲：

促進經營茶葉及進口業者之公共利益；改正業規，革除不正當之制惜陋習；傳播關於商人之地位及其他與茶葉貿易有關之確實可靠消息，以謀得茶業習慣之齊一及確實性；調解會員間之糾紛；促進與茶業有關之商人間之友誼及情感。

紐約茶業協會之主要工作可列舉如下：一八九九年舉出一監察人以監督一切裝到美國之茶葉；匯寄千餘元往中國及日本作爲遞送統計電報之保險費；議決竭誠贊助茶葉法規之推行；一九〇二年與輪船公司商定在船上貨倉內茶葉不得與他種有害貨物置於一處或太逼近；一九〇四年抗議茶葉卸貨不應遠在布魯克林之碼頭，及反對包裝台灣烏龍茶時夾入過多之茶末及小葉片；一九〇五年與輪船公司商議除去茶葉卸貨規條中之不利項目。

一九一二年協會爲增進効率起見，改名爲美國茶業協會。

另一茶業協會爲全國茶業協會，此協會之成立乃爲維護禁止攙雜假茶輸入之法規，其後因無此種需要而解散。

全國茶業協會

全國茶業協會成立於一九〇三年，原爲各主要茶業進口商及雜貨批發商於一九〇二年非正式會議之結果，若輩起先曾有非正式的聯合行動，首爲促成通過一八九七年之茶葉法規，次爲反抗茶葉輸入商歷次之訴訟（共十一次）。輸入商巧肆詭辯，以期推翻茶葉法規，而終歸敗訴。

協會之宗旨爲促進茶葉之消費及維護劣茶之取締法規，以保障其利益。

美國茶業協會

一九一二年五月廿八日，紐約茶業協會開會決定改名爲美國茶業協會，擴大組織，俾能號召全國茶葉貿易之合作。前協會之副會長J. M. Montgomery被選爲會長，以代替已辭職之W. J. Buttfield，R. E. Irwin被選爲副會長，John C. Wirtz被選爲秘書，Robert L. Hecht爲會計。

該協會以後之工作爲：一九一三年向議會之財務委員會建議，凡非產茶國如加拿大輸入之茶葉，應征收百分之十附加稅；一九一六年決定每次成交後即須收取佣金；一九一八年由於理事會之努力使政府所規定之戰時茶葉輸入之各種限制均得免除；一九一九年理事會更推廣茶葉於美國之軍隊中，且使生產者、運輸業、商人及經紀人一致從事於全國性之茶葉宣傳；一九二〇年向協會會員及各業提議按照茶葉出售之毛重繳付佣金；一九二二年呈送一議決案與華盛頓之檢察長，反對包裝業批准法（Packers' Consent Decree）之有任何更改，如更改後將使肉類包裝業亦得包裝茶葉、咖啡及其他不關肉類之食品；一九二三年募集七千元救濟日本之大地震；一九二四年舉行紋餐以慶祝紐約茶話會之一百五十週年紀念。

現今協會有四十個會員，分配如下：進口公司十五家；包裝公司十二家；小包茶葉商店二家；經紀商店五家；產茶國（中國、台灣及日本）之出口公司三家；茶業協會二（日本）及宣傳局一（印度）。

第十五章　茶葉廣告史

茶錄，第一種茶葉宣傳品——早期之英國廣告——用書籍之宣傳——美國最早之廣告——其後關於茶葉宣傳之書籍——著名之茶葉宣傳——日本、台灣茶之宣傳——錫蘭之合作宣傳——印度之茶葉宣傳——中國及爪哇茶之廣告——商人之聯合宣傳——現代之廣告——茶葉廣告之效力

任何物產之開始宣傳鮮有如茶之早者，蓋茶之宣傳，已有一千一百年之久。在此時期內，所有之宣傳方法皆曾使用，如書籍、傳單、無線電及飛機等，並曾出國家及商人合作之宣傳。其結果使全世界之茶葉消費量每年增加至十八萬萬磅。

最初之茶葉宣傳

關於茶葉最早而著名之宣傳為紀元七八〇年陸羽所著之「茶經」。當時之中國茶商亟需一人能集合若輩所得關於此正在發展中之工業之零星智識而作一有系統之記述，陸羽對於此項使命果能勝任愉快，因其所記極為詳盡，致以後中國茶商即欲保守其製茶之祕密，而外人已能從「茶經」上獲得充分之智識，以仿效中國方法製茶。

第二部宣傳茶葉之名著為「喫茶養生記」，為一日本僧人榮西禪師於一二一四年所著，彼注重於茶在醫藥上之效用，而稱之為「聖藥」或「萬歲長壽劑」。

至一六五八年，第一次在報上宣傳茶葉之廣告見於倫敦之Mercurius Politicus報，其他係在一懸賞捕盜之廣告上，共登一星期之久（九月二十二日至三十日）。廣告原文為：「曾由各醫師證明之優美中國飲料，中國人稱為茶，其他國家稱為Tay alias Tee，在倫敦Sultaness-hend咖啡店出售」。

早期茶葉宣傳品之最著名者為Thomas Garway於一六六〇年發表之招貼「告煙草、茶葉、咖啡販賣及零售者」，約一千三百字，詳述關於茶之知識，富有報告及教育性質，為一良好之宣傳。蓋其敍述簡明，可使顧客得一良好之印象，實際上茶之若干功效仍為一般人所否認，惟Garway獨能深信不疑，因當時認識茶葉者甚少。

倫敦其他售茶之咖啡店開始茶葉宣傳，最早為一六六二年出版之Kingdom's Intelligencer週刊上登載之一咖啡店廣告，謂該店除出售咖啡、朱古力及冰果子露外，並有茶出售，勸讀者飲茶，茶亦有其特殊之優點。此為提及茶字之唯一咖啡店。

此後不久，售茶者開始在報紙上宣傳，於是在Londou Gazette報上自一六八〇年十二月十三日起至十六日止登載如下之廣告：「上流人仕注意，有少量最優等茶葉為私人所寄售者，最廉價格為每磅三十先令，一磅起碼，並望自帶盛器，請向聖詹姆士(St. Jame's)市場The Eagle's接洽可也。又一七一〇年十月十九日Tatter報上如下之廣告：Favy君在懷恩堂街（Gracechurch Street）Bell商店出售一種紅茶（Bohea），此茶品質並不亞於外國最佳之紅茶。

用書籍之宣傳

一七二二年，倫敦之茶及咖啡商人Humphrey Brudbent編輯一小冊子名「咖啡人」（The Domestic Coffee Man），說明茶、咖啡、朱古力及其他飲料之調製方法，並在「茶」一項下列舉其功效。歐人關於咖啡、茶及朱古力之著作，有法人Philippe Sylvestre Du'our於一六七

一年在里昂出版之De l'Usage du Café, du Thé, et du Chocolat 及一六八四年在里昂出版之一本更完全之著作 Traitez Nouveaux et du Curieux du Café, du Thé, et du Chocolat。此爲一種關於飲料之坦白宣傳，而極有廣告之效力，故迅速被譯成英文及其他數國文字。

一六七九年荷蘭醫師 Cornelis Decker 用 Corneles Bontekoe 筆名在海牙出版一書，名 Tractat van Het Excellente Cruyt Thee，彼被認爲在歐洲推進用茶最有功之一人。

一七八五年，倫敦東印度公司茶葉部有一職員，匿名出版「購茶者須知」（The Tea Purchaser's Guide）一書，其宗旨闡明於卷首：「購茶指南爲欲得茶葉知識及選擇茶葉之仕女所必備；書內有茶葉混合之技術，爲一在東印度公司茶葉部服務多年者之傑作」，序文內更聲明本書之編著，並非以金錢目的。

十八世紀時出版之大部份茶葉文獻，皆直接或間接爲英國東印度公司之力，當時該公司之主要工作爲向英人推銷此新國民飲料以代替咖啡，終於造成歷史上之良好紀錄。

美國最早之茶葉廣告

十八世紀以前，在美國並無有關茶葉之書籍出版。一七一二年波士頓有一藥店 Zabdiel Boylston 宣傳其所售之「綠茶及武彝茶」、「綠茶及普通茶」。二年後，即一七一四年五月二十四日，有一波士頓人 Edward Mills 在該地之 News Letter報上登載廣告云：「茲有極佳之綠茶出售，地點在橋樹附近本人家中」。

在革命以前，報上關於茶葉之宣傳，甚爲忠實，其後用傳單宣傳時，則語多誇張，以期吸引社會之注意。如一七八四年在馬薩諸塞州紐柏利港(Newburyport)所印之傳單，即爲其最著者，原文如下：「本店新到上等貢熙、小種及武彝茶，品質極優。紐柏利港，廉售店主人 J. Greenough 啟」。

自中、美貿易溝通後，一八〇三年十一月二十一日之紐約晚報上登載一廣告：「新到二百零五箱上等貢熙茶，華脫街一百八十二號 Ellis Kane公司啟」，此等茶葉是否爲James Livermore及John Jacob Astor二人從事皮革、茶葉商業時首次從廣州運來之一部份，則不得而知，但 Astor 之商店及碼頭均在附近，至一八一六年當其成爲全國著名之人物及美國主要之茶葉進口商時，在紐約報紙上常有如下之告白：

拍賣

J. J. Astor 之貨船 Beaver 號上週抵此，帶來二千五百箱上等茶葉，爲上季在著名武彝及松蘿區所產者，由 John Hone 主持拍賣，地點在自由街底 Astor 碼頭。

在鐵路未發達以前，菲列特爾菲亞爲美國之主要城市。此時該地之報紙上偶有茶葉廣告發現，在一八三六年三月二十五日 Public Leiger 報上，載有一則廣告如下：

茶葉——茲有大幫各種包裝之貢熙、珠茶及園茶出售，品質優良，如蒙光顧，請至 South Front 街十三號。Samuel M. Kempton 公司啟。

其後關於茶葉宣傳之書籍

除少數例外及爲栽植者所編之教科書以外，各國出版關於茶葉之著作均有顯著之宣傳特徵，十九及二十世紀對於此項貿易有貢獻之著作如下：

一八一九年倫敦茶葉公司（London Genuine Tea Company）出版「茶樹之歷史」一書，其中詳述由播種至包裝及運往歐洲市場之經過情形。

英國有一售茶商 Smith於一六二七年在倫敦出版一書，名Tsiology，爲記載東印度公司等經營此外國物產之報告。

一八四三年 J. G. Houssaye 在巴黎出版 Mongrephie du thé 一書，內容甚佳，且有圖解。Houssaye 爲經營中國及印度茶葉與其他物品之商人。

一八七八年 Samuel Philips Day 在倫敦出版「茶之神祕與歷史」

(Tea: its Mystery and History)一書，其序文由中國教育訪問團之秘書羅方洛(譯音)用中文寫成，對於 Horniman 茶葉公司頗多獎勉之辭。

倫敦有一布商及茶商 Henry Turner 於一八八〇年出版「茶葉通論」(Treatise on Tea, Historical, Statistical, and Commercial)一書，文字生動，但判斷略有錯誤。彼預測合作社最先衰落，並反對現今之廣告法。一八八二年 W. B. Whittinghom 公司在倫敦出版「茶葉拼和技術」(The Art of Tea Blending)一書。

一八九〇年，有一曾在印度居住之芝加哥茶商 I. L. Hauser 著一書，名「茶之起原、栽培、製造及用途」(Tea: Its Origin, Cultivation, Manufacture, and Use)。二年後，菲列特爾菲亞有一茶人 Joseph M. Walsh 著一書，名「茶之歷史與神祕」(Tea, Its History and Mystery)，彼於一八九六年曾著「茶葉拼和藝術」(Tea Blending as a Fine Art)，二者均爲零售商而寫者。一八九四年倫敦Lewis公司有一職員著述「茶與茶葉拼和」(Tea and Tea Blending)一書。一九〇三年美國有一茶葉經紀人 John Henry Blake 出版 Tea Hint for Retailer 一書。一九〇五年，倫敦之反對茶稅同盟出版 Herbert Compton 所著之「同來研討茶葉」(Come to Tea Wtih Us)，同年美國全國茶葉協會會長 Thomas A. Phelan 撰著「茶之祕密」(Some Secrets of Tea)一書，後於一九一〇年重加校正，改名爲「茶之祕密彙編」(The Book of Tea Secrets)，由紐約 Ajax 出版公司發行。

一九〇七——八年，芝加哥茶商 E. A. Schoyer，曾任美國茶葉評驗局(U. S. Board of Tea Experts)會員及全國茶葉協會會長，編纂一種小冊子式之茶葉研究叢書，此爲一重要之著作，雖其目的僅爲 Schoyer 公司之推銷員易於推銷茶葉而作。

一九一〇年，倫敦之印度茶業協會出版 James Bnckingham 爵士所著之「關於茶之種種」(A. Few Facts About Tea)一書。一九一九年，芝加哥 J. C. Whitney 公司出版 Whitney 所著之「茶葉漫談」(Tea Talks)一書。一九二四年，慕尼黑有一茶商 Otto Schleinkofer 在德國出版Der Tee一書。一九二六年，倫敦茶商 R. O. Mennell 出版「茶之簡史」一書。一九二九年，另一倫敦茶商F. W. F. Staveacre出版「茶與茶葉買賣」(Tea and Tea Dealing)一書。一九三三年 C. R. Harler 博士在倫敦出版「茶之栽培與市場」(The Cultivation and Marketing of Tea)一書。一九三五年，Irwin-Harrisons Whitney 公司在美國出版「茶葉小史」(The Romance of Tea)。

著名之茶葉宣傳

各主要產茶國在過去五十年中曾努力於各種合作宣傳方法，以圖擴展國外市場，此種宣傳曾收宏效。但中國則爲例外，從未將茶葉界之智識份子組織起來，以從事宣傳。

日本之茶葉自一八七六年以來，在美國不斷宣傳，在一八九八年至一九三四年間用於各國宣傳之費用達二百七十九萬日元(一百三十九萬五千美元)。

台灣亦在英美及其他國家廣作宣傳，二十五年間用於此項宣傳之費用達二百五十萬日元(一百二十五萬美元)。

錫蘭用於歐美各國宣傳之費用，二十三年間達五、三三五、五七七嵐比(一、九二〇、七八六美元)，其中用於美國者約一百萬元。

印度在此新大陸各國關於茶葉宣傳之費用，在四十餘年內，達一百萬鎊(五百萬美元)，因此獲得良好之效果而助長帝國之發展，其中之二百萬元在過去二十五年內用於美國。

荷屬東印度在荷蘭及美國宣傳其茶葉，歷時十年之久，耗費十二萬五千盾(五萬美元)，其中約二萬元係用於美國。

日本茶及台灣茶之宣傳

日本之茶葉宣傳開始於一八七六年參加菲列特爾菲亞之百年紀念博覽會之時。其後，於一八七七至一八八三年間在東京、橫濱及神戶舉行數次茶葉競賽會，以鼓勵優等茶葉之生產。一八八三年茶葉生產者與茶商聯合組織日本茶業組合中央會議所，由政府津貼補助金。此組織除改良產製外，並主持國外宣傳事宜，主要者如參加一八九三年之芝加哥博覽會，其後於一八九四年在安特衛普（Antwerp），一八九八年在俄馬哈，一九〇四年在聖路易士，一九〇一年在列日及波特蘭，一九〇九年在西雅圖，一九〇一年在倫敦，一九一一年在德勒斯頓（Dresden）及吐林（Turin），一九一五年在舊金山及聖地亞哥（San Diego），一九二六年在菲列特爾菲亞，及一九三三年在芝加哥之歷屆展覽會中，無不有日本產品送往陳列。在此等展覽會中，其宣傳之方式爲建造日本式之亭閣及園地，並用年輕女子着本國服飾招待觀客。

一八九六年日本警覺英國在宣傳方面競爭之劇烈，一八九六年 Kahei Otoni 及 Kihes Aizawa 二氏爲日本茶業組合中央會議所向政府領得每年七萬日元（三萬五千美元）之補助費，以七年爲期，俾得在美國及俄國積極從事宣傳。在一八九八至一九〇七年之九年中，此項保護貿易運動在美國及加拿大所耗費者共十九萬日元（九萬五千美元）。

一八九八年此會議所成立分所二處，一在紐約，以古屋竹之助爲主持人，另一在芝加哥，由 Tomotsune Midzutany 主持之；其工作直至一九〇七年分所停閉時方行停止。一九一一年中央會議所委派 Iwao Nishi 爲駐美國及加拿大代表，以指導宣傳運動。

一九一一年日本茶葉輸入美國各地始達最高峯，以後停留不變；至一部份美國人士之嗜好，由綠茶轉向紅茶後，日本輸入美國之茶葉量乃漸降落，加以印度及錫蘭紅茶之發展，使日本茶人發生困難，遂決定於美國再發動宣傳。一九一二年開始推行第二次保護貿易運動，此次宣傳在 Nishi 指導之下繼續進行至十年之久，直至一九二二年 Nishi 辭職時爲止，共用去二十四萬六千日元（十二萬三千二百美元）。

Nishi 指導宣傳之首先三年——一九一二、一九一三及一九一五年，採用日本式亭閣及贈送樣品方法，其後在美國之宣傳集中於報紙及雜誌，直至一九二一年，因日茶之輸入由一九二〇年之二千二百八十萬磅降至一九二一年之一千六百五十萬磅——爲五十年來之最低點，宣傳乃告停止。

一九二二年至一九二五年之四年間，日茶輸出減少。當時日茶謀在外國市場發展之事，操於日本茶業組合中央會議所之手，共耗十萬五千日元（五萬二千五百美元）。至一九二六年，乃發動第三次運動，其工作在日本茶業促進委員會指導之下進行。此委員會係由日本茶業組合中央會議所及靜岡縣茶業組合聯合會所聯合管轄，其總會設於靜岡縣之靜岡茶業指導會辦公室內。一九二五年五月，國內外之出口商經一次會談之後，決定每半箱（Half chest）征收出口稅四十錢，作爲每年三十萬日元茶葉促進費之一部份，其不足之數則由日本之其他捐稅補足之。此稅自一九二五年五月二十三日起發生效力。

日本茶業促進委員會於一九二五年七月十一日成立，其委員十六人爲日本茶業組合中央會議所及靜岡縣茶業組合聯合會所委派，貴族院議員兼日本茶業組合中央會議所所長 Kahei Otani 爲首任會長。

Miyamoto 與 Ishii 二氏於一九二六年一月前赴美國，與美籍委員共同佈置在報紙上之宣傳運動，其範圍包括芝加哥、得麻息（Des Moines）、得特拉特、明尼波利斯、聖保羅、俄馬哈、托利多及密爾瓦基等地，費用共八萬七千美元。

一九二七年 Otani 辭去委員會會長，而由 Gohei Matsuura 繼任，其宣傳計劃捨日報而側重雜誌，經費規定爲十三萬美元，至一九二八年四月一日增加至十三萬七千美元，此兩年間之宣傳僅限於雜誌上，根據一種新發現，謂日本茶含有「貴重之食物成分——維他命C」，費用達十萬美元。繼於一九三〇年採行招貼宣傳。以後日本在美國及他國家宣傳所費之金錢分述於下：一九三〇年爲二十三萬二千日元，一九三一年爲十四萬二千日元，一九三二年爲三十四萬日元，一九三三年爲十七萬一千二百五十日元，一九三四年爲二十四萬日元，一九三五年爲十二萬五千日元。

一八八六年日本中央茶商會社得政府之助，遣派 Magoichiro Yokoyama往俄國及西伯利亞調查開拓市場之可能性，至一八九七年決定在俄國宣傳，一九〇七至一九一九年迭次遣派代表赴俄，以推銷日本之紅磚茶。Shozo Saigo曾二度前往，終於在俄國建立一茶葉貿易之穩固基礎。一八九八年，日本之茶葉開始在俄國宣傳，直至一九二一年爲止。其中一九〇五、一九〇九及一九一九年停止宣傳，共經二十四年間，所用之宣傳費達九萬三千六百日元（四萬六千八百美元）。

一九〇五年，該會在澳洲之分社供給一千五百日元（七百五十美元）作爲分送日本茶樣之用；同年，撥出二百八十四日元（一百四十二美元）在法國報紙上作小規模之宣傳。

最近日本茶業促進會社在國內發起宣傳運動，一九三四年因此項宣傳耗費十萬五千日元。

在一九〇六年至一九二五年間，台灣政府耗費二百另五萬二千日元（一百萬美元）以宣傳台灣茶葉，大部份用於美國、英國、法國、爪哇、華北及俄國之展覽會，且在英美贈送樣品，設立茶室，並在報紙雜誌上宣傳，更於澳洲、南非及其他地方作宣傳運動，並贈送樣品。自此以後，其宣傳只限於美國，每年費用由一萬五千至五萬美元不等。自一八九八年第一次宣傳在英國開始以後，用於各國之費用共二百七十九萬日元（一百三十九萬五千美元），除派代表宣傳台灣之茶葉外，同時亦宣傳其他物產如樟腦等。

錫蘭之聯合宣傳運動

錫蘭茶葉之宣傳運動開始於七十年代，以後經四十餘年之努力，暫時中止。最近重行開始首次之聯合宣傳運動，一八七九年由錫蘭之種植者推舉錫蘭觀察報編輯 A. M. Ferguson 爲代表，參加一八八〇八一年於新金山開幕之萬國博覽會，繼由錫蘭泰晤士報編輯 John Copper 爲代表，參加一八八三年於加爾各答開幕之展覽會。茶葉爲此兩展覽會之特色。

一八八六年在倫敦南肯星頓（South Kensington）開幕之殖民地及印度展覽會，栽植者預算滿經費五千七百四十二盧比（二千零六十七美元）以作宣傳錫蘭物產之用，錫蘭政府允墊借五千盧比（一千八百美元）。在此展覽會中，J. L. Loudoun-Shand 被推爲代表，組織一錫蘭部，有一百六十七個茶園將樣品送往展覽。

同年 H. K. Rutherford 捐募錫蘭茶業理事會之基金以作收集及分發茶葉樣品之用，曾分發六萬七千磅以上。一八八七年，由J. L. Loudoun Shand 私人出資在利物浦展覽會中陳列錫蘭之物產，在會內且有茶葉出售，同時錫蘭栽植者協會採納 Rutherford 之建議，募集錫蘭茶葉基金，此爲各茶園主及代理處自動捐助與協會者。自一八八八年一月一日開始，在最初六個月中所摘茶葉每千磅納捐二十五錫蘭分，茶業理事會之基金亦合併於此新基金內。

一八八七年至一八九一年每千磅捐二十五分，一八九二年至一八九四年，每千磅十分。先後捐集之錫蘭茶業基金，總額達一四六、八七四盧比（五二、八七五美元）。有此雄厚之基金，使錫蘭茶葉得以炫耀於一八八八年之格拉斯哥萬國展覽會、新金山百週年展覽會及布魯舍爾展覽會，一切佈置及計劃，均由Graeme H. D. Elphinstone爵士及J. L. Loudoun Shand、Lee Bapty、R. C. Haldane 請人負責主持。錫蘭政府捐助各展覽會之費用，達二千盧比。

一八八八年時，創行一種新辦法，即分發若干茶葉與願意推銷錫蘭茶葉之私人或商店以轉售於消費者。其後此種辦法推行甚廣，第一次發給菲列特菲亞之錫蘭茶葉咖啡公司（Ceylon Pure Tea & Coffee Co），其後當茶葉推廣至紐西蘭及阿根廷時復有多次分發。

在一八八九年之巴黎萬國展覽會當一八八九——九〇年在都內丁（Dunedin）之新西蘭及南海（South Seas）展覽會中，錫蘭茶爲引人注目之陳列品。

錫蘭有一種植人 B. E. Pineo，創設錫美茶葉公司（Ceylon America Tea Co.），John Joseph Grinlinton 任總經理，此公司得錫蘭種植者協會之贊助，發展錫蘭茶葉在美國之貿易。

一八八九年時，贈送茶葉之辦法推廣至南愛爾蘭、俄國、維也納及君士坦丁堡。當Fife公爵夫婦遊歷錫蘭時，贈以數箱裝璜美麗之錫蘭茶葉，此爲餽贈茶葉及於貴族之開始。其後如意大利皇后，俄國之尼古拉斯大公爵，德皇及奧皇，均受到錫蘭茶之餽贈。

一八九〇年開始在俄國宣傳，由 Maurice Rogivue 領導至數年之久，彼爲 Stevenson 父子公司之瑞士籍股東。

一八九〇年茶業基金委員會贈送茶葉及津貼與塔斯馬尼亞（Tasmania）、瑞典、德國、加拿大及俄國之商店，此項費用佔宣傳費總額三分之一。一八九一年在哥倫坡之旅客碼頭耗費一萬五千一百五十盧比建築錫蘭茶亭，出售小包茶葉及飲料，但此委員會立刻發覺不能繼續經營，乃將該茶亭讓渡於錫蘭茶葉公司，該公司得栽植者協會之資助，克服各種困難，繼續經營。

一八九四年末，茶業基金委員會繼續以金錢供給 Rogivue 在俄國作宣傳之用，並贈送茶葉與澳洲、霹靂（Perak）、匈牙利、羅馬尼亞、塞爾維亞（Serbia）、加利福尼亞及英屬哥倫比亞各國，更在倫敦之帝國學院發出二千三百盧比作爲準備銷售錫蘭茶葉之用。

錫蘭政府允捐助五萬盧比以作錫蘭茶葉一八九三年芝加哥萬國博覽會中之陳列費用。在一八九二年一月派 John Joseph Grinlinton 爲錫蘭代表，先赴芝加哥考察，錫蘭栽植者協會且採納 Rutherford 之建議，征收茶葉出口稅，以作在芝加哥建立一錫蘭館之費用。結果於一八九二年十月之立法會議中通過第十五號通令，自一八九三年一月起，每百磅茶葉徵收出口稅十分。

在芝加哥博覽會中，有六萬人參觀錫蘭館，其建築爲副代表 Pole-Fletcher 所設計，在館內售出茶四、五九六、四九〇杯及茶葉一、〇六一、六二三包，在會中共耗費三一九、九六四．六四盧比（二五、一八七美元）。

Grinlinton 在芝加哥設立芝加哥茶葉店（The Chicago Tea Store），囤積二萬六千磅茶葉，但此項投資不幸而告失敗。一八九四年彼曾封爲爵士，在克里米亞（Crimea）及錫蘭政府中服務六十四年，政績斐然。卒於一九一二年。

由於商會及栽植者協會之鼓勵，一八九四年八月通過第四號通令，自十一月起繼續徵收茶葉出口稅，且增加至每百磅二十分，由商會舉出代表六人，協會舉出二十四人，組成三十人委員會，以司徵收之事。至年底，共收五七、二七七．三七又二分之一盧比，此爲在二年間所徵收，超過芝加哥博覽會實際需用之數額。茶稅作爲基金之數目如下表所示：

錫蘭茶葉捐稅

年份	出口量(磅)	捐稅額(盧比)	每百磅稅率(分)
1894	…………………	57,277.37	10—20
1895	89,954,215	179,908.43	20
1896	108,182,395	216,364.79	20
1897	115,520,365	231,040.73	20
1898	120,537,000	241,074.00	20
1899	127,864,750	255,693.50	20
1900	147,070,000	294,140.00	20
1901	146,271,145	292,542.29	20
1902	149,250,907	146,604 14	20
……	…………………	237,864.51	30*
1903	146,434,400	439,303.20	30
1904	155,318,453	465,955.36	30
1905	170,361,417	511,084.25	30
1906	170,841,253	512, 23.76	30
1907	186,091,050	372,182.12	20
1908	178,310,135	356,520.27	20
	總　　計	4,800,160.72	

*自一九〇二年七月一日起

茶葉基金委員會除收取茶葉稅款外，更有政府之津貼。錫蘭用於芝加哥博覽會、所付銀行之利息及在三十年間（一八八八——一九〇八）之茶葉宣傳，共費五、三〇七、七四〇盧比或一、九一〇、七八六美元。

在一八九四年至一九〇八年間，三十人委員會共他之主要開支爲在茶業代表指導下在美國所進行之宣傳運動，撥給 John Grinlinton 爵士所指定之若干茶葉輸入商之津貼，及錫蘭代表在大陸各國(俄國除外)所用之宣傳費。在俄國之宣傳由Rogivue繼續主持，彼於一八九五——九六年接受一千五百鎊之津貼，前後所得津貼之數目達二千八百三十鎊。彼之活動爲贈送五百萬包茶葉，在報紙上登廣告，出版小冊子及參加下諾弗哥羅(Nijni Novgorod)博覽會等。

一八九六年津貼Tetley公司二百鎊，以作在日內瓦博覽會中之山村小舍宣傳錫蘭茶葉之用，並以茶葉贈送挪威、比利時及荷蘭各國。

一八九七年，Rogivue所辦之商業改爲有限責任性質，名Rogivue有限公司，同時John Muir爵士亦加入爲股東，股款二萬鎊，作爲新公司之資本及革新營業之用。

Rogivue之津貼辦法至此時停止，而以若干款項補助輸出商店，Crosfield & Lampard公司得一千鎊，用以推廣錫蘭茶葉於俄國，Cooper有限公司之Cooper亦得到一筆補助金。

錫蘭有一植茶業先進William Mackenzie被派爲駐美國代表，於一八九五年二月赴美國作一初步之調查，返錫蘭後向同業建議努力獲得美國之綠茶市場，此提案Pole Fletcher曾於年前提出，美國每人之茶葉消費量約一磅，咖啡則爲九磅，而飲茶者十之九皆嗜綠茶。因此，引起錫蘭採用獎勵綠茶出口之政策。推進此項政策之獎金開始於一八九八年，最初每磅獎給十分，一九〇二年減至一分半，一九〇四年又增至三分，後乃停止。六年內輸出綠茶達二四、六五三、一七二磅，共付獎金九九三、〇五一盧比(三五七、四九八•三六美元)。

William Mackenzie任駐美國代表十一年之久，一九〇五年方行退休，死於一九一六年。當其在任時，曾在宣傳方面用去一、四一五、一八五盧比(五〇九、四六六美元)，在報上登載廣告，以錫蘭茶供給雜貨商，刊印小冊子，指導巡行運動，及津貼推銷錫蘭茶葉之商店。

一八八八年，H. K. Rutherford建議錫蘭應與印度聯合在美國宣傳，印度茶業協會之John Muir爵士於一八九四年亦提議在美國設一常駐聯合代理處。此等提案並無結果，而R. Blechynden則單獨前往美國以促進印度茶葉之貿易。其後彼接獲Mackenzie訓令，如彼認爲對於錫蘭茶葉有利時，可與印度聯合經營。至一八九六年二月，彼向當局報告謂：已與Blechynden合作，並有一聯合之廣告登載二十八種雜誌上。

一九〇四年聖路易士世界博覽會開幕，錫蘭以Stanley Bois爲代表，閉幕後與印度聯合宣傳之形式更爲確定。其原因之一爲一九〇三年四月一日起，印度强制徵收每百磅二十分之茶稅，一九〇五年三月指派一委員以實行此項計劃，而Blechynden遂兼任駐聖路易士之代表，其後受雇於倫敦之印度茶業協會，服務三年。其聯合宣傳之形式爲在櫥窗上繪觸目之廣告，以明信片及樣品贈送主顧，共用一七五、五〇〇盧比。

在Mackenzie之後由另一錫蘭植茶者W. A. Courtney繼任駐美代表，但其任期頗短，由一九〇六年一月起至一九〇八年三月一日止。彼之工作極爲成功，且設計各種巧妙之宣傳，首先停止宣傳錫蘭茶葉之商店之補助金，而另覓其他真能負責宣傳之商店，並予以相同之待遇。彼聘請紐約T. P. Welsh爲助手，以激起出售錫蘭茶葉商店之興趣，並聘請一錫蘭茶師L. Beling以宣傳茶葉之配合方法，更往各地學校、機關參觀，藉以介紹錫蘭茶葉。Beling於一八九三年至美國，任John Joseph Grinlinten之祕書，其後自行經營茶業。茶與咖啡貿易雜誌編者William H. Ukers爲此代表團之顧問。

該委員會繼續在歐洲宣傳，咖啡栽植者之先進亦即Bosanquet公司之代理人J. H. Renton被派爲一九〇〇年巴黎展覽會之代表，其後繼續爲駐歐之永久代表，R. V. Webster在巴黎爲其助理人。其工作爲印刷傳單，向餐館接洽採用錫蘭茶及津貼協助宣傳之商店。(費用達宣傳費總數三分之一)彼任職業代表十一年，一九一一年以後仍留歐數年，以結束宣傳事業及繼續頒發少量之津貼。卒於一九二〇年。

一九〇六年茶稅豁免有漸次實現之希望，但遭遇一極大之反對，尤以以倫敦方面爲甚，而三十人委員會於該年九月間提議，自一九〇七年一月一日宣傳工作結束後，茶稅應減低至每百磅二十分。在美國之W. A. Courtney 將宣傳方面之任務移交於紐約講壇報（Tribune）之R. Wayne Wilson，彼繼續担任此項工作至一九〇九年末。

諾法斯科細亞（Nova Scotia）主教Frederick Courtney之長子Walter Allan Courtney，於一八七三年一月七日生於蘇格蘭之阿蘭橋（Bridge of Allan），在新罕布郡（New Hampshire）康科特（Concord）之聖保羅學校及諾法斯科細亞之溫沙（Windsor）皇家學院受教育。彼於一八九九年往錫蘭，在茶園中為一試用員，當其被派為錫蘭茶業代表時，彼為保加瑪他拉瓦(Bogawantalawa)之Eltofts茶園之管理者。一九〇七年在美國之宣傳運動停止後，彼投身於茶業界，在紐約設立W. A. Courtney公司，後在一九〇九年改組為Anderon Gallagher公司時退出。其後服務於美國鈔票公司。

一九〇八年三十人委員會捐助三百八十八盧比以作在美國抵制華茶運動之用，一九〇九年為同樣用途，更指撥二千鎊。當時三十人委員會之財產有二八五、三八八．七四盧比，但因各種開支而漸漸減少。錫蘭泰晤士報編者F. Crosbie Roles為一九一二年紐約橡皮展覽會之錫蘭代表，在該會內亦作錫蘭茶葉宣傳。當世界大戰發生時，該委員會尚有相當基金，預算內支配以大部份用於愛國工作，其次方作宣傳之用，得政府之核准後，即餽贈七萬五千盧比與戰時養育院，其中以一萬五千盧比購買茶葉送與俄國軍隊，一九一六年再決定將基金之餘數購買茶葉，包成小包，贈與經過哥倫坡之澳洲及紐西蘭軍隊，其基金遂於一九一九年底用罄。

一九二九年在哥倫坡碼頭建立第二所茶亭，以便向旅客宣傳，由錫蘭茶葉宣傳局所主持。

A. S. Lampard擬具一種計劃，即所謂「Lampard計劃」，由各人自動樂捐，以作錫蘭茶在國外宣傳之基金，自一九二九年開始實行，由錫蘭栽植者協會、錫蘭園主協會、錫蘭商會及哥倫坡茶商協會聯合辦理之，計劃內規定每畝茶地至少捐助八分。錫蘭繼續施行三年之久，首次募得一萬元美金，交由美國茶業協會於一九二九——三〇年推行宣傳運動。對於此計劃反對者頗多，因自動樂捐在各栽植者並非平均分派，負担有不均之弊。一九三二年六月二十四日，錫蘭政務會議通過此項計劃，通令徵收錫蘭出口茶葉宣傳稅，每百磅不能超過一百盧比，並成立錫蘭茶葉宣傳局，以主持錫蘭茶對內外宣傳，該通令且限定所需費用之預算。E. C. Villiers在會議中極為活躍，願為此法規之担保人，該法規規定最初徵收出口茶稅每百磅五十錫蘭分，估計每年可收入一百二十萬盧比（九萬英鎊）。

茶葉宣傳局之首任局長為G. K. Stewart，係錫蘭園主協會之代表。G. Huxley前為倫敦帝國貿易局之高級宣傳員，現被委為該局之高級理事。彼於一九三三年一月到錫蘭視事，宣佈準備在錫蘭、英國、南非、加拿大、澳洲及新西蘭實施宣傳運動之計劃，並指定F. E. B. Gourlay為駐加拿大代表，Leslie Dow為駐南非代表，R. L. Barnes為駐澳洲及新西蘭代表，Barnes前曾在倫敦之澳洲貿易宣傳部服務。

宣傳局為英帝國利益計，決定與印度之茶業協會在一九三三年十二月成立之「帝國茶業促進會」（Empire Tea Growers）指導之下聯合進行此項宣傳事宜。雙方各舉出代表一人，印度茶葉捐稅委員會為John Harpur，錫蘭茶葉宣傳局為Roy Williams。首兩年之費用為印度茶葉捐稅委員會每年負担一萬鎊，錫蘭茶葉宣傳局每年負担一萬五千鎊，

在加拿大及南非開始宣傳之先，Huxley親到兩地觀察，宣稱決心宣傳「帝國茶葉」並不專為錫蘭茶，尤注重於品質方面。駐加拿大之代表Gourlay在遍遊該地後，即在蒙特利爾（Montreal）成立總辦事處，並特約該地之Cockfield Brown公司為宣傳之代理機關，於一九三四年三月開始在雜誌及報紙上向農民廣事宣傳，並由英國邀請名人來此演講，又利用商店之櫥窗、窗飾、電氣及模型以進行宣傳，據其報告每年用於加拿大之宣傳費達五萬鎊。

南非之宣傳總辦事處於一九三三年成立於開普敦，Dow經過初步調

後，即開始在報上宣傳，該地之大部份居民爲著名飲咖啡之土人，但錫蘭茶早已成爲輸入南非茶葉中之大宗，故宣傳局亟思維持增進此優越之地位。

在錫蘭本土之宣傳，開始於一九三三年，由汽車隊或旅行隊深入土人中教以製茶及飲茶之方法，每隊均帶有用坦密耳(Tamil)及新海爾(Sinhalese)文字寫成之說明，此外更利用發電機、無線電收音機、及擴音器向羣衆演說，此項宣傳隊有完美之設備及可容八人之帳幕。

印度之合作宣傳運動

印度茶之合作宣傳始於一八八八年 John E. Musgrave Harington 被派爲布魯舍爾展覽會之印度茶業代表之時。彼於一八六〇年生於勃來矛斯(Plymouth)，爲爪哇之咖啡栽植者。於展覽會中闢一廳，并出版若干關於印度茶業之小冊子，譯成四國文字，分發與參觀者。彼在展覽會閉幕後，即返英倫自行從事茶葉貿易。

印度茶葉首次有組織之宣傳運動始於一八九三年參加芝加哥世界展覽會時，若干熱心人士募集十五萬盧比作爲宣傳之基金，此爲對外貿易志願基金之濫始，其後由印度茶業協會接收並保管之，所有茶園主均請認捐，最低限度每畝茶地捐四安娜，及製成茶每蒙特(Maund)半安娜，自一八九四年至一九〇二年之捐率標準每年不同，但無一園主拖欠至百分之七十以上者。自一八九三年至一九〇三年共募集七五七、三七八盧比，此款全部用於美國。

首次基金十五萬盧比指定由加爾各答印度茶業協會之委員會管理，該會請求倫敦印度茶業協會合作，此時 Richard Blechynden 適在加爾各答之皇家植物園服務，遂被派爲芝加哥展覽會之代表。Blechynden 建議印度政府在展覽會中建築一適當之房屋，以陳列並出售印度之物產，展覽會閉幕後，Blechynden 返印，尚有餘款二萬五千盧比，構成國外市場志願基金之核心。

此次芝加哥所得之經驗，給予加爾各答委員會以極大之鼓勵，數週後 Blechynden 再被派往紐約工作，當時生產者尚不知組織關於其產品之宣傳。其在美國之貿易，以減低價格推廣銷路爲目的，當時所最通行者爲對於贊助者給以津貼或補助金之一種辦法，而尚少直接之宣傳。

美國之茶葉批發商不甚認識印度茶葉，但來自英國之零售商人則知之甚詳，且能指出何者爲亞薩姆茶，因此直接利用若輩向消費者宣傳，利用說明、插圖、演講、建築茶亭及其他相似之方法，最後乃獲得一立足點。同時，印度之茶商亦於美國紛設代理處，彼等最初亦從零售業着手。

Finlay Muir 公司之主人 John Muir 爵士於一八九四年由加爾各答赴哥倫坡，力促錫蘭與印度之植茶者聯合推廣其茶葉在美國之銷路，加爾各答印度茶業協會極贊同其意見，在錫蘭亦大受擁護。

一八九六年 William Mackenzie 以錫蘭代表資格赴美，且聯合 Blechynden 共作印度茶葉之宣傳。此聯合宣傳在彼二人主持下進行至三年之久，直至一八九九年止。

當時印度之國外市場志願基金漸呈不敷，於一八九七年在政府稅收項下撥出若干補助之。一八九九年，印度停止所有在美國之宣傳，祗有一小部份款項捐助錫蘭在報紙上作普通之聯合宣傳。Blechynden 乃加入錫蘭之 Whittall 公司而爲北美之代理人。Mackenzie 繼續爲錫蘭代表，在一八九九至一九〇四年間，印、錫二地在美國之宣傳，均由彼主持。

印度之輿論漸漸同意於制定法律强迫徵稅，一九〇二年加爾各答印度茶業協會之委員會上呈於總督，請求在出口茶葉中每磅徵稅四分之一派(．〇〇一九美元)。此呈由三百六十六家茶葉公司所簽署，代表四一六、一四〇畝植茶地，佔印度植茶地總面積百分之八十以上。Curzon 勳爵對於此呈極樂於接受，彼因鑑於不難誘導印人而使有飲茶之風之可能，乃將呈文中之字句「推廣印度茶葉之銷路及增加其消費於聯合王國以外之國家」一語，改爲「推廣印度茶葉之銷路及增加在印度與其他各國之消費」。

一九〇三年三月三十日商務組委員 Montague Turner 爵士在帝國立法會議中提出關於該項稅則之議案，在通過此法規以前，政府飭令印度茶業協會之委員會草擬一管理該項基金之計劃，於是由茶葉生產者及普通商業團體推舉二十一人，組織一管理委員會。目下茶葉生產者之代表由下列各協會所推選：加爾各答印度茶葉協會（七人），亞薩姆支會（二人），杜亞斯栽植者協會（一人），查爾派古利之印度植茶者協會（二人），康格拉山谷栽植者協會（一人）及南印度栽植者聯合會（一人）。普通商業團體之代表四人，其中孟格拉商會指派三人，麻得拉斯商會一人。

第九號法規卽「印度茶葉捐稅法規」於一九〇三年三月三十日由印度總督在議會中通過，四月一日起實行，爲期五年。至一九〇八年該法規滿期，經各方同意延長五年，此後於一九一三、一九一八、一九二三、一九二八及一九三三年各次滿期時皆延長五年，最近一期於一九三八年三月三十一日滿期。

一九〇三年至一九二一年間每磅出口茶葉徵稅四分之一派，爲數甚微，早在該年立法會議中接受茶葉捐稅委員會之請求而加以修正，將稅率增加至每百磅征收八安娜或百磅一派。但此修正之高稅率並未實行，因每百磅征四安娜或百磅征半派之稅率，已覺足夠。一九二一年五月一日起至一九二三年四月二十日止，出口稅均按此稅率徵收，以後則因茶葉捐稅委員會之請求而增加至每百磅六安娜，此稅率維持至一九三三年九月，又增加至八安娜，如此可使該委員會在美國發動宣傳運動。

該項茶葉出口稅由海關徵收而轉交於委員會，自開始以來收得之稅款總數如下表所示：

茶葉捐稅委員會之任首主席爲 E. Cable，其後繼任者爲下列諸人：Alx. Tocher，H. S. Ashton，W. Brown，Lockhart Smith，Gerald Kingsley，W. Warrington，R. Graham，W. M. Fraser，F. G. Clarke，Samuel J. Best，Carl Reid，T. C. Crawford，J. Ross，A. B. Hennay，A. D. Gordon，J. A. Milligan 及 J. Jones 等。

印度茶葉出口稅收統計

年　份	稅　率	盧　比
1903—04	每磅¼派	2,66,894
1904—05	,,	2,75,490
1905—06	,,	2,76,762
1906—07	,,	3,04,753
1907—08	,,	2,94,482
1908—09	,,	3,02,095
1909—10	,,	3,23,794
1910—11	,,	3,31,253
1011—12	,,	2,37,414
1912—13	,,	3,61,727
1913—14	,,	3,75,616
1914—15	,,	3,89,235
1915—16	,,	4,36,256
1916—17	,,	3,81,662
1917—18	,,	4,59,863
1918—19	,,	4,31,687
1919—20	,,	4,87,108
1920—21	,,	3,66,439
1921—22	每百磅四安娜	7,44,334
1922—23	,,	7,28,052
1923—24	每百磅六安娜	12,66,123
1924—25	,,	12,83,392
1925—25	,,	12,28,526
1926—27	,,	13,14,647
1927—28	,,	13,74,261
1928—29	,,	13,58,993
1929—30	,,	14,19,000
1930—31	,,	13,41,885
1931—32	,,	12,95,137

一九〇〇年 Harington 被調往倫敦之印度茶業協會，並遊歷歐洲大陸。其報告稱：印度茶葉銷售有增加之希望。一九〇五年加爾各答之協會選 Harington 爲首任駐歐永久代表，彼在安特衛普（Antwerp）設一辦事處，一九〇六年往漢諾威，其後復至德國全境旅行。彼之宣傳方法爲開設茶室，贈送樣品，在公寓及展覽會中免費供給飲茶，並分發小冊子。迨世界大戰發生時，此等工作乃告停頓；但在戰爭期中，其宣傳運動仍繼續進行，以茶葉爲禮物，餽贈難民及協約國軍隊。在一九一四至一九一八年間，用於此項餽贈者達一萬四千鎊。

印度茶葉在歐陸之宣傳並不積極，至一九二二——二三年指定一萬鎊爲在法國宣傳之用，此項工作直延長至一九二七年三月一日始止。一九二三至一九二七年間之預算共六萬七千鎊。

茶葉捐稅委員會派 Harold W. Newby 爲高級代表，以主持法國之宣傳運動。彼前在倫敦及加爾各答經營茶業，並曾指導宣傳運動，以增加印度之茶葉消費。一九二四年告退而經營茶葉經紀業，後由曾在其下工作之 H. W. Taylor 繼任其職，直至一九二七年三月一日宣傳工作停止時爲止。

在法國之宣傳工作主要者爲巡行運動，駐法代表將刻有「此包內爲印度茶葉」及印度茶葉捐稅委員會駐法辦事處等字樣之圖章，分發與出售印度茶葉之包裝商店，惟混合茶須先經該代表之審查後方得出售。在法國停止宣傳之原因爲「由於該國茶葉價格之高漲，貧苦階級有購買此商品之能力者極少，且認爲並無若何効用」。

在法國之宣傳停止後，乃另撥一萬磅在德國作初步調査之用，J. E. M. Harington 再被派往德國各地視察，以決定何處適於重振其工作。返國後，即擬一報告書，送呈茶葉捐稅委員會，但至一九二八年工作尚無法開展。嗣經決定每年撥一萬磅，以備於二年間在大陸上開闢市場，並特別注重於德國。此項基金繼續撥發至第三年，其步驟爲先經由倫敦之茶葉進口商店，以廉價出售純粹之印度茶葉，其後又加改變，而計劃採用借貸廣告金以補助德國之商店，並鼓勵其出售純粹印度茶葉。

印度茶葉在英吉利聯合王國之宣傳始於一九〇四——〇五年，初爲 Hebert Compton 所主持，其後由 Stuart R. Cope 繼任。所有經費在一九〇四——〇七爲四千鎊，大部份用於幫助反對茶稅同盟，此同盟成立之目的在於減少英國過重之進口稅，結果每磅減少二辨士。

經一短期之停頓，印度茶葉之宣傳工作，在一九〇八年由 A. E. Duchesne 指導之下，復在聯合王國內繼續進行，至一九一八年乃告終止。此項運動之用意在於抵制已在進行中之中國茶葉宣傳，十年間所耗費用共達三九、七五〇鎊（一九三、〇〇〇美元），此後乃停止宣傳，直至一九二三——二五年，當英國展覽會在威獏布來（Wembley）開幕時，再撥四千鎊作爲宣傳之用。

一九三一年在倫敦銷售之外國茶葉達一可驚之比例——九年中幾增加三倍——於是印度茶業協會(倫敦)、倫敦之錫蘭協會及倫敦之南印度協會發起一種運動，即一九三一——三二年之「買英國茶」運動，且再征倏待英國茶之捐稅，以充經費。印度茶稅委員會且由印度派一茶葉代表 John Harpur 赴聯合王國參加合作，並指撥每年一萬鎊宣傳費。錫蘭亦允一旦政務會議通過，收取宣傳稅，對於此項運動亦將力予捐助。

後來下列各團體亦加入合作，以推動宣傳運動，即：印度茶葉捐稅委員會，倫敦印度茶業協會，錫蘭茶業協會，南印度協會，帝國貿易局，印度之貿易代表，東非屬地之高級代表及其他英國之茶葉混合商店與包裝商店。

「買英國茶」運動所用之方法爲兜銷、贈送展覽樣品、在報紙上宣傳、彩圖廣告、傳單、演講及廣播等。

當此運動開始時，英國商店對出售帝國茶葉，並不關心顧客，亦不考究及此。迨一九三三年運動結束時，據代表 Harpur 之報告，謂有五萬餘家英國雜貨店及售茶店皆廣爲陳列，而主婦之考究及此者亦甚普遍。初時批發商並未售出一包純粹之印度茶，但據報告謂兩年後約有七百餘包售出，且有一千五百餘城市約定以後每逢向公衆宣傳茶葉，當以帝國產者爲目標。

一九三三年十二月，帝國出產茶葉之宣傳運動改組定名爲帝國茶葉生產者協會，一九三五年又經改名帝國茶葉市場促進推廣局。

一九三四年，「帝國茶葉生產者協會」在英屬各島嶼上發動帝國茶葉宣傳，其主要目的爲維持英屬各島嶼之茶葉消費及鼓勵對於優良茶葉之採用。此次宣傳運動與前次之「買英國茶」運動最顯著不同之處，爲除去帝國茶與外國茶之區別。The London Press Exchange 公司及 Chales Baker 父子公司在此次運動中被指定爲聯合宣傳代理處，在一九三四年九月至十月之前實行宣傳。經一番廣泛考察之結果，乃採用三個口號，作爲宣傳之基礎，即：（一）你需要飲一杯茶；（二）上午十一時宜於飲茶；及（三）茶能使我精神振作。

除印度茶葉捐稅委員會撥出一萬鎊於一九三四年在美國宣傳帝國茶葉之外，更提出一千鎊作爲倫敦籌備理想家庭展覽會之用，藉以壓祝茶葉栽植傳入印度之百年紀念。

回顧在美國之工作，印度之茶葉宣傳於一八九九年停止，除有一小部份經費捐作錫蘭基金之外，別無他種活動，一九〇三年自印度茶稅開徵之後，Blechynden 再被茶葉捐稅委員會派爲代表，籌備參加一九〇四年之聖路易士世界博覽會，並計劃此後在中西部之工作程序。自

Mackenzie 因身體衰弱而告退休以後，印度與錫蘭之聯合宣傳運動隨之中止。各國在聖路易士世界博覽會中各闢專室，印度係採用十年前用於芝加哥之舊式佈置，有印度各種特產及印度籍之侍者招待飲茶。當時在聖路易士之工作，並與茶葉批發商合作。

此項工作直至博覽會閉幕為止。報紙、廣告、樣品、明信片、圖畫及畫片，均經應用，並有一特約推銷員，與一批發推銷員，逐日奔走，以推廣印度茶葉。Blechynden 推行此項工作直至大戰發生時停止，最後一次所撥之款為五千鎊，時在一九一七——一八年。

在一九一一——一二年，茶葉捐稅委員會由於 R. Blechynden 有「在南美開闢印度茶葉市場預測」之報告而捐助一千鎊。Blechynden 氏繼續往南美考察若干國家，但並未募集基金，以發動宣傳。

一九二二——二三年，茶葉捐稅委員會之目光又移向美國，撥出一千鎊作為研究宣傳之可能性。在法國工作之 Harold W. Newby 於一九二三年二月赴美國東部及中西部各重要城市考察，四月間返英倫，力主用報紙廣告為印度茶葉在美國宣傳最佳之方法，茶葉捐稅委員會採納其言，於一九二三——二四年撥二萬鎊作為此項用途，此項工作則委託敦倫 C. F. Higham 公司之宣傳代理處負責。至一九二四年，將經費增加一倍。Charles Higham 爵士曾赴美國考察此項工作數次，一次與倫敦印度茶業協會主席 Gerald Kingsley 聯袂前往。Wm. H. Rankin 公司為 Higham 代理宣傳事宜幾及二年，此後則由 Higham 自行辦理。茶葉捐稅委員會指撥四萬鎊為一九二五——二六年之經費，在一九二六——二七年亦發給同等數目之經費，另有額外之一萬另五百鎊用於非列特爾菲亞一百五十週年紀念之茶葉運動。

Charles Higham 在此次運動中有一驚人之宣傳結果，彼在新聞紙上撰登雋趣之文字為印度茶廣作宣傳，在各大城市出版之報紙上輪流登載，並舉行徵文，題為「我何以喜悅印度茶」，頭獎為紐約之廣告師 Carlton Short 所獲。Hector Fuller 後與 Wm. H. Ranpin 公司在無線電台廣播關於茶葉之演講，其後包裝商之商標亦在報上披露，以誘導顧客飲用印度茶或混有印度茶之混合茶。

Coleman Goodman 在百五十週紀念展覽會中印度茶亭內除陳列物品外，並免費供給飲茶及出售印度茶、Nighballe（為茶、菓汁及蘭姆酒所合成者）與雞尾酒茶。

茶葉捐稅委員會在一九二七年三月召開會議，議決募集三萬五千鎊為一九二七——二八年間在美國宣傳之用。四月間，印度茶業協會（倫敦）之副主席 Norman McLeod 少校赴美國考察，且在若干城市調查茶業狀況。彼於五月間返倫敦，後即提出（一）繼續在報上宣傳，但須改變方式，採用強烈化及簡潔化，（二）雜誌上之宣傳須有一定限度，（三）採用一定之典型，以示與其他之印度茶葉廣告有別，（四）設立貿易局或貿易指導所，使對於印度茶有技術上之知識者與宣傳代理處合作，（五）僱用可靠之會計，以管理基金及監督工作。

一九二八年一月七日 Charles Higham 首次自英倫用電話向大西洋為印度茶作宣傳。

由於 McLeod 少校報告之結果，茶葉捐稅委員會於一九二七年十一月指派 Leopold Beling 為駐美國之茶業代表，Leonard M. Holden 則為會計。Beling 生長於錫蘭，一八九三年初到美國協助芝加哥世界博覽會中之錫蘭茶展覽會之工作。最後之錫蘭茶業代表 W. A. Courtney 於一九〇六年聘其為茶師時，彼再與錫蘭茶業發生關係，嗣彼亦曾服務於紐約之若干茶葉店。Holden 曾為加爾各答 McLeod 公司美國支店之經理，嗣為美國若干製造商之出口代表。

Beling 與 Holden 等在紐約設立一辦事處，其名稱為印度茶葉辦公處（India Tea Bureau），於一九二八——二九年間撥經費四萬鎊，藉包裝之標誌取得零售商之合作而展開其初步工作。其後，除一九三二年外，於一九二九——三四年間，每年撥付美國之經費為五萬鎊，一九三二年之經費則減為四萬四千鎊。

美國茶業協會於一九二九年募捐八千元以作宣傳之用，Paris & Peart 公司之紐約代理處，負責並準備宣傳之冊子。

一九二八年報紙及雜誌集中登載繪有印度地圖之包裝混合茶之標誌至少有百分之五十，印度茶葉辦公處且試驗免費供給午後茶之計劃，藉以養成機關職員飲午後茶之習慣，其辦法爲委託機關附近之藥店及飲冰店代爲供應免費茶葉，經過若干時以後，方收取費用。一八二八——二九年更於烹飪學校中推行宣傳。

一九二九年四月，印度茶葉辦公處在紐約舉行演講會，邀聘多數著名茶人演講，凡使用印度地圖標誌之包裝商均得聽講。約在同時，該局復發動報紙上之宣傳，反對用「橙黃白毫」爲決定茶葉品質之名詞，更出版一種印度芽茶（India Tea Tips）小冊子，俾供給茶葉分配者以有利於印度茶之詳細報告。一九二九——三〇年，且與飲冰店聯合舉行茶球競賽，並分給獎金與飲冰店職員，以茶球數目爲標準，其意爲欲藉此普遍及便利之午餐店鼓勵飲茶。

一九三〇——三四年之宣傳運動爲在日報及雜誌上作宣傳，加以烹飪學校之宣傳，其範圍之廣遍及全國。每年約有二百萬婦女留心此種會期。除無線電外，更利用有聲電影，其中有一活動之卡通片，在美國二十三個城市輪流放映，僅在數週內吸引觀衆達六十五萬人。其後在其他城市映演，亦受多數觀衆之欣賞。

近年在美國之宣傳有一種顯著之發展，即茶葉辦公處採用家庭組織之教育服務，在各公立高級學校設立家政班，並以編成之教科書及詳載關於泡茶等智識之活頁講義供給家政學之教師，其取材均以有關於科學及實用者爲主，故在教育界之需求頗廣；此外更分發樣品，使教師在教室內可用印度茶爲試驗品。通過此項計劃，茶葉辦公處竹與美國七千城鎮中之一萬六千教師發生關係。

對於零售商方面，茶葉辦公處有規則地供給報紙上之廣告，並以窗門招貼及彩畫廣告輔助之。烹飪學校亦加以協助，分函各雜貨店，勸其裝積及陳列印度茶葉。茶葉辦公處更創製包裝美觀之混合茶，共同研究推銷之計劃及櫥窗陳列等，予零售業以極大之助力。

一九三四年茶葉辦公處派員往各旅館、茶室及餐館宣傳，藉以引起對茶葉有更深刻之注意及正當之用處，結果在五十城市中有百餘所旅館之菜單上增加印度茶一項，同時在廣播電台每週以「優良茶葉」爲題舉行廣播比賽，以啟發消費者瞭解製茶之普通方法，此外更注重於科學上之研究，探求飲茶之對於生理上之効用及一種茶炭酸飲料之新發明。

誘導印度人飲茶之概念，遠在一九〇三——一五年茶稅開始徵收之時，茶葉捐稅委員會以七萬五千盧比作爲在印度舉行試驗之用。一九一五——一六年，Harold W. Newby 被選爲印度代表，茶葉捐稅委員會更指撥四、五〇〇鎊；一九一六——一七年，其經費增加至一萬一千鎊，其時有二十八位代表分佈於全印度。Newby 之目的爲使印度人開設茶店，此種茶店用電影、土人音樂隊、歌詠隊、遊戲、傳單、彩畫、廣告、廣告板等以吸引顧客，並在工廠、家畜市集、展覽會及宗教集會中宣傳。

此項工作之範圍逐漸擴展至煤礦工人及印度軍隊中，在若干大鐵路幹線上之三等客車中，供給飲茶，茶店亦變爲自給。此外更用留聲機器及土語唱片，播唱「飲茶之益」與「熱茶歌」，以資宣傳。

茶葉捐稅委員會指撥二萬二千鎊作爲一九一七——一八年在印度宣傳之用，在一九一八——一九年則增加至二三、三三三鎊。Harpur 被派爲 Newby 之助手，分贈小包茶葉，包上印有「將包內之茶葉放入瓷碗內，冲入六杯沸水，經過八分鐘後傾出，加牛乳及白糖飲之」字樣。每包售一 Pice 之商店於一九一八年開設，頗著成効，每包茶葉一律售一 Pice（美金半分）。其後，宣傳工作乃推行於商場、鐵道、學校、工廠及其他大集會中。

一九一九——二〇年茶葉捐稅委員會指撥在印度工作之經費增加至三萬鎊，但一九二一——二二年則減爲二六、六六六鎊，迨至一九二五——二六年又增至三萬鎊，一九二六——二七年爲三三、七五〇鎊，一九二七——二八年爲三七、五〇〇鎊，一九二八——二九年爲三九、三七五鎊，一九二九——三〇年增至五〇、六二五鎊，一九三〇——三一年包括緬甸之額外費用，共爲五八、一二五鎊，一九三一——三二年爲

五四、三七五鎊，一九三二——三三年爲四五、〇〇〇鎊，一九三三——三四年爲四五、〇〇〇鎊，一九三四——三五年爲五六、二五〇鎊。

一九二二年Newby 赴法國發動宣傳工作，而由Harpur 任印度茶稅專使；後者之工作直繼續至一九三〇年健康受損時退休。Harpur 估計每年印度茶葉之消費量六千八百萬磅以上，自宣傳工作開展後，竟增加五千萬磅之多。

E. W. Christie 於一九三一年被派爲代理印度茶稅專使，是年工作乃進入一新階段，彼除照舊繼續售茶店及鐵路上之工作外，更遣派汽車宣傳隊深入內地，誘導不識茶葉之村落以飲茶習慣，工作人員以精製茶分贈村民飲用，且演講此種飲料之價值及利益，用留聲機器召集羣衆，晚間放映幻燈片，講演關於茶葉之各種事實，同時廉價出售小包茶葉。渠係於一九三三年辭職。

其後更有一番新的設施，當W. H. Miles於一九三三年在印度繼任專使後，將其工作推廣至黃麻工廠，以茶葉供給工作者。此外，在印度南北部宣傳，巡迴開映電影，設飲茶店並供給茶葉與鐵路、糖廠等。

爪哇之茶葉宣傳

爪哇茶葉向國外開闢新市場，始於一九〇九年，當時有茶葉二千三百箱運往澳洲，由茶師 H. Lambe 採用公衆拍賣與投標方式將茶葉出售。

爪哇茶葉在美國之宣傳，始於一九一七年，主其事者爲繼 Lambe 任巴達維亞茶葉評驗局茶師之H. J. Edwards，凡澳洲及美國之工作均由其統籌分配，並供給經費，其用於美國者有一萬六千盾（六千四百美元）。先有一萬箱茶葉由 Edwards 攜往，委託 Irwin-Harrisons 及 Crosfield 公司經售。一九二一年 Edwards 再度赴美，爲拓闢爪哇茶葉市場作更遠大之研究，其時茶葉評驗局指撥之費用爲一萬一千盾（四千四百美元），一九二三——一九三〇年間，茶葉評驗局在商業報紙上宣傳爪哇茶之價值，於一九二九年更捐募四千美元作爲與美國茶業協會聯合宣傳之費用。

茶葉評驗局之大多數會員於一九二二年自動募集茶葉宣傳基金，其目的爲充作爪哇及蘇門答臘茶葉在家庭及各地方廣爲宣傳之用，各會員約捐助五箱宣傳用之茶葉，分贈與爪哇之土人，在近數年來用此種方法分贈之數量約有五萬磅至十五萬磅。一九三一——三二年，一隊裝飾華美之四輛汽車深入鄉村，教導土人如何製茶及飲茶，用留聲機及播音器以吸引羣衆，宣傳者在講解製茶方法後，即發聽衆免費飲茶，並用蔗糖拌和。同時出售廉價茶葉，初時以茶葉贈送土人，但因不甚爲若輩所重視而停止，現在則全部用於講解、宣傳茶葉或以之出售。

評驗局希望荷屬印度之茶葉消費量能達四千萬磅，且相信藉宣傳可使此消費量逐漸達到。

曾有若干次之有効宣傳爲荷印茶葉在荷蘭及國外進行，由宣傳局加以指導。自一九二一年以後，此項工作包括報紙宣傳、圖解、演講、傳單、電影，同時贈送樣品，並在國內外開展覽會與商場等。該局之常年經費在一萬元至一萬二千元之間。

在阿姆斯特丹市場出售之茶葉，須抽稅百分之一，作爲茶葉宣傳基金，以發展在荷蘭及鄰近國家之銷路，此項收入平均每年達十二萬六千盾（五萬美元）。

中國茶之宣傳

在一九〇七年當中國茶業協會成立之時，在中國之英國茶葉公司及其倫敦辦事處即開始聯合宣傳中國茶葉。在倫敦之委員會係由Charbs Sehlee（主席）、H. Bluhm 及 T. E. Theodor 所組織，在中國之委員會則爲Alexander Campbell、Edward White、James N. Jameson 及 H. Macray 等人所組織。

其宣傳之宗旨爲保護印度、錫蘭茶威脅下之英國市場，而使之加深一種信念，即飲中國紅茶對於人之傷害較少，因其不若英屬各地所產者之含有强烈之刺激性也。該會之秘書爲 C. Delaroy Lawrence，在其領導下，藉報紙及彩murky廣告進行反英國茶之宣傳。但印度、錫蘭茶人常起而反對，且抨擊 Andrwe Clark 爵士對其學生之演講所云：「無論病人或汝等倘需飲茶時，中國紅茶既於人無所傷害，且能提神」等語爲不當。

倫敦 Watney & Powell 公司之 Charles Watney 繼 Lawrence 之後爲秘書，惟該會近年已停止工作，其基金乃由商家會員所繳納，中國政府並無絲毫補助，僅若干中國茶商向上海中國茶業協會捐助宣傳用費，該會之主席爲 W. S. King。

商人之聯合宣傳運動

茶商之聯合宣傳運動曾於數消費國家內試辦，在英國最著名者爲一九〇九年推行之優良茶運動，有四十餘家拚和商、批發商及零售商共同參加，會在抵制廉價茶之宣傳，其工作繼續五年之久，並由英國雜貨商聯合協會之秘書 Arthnr J. Giles 任指導之責。

在美國之工作計劃，乃採取普通宣傳，在一九一九年，其工作係由 Carter, Macy 公司之總經理 J. F. Hartley 所主持，並提議向生產者、進口商、掮客及分配商捐募基金，經數次之會議，乃推出財務委員而成立茶業促進會。其後，美國茶業協會之辦事細則略有修正，准許實行財務委員會提出之進行計劃草案。因較大之茶葉進口商認爲如此之宣傳工作須由茶業協會加以指導，於是更選出副委員，向各輸入美國茶葉之產茶國徵收進口稅，每磅爲美金五分之一分。除此以外，向茶葉生產者亦懇請捐助相當款項，如此每年可得四十萬元之基金。

一九二〇年，Irwin-Harrisons-Crosfield 公司之 Robert L. Hecht 被選爲宣傳委員會之主席，乃往各主要產茶國考察，發覺各國對協會之聯合宣傳運動計劃均甚冷淡。後在美國募集一筆基金，向茶業界宣傳，合力促進美國茶業，並徵求新會員。此項用意雖佳，但結果殊令人失望。經數年之努力，欲喚起茶葉生產者對於此項計劃之興趣竟未成功，最後終告敗衰。

一九二四年，茶與咖啡貿易雜誌闢一「國民茶話」專欄，測驗茶葉消費減少之原因，並探求一實用之方法，以誘導美國人飲茶，且在商人與消費者之間推進一種關於茶業利益之巧妙宣傳，因此茶話編者親往各產茶國考察。

一九二八年，有若干茶葉包裝商以巴的摩爾亞之 Willoughby M. McCormick爲首，組織茶葉俱樂部，以討論各項包裝問題。此項團體在創立之始，由美國茶業協會捐助一萬六千元，俾得僱用一宣傳代理人，專司分發茶葉及飲茶之刊物。其後，茶業協會復向茶業生產者捐募基金，在五個產茶國家中募得三萬四千元。於一九二九——三〇年間用作廣播宣傳及出版刊物，惟對於此舉有若干之批評，因免費之宣傳代理機關，被美國報業公會、全國評議會、其他出版社及正常之宣傳代理人認爲不道德。產茶國之捐款如下：錫蘭，一萬元；印度，八千元；日本，八千元；台灣，四千元；爪哇，四千元。

聯合茶葉貿易委員會之成立，係倣效聯合咖啡貿易宣傳委員會，爲代表茶葉分配者在美國辦理聯合茶葉宣傳，極收成効。

國際茶葉之宣傳

一九三三年國際茶業委員會成立，其工作除執行國際茶業法規以外，並採取各方面提供之意見，設法增加世界茶葉之消費，在未決定應用何種方式募捐之時，各會員團體之工作支配如下：錫蘭在南非、紐西蘭、澳洲及加拿大負責宣傳，與印度聯合在英國宣傳；印度繼續在美國工作，以印度之名義及有印度標誌之地圖從事宣傳；荷屬印度則在荷蘭、比利時、盧森堡、德國、法國、瑞士、丹麥、意大利及瑞典各地宣傳。廣言之，一般之宣傳爲茶，而該三國家應各阻止任何足以損害其他一國之利益及引起反感之宣傳。

一九三四年之後，印度派J. A. Milligan，錫蘭派Gervas Huxley，荷印派 Lageman，組織調查委員會，前往美國考察增加美國茶葉消費之最佳方法。

荷印總督下令荷印茶業界應捐助一九三四年之國際茶葉宣傳費，凡茶園出產之茶葉每百公斤捐三十九分（荷幣），土人出產之茶葉則每百公斤十九分半。同年，錫蘭之宣傳稅，每百磅出口茶葉徵五十錫蘭分，印度則爲八安娜。

最近之宣傳

在歐洲之茶葉宣傳，應用報紙及雜誌之圖畫廣告、廣告牌及電光管，成績頗爲美滿，但在美國雖然利用無線電廣播及有聲電影，大部份之茶葉宣傳仍無卓越之成績。

概言之，歐洲之茶葉包裝較爲藝術化，而富有極大之宣傳價值，但最近在美國亦有新創之動人包裝。

巡行運動爲茶葉宣傳最佳之方式，在他處從無有美國所得効率之偉大者，近年以來，家政學校及烹飪學校之講授，亦爲一種有力之茶葉宣傳，再以報紙之宣傳輔助之。若干包裝商及印度茶宣傳之領導者，曾應用此方法而獲得成功。

美國之輿論對無線電廣播或有聲電影是否爲最新而最佳之方法，意見甚爲紛歧。

在哥倫比亞廣播系統下，分布二十二電台於東部及中西部，夜間每小時耗費五、六〇〇元，日間則爲二、八〇六元。紐約之WABC電台，夜間每小時須費九五〇元，日間則爲四七五元。中央廣播公司之「藍」網全國廣播每小時需費一三、五〇〇元，「紅」網廣播則每小時需費一四、一二〇元或每分鐘二三五元，亦卽每秒鐘三・九二元。大西洋及太平洋茶葉公司之「黑人管絃樂」演奏每週亦需三千元。

商業電影之費用視其製作及流通之性質而定。最近此方面之發展爲有聲電影，一卷可映八至十分鐘，以作宣傳。

有聲影片成本需五千元至一萬元，除此以外再加上定座費每千元五元。此項流動宣傳費用爲各地施用者有五百萬元。

茶葉宣傳之效力

茶葉宣傳與咖啡之情形相同，常有錯誤之宣傳刊物，故宣傳者應小心將事，以免引起爭論之問題，並使其言論準確而無錯誤。其辭句須含有教育之特性，且以有順序之事實爲根據。茶與咖啡同爲「好貨無須廣告」者，蓋因其爲一種悠久而有高貴之飲料也。

無論爲政府或爲聯合宣傳或私人宣傳，在諸事開始之前，應循正常之途徑，對市場須加以詳細之分析。此後，雖其所採用之方法未必盡同，但須注意之事項如下：

（一）茶之眞正需要——由飲茶所發生之眞正愉快。

（二）茶爲社交中一種愉快之媒介物——爲在密談或朋友間之普通談話會中重要設備之一部。

（三）其固有之用處爲一種社交特質之標記——一個成功主婦之表徵。

此三種思想須交織於各茶葉宣傳之結構中，但無論何時均須注意於教育意義及效用。

第十六章　生產與消費

生產概述——由世界輸出量表示其趨勢——主要產茶國之生產量及輸出量——生產、輸出、輸數、茶園、輸入、再輸出等之詳情——產茶國之消費量——主要消費國之消費量——茶葉輸出限制計劃概述

全世界茶葉之生產量年約二十萬萬磅，茶地面積約四百萬畝，從事於茶之栽培、採摘及製造之勞工約在四百萬人以上。中國爲最大之產茶國，惟其生產額在世界總產量中究佔若干，實無人確知。此在估計茶之總產量上爲一障礙，然而權威方面認爲中國之產量約爲九萬萬磅。其他各國產量合併之總數，據正式統計，約與中國所產者相等。一九三一年，全世界茶葉產量之總數爲一、八三一、〇〇〇、〇〇〇磅，一九三二年爲一、八八六、〇〇〇、〇〇〇磅。

若將此巨量之茶葉作爲箱茶，則足以構造一理想之建築物，較諸世界最高大之建築即擁有三千七百萬立方呎之帝國大廈（Empire State Buildig）大過二倍半。如照平均分配，全世界每人可得茶一磅，或每年約可得二百杯茶。若以其液體注入一巨大之茶杯內，則可容納世界最大之郵船。

茶之總產量不過爲一約計之數，其確實之總數則可在世界市場上由各國之正式報告中獲得之。根據此項報告，一九三二年之銷售量爲九七三、〇三四、〇〇〇磅，幾佔總生產量之半數，尚餘半數留於生產國以充內銷，最多者乃爲中國，此項輸出數字爲世界茶業趨勢之一最佳參考，經過多年亦仍適用。以一九〇〇年爲起點，在此年中，世界之茶葉貿易總數爲六〇五、八〇一、〇〇〇磅；其後四年稍有變更，在一九〇〇——〇四年中，每年之平均數爲六二四、八四二、〇〇〇磅；一九〇五——〇八年，呈逐漸增加之勢；在戰前，即一九〇九——一三年之平均額爲七六九、三二八、〇〇〇磅，此遞增之趨勢直延展至大戰時期，一九一四——一八年之平均數爲八五七、九七二、〇〇〇磅。在戰後數年中，由於局勢之混亂，購買力之低落，及存貨之囤積，因而世界茶業顯示衰落之象，一九二〇——二四年每年之平均數爲七二三、二四九、〇〇〇磅，此爲一九〇〇——〇四年以後之最低數字。嗣後數量又突然增加，在一九二五——三二年之八年間，每年平均爲九二六、三九一、〇〇〇磅，一九二九年斷然達到最高紀錄。輸出總額爲九八九、三九三、〇〇〇磅，與此相近者爲一九三二年，總額爲九七三、〇三四、〇〇〇磅。至於一九三三年，台灣、法屬印度支那之輸出量與英屬印度之陸地輸出數字皆不可靠，但估計三國之輸出額約與一九三二年相等。據其他各國之正式報告，全世界輸出數字達八六二、〇〇〇、〇〇〇磅，數量銳減乃由於限制輸出之新政策。

此種趨勢從表一及表二可見之。

世界茶葉大部份產於亞洲各國，而中國更爲最大之生產者，從五年之平均數觀之，約佔全世界總產量之半數，印度約佔世界總產量百分之二二，錫蘭佔百分之一三，荷屬東印度爲百分之九，日本百分之五，台灣百分之一，其他各國則不及百分之一。然以輸出額觀之，則各國之次序略有改變，印度居首，約爲百分之三九；錫蘭次之，爲百分之二六；荷屬東印度百分之二〇；中國僅百分之一一；日本爲百分之三；台灣百分之二，其他各地則不及百分之一。

表三表示全世界產量及輸出額中各國所佔之百分數。

茶葉出產於二十三個國家中，表三中將法屬印度支那、尼亞薩蘭

表　一

世界茶葉輸出數量

單位：千磅

年份	英屬印度（1）	錫蘭	荷屬東印度	中國	日本	台灣	法屬印度支那	總計（包括其他各地）
1900	192,301	149,265	16,830	184,576	42,646	19,756	427	605,801
1901	182,594	144,276	17,299	154,399	43,980	19,926	351	562,825
1902	183,711	150,830	15,637	202,561	43,333	21,892	360	618,324
1903	209,552	149,227	21,333	223,670	47,857	23,949	380	685,958
1904	214,300	157,929	26,011	193,499	47,108	21,735	721	661,303
1905	216,770	170,184	26,144	182,573	38,566	23,779	493	658,509
1906	236,090	170,527	26,516	187,217	39,711	23,018	724	683,807
1907	228,188	179,843	30,241	214,683	40,588	22,975	812	717,916
1908	235,089	179,398	34,724	210,151	35,269	23,357	674	718,940
1909	250,521	192,887	35,956	199,782	40,664	24,028	717	744,738
1910	256,439	182,070	33,813	208,106	43,581	24,972	1,168	750,273
1911	263,516	186,594	38,469	195,040	42,577	27,039	1,233	754,686
1912	281,815	192,020	66,610	197,559	39,536	25,066	961	803,637
1913	291,715	191,509	58,527	192,281	33,760	24,668	821	793,407
1914	302,557	193,584	70,344	199,439	39,163	24,932	1,080	831,441
1915	340,433	215,633	105,305	237,646	44,958	27,473	2,122	974,032
1916	292,594	203,256	103,747	205,684	50,719	27,460	2,025	885,937
1917	360,632	195,232	83,796	150,071	66,364	28,433	1,900	886,618
1918	326,646	181,968	67,135	53,895	51,020	29,027	2,290	711,832
1919	382,034	208,720	121,431	92,020	30,689	24,073	1,991	862,094
1920	287,525	184,873	102,008	40,787	26,228	15,150	787	657,922
1921	317,567	161,681	79,065	57,377	15,737	20,696	344	652,698
1922	294,700	171,808	91,605	76,810	28,915	20,352	1,121	686,300
1923	344,774	181,940	106,072	106,855	27,142	22,153	1,936	791,936
1924	348,476	204,930	123,287	102,124	23,845	21,995	1,668	827,388
1925	337,315	209,791	110,648	111,067	27,819	21,727	2,282	821,810
1926	359,140	217,184	157,299	111,909	23,775	22,927	2,530	896,068
1927	367,387	227,038	167,102	116,290	23,301	22,818	1,711	926,977
1928	364,826	236,719	176,544	123,469	23,814	19,598	2,065	948,593
1929	382,595	251,588	182,494	126,364	23,659	18,554	2,232	989,393
1930	362,094	343,107	180,473	93,540	20,319	18,541	1,206	921,070
1931	348,316	243,970	197,938	93,761	25,414	18,414	1,294	934,184
1932	385,395	252,824	197,311	87,141	25,539	15,259	1,364	973,034
1933	328,207(2)	216,061	197,666	92,501	29,487	……	……	862,000(3)
1934	317,816	216,693	141,624	103,726	31,770	22,012	(4)	(4)
1935	324,833	212,153	144,712	84,085	37,216	20,984	(4)	(4)
1936	312,706	218,068	153,393	82,198	36,198	22,384	(4)	(4)
1937	330,506	213,642	147,083	89,634	54,194	24,609	(4)	(4)
1938	349,291	235,647	158,558	91,767	37,038	24,516	英屬東非洲	(4)
1939	328,805	227,982	162,129	49,731	51,754	17,042	22,010	(4)
1940	350,070	246,370	159,823	76,042	18,904	12,465	23,752	(4)
1941	398,153	237,537	167,048	17,936	22,979	11,611	24,308	(4)
1942	329,612	265,675	41,000	176	12,774	10,514	26,439	(4)
1943	376,718	263,885	(4)	(4)	3,865	10,544	22,746	(4)
1944	451,793	276,215	(4)	(4)	8,000	1,968	23,883	(4)
1945	385,000	232,003	(4)	48,000	3,000	(4)	26,172	(4)
1946	316,000	291,775	3,481	9,199	9,647	6,000	25,533	(4)
1947	406,305	287,259	7,061	23,320	6,795	12,930	27,472	(4)

（1）會計年度以三月三十一日止

（2）包括由陸路輸出之估計數

（3）包括台灣及印度支那輸出之估計數及印度陸路輸出量

（4）缺

註：一九三四年起至一九四七年之各項數字採自 Uker's International Tea and Coffee Buyers' Guide 第十一、十二、十三、十四版

表二　每五年間平均每年茶葉輸出量　單位：千磅

每五年間每年平均數	英屬印度	錫蘭	荷屬東印度	中國	日本	台灣	法屬印度支那	總計（包括其他各地）
1900—04	196,492	150,305	19,422	191,741	44,985	21,452	446	624,842
1809—13	268,801	189,016	46,675	198,556	40,024	25,155	980	769,328
1918—22	321,694	181,630	92,249	64,178	30,518	21,864	1,307	714,169
1923—27	351,418	208,177	132,882	109,649	25,176	22,324	2,025	852,836
1928—32	368,645	245,642	186,952	104,655	24,549	18,072	1,632	953,255

表三　世界茶葉之產量與輸出量

產量 1928——1932年間每年平均 佔全世界總量之百分比		輸出量 1928——1932年間每年平均 佔全世界總量之百分比	
中國	48.9	印度	38.7
印度	22.3	錫蘭	25.8
錫蘭	13.4	荷屬東印度	19.6
荷屬東印度	9.2	中國	11.0
日本	4.7	日本	2.6
台灣	1.2	台灣	1.9
其他各地	0.3	其他各地	0.4
總計	100.0	總計	100.0

表四　中國主要茶類之輸出量　單位：千磅

年份	紅茶	綠茶	磚茶	毛茶	花熏茶	茶末	茶片茶梗及其他	總計
1925	43,927	42,827	18,922	1,924	97	2,192	1,178	111,067
1926	39,004	43,893	18,916	5,285	321	2,780	1,719	111,909
1927	33,181	44,429	23,086	11,851	159	1,639	1,945	116,290
1928	35,949	40,902	34,228	9,997	208	320	1,865	123,469
1929	39,275	46,674	32,357	6,040	169	669	1,180	126,364
1930	28,677	33,304	24,318	3,731	193	1,182	1,135	92,540
1931	22,862	39,137	22,219	7,116	229	1,170	1,028	93,761
1932	19,609	36,628	28,224	854	300	606	920	87,141
1933	21,646	38,466	25,786	630	782	3,580	1,683	92,501

中國茶葉輸出量、輸入量及再輸出量　單位：千磅

年份	輸出						輸入	再輸出
	香港	蘇聯	英國	美國	其他	總計		
1925	12,513	36,602	6,394	14,520	41,038	111,067	7,024	3,812
1926	12,637	30,265	14,310	12,640	42,057	111,909	11,062	52
1927	15,678	40,132	11,814	11,816	36,850	116,290	9,376	567
1928	16,423	49,566	8,018	10,146	41,316	123,469	13,315	285
1929	15,252	49,771	8,377	7,718	45,246	126,364	5,050	40
1930	12,365	29,624	8,790	8,411	33,350	92,540	3,058	29
1931	12,037	32,110	7,525	8,794	33,295	93,761	3,358	2
1932	10,831	30,702	4,628	6,861	34,119	87,141	3,356	2
1933	6,694	31,512	7,860	8,586	37,849	92,501	720	10

（Nyasaland）等包括於其他各地一項內。

中國——最大之生產者

中國爲最古之產茶地，惟茶葉產量向乏統計。估計在總產量中約有十分之一之茶葉輸銷國外，餘則供作內銷。在某時期內，中國不僅爲茶葉之最大生產國，且亦爲茶葉之最大輸出國。在八十年代對外貿易額曾達最高峯，在一八八〇年輸出總數爲二七九、六一六、〇〇〇磅；十年之後降至二二一、〇五三、〇〇〇磅，再十年後更降至一八四、五七六、〇〇〇磅。自本世紀初葉以來，曾有數年之輸出額超過一八九〇及一九〇〇年，而尤以在第一次大戰發生前之數年輸出爲最多。惟紅茶方面由於印度、錫蘭與爪哇之競爭，曾予中國之國際貿易以不斷之打擊。造成此種打擊之原因，乃由於中國之製造方法過於陳舊，及缺乏組織與宣傳，致未能與採用新式製造方法之各國相競爭。

中國輸出茶葉之主要種類爲紅茶與綠茶（包括磚茶與葉茶）、毛茶、花薰茶、茶片、茶末及茶梗。表四表示此類茶葉之最近貿易狀況，及其主要輸出地點。

較爲完備之分類則爲：紅茶、綠茶、烏龍茶、花薰茶、磚茶、小京磚茶、茶球及束茶等。

香港非爲華茶之輸出終點，但爲一轉運點，茶葉恆由此而輸往最後之消費者。歐洲及蘇俄之亞洲國土爲華茶之主要市場，在現時約佔總輸出之三分之一，但在大戰前，華茶運往蘇俄者約佔三分之二，英國及俄國爲中國紅茶之重要市場，其輸往美國者爲數頗鉅，然較大戰前已見減少。歐洲大陸及散處於東方之各市場，吸收其餘之大部份。綠茶則大量運往俄國、美國阿爾及利亞、摩洛哥及其鄰近各國。綠茶在北非之行銷亦漸廣。磚茶幾全爲俄國所需要。在大戰以前，輸往該國之磚茶有八千萬磅，此需要量維持至一九一八年，竟跌至一千萬磅左右。一九一九年雖稍有進展，但從當時起至一九二五年，僅一九二五年之輸出額爲一千九百萬磅，其間貿易額鮮有超越三百萬磅者。在一九三〇年之輸出額約爲二千四百萬磅，而一九二九年爲三千二百萬磅，一九二八年爲三千四百萬磅。最近之輸出總數稍爲下降，一九三一年貿易額約爲二千二百萬磅，一九三二年爲二千八百萬磅，一九三三年爲二千四百萬磅。

中國通常每年從各產茶國如印度、日本及荷屬東印度等國輸入之茶葉約數百萬磅，在本世紀初葉，輸入額爲二千萬磅，但大部份作爲再輸出之用。最近五年之輸入已顯然下降，所輸入之茶幾全消費於國內。

印度——主要的輸出國

世界茶業顯著發展之一爲印度茶葉產量之迅速增加，印度爲一主要輸出國，在產量上居世界第二位。植茶地面積在一八八五——八九年每年平均爲三三一〇、五九五畝，一九三二年增至八〇七、七二〇畝，增加百分之一百六十之多。生產量在前一時期爲九〇、六〇二、二〇五磅，一九三二年達四三三、六六九、二八九磅之巨數，約五倍於前一時期。此種發展無疑乃由於採用最新式之組織與銷售方法並在生產上配合科學方法所致。一九三二年投資於茶業者達四一〇、〇三七、〇〇〇鎊，雇用之人員爲八五九、七一三名，其中臨時雇用者僅六一、〇三二人。印度茶之大部份均爲紅茶。

英國爲印度茶葉之最大主顧，惟在輸入該市場之全部數量中，有一大部分仍轉運外國。一九〇五——三二年之輸入數量爲自四一、五六六、〇〇〇磅至五四、八八八、〇〇〇磅之間。表五所載輸往美國及加拿大之數額並不完全正確，因事實上至少有四百萬至七百萬磅由英國再輸出至美國及加拿大，兩地之數量大約相等。

印度茶直接銷售與俄國，年約三百萬至八百萬磅間，在一九三三年三月底止，輸俄數額爲二、八五七、〇〇〇磅，輸往喬治亞（Georgia）則有六一四、〇〇〇磅，但此數僅及戰前貿易之九分之一。在戰前五年間，俄國直接由印度輸入之茶葉每年平均爲二九、六一四、〇〇〇磅。一九三二年，印度茶由英國再輸出至俄國者有五、四七二、〇〇〇磅，約與戰前之平均數相等。埃及、東非及南非爲印度茶之良好市場，較之

表五　印度茶園面積及茶葉產量　以曆年算

年份	茶園數	面積（千畝）	產量（千磅）		
			紅茶	綠茶	總計
1925	4,338	728	358,864	4,643	363,507
1926	4,048	739	387,970	4,963	392,933
1927	4,289	756	386,892	4,028	390,920
1928	4,623	776	400,247	3,906	404,153
1929	4,714	788	428,995	3,847	432,842
1920	4,743	804	385,852	5,229	391,081
1931	4,840	807	390,687	3,396	394,083
1932	4,848	808	430,221	3,448	433,689
1933	…………	…………	…………	…………	……… 378,024

印度茶葉之輸出量、輸入量及再輸出量

年度迄三月三十一日止；單位——千磅

年份	英國	加拿大	美國	其他	輸出總計	輸入	再輸出
1925—26	280,573	7,591	4,902	43,889	337,315	7,833	322
1926—27	292,501	11,528	7,620	47,491	359,140	7,634	140
1927—28	307,246	9,286	8,799	42,056	367,387	7,994	127
1928—29	298,861	11,208	7,828	46,929	364,826	9,506	31
1929—30	317,522	12,353	8,446	44,274	382,595	10,240	30
1930—31	299,437	10,176	9,899	42,582	362,094	6,648	65
1931—32	292,004	14,133	9,797	32,382	348,316	6,969	26
1932—33	331,532	16,195	11,137	26·031	385,395	5,769	10
1933—34*	276,542	15,096	8,262	17,944	317,844	4,716	28

註：* 由陸路及爪盤谷土人國輸出者除外。以前由陸路輸出者，據正式之估計為 1932—33年5,576,000磅，1931—32年5,931,000磅，1330—31年5,176,000磅，1929—30年5,453,000磅，1928—29年5,041,000磅。由爪盤谷輸出之茶葉在1932—33年為991,000磅，大都輸往英國。

表六　錫蘭植茶地畝數、茶葉輸出量★及輸入量　以曆年算；單位千磅

年份	植茶畝數（千畝）	輸出（千磅）								輸入
		英國	澳洲	美國	紐西蘭	其他	總計	紅茶	綠茶	千磅
1925	440	134,163	15,345	15,837	7,017	37,429	209,791	208,465	1,326	1
1926	442	141,681	16,089	15,391	8,612	35,411	217,184	215,820	1,364	*
1927	459	144,906	18,063	13,783	8,438	41,848	227,038	225,046	1,992	2
1928	457	139,715	19,745	15,462	9,728	52,069	236,719	234,891	1,828	1
1929	457	155,304	22,020	16,765	10,271	47,228	251,588	250,431	1,157	1
1920	457	153,876	21,182	16,809	8,356	42,884	243,107	240,913	2,194	1
1931	457	160,509	11,607	15,531	10,888	45,435	243,970	242,505	1,465	1
1932	457	172,222	15,278	15,775	8,391	41,158	262,824	252,361	463	1
1933	452	149,494	11,839	12,003	8,694	34,131	216,061	215,883	178	1

註：★輸出額即產量。　* 在五〇〇磅以下。　以上數年無再輸出記載。

戰前已呈大量增加之勢。

輸入印度之茶葉，大部分為來自中國之綠茶，其餘則幾全由爪哇、蘇門答臘、日本及錫蘭所輸入。有少數再輸出至波斯、伊拉克及其他各地。

主要茶葉之輸出口岸為加爾各答，其次為吉大港，僅約百分之十三由南印度口岸輸出。

錫蘭——茶繼咖啡而興

自一八三七年至一八八二年，錫蘭本為一咖啡產地，但當咖啡樹因病害而至於不可救藥時，種植者乃改植已聞名於島上之茶樹。一八八〇年植茶面積為一四、二六六畝，經過十年，達二三五、七九四畝，迨再過十年，即一九〇〇年，植茶面積更擴大至四〇五、〇〇〇畝。茶葉現為主要物產之一，其種植面積約四五七、〇〇〇畝。錫蘭茶葉皆出產於茶園，情形一若印度，茶園數目約有一二三〇，大部份茶園為有限公司所經營；約有五十餘萬印度人及錫蘭坦密耳人（Tamils）與五萬新哈爾人（Sinhalese）、摩耳人（Moors）及馬來亞人（Malays）被雇用從事於種植及製茶各方面。

錫蘭茶約百分之九十九為紅茶，其餘之少數為綠茶。關於茶葉之產量，無數字可稽，但因當地之消費甚少變動，故輸出額可視為產量之正確參考。

一九〇〇年輸出總額為一四九、二六五、〇〇〇磅，至一九三二年達一最高之記錄，計為二五二、八二四、〇〇〇磅。運往英國者，約占三分之二，以供其消費及再輸出，其次為澳洲與美國，再次為新西蘭。輸往此等國家之茶葉全為紅茶；僅有極少量之綠茶運往英國，而澳洲及新西蘭則全無輸入。一九二五至一九三〇年間，運往美國之綠茶每年在二〇一、〇〇〇磅至五九五、〇〇〇磅之間。在一九三一——三二年則全無輸出，但在一九三三年，則復有三〇、〇〇〇磅輸出。輸往俄國之數量在以前估大部份；一九二七及一九三〇年約有一百萬磅綠茶運往該國。但在一九三一年輸出額跌至八〇六、〇〇〇磅，一九三二年再跌至二五六、〇〇〇磅，而在一九三三年則全無輸出；更堪詫異者，即錫蘭輸往印度之綠茶及紅茶，年達一百萬磅至二百五十萬磅之間。除上述諸國外，紅茶亦行銷於南非、加拿大及埃及。

錫蘭輸入少量茶葉，大部分來自印度，偶亦作再輸出之用。但在以往五、六年中，則並無再輸出之紀錄。

荷屬東印度

荷屬東印度之茶葉均非常獲利。一九三二年之生產總額為一八〇、六三八、〇〇〇磅，此數包括茶園所產及購自土人茶園者。植茶面積包括土人耕種及種有間作物者為四三二、〇〇〇畝。生產量不斷增加，故輸出額亦隨之上升。

爪哇植茶已有一百餘年之久，但在蘇門答臘則為近來發展之事業，大約發軔於一九一〇年。十分之九之茶地皆在爪哇，尤其集中於島之西部。一九三二年有茶園三二五所，其中二八五所在爪哇，四〇所在其他各處。

該二島所產之茶葉全為紅茶，世界紅茶之主要來源為爪哇、蘇門答臘、印度與錫蘭。在正式統計上將輸出茶分成「葉」與「末」二類。一九〇〇年茶葉輸出總額為一六、八三〇、〇〇〇磅，一九一〇年為三三、八一三、〇〇〇磅，一九二〇年達一〇二、〇〇八、〇〇〇磅。此最後數字，超過一九一五及一九一六及一九一九年三年之總數；茶葉所受大戰之影響，於此項輸出額中可以顯見。一九三一年輸出之茶葉年達一九七、九三八、〇〇〇磅之最高額，此數與一九三二年之一九七、三一一、〇〇〇磅幾相等。（此數字係為毛重，若以淨重量計算之，則一九三二年輸出額稍高於一九三一年。荷印輸出之統計，以前僅指毛重，即包括各種包裝之重量。在最近數年茶葉輸出則計淨重。本節所述之全部數字與表一皆為毛重數字，而表七則為淨重。）此項輸出茶葉以英國為主要市場，次為荷蘭，大量茶葉運往此數市場以應定購及轉運之用。

表七　荷屬東印度茶園數、畝數及茶葉產量　以曆年算

年份	歐人經營		土人茶園畝數(千畝)	總畝數(千畝)	產量(千磅)(包括向土人茶園購買者)
	茶園數	畝數(千畝)			
1925	285	241	64	305	116,143
1926	285	255	69	324	138,713
1927	295	269	75	344	143,471
1928	320	285	86	371	160,632
1929	316	297	91	388	166,630
1930	323	314	102	416	158,711
1931	326	325	103	428	179,254
1932	325	335	97	432	180,638

荷屬東印度茶葉輸出國別及數量　以曆年算；單位千磅；淨重

年份	荷蘭	荷蘭定購者	英國	英國定購者	澳洲	其他	總計
1926	29,742	8,921	55,908	1,699	24,028	15,726	136,024
1927	30,842	6,084	62,586	4,237	22,209	18,714	144,672
1928	30,573	6,300	58,903	5,862	24,567	27,361	153,566
1929	29,273	6,660	72,466	8,230	19,415	23,678	159,722
1930	28,271	11,079	67,444	5,846	23,091	23,041	158,772
1931	30,244	11,306	68,175	7,135	25,449	31,285	173,594
1932	28,540	11,232	59,847	5,568	30,716	37,740	173,643
1933	28,211	10,797	47,324	5,669	38,007	38,441	158,449

荷屬東印度各茶類輸出量及輸入量＊　以曆年算；單位千磅；淨重

年份	爪哇			其他各處			輸入
	茶葉	茶末	總計	茶葉	茶末	總計	
1926	104,962	14,007	118,969	15,212	1,843	17,055	7,778
1927	111,791	15,152	126,943	15,502	2,227	17,729	7,995
1928	118,118	16,289	134,407	16,918	2,241	19,159	9,339
1929	119,863	16,878	136,741	20,067	2,914	22,981	9,123
1930	116,835	18,564	135,399	20,738	2,635	23,373	8,472
1931	127,081	18,245	145,326	25,014	3,254	28,268	6,965
1932	125,750	15,753	141,503	28,506	3,634	32,140	4,200
1933	116,641	14,306	130,947	24,417	3,085	27,502	2,186

＊本表之出入口數字爲淨重，與表一所載者之毛重不同

英國亦爲該島茶末之主要市場，例如一九三二年茶末輸出總額二一、九三〇、〇〇〇磅中運往英國者佔一一、五六四、〇〇〇磅。澳洲爲荷印茶葉之一重要市場，參考附表七即可知悉。此項茶葉亦運往其他良好之市場，如東方、非洲、美洲及歐洲等地。

在以往五年中，荷印輸入茶葉淨重在四百萬磅至一千萬磅之間，大部份由台灣輸入爪哇者，此事頗覺奇異。

日本

日本植茶業爲小規模經營，係一種副業，種植區域除北部二縣外，幾遍全島。茶園多在山邊及高地之鄉村，造成日本之著名風景區。在一九三二年從事於生產者有一、一三二、〇八九人，植茶地面積爲九三、九四六畝，產量八九、〇〇八、一〇二磅。與戰前比較植茶面積約減少二萬五千畝，但此或由於估計方法不同，而非眞實之衰落，因生產者已增加六萬餘人。一九二八——三二年五年間，日本茶葉之產量每年平均約八六、〇〇〇、〇〇〇磅，較二十世紀開始後之任何五年爲多。產量之大半來自靜岡縣，該處現爲一商業中心。往年，橫濱、神戶皆爲主要出口地，但現在則以清水港爲一輸出口岸。根據正式統計，生產雖有增加，然輸出量則較本世紀開始之數年爲減少。例如一九〇〇——〇四年平均爲四四、九八五、〇〇〇磅，大戰前平均爲四〇、〇二四、〇〇〇磅，一九二〇——二四年平均爲二四、三七三、〇〇〇磅，一九二四——二九年爲二四、四七四、〇〇〇磅。在最後三年，輸出額稍有增加，一九三〇——三三年平均數爲二八、一四七、〇〇〇磅。大戰後數年輸出之減少，或由於大戰期中大量輸出之結果。例如一九一七年之輸出達六六、三六四、〇〇〇磅。但近年輸往主要消費市場——如美國，數量已見減少。因美人好飲紅茶，而日本所產茶葉多爲綠茶，但紅茶之製造年有增加，從表八可見之。日本茶約有百分之六〇銷與美國，加拿大及俄國則佔第二位。運往夏威夷者年約十萬磅，此數量並不包括於美國之統計內。佔印度與錫蘭茶葉貿易重要地位之英國，對於日本綠茶之關係

表八　日本植茶畝數、茶廠數及各類茶產量　以每年六月三十日爲止

年份	畝數 (千畝)	茶廠數 (千家)	產量 (千磅)					
			玉露	煎茶	番茶	紅茶	其他	總計
1925	108	1,107	566	64,802	17,184	12	1,918	84,482
1926	109	1,148	584	62,069	16,460	50	699	79,862
1927	106	1,147	557	64,137	16,236	37	529	81,496
1928	106	1,154	589	68,482	16,646	46	409	86,172
1929	105	1,137	534	68,680	17,186	22	423	86,845
1930	93	1,120	626	98,198	15,899	26	452	85,201
1931	93	1,126	592	67,928	15,496	26	406	84,448
1932	94	1,132	590	71,542	15,507	58	391	86,088

日本茶葉輸出數量、輸入數量及再輸出數量　以曆年算，單位千磅

年份	輸出							輸入	再輸出
	美國	加拿大	蘇聯	其他各國	總計	綠茶	其他茶類		
1925	21,267	2,986	516	3,050	27,819	23,823	3,996	771	10
1926	18,762	3,129	401	1,483	23,775	22,619	1,156	1,106	*
1927	17,774	3,456	1,010	1,061	23,301	22,535	766	882	2
1928	18,289	3,332	1,436	757	23,814	23,444	370	1,027	2
1929	15,980	3,506	3,317	856	23,659	23,156	503	1,244	*
1930	15,119	2,412	2,074	711	20,316	19,839	477	1,152	*
1931	16,188	2,637	4,799	1,790	25,414	24,237	1,177	1,233	*
1932	16,122	2,643	5,779	4,995	29,539	27,238	1,301	888	*
1933	16,888	2,736	6,866	2,997	29,487	28,563	924	746	*

註：輸往蘇聯者爲烏龍，磚茶及其他茶。　*無記載。

頗少。

事實上日本雖有過剩之外銷茶，但每年自中國、印度輸入之茶殆近一百萬磅。內銷數量在逐漸增加中，關於此點將於本章後節討論之。

台灣

台灣之植茶面積約在十萬畝以上，一九三二年公佈之總數爲一〇九、〇〇〇畝，較一九〇〇年之植茶面積約多二倍。自一九〇〇年之六六、〇〇〇畝增至一九一三年之八九、〇〇〇畝，迨至一九一九年止續有增加，面積總數達一一五、〇〇〇畝，現今之面積較諸以往則略呈減少。目前每年產量較一九一〇——〇五年爲少。易言之，即假定面積及輸出之數字爲近於正確者，則現在每畝之產量較少於本世紀初期，現時每畝之產量約一九〇磅，而一九〇九——一三年爲三七〇磅，一九〇一——〇五年爲三八〇磅，在最近十年中每年產量之總數逐漸降落。

台灣所生產與輸出之主要茶葉爲著名之烏龍茶及花熏包種茶，輸出總數之百分之之四五爲烏龍茶，百分之四五至百分之五〇爲包種茶，其餘少量爲紅茶、粗茶、茶末、茶梗及綠茶。僅最近數年中包種茶之輸出已超過烏龍茶；事實上在一九二〇年爲第一次，至一九二〇年再度發生。在一九〇九——一三年，烏龍茶佔總輸出額約百分之七十，約多於包種茶二又四分之三倍。最近數年，台灣烏龍茶在最大主顧之美國市場上，遭受錫蘭、印度及爪哇劇烈競爭之打擊。花熏、包種茶之主要市場爲荷印及香港。台灣當局現鼓勵紅茶之製造，台灣有甚多公司企圖製造紅茶以代替烏龍茶。此種茶葉主要輸往英國及日本，少量運往南非諸國及美國，粗茶及茶梗則大多運往中國及香港。

台灣茶葉生產於島之北部，通常由基隆輸出。

亦有少量茶葉輸入台灣，泰半來自中國；在此項輸入之茶中，除一九二〇年再輸出二七、〇九六磅外，其餘即偶有再輸出，亦不過數百磅而已。

表九　台灣植茶畝數、產量、及各茶類輸出額　以曆年算

年份	畝數 (千畝)	產量 (千磅)	輸出 (千磅) 烏龍	包種	其他茶類*	總計
1925	114	26,686	10,644	10,451	632	21,727
1926	113	26,316	10,560	11,880	487	22,927
1927	111	16,192	10,603	11,581	634	22,818
1928	105	24,264	9,117	9,823	658	19,598
1929	114	24,379	7,419	10,260	875	18,554
1930	113	23,023	7,009	10,200	1,332	18,541
1931	110	21,214	7,674	8,577	2,163	18,414
1932	109	19,450	8,424	4,841	1,994	18,259

台灣茶輸出數量輸入數量　以曆年算；單位千磅

年份	輸出 美國	荷屬東印度	香港	英國	其他各國	總計	輸入
1925	9,663	6,529	1,070	1,018	3,447	21,727	29
1926	9,321	6,963	2,133	1,197	3,313	22,927	57
1927	9,011	6,750	2,810	1,727	2,520	22,818	83
1928	7,905	7,516	1,603	1,180	1,394	19,598	71
1929	6,186	7,471	2,029	1,338	1,530	18,554	92
1930	5,459	6,716	1,786	2,200	2,380	18,541	86
1931	7,089	5,826	1,199	1,987	2,313	18,414	95
1932	7,880	3,564	1,135	724	1,956	15,259	35

輸出地包括日本及日本其他屬地　　*包括紅茶、粗茶、茶末、茶梗及綠茶。

法屬印度支那

事實上印度支那亦有茶葉生產，但須輸入大量茶葉，以供消費及再輸出之用。一九二五——三二年之輸入額爲一、六六九、〇〇〇磅至五、四五九、〇〇〇磅之間，近三十年來輸入額更有劇增之趨勢，在大戰後十年尤爲明顯，但最近三年已見減少。中國茶葉爲輸入之大宗。

關於茶之種植面積及產量並無正式統計，但據非正式之估計，其總面積有四萬至五萬畝，甚或超過此數。茶葉之生產極爲散漫，在安南及東京某數處地方且有野生之茶樹。在一九二六年印度支那自產之茶以供消費者約三百萬磅。主要植茶區域爲安南，其次爲東京，再次爲交趾支那(Cochin-China)。一九三二年安南之輸出額爲七二五、〇〇〇磅，東京爲六三七、〇〇〇磅，交趾支那爲數約僅二〇〇〇磅。但一九三一年則有八、八〇〇磅。越南茶之輸出於最近三年已見減少，在一九二六年以後約有一、二〇六、〇〇〇至二、五三〇、〇〇〇磅。輸出總數中約百分之六〇直接運往法國及其屬地，餘者幾全數運往香港，大多由海防(Haiphong)及土倫(Tourane)出口，輸入則由西貢(Saigon)分配於各地。

表十　法屬印度支那自產茶葉輸出量及輸入量（按年曆，單位千磅）

年份	輸出			輸入
	法國及其屬地	其他各國	總計	
1925	1,971	355	2,326	4,060
1926	2,201	329	2,530	5,459
1927	1,461	258	1,719	5,121
1928	1,761	310	2,071	5,098
1929	1,670	569	2,239	4,313
1930	756	450	1,206	3,430
1931	723	571	1,294	3,164
1932	897	467	1,364	1,669

英屬南非——納塔耳

茶樹種植於南非聯邦，僅一小區域，其產量不足供聯邦之需要。植茶地點幾全在納塔耳省(Natal)。一八八〇年第一批產品約有三十磅出售，此後數年茶業頗呈進展，但在一九一一年因印度政府限制移民往納塔耳，以致勞工缺乏，茶業遂致一蹶不振。現有植茶面積約爲二千畝。

輸出地點以英國爲主，但納塔爾茶運往開普殖民地(Cape Colony)者較往運外國市場爲多。

表十一　納塔耳植茶面積及產量

時期	植茶畝數及產量		南非聯邦之輸出量	
	畝數	磅數	曆年年份	磅數
1910—11	4,457	1,740,824	1911	76,176
1915—16	4,512	1,822,026	1916	52,161
1920—21	3,497	913,751	1921	50,574
1925—26	3,177	1,034,830	1926	125,154
1926—27	3,422	990,673	1927	160,141
1927—28	3,357	851,622	1928	128,767
1928—29	3,530	690,814	1929	147,325
1929—30	2,823	676,806	1930	8,805
1930—31	1,975	165,607	1931	5,280
			1932	80,377
			1933	1,426

英屬東非

尼亞薩蘭(Nyasaland)——在現時英屬東非之保護地中，尼亞薩蘭所產之茶較他處爲多。一九〇四年植茶面積僅二六〇畝，估計產量爲一一、〇〇〇磅。一九一一年面積增至二、五九三畝，產量爲一七四、七二〇磅。一九三二年繼續增加至一二、五九五畝，產量二、七〇〇、〇〇〇磅。輸出額與產量並進，一九一一年輸出額爲四三、八七六磅，至一九三四年第一次超過一百萬磅。自此時起，每年輸出均在一百萬磅以上。其上升之趨勢，可於一九三三年輸往外國市場之三、二七六、四四七磅見之。英國在一九三三年，購買尼亞薩蘭茶達其輸出額百分之九四．六。其餘大部份則銷於隣近各省，及非洲各地；然其中有五三、〇〇〇磅，輸往德國及一小部份輸往加拿大及巴勒斯坦。

怯尼亞殖民地（Kenya Colony）——怯尼亞殖民地之植茶事業僅在近年間方被重視，一九二五年植茶面積約三八二畝，出產茶葉一、三四一磅，在當地出售。自此小量起，在一九三〇年據農業戶口調查，總計面積為八、三三一畝，產量五七七、八四七磅。一九三三年，根據國產稅之統計，茶之產量為三、二一二、〇八四磅，植茶面積估計在一二、〇〇〇畝以上。由茶廠製造之茶葉於一九二八年首次出產，總數為三三、四〇三磅。一九二七年首次輸出為運往英國之七八四磅，一九三〇年輸出一六〇、六〇八磅，全部幾運往其祖國。一九三三年怯尼亞茶之輸出額增至三、二一二、〇八四磅。

烏干達（Uganda）——一九二五年烏干達產茶面積為二六八畝。一九二九年增至三二一畝，至一九三三年則為七五〇畝。一九二七年輸出約二二四磅，一九二九年為一、三四四磅，一九三三年增至三〇、一二八磅。

表十二　尼亞薩蘭植茶畝數、產量及輸出量

年份	畝數	產量(磅)	輸出量(磅)
1904	260	1,200	無輸出
1907	516	5,600	無輸出
1911	2,593	174,720	43,876
1924	5,093	1,119,000	1,058,504
1929	8,866	1,724,720	1,755,419
1930	9,682	1,896,000	1,939,756
1931	11,414	2,193,296	1,963,452
1932	12,595	2,699,984	2,573,871
1933	…………	…………	3,276,477

坦喀尼加（Tanganyika）——茶之種植尚為最近之事，首次輸出茶葉係在一九三〇年十月。一九三三年植茶面積計五百畝，產量為四一、一五七磅。

蘇維埃聯邦——外高加索（喬治亞）

一九〇五年在喬治亞（Georgia）查克伐（Chakva）地方植茶面積有一、〇四七畝；一九一五年增至二、二六五畝，一九二五年為三、二七三畝；一九二九為一九、三六七畝；在二十五年之間，植茶面積增加十八倍。一九二九——三〇年增多一六、六〇三畝，在一九三一年一月一日總計植茶面積為三五、二四四畝，一九三一年達五四、六一九畝，一九三二年達七九、五五四畝，一九三三年達八四、五〇四畝。第二次五年計劃，規定至一九三七年止，茶園面積須擴充至十萬公頃，或二四七、〇〇〇畝。在現在之總數中，集體農場約

表十三　怯尼亞及烏干達植茶畝數、產量及輸出量

年份	怯尼亞殖民地			烏干達		
	畝數	產量(磅)	輸出量(磅)	畝數	產量(磅)	輸出量(磅)
1925	382	1,341	…………	…………	…………	…………
1926	1,689	3,176	…………	…………	…………	…………
1927	3,156	8,700	784	239	…………	224
1928	4,809	33,403	10,192	297	…………	112
1929	5,593	152,813	7,952	321	…………	1,344
1930	8,331	577,847	160,608	…………	…………	1,008
1931	11,253*	1,500,226*	356,608+	640*	…………	…………
1932	12,029*	2,421,019*	713,328+	721*	…………	…………
1933	12,471	3,212,084	1,955,744	750	65,608	30,128

*非正式報告　　+怯尼亞及烏干達

佔百分之六八，國營農場約百分之二七。

一九二九年茶葉產量爲五二九、一〇四磅，據蘇聯方面消息，一九三一年綠茶產量爲一、三七三公噸或三、〇二七、〇〇〇磅，一九三二年爲二、四〇七噸或五、三〇六、〇〇〇磅。據云平均產量爲六〇〇公斤（每畝約五三五磅），僅及錫蘭與日本產額之一小部分。蘇聯自認其目的在於增加產量，俾足以供給國內之需要，但此項目的似非在短時間所能達到。

伊朗之幾蘭省

伊朗幾蘭省（Gilan Province）之植茶面積約數百畝（一九三一年非正式數字爲五七〇畝）。並無正確之生產數字，但至一九二七年三月二十日爲止之估計，共產量爲八〇、三二〇磅，一九二八年爲九九、二八一磅，一九二九年爲一二〇、〇〇〇磅，一九三〇年爲一七七、〇〇〇磅，一九三一年爲一九六、〇〇〇磅，一九三二年爲二五〇、〇〇〇磅。此項數字僅爲大概之估計。某美國領事之報告，謂據正式估計，一九三二年之產量爲一六一、〇〇〇磅，在最近數年因政府獎勵之結果，植茶面積乃益見增加。

所產之茶並不足以供本地之消費，因此有賴於外國輸入，主要係自英屬印度。自一九〇四年至一九三〇年（三月二十日止），輸入額增加一千萬磅，即自六、九二二、〇〇〇磅增至一六、二八〇、〇〇〇磅。一九三一年爲一四、四七六、〇〇〇磅；一九三二年爲九、九四三、〇〇〇磅；一九三三年爲九、六三九、〇〇〇磅。輸出額與再輸出額合計，在一九三〇年爲三一七、〇〇〇磅，一九三一年僅一三一、〇〇〇磅，一九三二年降爲一萬磅，一九三三年竟全無輸出。

葡屬亞速耳羣島

自茶樹之種植傳入亞速耳羣島之聖米起爾島（St. Michael）後，私人茶園乃陸續輸入適合於該島氣候條件之各茶樹品種。其植茶面積雖

小，但有數家茶園已能開始生產，除供給亞速耳當地之需要外，並有若干輸往葡萄牙。紅茶及綠茶兼產之。

葡屬東非之莫三鼻給

在葡屬東非之莫三鼻給(Mozambique)，有若干茶樹種植於尼亞薩蘭與莫三鼻給接界之沿河地帶。據當地農業部之數字，一九三一年（年度以九月三十日爲止）莫三鼻給產茶數量爲二〇〇、六一九磅，該地之植茶面積約七五〇畝。

暹羅之「茗」茶

茶樹野生於暹羅北部，但亦有栽培者，除少數製成乾葉外，其大部份則製爲「茗」，即供咀嚼用之口香茶。此種茶之生產量並無正式統計。

巴西

在南美諸國中，有少數之茶樹植於巴西及祕魯，茶樹最初在巴西被視爲一種外國植物。種植於巴西俄羅普累托(Ouro Preto)之植物園中，若干茶樹目前仍有種植，但不能成爲商業上之數量。一九二九年之輸入額爲六一二、二七五磅，大部份係自英國輸入，僅極少數直接由生產國而來。一九三一年輸入總額爲三〇六、〇〇〇磅。

祕魯

在祕魯種植之茶並不成爲商業化，輸入額年達一百萬磅以上，主要來源爲由他國轉口輸入。一九三三年輸入總額爲一、三六七、〇〇〇磅，其中三八六、〇〇〇磅來自英屬印度，三八五、〇〇〇磅來自中國，一八一、〇〇〇磅來自香港，一二四、〇〇〇磅來自錫蘭。一一六、〇〇〇磅來自爪哇。

英屬馬來亞

在馬來亞農業部之一九三〇年年報中估計在馬來亞聯邦之植茶面積有一、二四四畝，海峽殖民地則無之，而非馬來亞聯邦之革達（Kedah）有七〇〇畝，總共爲一、九四四畝。一、九三二年底，總數增至二、二八一畝，其中六四九畝在坎麥倫高地（Cameron Highlands）。馬來亞人之消費量甚高，每人約爲二磅。一九三二年在三家茶園及甚多中國人經營之小茶地，生產商業化之茶葉。

毛里求斯島

在已往數年中，毛里求斯島在茶之種植上獲得若干利益。然茶之產量甚少，年約三萬至四萬五千磅，輸入額超過輸出額，輸入額年約四十萬磅，大部份來自錫蘭。

斐吉羣島

在斐吉羣島所產之茶，因其面積及產額無最近之正式統計，故數量不能確知。所產之茶葉皆在當地消費。

生產國之茶葉消費

在上述關於世界茶葉生產國之討論以後，乃發生此類國家每年究須消耗多少飲茶量之問題。飲茶在東方爲一社會禮節，此項飲料之製造與應用均極慎重。在某種禮節需用之茶乃必需用特別方法採製而成，與商品茶週不相同。茶葉生產國凡無完備之產額紀錄者，其消費數字亦不正確。但根據可靠之紀錄，生產國每人之消費量還較若干輸入國如英國、澳洲、新西蘭及加拿大爲少。

中國所消費之茶葉數量較世界上任何一國爲大。但亦如產量之無正確數字可查，大概平時約有八萬萬磅留供國內之需要。權威方面估計每人之消費約爲二磅。中國人飲茶消費量之大，實已無可疑議。茶雖在茶區及城市普遍飲用，但在中國有許多地方，由於人民購買力薄弱，每人消費量必低於比較繁榮及交通便利之區域，此在其他各國亦復如此。日本現時每人之消費量，以每年之平均數六千萬磅計之，尚不及一磅。近數年來生產與輸出之差額日益擴展，此即爲國內消費量增加之明證。在大戰前五年時期內，每人消費量僅爲〇・六一磅。台灣每人之消費量，自一九〇九——一三年，每年平均爲一・七五磅，至現時（一九二八——三二年）則降至〇・九六磅。此係其供全島之內銷茶四、三九三、〇〇〇磅爲根據。至於印度之數字，可於印度貿易雜誌（Indian Trade Journal）之副刊中見之。一九三一——三二年印度內銷茶葉總額爲六千三百萬磅，以往五年中平均爲五千九百萬磅，即平均每人之消費量爲一・八磅。關於其他二主要國——錫蘭及荷印則並無可靠之消費數字。

限制協定之觀察

一九二八年與一九二九年存茶逐漸充斥於倫敦市場，據一九二九年底之報告，有存貨二六〇、四二七、〇〇〇磅儲存於握有英國進口茶約百分之九〇之倫敦茶葉經紀人協會（Tea Brokers' Association of London）之倉庫內，較之一九二八年及一九二九年之二二〇、五二三、〇〇〇磅與二一三、〇二五、〇〇〇磅增加已多。市場上顯呈供過於求之現象，雖然消費量同時亦在繼續增加。一九二八年價格開始下跌，一九二九年更每況愈下。茶葉貿易不幸重蹈一九二〇年之覆轍，當時價格之降落，由於茶葉之過剩；過剩之原因由於粗採濫摘，市場之緊縮，戰時管理政策之取消，以及減少運輸上之便利所致。

一九二九年之茶業衰落情形與一九二〇年相仿，生產者決定限制其生產。一九三〇年二月，代表印度、錫蘭及荷印生產者之委員會成立一協定，規定一九三〇年之產量應減少五七、五〇〇、〇〇〇磅，分派應減之數字如下：計北印度三二、五〇〇、〇〇〇磅，南印度四、〇〇〇、〇〇〇磅，錫蘭一一、五〇〇、〇〇〇磅，荷屬東印度減九、五〇〇、〇〇〇磅，並希望後者先須限制購買土人茶園之茶葉，以挽救普通茶之市場。此項計劃得氣候條件之助，印度之產量減少四八、〇〇〇、〇〇〇磅，錫蘭八、〇〇〇、〇〇〇磅，荷印一、〇〇〇、〇〇〇至

二、〇〇〇、〇〇〇磅。在荷印之歐人茶園雖限制其產量額，但因此項限制而使土人茶園之銷路激增，結果適足抵消歐人茶園所減少之產額。一九三〇年之產量雖見減少，但普通與中等茶之價格依然下跌，而存於倫敦之茶在一九三〇年底仍有二六一、六〇一、〇〇〇磅，較一九二九年多一百餘萬磅。印度及錫蘭茶之存量雖少於一九二九年，但由於爪哇及蘇門答臘茶過量之供給，足以抵消其減少之量。

限制計劃並未完全失敗，因此項計劃似已確實阻止輸出額之大量增加，惟並未完成維持價格之主要目的，此項計劃不久亦告廢棄。

價格仍繼續下跌，於是擬採取更進一步之有效辦法，最後乃於一九三三年初，採取一種限制輸出以代限制生產之具體計劃。自一九三三年四月一日起實施，定期五年。支持此種計劃之必要法則爲印度、錫蘭及荷印所通過。此計劃稱之爲「國際茶業協定」(International Tea Agreement)，現已完全付諸實行。

協定中規定每一國以一九二九、一九三〇年或一九三一年三年中之任何一年中之最高輸出作爲基本額；此項規定印度爲三八二、五九四、七七九磅，錫蘭爲二五一、五二二、六一七磅，荷印爲一七三、五九七、〇〇〇磅，總共爲八〇七、七一四、三九六磅。第一年得輸出基本額之百分之八八，此後該百分數由代表生產國之委員會於每年度終了時決定之。如一九三三年十二月三十一日，委員會決定該百分數爲百分之八七・五。在計劃實施期中，植茶面積除有特別情形外，不得增加，不得出賣或租借另外之土地作爲植茶之用，在植有其他作物之土地上不得植茶，新增植茶面積不得超過現有面積百分之一・五。

第一年計劃實施之結果，特別可於輸出數字之低減見之，而其直接之結果即爲價格之增加，在英國之有形存貨減少，而在各消費國之無形存貨似亦降低。如國際茶葉協會(International Tea Committee)之報告所示，三協定國輸出總額，除印度由陸地輸出者外，在一九三四年三月底止，計十二個月內爲六五一、〇〇〇、〇〇〇磅，比較以前之十二個月已減少一七一、〇〇〇、〇〇〇磅；在他方面，其他生產國之輸出數量爲九百萬磅，即世界之總輸出額淨減少一六二、〇〇〇、〇〇〇磅。英國抵押倉庫之存貨至一九三三年底止，爲二九四、〇〇〇、〇〇〇磅，一九三四年三月底止爲二七六、〇〇〇、〇〇〇磅，估計在市面流通者減少四九、〇〇〇、〇〇〇磅，全世界之「無形存貨」減至六七、〇〇〇、〇〇〇磅。至其確數，則無法估計。

三協定國之實際輸出額較規定之輸出額少三一、〇〇〇、〇〇〇磅，此項計劃所規定之輸出額可實行至下一年。

此種限制計劃常有發生危險之可能，蓋協定以外之各產茶國之生產與輸出將因此而受刺激。該協會有鑒及此，曾設法誘致日本、台灣與法屬印度支那在限制輸出上予以合作，並誘勸非洲各政府及其他各地限制新墾植。

茶葉輸入國之消費

全世界之茶葉每年約有半數運往茶葉輸入國，以供消費，其存積於各主要市場者除外，最重要之輸入地爲倫敦。輸入國中消費茶葉最多者首推英國，次爲美國、澳洲與蘇聯。在戰前數年，俄國列爲第二。表十四表示主要輸入國之茶葉消費量。

英國

英國單獨保有世界茶葉輸出額約百分之五十；在一九二九——一九三三之五年間，平均每年全世界之輸出總額爲九三六、〇〇〇、〇〇〇磅，英國即佔四五四、五〇〇、〇〇〇磅。每人之消費量爲九磅至十磅，觀乎本世紀初時僅爲六磅，殆已大見增加。從表十五中可見每年之數字在逐漸增加中。以咖啡、可可、茶三種飲料而言，後者之消費量實較前者爲大；其需要量約十倍於咖啡，三倍於可可。

此項茶葉約有五分之四產於大英帝國內，其中以印度爲主要來源，錫蘭次之。中國茶在此市場上不能復起競爭。但近年來，有大量茶葉自爪哇及蘇門答臘輸入。因此英國茶之百分數亦略有變動。大部份荷屬東

表十四A　各主要茶葉輸入國之茶葉消費量

總輸入量係淨重；單位千磅；每人消費量單位磅

			1909—13 每年平均	1920—24 每年平均	1925—29 每年平均	1930	1931	1932	1933
歐洲	英國	總量	293,006	399,240	429,507	452,763	445,426	487,721	422,662
		每人消費量	6.5	8.7	9.5	9.8	9.7	10.6	9.2
	蘇聯	總量	157,691	…………	49,143	53,277	43,182	34,387	42,337
		每人消費量	0.9	…………	0.3	0.33	0.26	0.21	0.25
	荷蘭	總量	11,338	27,110	26,115	29,494	31,097	36,039	25,351
		每人消費量	1.9	3.8	3.4	3.7	3.9	4.4	3.1
	德國	總量	8,941	7,244	11,037	13,320	11,672	10,577	10,341
		每人消費量	0.1	0.1	0.2	0.2	0.2	0.2	0.2
	波蘭及坦澤	總量	…………	4,167	4,412	4,526	4,468	3,954	4,141
		每人消費量	…………	0.1	0.1	0.1	0.1	0.1	0.1
	法國	總量	2,754	3,001	3,374	3,240	3,495	3,266	4,097
		每人消費量	0.1	0.1	0.1	0.1	0.1	0.1	0.1
	捷克	總量	…………	1,093	1,489	1,364	1,807	1,691	681
		每人消費量	…………	0.1	0.1	0.1	0.1	0.1	0.1
	奧國	總量	3,421	1,065	1,235	1,148	1,342	1,038	…………
		每人消費量	0.1	0.2	0.2	0.2	0.2	0.2	…………
亞洲	伊朗	總量	8,659	8,082	13,410	15,774	14,345	9,933	9,639
		每人消費量	1.0	0.9	1.3	1.5	1.4	1.0	1.0
	土耳其	總量	4,912	…………	2,138	1,898	1,965	1,661	…………
		每人消費量	0.2	…………	0.2	0.1	0.1	0.1	…………
美洲	美國	總量	93,424	89,869	91,813	83,773	85,809	93,858	95,708
		每人消費量	1.0	0.8	0.8	0.68	0.69	0.75	0.76
	加拿大*	總量	32,634	35,628	37,085	50,165	32,437	39,935	38,958
		每人消費量	4.5	4.0	3.9	4.9	3.1	3.8	3.7
	智利	總量	3,443	3,850	5,143	4,843	5,054	4,244	2,716
		每人消費量	1.0	1.0	1.2	1.1	1.2	1.0	0.6
	阿根廷	總量	3,842	3,527	3,867	3,874	3,950	3,934	4,182
		每人消費量	0.5	0.4	0.4	0.3	0.3	0.3	0.4
非洲	南非聯邦	總量	7,168	8,276	11,345	12,267	14,118	10,438	12,845
	歐人	每人消費量	5.5	5.3	6.7	6.8	7.7	5.6	6.8
	總計	每人消費量	1.2	1.2	1.5	1.5	1.7	1.3	1.5
	摩洛哥	總量	…………	8,418	11,765	12,688	13,835	18,212	…………
		每人消費量	…………	1.7	2.3	2.4	2.6	3.4	…………
	埃及	總量	1,690	5,496	10,805	12,272	15,448	16,573	13,917
		每人消費量	0.2	0.4	0.8	0.8	1.0	1.1	0.9
	突尼斯	總量	466	1,593	2,621	3,052	3,108	2,765	…………
		每人消費量	0.2	0.7	1.2	1.3	1.3	1.1	…………
澳洲	澳大利亞+	總量	33,546	43,305	46,850	49,089	44,567	43,591	47,479
		每人消費量	7.2	7.9	7.7	7.8	7.1	6.7	7.2
	新西蘭	總量	7,480	9,589	11,082	10,062	12,028	10,317	11,504
		每人消費量	7.3	7.7	8.1	7.2	8.2	6.9	7.6

*1930—33年以曆年算，其餘以三月底止之會計年度算　+ 以六月底止之會計年度算

表十四B　各主要茶葉輸入國之茶葉消費量

		1934—38 每年平均	1939—43 每年平均	1944	1945	1946	1947
美國	總量	82,721	84,942	89,100	82,788	91,734	60,788
	每人消費量	.64	.66	.56	.52	.53	.57
法國	總量	2,814	1,670	0	1,202	1,328	1,888
	每人消費量	.06	.04	…	.03	.03	.04
德國	總量	10,622	6.095	1	缺	缺	缺
	每人消費量	.16	.08	…	缺	缺	缺
荷蘭	總量	25,821	9,143	213	5,057	11,913	12,565
	每人消費量	3.03	缺	…	.66	1.10	1.30
英國	總量	435,316	450,979	421,796	391,632	351,832	374,394
	每人消費量	9.25	8.35	7.4	8.2	8.8	8.65
加拿大	總量	36,632	38,680	39,189	51,197	27,016	44,775
	每人消費量	3.31	3.39	3.49	4.45	3.20	3.75
澳大利亞	總量	45,796	47,901	38,876	43,662	50,617	49,259
	每人消費量	6.75	6.79	5.63	6.28	6.85	6.70
新西蘭	總量	10,509	11,795	8,677	7,789	10,727	14,337
	每人消費量	6.61	6.7	6.3	6.3	6.4	8.4
蘇聯	總量	29,233	16.716	6,206	48,000	6,400	13,000
	每人消費量	.17	缺	缺	缺	缺	缺
愛爾蘭	總量	缺	14,878	6,215	7,829	16,181	25,680
	每人消費量	缺	5.3	2.3	2.8	4.9	8.02
埃及	總量	缺	13,129	11,915	9,329	10,788	27,644
	每人消費量	缺	.78	.69	.54	.62	1.45

1. 單位及年度同上表　2. 本表數字自Uker's International Tea and Coffee Buyers' Guide第十一、十二、十三、十四版摘錄。

印度茶仍爲廉價之拚和茶，此項茶葉與印度之卡察茶、雪爾赫脫茶、若干錫蘭茶及非洲茶相競爭。

英國除在國內消費大量茶葉外，每年再輸出至美國及歐陸市場之總額爲七千五百萬磅至九千五百萬磅。在已往五年中（一九二八——三二），愛爾蘭自由邦、美國、加拿大及蘇聯均爲其輸出之重要目的地。一半以上之再輸出茶爲印度所產。

表十五　輸入英國供國內消費之茶葉數量*

每五年平均	供國內消費之輸入量（千磅）	每人消費量（磅）
1840—44	37,588	1.39
1845—49	47,201	1.70
1850—54	56,124	2.04
1855—59	69,068	2.45
1860—64	81,464	2.79
1865—69	105,940	3.83
1870—74	127,555	4.01
1875—79	152,675	4.56
1880—84	165,834	4.71
1885—89	183,153	5.00
1890—94	205,138	5.37
1895—99	231,728	5.79
1900—04	254,354	6.06
1905—09	272,122	6.22
1910—14	299,677	6.58
1915—19	318,995	7.18+
1920—24	399,240	8.64
1925—29	400,864	9.23
1930—33++	452,143	9.83

* 一九二三年四月一日以前之數字，包括不列顛羣島全部，以後則指大不列顛及北愛爾蘭
\+ 僅以非軍人計算
++ 四年平均

倫敦爲一大茶葉城市，在英國之茶葉貿易，約有百分之九十經過倫敦之倉庫，存貨亦皆經倫敦經紀人協會之記載。附表十六表示一九二五——三三年間輸入及再輸出之毛重、輸入淨重及英國之存貨，表內一九二五及一九二六年之數字爲抵押倉庫之存貨，最近數年爲倫敦存貨之數字。

愛爾蘭自由邦

在一九二三年四月一日以前，愛爾蘭自由邦（Irish Free State）之貿易統計包括於英國之海關紀錄內，故不能獲得該邦消費量之獨立數

表十六　英國之茶葉輸入量、再輸出量、輸入淨重量及存貨數量

以曆年算；單位千磅；存貨以年底爲截止期

年份	輸入量					再輸出量	輸入淨重	存貨
	印度	錫蘭	荷印	其他	總計			
1925	291,155	132,540	53,582	13,290	490,567	88,410	402,157	198,900
1926	270,458	140,408	64,501	17,049	492,416	81,429	410,987	202,700
1927	303,545	142,513	74,792	16,152	537,002	85,587	451,415	213,000
1928	288,820	139,281	71,222	9,534	508,857	90,026	418,831	220,500
1929	306,735	153,095	85,404	13,934	559,168	95,023	464,145	260,400
1930	290,183	152,097	84,600	14,158	541,038	88,275	452,763	261,600
1931	276,967	158,913	85,840	13,726	535,446	90,020	445,426	244,657
1932	311,964	172,017	73,476	8,505	565,962	78,241	487,721	285,793
1933	279,004	148,167	62,988	14,552	504,711	82,049	422,662	269,794

字。現今每人之平均消費量年約七・九磅。一九二五——三二年八年中之數字如下：

一九二五……………………七・六磅
一九二六……………………七・九磅
一九二七……………………八・〇磅
一九二八……………………七・七磅
一九二九……………………八・〇磅
一九三〇……………………八・〇磅
一九三一……………………八・三磅
一九三二……………………七・八磅
八年平均……………………七・九磅

由英國再輸出至愛爾蘭市場之茶葉爲數甚鉅，由各地輸入總額每年爲二千三百萬磅至二千四百萬磅。

蘇維埃聯邦

蘇維埃聯邦（Soviet Union）爲世界之大茶葉消費國之一，現正努力發展其本國之茶業以求自給。但目前仍須仰於輸入。一九三三年輸入蘇聯之茶葉總額估計約四二、五六四、〇〇〇磅，其中紅茶爲二三、一九九、〇〇〇磅，綠茶一八、〇四二、〇〇〇磅。一九三二年之輸入總額爲三五、一六一、〇〇〇磅。至其自產之茶葉，僅佔總消費量之一小部份而已。現今——即在一九二三——二四年存茶幾乎絕跡於市場之時期以後——輸入雖有增進，但與戰前比較已大見減少，當時消費之茶葉達一三三、二七六、〇〇〇磅。一九三三年每人消費量約四分之一磅，而戰前則爲十分之九磅。液茶之消費量較每人平均消費量爲多，因製飲料時所用之茶葉及磚茶較爲節省。

自茶葉於多年前成爲人民之日常嗜好後，一大規模之輸入事業乃應時而生，主要者則爲與中國之貿易。印度、錫蘭、日本與荷印亦有茶葉輸往俄國。由於世界大戰及俄國革命之結果，俄國之市場對於上述諸國無異關閉，通常運俄往之國茶乃轉運至其他各地。一九二三——二四年輸入蘇聯之茶葉達一三、二二八、〇〇〇磅，而一九二八——二九年更

增至六五、一七七、〇〇〇磅，但在相等面積之區域內僅及戰前之一半。其後每年茶葉貿易減降甚速，但在一九三三年則稍見恢復。將來關於外高加索（Transcaucasia）之生產量飛速增加及其對於輸入之影響如何，自難逆料。

美國

今日美國在茶葉輸入國中佔第二位，一九三〇——三三年每年平均輸入淨重量爲八九、七八七、〇〇〇磅，約爲英國之五分之一，每人之消費量爲〇・七二磅，而英國則爲九・八磅。百年前輸入總額爲一六、二七五、〇〇〇磅，淨重一三、一九四、〇〇〇磅，每人之消費量爲〇・九一磅。表十七表示在最近百年來之輸入額及每人消費量之改變情形。中國茶以前在美國茶葉輸入額中佔百分之九十九，但在過去五年中中國輸往美國之總數，乃降至百分之八。英屬印度及錫蘭現供給美國茶葉達輸入額一半以上，且錫蘭正在繼續增加其輸美數量。紅茶現佔輸入總數百分之六十八，綠茶百分之二十四，烏龍及混合茶佔其餘之百分之八。

大量之印度茶及錫蘭茶係由英國運往美國。附表十八表示美國輸入茶葉之主要來源。由爪哇及其他荷蘭東印度屬地所有之茶葉，近年輸往美國之數額激增，在一九三一——三三年三年中之輸入量平均爲一〇、四〇〇、〇〇〇磅。日本及台灣茶之輸入通常平均約二四、七〇〇、〇〇〇磅。

茶葉貿易發展中之異軍突起者爲台灣紅茶之輸入，據農業部食品藥物管理處之報告，在一九三四年六月三十日爲止之一年度中，此類茶葉之輸入爲一九七、四一六磅。

紐約商行所經營輸入之茶葉佔百分之五十五，波士頓（Boston）商行約百分之二十，西雅圖（Seattle）及舊金山（San Francisco）各約百分之十。

表十七　美國茶葉輸入淨重量

十年或五年平均

年份或時期	輸入淨量（千磅）	每人消費量
1830	6,873	0.54
1840	16,883	0.99
1850	28,200	1.21
1851—60	21,028	0.76
1861—70	32,394	0.91
1871—80	59,536	1.32
1881—90	76,534	1.34
1891—95	89,675	1.34
1896—1900	86,217	1.17
1901—05	95,814	1.18
1906—10	93,595	1.05
1911—15	95,199	0.99
1916—20*	106,988	1.03
1921—25	92,202	0.83
1926—30	88,655	0.74
1931	85,809	0.69
1932	93,859	0.75
1933	96,186	0.77

* 自一九一五年七月一日至一九二〇年十二月卅一日止之平均數

表十八　美國茶葉輸入數量　以曆年算；單位千磅

年份	中國	日本	印度	錫蘭	英國*	荷印	荷蘭	其他各國	總計
1925	12,116	29,582	5,137	18,328	24,771	7,570	1,815	1,643	100,962
1926	12,415	28,292	6,530	16,968	19,865	9,376	1,019	1,465	95,930
1927	10,149	26,403	8,776	15,138	19,922	6,021	1,542	1,218	89,169
1928	8,672	23,422	8,348	17,662	23,094	5,293	2,259	1,074	89,824
1929	8,741	24,538	8,788	17,535	21,923	5,051	1,611	1,186	89,373
1930	5,675	20,948	9,506	17,986	22,830	4,766	1,838	1,377	84,926
1931	7,630	21,417	9,765	16,084	22,860	6,111	1,751	1,115	86,733
1932	6,396	24,594	11,303	17,925	21,709	9,666	2,393	738	94,726
1933	8,672	24,881	11,059	14,270	18,327	15,420	3,054	899	96,582

* 包括由愛爾蘭自由邦輸出之少部份

表十九　五年間美國准許進口各類茶葉數量分析表

一九二九年七月一日至一九三四年六月三十日止　單位：磅

	1929—30	1930—31	1931—32	1932—33	1933—34	1933—34 百分比	1933—34較1929—30 增(+)或減(—)
紅茶							
錫蘭紅茶	27,846,565	27,279,238	26,810,300	22,490,544	18,569,019	21.68	9,277,546 (—)
印度紅茶	19,463,862	21,822,090	21,665,057	22,463,511	16,646,030	19.44	2,817,832 (—)
印錫拼和茶	531,882	571,781	660,633	658,130	995,840	1.16	463,958 (+)
爪哇紅茶	7,028,380	7,311,619	9,368,939	15,877,599	11,359,892	13.26	4,331,512 (+)
蘇門答臘紅茶	199,537	213,780	642,330	2,981,481	5,572,842	6.51	5,373,305 (+)
工夫茶	2,350,578	1,703,937	2,453,024	2,043,731	2,675,266	3.12	324,688 (+)
非洲紅茶	12,989	3,141	6,975	11,648	13,016	.02	27 (+)
台灣紅茶	……………	60,791	340,075	45,211	197,416	.23	197,416 (+)
正山小種	10,371	20,538	13,622	9,906	18,347	.02	7,976 (+)
其他紅茶	4,317	8,147	102,785	53,706	77,881	.09	73,564 (+)
紅茶小計	57,448,481	58,995,062	62,063,740	66,635,467	56,125,549	65.53	1,322,932 (—)
綠茶							
日本綠茶	14,452,675	14,408,998	13,713,797	13,631,780	14,203,627	16.59	249,048 (—)
日本綠茶末	1,237,132	1,760,970	2,073,975	2,994,600	3,014,735	3.52	1,777,603 (+)
平水綠茶	3,206,112	4,527,056	4,422,803	3,880,533	3,704,630	4.33	498,518 (+)
路莊綠茶	582,526	361,666	475,755	279,001	371,639	.43	210,887 (—)
印度綠茶	……………	117,898	119,113	……………	……………	……………	……………
錫蘭綠茶	490,680	306,750	1,046	68,498	181,145	.21	309,535 (—)
綠茶小計	19,969,125	21,573,338	20,806,489	20,354,412	21,475,776	25.08	1,506,651 (+)
烏龍茶							
台灣烏龍茶	6,216,650	5,675,679	6,980,250	7,720,995	7,246,323	8.46	1,029,673 (+)
廣州烏龍茶	277,999	207,860	163,095	144,521	160,852	.19	117,147 (—)
福州烏龍茶	……………	……………	59,136	……………	……………	……………	……………
烏龍小計	6,494,649	5,883,539	7,202,481	7,865,516	7,407,175	8.65	912,526 (+)
其他茶類	517,922	598,891	406,207	433,688	629,948	.74	112,026 (+)
總計	84,430,177	87,050,730	90,478,917	95,789,083	85,638,448	100,00	1,208,271 (+)

澳洲及新西蘭

澳洲在輸入國中爲大量茶葉消費國之一，輸入量列第三位。每人之消費量亦頗高。每年平均輸入額淨重四六、四三一、〇〇〇磅，每人之消費量爲七・二磅。現所消費之茶，較本世紀初期約增百分之八十，但較之一九二〇——二四年則僅多百分之七。換言之，數量雖有增加，但與人口之增加約略相等，故每人之消費量並無顯著之增加。澳洲市場之茶葉，主要由荷印及錫蘭所供給。前者約供給百分之六十至六十五，後者約百分之三十至三十五。事實上再輸出至新西蘭及其他太平洋各島之茶約有五十萬至一百五十萬磅。

新西蘭亦爲之茶葉大量消費者，惟此並非就消費之總量而論，因其每年不過一〇、九七八、〇〇〇磅。但以每人之消費量而言，平均每人須消費七・四磅，該國目前消費茶葉較本世紀初多二倍，每人消費量亦多一磅半。大部茶葉由錫蘭經都內丁(Dunedin)、奧克蘭(Auckland)、里特爾登(Lyttelton)及威靈登(Wellington)而輸入少量之再輸出茶係輸往斐吉(Fiji)及其他各島。

南非聯邦

南非聯邦所消費之茶葉數量較新西蘭略多，平均年約一二、四〇〇、〇〇〇磅，其在南非自產以供消費者則除外。所不同於新西蘭者，即該地有自產之茶葉，在納塔耳(Natal)之茶園每年產茶約六十萬至七十萬磅，所製茶葉大部份留爲聯邦內自己消費。當地產量雖逐漸減少，但同時輸入仍普遍增加。茶之主要消費者爲一百七十萬歐洲人，但有若干朋脫司人(Batus)、亞洲人及其他民族亦皆飲茶。每人之消費量以歐人計算，爲六・七磅；全部人口計算，爲一・五磅。茶在聯邦爲一大衆飲料，每日啜飲數次。由錫蘭輸入者佔百分之七十五以上，由印度、荷印中國而來者所佔百分數較少。輸入之茶葉通常爲大包者，小包者甚少。

加拿大及紐芬蘭

加拿大爲重要茶葉輸入國之一，每年淨消費額約四〇、三七四、〇〇〇磅，每人之消費量三·九磅。最近十五或二十年來淨輸入額顯示增加，但僅與人口增加率相等，每人之消費量僅能保持其原來之地位。較諸一九〇九——一三年略爲減少。令人驚異者，則爲加拿大每人之咖啡消費量亦有三磅。一九三三年茶葉輸入總額之百分之三十，卽一八一〇、〇〇〇磅，經英國運至加拿大市場；而由印度及錫蘭直接運往者，爲一六、八七三、〇〇〇磅及七、四八二、〇〇〇磅；日本茶輸入數量爲二、七二二、〇〇〇磅。由加拿大再輸出之茶平均爲五八五、〇〇〇磅，大部運往美國及紐芬蘭（Newfoundland）。

紐芬蘭飲茶甚爲流行，且消費量遠於過咖啡，一九三三年茶葉之淨輸入額爲一、五四三、〇〇〇磅，咖啡則爲八一、〇〇〇磅。由此計算，每人對茶葉之消費量爲五·六磅，而咖啡則僅〇·三磅，茶之輸入來源爲錫蘭、英國、加拿大及荷印。

德國

在歐洲大陸諸國中，德國爲主要茶葉輸入國之一，其輸入總額僅次於荷蘭，然其輸入之數量不及荷蘭之一半。由於大戰而起之變化，使歐洲諸國在戰前與現時之比較，更覺困難。按最可靠之統計，德國每人之消費量爲〇·二磅，較一九〇九——一三年稍大，輸入之趨勢與人口尙能保持平衡。一九三三年自荷印輸入之茶葉約佔百分之五十，英屬印度百分之二十四，錫蘭百分之二十，而中國爲百分之八。德國雖爲茶葉之良好市場，但其原爲一消費咖啡國，以咖啡之輸入總額計算，列爲世界咖啡消費國之第三位；每人咖啡之消費量爲四至五磅。

波蘭（包括但澤）

茶葉輸入波蘭係直接來自生產諸國及英國與荷蘭。在一九三三年約百分之三十五來自錫蘭，百分之二十三來自荷印，百分之二十一來自英屬東印度。波蘭用於消費之茶葉之輸入總額，次於德國，一九三〇——三三年每年平均爲四、二七二、〇〇〇磅。每人消費爲〇·一磅。

荷蘭

荷蘭爲世界最大茶葉消費國及再輸出國之一。有三分之一至一半之輸入茶葉，再輸出至其他各國。大部份茶葉係在荷蘭之港口如阿姆斯丹（Amsterdam）及特鹿丹（Rotterdam）輸入，其來源爲爪哇及蘇門答臘，此二地所供給之茶佔其總輸入額百分之八十以上。茶之消費量自本世紀以來顯已逐漸增加，輸入額亦增加三倍。每五年間之每年平均數列舉如下：一九〇〇——〇四年，八、〇三八、〇〇〇磅；一九〇九——一三年，一一、三三八、〇〇〇磅；一九二〇——二四年，二七、一〇、〇〇〇磅；一九二五——二九年，二六、一一五、〇〇〇磅；一九三〇——三三年，三〇、四九五、〇〇〇磅。每人之消費量（事實上咖啡之消費量已有十磅左右）在一九〇〇——〇四年爲一·五磅，一九二〇——二四年增至三·八磅，一九二五——二九年爲三·四磅，一九三〇——三三年爲三·八磅。

法國

法國爲一每年消費咖啡三萬五千萬磅以上之國家，茶葉每年僅消費三、五二五、〇〇〇磅，每人平均消費量估計約〇·一磅。茶葉主要來自英國、印度、中國及法屬印度支那。飲茶多在傍晚時分，通常限於中上階級及英、美、俄等僑民飲用。

捷克

捷克（Czechoslovakia）在一九三〇——三三年四年之間，每年茶葉之淨輸入量平均爲一、三八六、〇〇〇磅，每人之消費量爲〇·一磅，大部份之茶葉來自德國、荷蘭及英國之次要市場。

土耳其

據非正式之統計，土耳其茶葉之消費量爲數殊微，在一九三〇——三二年淨輸入額平均爲一、八四一、〇〇〇磅，每人之消費量約〇・一磅。

奧地利

如其他歐洲各國一般，奧地利（Austria）之戰時與戰後之數字，不能作精確之比較，按照現今之奧國面積及人口，一九二五——二九年之茶葉淨輸入額每年平均爲一、二三五、〇〇〇磅，平均每人消費爲〇・二磅。此項消費量較之一九二〇——二四年變更甚少。在最近數年，每年平均輸入約一、一七六、〇〇〇磅，此足維持每人〇・二磅之消費量。中國及印度茶爲輸入之主要者。

希臘

茶葉輸入希臘（Greece）爲量極少；淨輸入額約六十萬磅，每人消費量爲〇・一磅。大部份茶葉之輸入經由歐洲諸國，直接由產茶國輸入者甚少。

西班牙

西班牙(Spain)輸入之茶葉較諸希臘更少，約爲一年之譜，每人之消費量僅〇・〇二磅。茶葉多自中國、印度及印度支那輸入，茶葉之消費在一般人民間並不普遍，故實際上每人每年之消費量較通常計算法所表示之數爲高，此在其他各國亦大率如此。大部份茶葉消費於社交界或曾在外國遊歷之西班牙人中。

伊朗（波斯）

波斯（Persia）植有若干茶樹，但產量極少，所需之茶仰給於大量之輸入。在最近四年間之淨輸入額平均爲一二、四二三、〇〇〇磅，較一九二〇——二四年多四、三〇〇、〇〇〇磅。每人之消費量亦有增加，近年來自〇・九磅增至一・二磅。大部份茶葉來自印度，由中國雖亦有輸入，惟爲數殊微。再輸出貿易大部份爲運往阿富汗（Afghanistan）及蘇聯。

拉丁美洲諸國

拉丁美洲諸國並非茶葉之大量消費者，此類國家喜飲咖啡，其每年所需之咖啡，約佔世界咖啡總輸出額百分之九十。大體而言，茶之主要消費者爲城市居民，包括城市內之英、美僑民，因此實際每人消費量較淨輸入額與總人口之比例所表示者爲高。

在此數國家中，智利與阿根廷所消費之茶葉恆較他國爲多。淨輸入額前者平均爲四、二一四、〇〇〇磅，後者爲三、九八五、〇〇〇磅，此二國並不生產茶葉。冬青乾葉（Yerba maté）之浸液，亦曾爲阿根廷及智利南部所流行之飲料。茶之每人消費量，智利約一磅，阿根廷約〇・四磅。茶葉之大部份來自英國及在亞洲之英國屬地。但爪哇茶亦爲輸入智利之最大來源，亦有若干茶葉由遠東諸國輸入該二國以供消費者。哥倫比亞（Colombia）所消費之茶葉極爲微少，飲茶僅流行於外國僑民及富裕之哥倫比亞人。一九三二年之輸入額爲五萬四千磅。英國及美國爲該國輸入茶之來源。委內瑞拉（Venezuelan）之市場主要亦由英、美兩國所供給，每年平均輸入額爲六萬磅，在一九三三年僅三萬七千磅。在危地馬拉（Guatemala）雖有少數茶葉出產於阿爾太（Alta Verapaz），但大部份所消費者均由國外輸入，而消費者主要爲英、美及中國僑民。

北非

埃及所消費者之茶葉數量與紐西蘭、德國或南非聯邦相等，淨輸入額平均爲一四、五〇〇、〇〇〇磅，約較一九二〇——二四年之平均數多三倍，較戰前多七倍。人口亦已增加，每人之消費量爲〇・九磅，較諸一九〇九——一三年之〇・二磅，亦有增加。大部份茶葉由錫蘭、印度與荷印輸入。

摩洛哥（Morocco）消費茶葉較埃及略多。一九三〇——三二年每年平均之輸入額爲一四、九一二、〇〇〇磅，法國區域及坦及耳（Tangier）亦包括在內。每人消費量爲二・八磅，較埃及爲高。摩洛哥在其增加之數量上，並不呈現如何顯著之進展，雖其輸入額爲一向上之曲線。飲茶流行於各階層，而來自中國之綠茶尤爲歡迎。

突尼斯（Tunis）每年輸入平均約二、九七五、〇〇〇磅，每人消費量爲一・二磅。中國供給其大部份茶葉，每人之消費量在一九二〇——二四年爲〇・七磅，故已見增加。

第五篇　社會方面

第十七章　飲茶之早期歷史

下列諸章之歷史背景——原始部落最初飲茶之情形——茶變爲中國及日本之萬應藥——中國人飲茶進展爲一種社交儀式與日本以茶作爲美的崇拜儀式——在荷蘭英國及美洲成爲社交行爲

在述及關於茶在社會方面之各章以前，先須提及者，即中國人對於茶之飲用，乃學自中國西南邊陲山區之原始未開化人。此等未開化人恆於戶外煙篠彌漫之火上，將野生茶樹之青葉在鍋上烹煮，作爲飲料，此爲最早之起原；嗣後乃由中國人及日本人發展爲一種精妙文雅之社會宗敎的禮儀。在飲用茶葉之較早時代，不論直接或間接，茶湯常被作爲一種藥物，此種情形從未變更，而中國及日本之飲茶家皆認茶爲一種醫治人類一切疾病之藥劑。

約當公元七八○年陸羽時代，中國人已發表一種要求極爲嚴格之茶規，甚至使時式之家庭對於其中所述之茶具二十四事皆不可不備。全副碾茶、泡茶、供茶之器具，皆由藝術家及精巧工匠所製造。當其不用之時，則收藏於特製之精巧小櫥中，以顯示家庭之社會地位。

主持供茶一事，隨即成爲家長之權利與義務，無一主婦或家庭中其他分子能希望有此尊榮。僕人奉上一烘焙之茶團與主人，主人即置於一有雕飾之特製器具中搗碎之，放入一酒壺式之細頸壺中，然後接取沸水一壺，注於碎茶葉之上。浸泡之後，主人乃傾注熱氣騰騰之飲料於陶土之盃中。

在日本，飲茶在足利義政將軍特別愛護之下，達到其最高之地位。嗣後將軍薙髮爲僧，以餘年作「茶道」上之哲學的深思。此「茶道」之規律乃由其鼻祖珠光所規定者。茶道中製備飲茶之方法，導源於中國宋代之風俗，包括碾碎茶葉爲細粉，加入沸水，及以竹帚攪茶汁成泡沫等手續。

同時，「茶道」演進爲社會宗敎的儀式，飲茶之社會藝術爲一切較高之階級所注意培養，以與中國之茶禮相競賽。茶在日本，起初作爲一種藥物，僧侶與俗人同視爲神聖之劑，然其後則成爲在一切場合最普遍且在社會上認爲最正當之飲料。

一六三七年，荷蘭駐波斯大使館秘書 Olearius 發見波斯人及印度人爲中國茶之大飲客。據彼所記，波斯人將茶烹至黑而且苦；但印度人則將茶放入滾水，盛於華美之銅製或陶製茶壺中。

歐洲最初之飲茶者爲在十六世紀至中國及日本之耶穌會敎士，彼等同時學得飲茶及所在國人民之其他習俗。早在十七世紀，海牙之荷蘭東印度公司中之少數高貴愛護者，即以飲茶爲一種外來的而且極花費的新奇事物，用之於接見典禮。一六三五年時，茶成爲荷蘭宮廷中之時髦飲品。在該世紀中葉，英國少數大人物及次等人物時常用「中國飲品」作爲一種萬能藥，或用以招待若干貴賓。在一六八○年，每一荷蘭主婦必於家中設一茶室，即於茶室中以茶及餅供給來客。

飲茶在英國宮廷中成爲一種風尚，始於一六六一年查理二世之「飲茶皇后」—— Catherine of Braganza 來嬪之後。同時，東印度公司之理事團亦開始在集會時飲茶，因此不久在全英社會之高貴家庭中，成爲一種不可或缺之奢侈品。迨至安娜皇后之時（一七○二——一四），飲茶在英國乃成爲社會上一切階級之習慣。

在美洲，富裕之荷蘭及英國僑民亦自備美術的茶具，以與母國之時尚相競賽，並使飲茶成爲一種誇耀之社會禮式。

第十八章 茶在日本之尊榮

飲茶如何成爲一種儀式，以後變爲一種紳社之禮式，成爲社交之附屬物——達摩、佛教徒與茶——茶道——茶道之演進——茶室之美學——茶道大師之故事——利休之教訓——禮式之詳細節目——茶室——花之佈置及藝術之欣賞

日本對於茶之最大貢獻爲「茶道」或「茶會」。在中國，陸羽作茶經，最先將茶著成典則。在日本則有「茶人」或「茶主」以一種禮式供茶，此種精神至今仍保存於日本之供茶禮節及歐美之午後茶禮節中。

在中國與日本，茶皆從一種藥物而進爲飲料。自陸羽著茶經不久以後，茶即普遍爲中國詩人所讚美，而日本人則依其想像造成一種傳說，以爲茶起原於達摩（Daruma）。

達摩從未到過日本，然而日本禪宗僧徒對之最爲尊敬，由於彼等之崇奉，此種傳說乃在一般想像中佔得重要地位，以至使達摩之肖像成爲藝術家之題材，他如「根附」——玩具雕刻商以及煙草商人之招牌皆用之。

眞正之達摩——印度名爲菩提達摩（Bodhidharma）——爲禪宗（梵名 Dhyan，日本名 Zen，爲佛教之一派）之創始者，係佛教之第二十八代祖師。彼於梁武帝時（約當公元五二〇年），攜帶歷代祖師之聖碗，離印度而至廣州。武帝邀彼至首都南京賜以一山洞中之寺院爲駐錫之所，達摩在中國亦稱「白佛」，彼於此處面壁瞑想至九年之久，故稱爲「面壁聖徒」。

據云，達摩在瞑想中，某次曾入睡，醒後大爲惱恨，竟自割其眼皮，誓不再犯。當割下之眼皮落於地上時，生起一種奇異之植物，以此種植物之葉，可製成一種能驅除睡魔之飲料。於是有此聖樹之產生，乃出現茶之飲料。

其後，達摩主張但憑眞正功德不能建立事業，只能由清淨與智慧而建立之說，由此觸武帝之怒。於是彼乘一根蘆葦渡江而至洛陽。此種奇跡大爲中國藝術家及詩人所描述歌頌，並作爲故事。在一幅日本人模倣之圖畫中，達摩爲一黑面之印度僧人，黑鬚如巨釘，扶錫杖，立於波上而渡往日本。由此成爲日本玩具之根據，此種玩具即名爲「達摩」。「根附」之雕刻者對於彼之不眠予以幽默的形容，時常刻作大打呵欠之狀，伸兩臂於頭上，一手操塵拂；或刻作逸趣橫生的一堆肥肉，端坐如菩薩。亦有更不尊重者，則將彼作成一在網中之蜘蛛，或作成耽覩一美麗妓女之狀，以表示其並無祖師之德性。（註一）

日本人傳說達摩死於日本之片岡山，時當公元五二八年。死後飛昇極樂世界，遺留一隻鞋於棺中。所以彼之畫像有時赤足而攜鞋一隻於手中。據云，埋葬三年之後，有人見彼越中國西南諸山而前往印度，並攜鞋在手。皇帝命啟視其墓，則棺中已空，只餘鞋一隻而已。

達摩之哲理，在日本最先爲榮西禪師所宣播（約在公元一一九一年），榮西在其第二次赴中國時成爲一改宗者及茶之專家。飲茶知識及茶種之傳自中國，早於榮西約四百年，但彼對於促進飲茶及種茶上之貢獻甚大。在公元一二〇一年，榮西被邀往鎌倉，開始使禪宗與日本武人結合，蓋禪宗之法度特別適合於日本之武士精神也。（註二）

註一：見 Henry L. Joly 著：日本藝術傳，一九〇八年倫敦出版。

註二：見 Herbert H. Gowen 著：D.D., F.R.G.S.版日本外史，一九二七年紐約出版。

茶道之理想

岡倉氏云：「在十五世紀，日本造成一種美學之宗教——茶道」。

在日本佛教文化史上，Heinan 時代（公元七九四至一一五九年）以前飲茶雖已成爲一種宗教的及詩人的會談話題，但與飲茶有關之正式禮儀，則直至該時代之末期方才開始，此種禮儀大有貢獻於佛教之傳佈，而其文學精神之培養，則在數世紀以後產生宮廷及其文學之最光輝時代。

僧徒不但發現茶能幫助彼等長時夜禱之清醒，且能使彼等節食，由於達摩之傳說，更使彼等與茶親近，並認茶大有治病之功效。飲茶遂漸從僧徒及宗教界普及於俗界，因此成爲朋友集合、學問的及宗教的會談以及政治活動之媒介，以後在「茶道」中更成爲一種美學的禮節。

「茶道」最早係在寺院中舉行，一切皆與莊嚴之儀式相配合。其後乃傳入城市，其舉行地點，則在花園中之小屋內，以使環境與郊野近似。千利休爲最大衆化一派「茶道」之創始者，禁止在茶室中隨意談話，並要求依照嚴格規則及規定之儀節，以表演最簡單之動作，其中含有一種微妙哲學，其成果在日本人則名之爲「茶道」。

「茶道」爲一種崇拜美之文化，其要點爲對於自然之愛及物質之淳樸。教人以純潔調和及相互容忍。在某種意味上乃讚美趣味之高貴，其象徵爲「人道之杯」。「茶道」在日本文化上支配日本民間之風姿與習俗，迨五百年之久，爲一常存之力量。反映於日本磁器、漆器、繪畫及文學之上。在日本無分貴族與農民，共同崇尙禮貌，不論貴賤，皆熟悉佈置花朵，勞動者對於樹、木、水、石等物之敬禮，一如貴胄之所爲。

日本人常謂某種型之個性爲「彼無茶」，此種人不適於理解生活中較精細之事物；而耽美主義者則有時被稱爲「彼之茶過多」。

「茶道」頗能代表日本人之生活藝術。中國人之茶會，於茶壺及其製造者並不如此苛求，蓋因茶會在中國從未如在日本之成爲審美主義之中心。「茶道」被稱爲一種隱匿而可以爲君實現之美的藝術，暗示君所不敢揭露之物的藝術，以領悟個中高尚微妙而嚴迪平靜透澈的自笑——爲一種哲學之笑。

但在現代之日本，「茶道」則已幾成一過去之事物，此禮偶有表演於招待外賓之時，但此種本於高尙思想與簡單生活的動人之集會，却祇能在少數專精於古代風習之人中見到。

「茶道」之演進

禪宗僧侶在達摩或釋迦牟尼像前就碗飲茶之禮，即爲「茶道」之起始，禪宗寺院中之祭壇，即後日「床間」之雛型。「床間」爲日本客室中之上位，爲掛畫及置花瓶之處。

最早「茶道」法之頒布在足利義政將軍之時（一四四三——七三），當時日本暫時太平，將軍請 Shomyoji 寺僧人珠光爲其「銀閣」之禮儀導師，關爲京都附近之離宮。在一四七七年，將軍即退隱於其處。珠光介紹飲茶之術與其高貴之優越，將軍大悅，因此在宮中造「九九茶室」，熱心收集茶具骨董，時常召集茶會，以珠光爲「茶道」之最高僧侶。彼之典則，皆從習於古禮之人口傳而來。此等規則成爲一切禮節之基礎。珠光使用「末茶」於典禮中，將軍不但以茶款客，且以茶具賞戰士，以代刀劍。

推翻足利幕府之織田信長（一五三四——八二）亦崇奉「茶道」，Jo-o 首先教彼以此種文化，於一五七五年間，遂被任命爲第二高僧。Jo-o 以灰泥代替茶室牆上之紙。

著名之茶道家北向道陳及武野紹鷗之弟子千利休，亦曾爲信長之禮師。一五八六年時，彼在豐臣秀吉之下爲「茶道」之高僧，奉命修改茶禮，芟除許多珠光時代以後加入之繁文縟節。

一五八八年，秀吉在京都附近之北野松林下舉行一歷史性的茶會，繼續至十日之久。一切茶人皆被召攜自己之茶具赴會，如不服從則永不許其再參加茶禮。各方皆起響應，秀吉親與每人共同飲茶——此眞係一種民主的辦法。據 Toyotomi Koun Ko-Ki 所記：「水沸之聲，即在較達之處亦可聽到，約有五百人列席，佔地至三英里之長」。

千利休使「茶道」遍及於中等階層，且達到更合美學的禮式。彼以禮讓爲其基本原則，同時亦被認爲此禮之復興者，彼以爲茶會之要素爲純潔、和平、尊敬及理想。遂彼使「茶道」有許多改變與進步，並除去其繁冗。

約在一六〇五年，利休之弟子古田織部正又恢復若干舊法，至小堀政之則更增多富麗之浪費，背棄利休之嚴重格式，於是又回復十五世紀時之奢華。此外尚有若干著名茶人，各有其稍稍不同之形式。但在過去四百年間，此禮並無物質上之變遷。小掘遠州爲德川氏第三代將軍家光之宮廷尊師。片桐石州爲第六位亦即最末一位之「茶道」高僧，彼爲德川家綱（一六五一——八〇）之茶道大師。

茶室之美學

日本茶室本爲會客室之一部，以屏風隔開，謂之「圍」，其後成爲「茶室」，再次則發展爲獨立之茶屋，謂之「數寄屋」，據岡倉氏云：

此爲「幻像」之宅，因其可於一日造成，以容納詩的衝動。此又爲「空虛」之宅，因其除滿足美學的需要以外，絕無花飾。此又爲「不完備」之宅，因其供「不完全」之崇拜，故有意遺留若干未完成之事物，而使應用想像力以完成之。「茶道」自十六世紀後，影響日本建築至深，現在日本普通室內布置極度簡潔，幾使外國人見之感覺荒涼。

京都銀閣寺最早之茶室，至今仍與遊客及巡禮者以莫大之歷史興趣。在地板中央有「爐」，置於規定之地位。據某遊歷者所形容，「此奇妙之方洞，室之甚似遊戲之所，不似曾爲一大君主之居處」。此室簡單一如僧房，曾歸於相阿彌，此人爲一茶人、畫家及詩人，亦爲義政將軍之第一寵臣。

最早之獨立茶室爲豐臣秀吉時千利休所創，包括一小菴，其中可容五人之茶室與一洗滌整頓茶具之「水屋」，一供客坐待召請入茶室之「待合」及一連結「待合」與茶室之「路地」（園庭中之小徑）。茶室本暗示清貧，但因其對於工料之選擇，反而常使其成爲浪費之事。其簡單與純潔皆受禪宗之影響。室大小爲十尺見方，文殊師利及八萬四千修士曾受人歡迎於該處之一室，其大小即與此相埒，此種譬喻之根據爲空間對於眞解脫者不存在之理論。「路地」則供切斷外界之連絡，而表示瞑想之第一階段。

觀乎到茶室之路上布置，亦可見各大家之天才，階石皆布成一定之不正規狀態，乾松針、生苔之燈及常綠樹，則暗示寂林之精神，即在城市中心之茶室，亦如此布置。利休曾謂欲從「路地」之布置中獲得寂靜與純潔之效果，其奧祕存於一首古代小詩中：

舉目一望時，無花並無葉。微茫秋夜中，海畔有孤室。

小堀遠州則發見其靈感於下列之字句中：

一叢夏木，一灣碧海，一輪素月。

來客如爲武士，則必先將佩劍置於檐下之架上，因茶室爲一和平之所。無論貴賤皆須先洗手，然後躬身進入滑門，此門高僅三尺，意在使人謙抑。在室內，主人與客均遵守茶式之嚴格規律。在每一茶室中，皆有數種物件之樣式「暗示」——但非「描摹」——若干表現美與靜之思想。其中凡圖畫或花式，發響之茶釜，以及室中一般之清潔與和美，建築之非常輕巧，一切皆暗示人生之無常，誘客優遊閑暇，以發見自己之靈魂，歸於抽象方面之眞實美麗而暫忘人世之苦。

「茶道」無疑有顯著影響及於日本之美術及工藝，此種影響使藝術被限制於保守之範圍之內，任何矯飾與粗野之傾向，皆被嚴厲抑止。

眞正之藝術評價及花式藝術之產生，皆與茶道相聯繫。據岡倉氏云：茶道大師皆以宗教的愼重保護其器具，必須時常嚴視全套箱籠，其中一層套一層，最後乃爲一神龕，以錦包裹之，此物除最初包裹時外，甚少揭露之時。

彼等又以花綴於茶室一般裝飾之上，其後乃產生一種專屬於茶室之花師，但過於鮮豔之花，在茶室中爲禁物。依照片桐石州之指定，當園中有雪時，白梅花不能用於「床間」；野櫻與山茶在暮冬則可見於茶室花瓶中，因此種配合，似預兆春之到來。在夏日，若進入陰闇之茶室而見花瓶中插有一朵帶露之蓮花，則疲乏之精神自然因此可愛之象徵而爲之一振。

鮮花雖用於「床間」，但畫花之「掛物」（卽裱成之畫）則禁用。如用圓釜時則必襯以有稜角之水罐。「床間」之柱常用異色之木以緩和單調，且避免均齊之暗示。

茶道之原理自十三世紀以來，對於日本人民思想及生活成爲最重要之勢力。奢華變爲精鍊，自抑成爲最高道德，而簡單則爲其主要魔力。美術的與詩歌的觀念發生而造成一種與日本民族並存之浪漫主義。「茶道」在實際上之影響，蓋爲世界上所未有。

茶道大師之故事

關於各茶道大師之故事甚多，皆描述其嚴肅與高貴理想，以及其在「茶道」上之影響。嘗有人詢茶道大師利休關於「茶道」之祕密時，答云：「甚善！「茶道」並無特殊祕密，只除如何使茶適口，如何在火缽中加炭以調節火候，如何排列花草使合於自然，以及如何使各物冬暖夏涼而已」。問者頗覺失望。更問：「天下人誰不知如此」，利休欣然對之曰：「甚善，若果知之，卽爲之可也」！

某次利休之子道安方在灑掃園徑，利休告之曰：「勿太揩淨，試再爲之」！少頃，其子返告：「工作已眞正完畢，我已三次洗刷路石、燈、樹，甚至苔蘚——因經冲洗而皆光彩煥發，已無一枝一葉遺留於地」。利休呼云：「孩子！此非灑掃園徑之道，吾將示汝」！於是彼步入園中，握一紅而發金光充滿秋色之楓樹而搖撼之，使其葉脫落而散布於園中，其狀一如自然所佈置者，於是清潔與自然美倂而有之，方合於「茶道」之最高原則。

利休曾細心經營一晚景佳美之花園，「太閤」豐臣秀吉聞名而願往一觀，於是利休邀秀吉飲茶，然「太閤」到時卽爲之一驚，蓋因此園業已荒廢，滿園無一花朵，唯有一片細沙。「太閤」甚忿，進入茶室，則唯見「床間」一宋代花瓶中插有牽牛花一朵而已，此爲全國之皇后。

利休亦如無數其他「茶道」之熱烈信徒，然最後竟因眞實之崇拜而犧牲。蓋彼有女寡居，秀吉見而豔其豔，求以爲妾，利休陳說此女夫喪未久，而爲之求免，秀吉乃發怒。

當時乃叛逆流行之時代（據岡倉氏之記錄），人雖對於至親，亦不敢信任。利休不甘卑屈，彼對其威猛之主人屢屢犯顏爭論。彼之敵人遂乘隙誣彼參與陰謀，擬以茶毒殺秀吉。此語風聞於秀吉，在秀吉暴躁之性，凡有嫌疑，卽須立刻處死，不容置辯，彼對利休，祇與以一種權利，卽任其死於自己之手。

當利休在其自盡之日，舉行最後一次茶會，與其各主要弟子訣別。來賓集於廊下，園徑之樹木似乎發顫，樹葉聲中如聞無家孤魂之哀哭。灰色之石燈猶如冥府門前之鬼卒。茶室中飄出一縷異香，招客入室。彼等魚貫而入，各就其位，「床間」懸一「掛物」，其上爲一古代僧徒所書關於現世一切事物皆歸消滅之語，茶釜之聲猶如秋蟬之哀鳴。主人隨卽入室。衆客依次受茶，默默飲訖，主人則最後飲，依例首席之賓客，此時應請求察看茶具，利休以各物置於客前，並及「掛物」。一一展視之後，彼以各物分贈來賓，以留紀念，唯有一茶碗，則由自己保留，彼謂「此爲不幸之唇所沾汚之碗，將永不再爲人類所用」。於是擊而碎之。

茶禮既畢，衆客悲不自勝，掩淚告別出室，唯留一最親近者，以爲臨終時之見證。利休於是卸去茶服，置於席上，露出潔白之死服，恰然視殺人之短刃，以精鍊之偈語祝之云：

「人世七十，力圍希咄，吾這寶劍，諸佛共殺」。（錄日文原文——譯者）於是利休面露笑容，怡然長逝。

小堀遠州爲一鑑賞家，曾云：「見名畫須如見大君」。有一弟子曾謂彼所收藏勝於利休所藏，因彼所藏者，人人皆能欣賞之，而利休所藏者，則只能訴之於千人中之一人而已。彼云：「我何其平凡也，我惟顧大衆之趣味，利休則敢於收集，僅能訴於彼自己之美感彼，誠爲茶師中千人之一人也」。

「茶道」有時亦用爲卑劣之手段，據傳豐臣秀吉部下征服朝鮮之大將加藤淸正卽死於此。德川家康命一侍僕徭作爲主人，於「茶道」會中招待淸正，置砒霜於茶中。主人先飲，以誘淸正飲，淸正雖知必死，而終不得不飮，但彼之堅强體質竟能抵抗毒素而支持若干時。

利休之訓條

利休之訓條久已作爲參加「茶道」者一般行動之指針。

一、來賓集於「待合」室時，須立即擊木鐘自報。
二、入此合時，不僅須使手與面清淨，且主要須清淨其心。
三、主人必須迎客而導之入，如因主人之貧，不能供客以禮式中之茶及必需品，或食物無味，或甚至樹石不能怡娛賓客，則客可以逕自離去。
四、當水聲如松濤聲，並聞鐘鳴之時，客須立即自「待合」返還，蓋不應忘却水與火之恰當時間也。
五、在茶室之內外談及任何世俗之事物，久已成爲禁例，若談論政治，則尤爲罪惡，唯一可談者，爲茶及茶界。
六、在任何眞實淸純之會集中，主客皆不得以言詞或行爲相諂諛。
七、每次會集不得超過兩時間。（即四小時）
注意——會集中只能談論此等規則與格言以消磨時間，茶界不認社會上之差別，而允許貴賤可自由交際。
書於天正十二年（一五八四年）九月九日

雖說不承認社會上之差別，但對於少數客人仍按其對於「茶道」熟習之程度而多少易其待遇。著名茶器之所有者，接受一種連帶之光榮；「宗匠」——即禮儀之大師——之子孫，則較常人佔先。利休將茶室之大小自四席半縮小至二席半。

禮式之詳細節目

在說明實際禮式之詳情以前，先略述參加之人物。此方面大部分取材於 W. Harding Smith 在倫敦之日本協會中所宣讀關於「茶道」之報告。

依習慣每次請客不得超過四人。首席之客，普通皆擇有經驗而精於「茶道」之人，作爲其餘諸客之領導者或發言人。彼靠近「床間」而坐，在主人之左，幾與之對面，一切皆先墨此首客，餘客有所言，亦由彼轉達，彼最先入室。彼若爲一極專門之茶人，則剃光頭，此種行爲暗示淸潔純淨及抽象，似亦表示此禮之一種宗教的起源。

「茶室」經常爲四席半，約九呎見方，每席長六呎，寬三呎。此室築於離開住屋之花園中。

茶室入口處，一側有活動之格子滑門，只二呎見方，來客由此而入，進入廚房處則另有一門。又一側則爲「床間」，常掛畫（掛物）或名家法書一軸，「床間」之旁懸一花瓶，爲竹製或籐編。花瓶亦有時懸於天花板上。「掛物」及花卉之排列皆依簡單之原則。

花園之佈置甚有風味，具備山石樹木及石燈，有時且有人造池塘及其他風景，園中自此處至彼處，皆有階石相連接。

當衆客畢集之時，彼等擊木鐘爲號。此時主人即領彼等至茶室門首。主人跪坐讓客先入。衆客首先在「儲水鉢」洗濯面手，此鉢爲一粗石，頂上鑿一穴，有一柄杓供注水於手，在冬令則有一盆溫水置於「儲水鉢」旁以供客用。

在入室以前，全體卸下草履，留於戶外，置於入口處之階石上。

客人全體入室之後，面對主人而坐，相互鞠躬爲禮，主人於是起立稱謝衆客之光降，旋即走向通廚房之門，並告知客人謂將往取燃料，當主人去後，衆客即觀察室中布置及裝飾，跪坐於「床間」之前，稱讚「掛物」及花之排列。此種舉動有時由每一客於入室時行之。「床間」之畫，一般認爲最合宜爲足利派之單色風景，其代表作品爲雪舟之畫。在花之裝飾方面，則形成特別一派之花式藝術，以後在日本極爲普遍。此方面之理想亦爲簡單嚴肅，植物生長之表現比顏色之配合尤爲重要。花瓶各式俱備，自雕飾之銅器以至簡單之花籃及以一截竹筒所製成者。「茶道」之花卉排設雖極簡單，但極有趣味，其最能表現禮式之性質者，恐爲「床間」之旁所掛之花籃。紅花及香氣强烈之花皆不用。

主人自小室中以籃盛炭，回至茶室，炭皆有規定之大小，並攜以羽毛三根作成之塵拂一柄，用以提起茶釜之一面有缺之鐵環二隻，及撥炭之「火箸」一雙，行動遲緩而周詳，將此等物件放置地板上，然後取滿盆之灰及一竹刀排列於火爐附近，於是提取爐上之釜，放於竹席上。

釜普通爲鐵製，但亦有時以銅製，表面往往粗糙，著名茶葉專家曾發明許多新形式之釜。自三脚爐上提取茶釜，此爲一種記號，使客湊近而注視生火之過程。惟此亦須經過恭敬之請求，然後行之，主人首先堆積燒殘之炭屑，將新炭排成格子形，然後以新鮮之灰粥攤之，並以竹刀撥成富有風趣之形狀，再加白炭數塊於頂上。此種炭係以躑躅樹——一種石南科落葉灌木——之枝製成。此種樹枝先須浸於和有貝殼粉之水中。主人從「香箱」中取香少許點着，仍取茶釜置於三脚爐上。於是衆客讚頌如儀，並請察看「香箱」，此物常爲藝術品。當「香箱」還與主人後，有一段休息時間。主人退往廚房，客則散往花園中。

此禮式中之第一部，指導上有各不相同之方式。夏季與冬季之方式有若干不同。在夏季，「風爐」以陶製，置於地板或席上；「香箱」及「茶入」（即盛茶葉之器）皆以漆製，在冬季，則「香箱」及「茶入」皆以磁製，而「爐」則爲一方鐵框之火盒，約十八吋見方，嵌於地板中，與席子相齊。在冬季園中，到處散布乾松針；在夏季則園中不斷洒水，舖石皆洗刷清淨。若干作家認爲此等差異全出於主人一時之意念。季節之分，常以五月至十月爲夏季，十一月至四月爲冬季。室內之裝飾，常以季節而改。例如：秋季以菊，夏季以芍藥，春季以櫻等等。「掛物」亦依季節而更換，甚至漆箱亦象徵不同之季節。集會時間亦各有殊異，但下列時間則爲正例。

一、「夜入」（即隔夜），夏季上午五時，此時「床間」之裝飾用旋覆花及其他同樣易謝之花。

二、「朝茶」，冬季上午七時，常擇積雪之時，以欣賞新鮮之景物。

三、「飯後」，上午八時。

四、「消晝」，正午十二時。

五、「夜話」，下午六時。

六、「不時」，除以上各時外之任何時間。

茲再述主人及客退出茶室以後之情形，在此時間，主人乘機掃清室內，重整鮮花，Conder 在所著關於日本花式之書中有云：「有時當客退出後，主人移去「掛物」，而於其原處另懸新排成之花」。於是在水開始沸響時，主人立卽擊鑼召客再入茶室。客人入室後，主人布食物及酒於彼等之前，皆先敬首席之客。每客皆給以白紙，以供包裹不能食之物，使無一物殘留。然後通常進糖果，食物常甚簡單，後人認爲十六世紀之式樣。

若干作家謂在此第二階段之後，又有第二次之集會，此時主人重行整理室中，改着特製之服裝，以備其後之一切重要禮儀；但在其他作家之記述中，則退出茶室祇有一次，主人在許多禮節之下，分別將一高約二呎之桑木製桌子——此件有時省去——及一漆製或磁製之「茶入」——尤其著重後者，小石罐往往爲貴重之古董——取入室中。此等小罐常有象牙蓋，以絲織品之袋愼重包裹之，此袋往往以名人之衣服製成。此等「茶入」之最高價者，爲加藤四郎左衛門在瀨戶所製。加藤亦稱藤四郎，於一二二五年赴中國研究磁器至五年之久，且攜回製磁之材料，以中國陶土製成者則更爲尊貴。

主人又回來攜一「水差」或水注子以供茶釜之水。此器往往極粗樸，但亦有形狀優雅而製工甚精者，主要之美觀在釉。

「茶碗」爲最重要之器具，大爲品茶者所重視。「唐津燒」、「薩摩燒」、「相馬燒」、「仁淸燒」，尤其「樂燒」等製品皆甚合用，上列最後之一種特別爲茶客所珍重，秀吉甚至以金印賜其創製者河米屋（朝鮮人，死於一五七四年）之子長四郎，特許其在磁器上印一「樂」字，此卽秀吉宅第名「聚樂」之第二字。「樂燒」茶碗之構造非常適用，塗有一層海綿狀之厚糊，不易傳熱，粗糙之表面易於掌握；微向內捲之邊沿可防外溢，所敷之釉光滑適合於人口，但仍能使綠茶之泡沫一如在黑色粗磁中之明顯。

在上述各器之外，尙有「水翻」，卽用以洗茶碗等物之碗；「茶筅」，卽用以攪茶之竹帚；竹製之「茶杓」及「袱紗」，卽絹製之巾，普通皆紫色，用以擦拭茶碗等器。此巾須摺叠如定式，用後收入主人之懷中。此種物件，皆按規定之程序，個別取入茶室。

主人取入各物後，與衆互致敬禮，禮儀於是開始。先將各物洗拭一過，主人自絹袋中取出一茶葉罐，放二杓半「末茶」（卽綠茶粉）於茶碗中。此茶係在手磨中研成之細粉，而非如吾人所常用之茶葉。熱水通常用杓傾注於碗中之茶上，但在釜中之水太熱時，則用一種名爲「湯冷」之罐，先將熱水移入其中，以待稍冷，然後注於茶上，因滾水使茶湯太苦。用充分之水注於茶上則成「濃茶」，其濃度幾類於豆羹，此種茶須以竹帚急攪，使其頂層起沫，然後奉與首要之客，客吮吸之，且問此茶從何而來，並談論葡萄酒之釀造經過。客於對主人讚頌之外，飲茶時吸氣作響，亦爲一種禮貌。

首席之客飲畢，將茶碗遞與次一客，如此依次傳遞，最後乃達於主人，主人最後飲。有時並布巾或抹布一塊，用以持茶碗，且於每客飲過後，用以揩拭茶碗，茶碗須托於左手掌中，以右手扶持之。

「茶碗」之規定方式：第一、客取碗；第二、舉碗齊額；第三、放下；第四、飲茶；第五、再放下；第六、回復第一之原位。在其後之同位置中，茶碗之方向，逐漸向右轉，將原來接觸客身之一邊轉至其對面當主人飲畢時，常向客致歉，例如自稱茶料甚劣云云。最後，空茶碗乃由衆客輾轉觀賞，蓋此碗常爲一貴重古物也。於是禮式遂告完畢，將茶壺、茶碗再洗一過，衆客亦即告辭，主人跪坐於茶室門側送客，接受彼等之讚頌祝詞，經過多次之鞠躬及儀節以後，方纔別去。

若干作家謂尚有一種「薄茶」，在禮茶之後與糖果及旱煙同喫，但更有權威之作家則認爲此種茶係在禮茶中於「濃茶」之前飲用。

「薄茶」有時單獨飲用而不伴以「濃茶」，此茶頗非正式，或在茶室中當作「濃茶」飲用，或在家庭之客室中飲之。飲此茶之客無人數之限制，每人各執一杯，亦同樣察看室內及茶具，但禮節較簡。

第十九章　茶園中之故事

偉大之獵人——「老虎山姆」之命名——「小主人」之喉舌或七十年代亞薩姆植茶者之生活——「大主人」、「茶園中之工程師」、「茶廬」等故事——「好訪問之巨象」——「在彼掌握中之一羣象」

當茶葉在亞薩姆發軔之始，情形至爲幼稚與原始，其時自加爾各答至釋甾珊茄區（Sibsagar）至少須六星期路程，祗有曾在與文明隔絕之熱帶地方住過之人，方能領略此中況味，故在植茶事業中發生一種特有之謠俗，自亦不足爲奇，其中有許多故事乃遠自植茶開創時代流傳至今。當時所謂「大主人」（印度語 burra sahib），乃指英國經理而言，確爲一偉大之獵人。森林中各種野獸時常向人肆擾，其意似欲與大自然同負保護森林之責，而不許人類對此蓊鬱之林木任意加以斫伐或毀損。例如「老虎山姆」（Tiger Sam）一類帶有野蠻色彩之故事，係出於一位孟加拉俱樂部會員之口，其事當非虛構。

「老虎山姆」之命名

有一噬人之之猛虎，在一處農場中傷害不少人命，擄去許多在田間工作之雇農。農場主人因此大爲震怒，召集鄰居二人商議對付辦法。三人飽餐以後，相偕至一空廢平屋（bungalow）之遊廊下，守候常在該屋附近出沒之猛虎。在進餐時，三人曾飲烈性之酒，故在晚風送涼之佳境中，即不覺昏昏入睡。未幾，其中一人突被若輩所伺候之猛虎嚙臂以去，不禁失聲而呼，其餘二人從睡夢中驚醒，見事已十分危急，乃即開鎗擊斃猛虎。此虎口餘生之好漢，以後即以「老虎山姆」出名。

蟒蛇與樹幹

此爲關於早年植茶之另一故事，由一以說謊聞名之亞薩姆種茶者所口述。

有一羣勞工正在森林中砍樹，以備開闢一茶墾區，突然發現一碩大無朋之蟒蛇。若輩一見大驚，四散奔避。其中有一人趨告主人，主人即攜鎗而往，此輩工人驚定之餘，亦隨主人同行。工人爭向主人指點發現蟒蛇之處，但主人諦視亂木堆中並無蟒蛇之影跡，乃一躍而立在一株斫倒之大樹幹上，登高瞭望，亦仍一無所見。於是詢問工人：「蟒蛇究在何處」？若輩同聲應之曰：「主人正踏於蟒蛇之背上」。

小主人之喉舌

在十九世紀末葉，加爾各答之「英人報」（The English Man）發表多篇文字，假託爲十九世紀七十年代在亞薩姆茶園中工作之一約克郡（Yorkshire）童子所作。於一九〇一年，此項匿名之短稿文字印成單行，本名「小主人之喉舌」(Rings from a Chota Sahib's Pipe)，此種文字頗富興趣，從側面表現英國植茶業開創者之生活。下列各稿係從此書中選錄其中最有興趣者，該書作者據稱爲前印度茶業協會之一職員。

大主人

如說「大主人」（burra sahib）爲一愚人，是極端謊謬之語。彼本人亦曾充當助手，不過彼對於此事似已遺忘，此實爲有利於彼之一缺點，自然彼尙有許多其他優點，但無一可補救其缺點。此外，彼尙藏有極好之威士忌酒。

此位大主人——即我之大主人——給予我不少麻煩，關於如何栽種一事，彼有彼之意見，不幸我亦有我之辦法，但一家人自相紛爭，必致覆亡。一個茶園亦不能自相分裂，以自速敗亡，此爲不易之理。大主人如能許我一顯身手，則一班茶園主人何致不知如何處置其所得之利潤？但大主人竟不許我有一抒抱負之機會，以致茶園主人祇能得區區百分五之股息。事實是如此，大主人實爲天之驕子——我輩皆呼彼爲「老大」——閒坐家中悠然自得。孰知天下事之不平竟有如此者，我等在低溼之槃地上流汗工作忍受雨淋日炙之苦，而日與惡劣之環境奮鬥。當夕陽西下蕉鳥噪林之際，「老大」驅車而來，在我等四週巡視，彼面貌嚴肅，不露一絲笑容，每到一處，總是嘮嘮叨叨，百般挑剔。我等作完一天苦工，已覺疲乏不堪，最後又須受一肚骯髒氣，天氣又非常之熱，眞令人難受。

最後在秤茶葉時，大主人亦常到場監視。此爲在一天工作中使人最感不快之一事。其實秤茶葉照理應認爲最愉快之事，因此爲一天中最後一件工作。大主人對於女工送入之茶葉總無一認爲滿意，可憐之女工，不用說又須挨一頓臭罵。大主人環繞製茶工場巡閱一週以後，即揚長而去，一天公事乃告完畢。

請注意，大主人對於茶園中一天所做之各項工作，無不多方吹毛求疵，任情辱罵；其實一切工作皆由幹練之助手加以監督與指導，何致不滿人意至於如此地步。至此我等如獲得大赦，由「馬克」（Mac）——一切較有權力之工程師稱爲「馬克」——打開工人宿舍之門，放我等進去。

茶園中之工程師

工程師究屬如何一種人，恐以莎翁之生花妙筆，亦不能形容畢肖。

「馬克」（即工程師）對我頗信任，但關於彼之本身，我有許多事欲問而終於不敢，因彼之性情極爲暴躁，恐將攖彼之怒也。例如，彼穿一雙巨大而有重鞋跟之皮靴，此爲一種英國皮靴，我知其價必甚昂。此種大皮靴係在其本國蘇格蘭之鄉村中所製，每隔若干時，即有一雙從其家鄉寄來。彼對於此項皮靴甚覺自豪，常誇稱此靴經久耐穿，簡直不致損壞。如果此言可信，何以有如許皮靴接二連三的寄來？彼之住宅離工場不過三十碼，而且完全在室內工作，日與野獸般之機械爲伍，絕對無穿皮靴之必要，如改穿一雙舒適之便鞋，在工作時必較爲輕便，但彼偏喜穿此笨重之鞋，步履時橐橐有聲，不僅有損工場之地板，且攪擾他人之清靜。

同時，祇批評「馬克」之皮靴而不及衣服，似欠公允。彼每晨所穿之衣服非常整潔，當彼在家中穿上整潔之服裝時，儼然有紳士風度，惟一進入工場五分鐘以後，即變成其粗獷之本來面目。其入引擎間後之第一件舉動，即將衣服脫去，與螺旋鉗等雜掛在一板釘上。彼到引擎間必須經過其辦公室，室內有一清潔之小衣架，此蠢漢何以不將衣服掛在衣架上，而必欲與垢污油膩之工具並置一處，眞是匪夷所思。

脫去衣服以後，彼即發出一種滿意之感喟，捲起衣袖，露出一副久經工作又粗又壯之臂膊，然後伸手至引擎之每一部份摸索一下，並向引擎親暱地致意說：「汝今天覺得如何？一切皆無恙乎」？

彼對此龐然大物毫不畏懼，往往在引擎之臀部輕拍一下，在他處又撥弄一下，彼常與大活塞角力，或爬越飛輪之上，每遇一把手，彼即加以啟閉，彼忽而鑽入引擎下面，忽而從一旁溜過，或給予一下重擊，彼將其每一肢體冒險撫摸以後，乃從一片激盪摩擦聲中一躍而出，全身染滿垢污與油漬，惟面上浮現一種勝利之紅潤。

「馬克」從引擎間通過製茶間出來，遺留一大批被虐待而大鳴不平之滾筒、烘乾機、篩分機等，此類物件無一能倖免彼之毒手，彼忍心地拴束每一機件，如果在手旁偶或找不到把手、活塞或槓杆以滋擾任何機器時，則彼必以最粗俗之語句指着機器狺狺而詈，聊圖洩憤。

其次，茶葉間亦爲「馬克」所所注意之一處。「馬克」在各間屋內追逐揀葉工人之一種神情，煞是好看。借「馬克」在製茶間巡視，確爲值得嘗試之一事。

好訪問之巨象

Andrew Nico為一窮苦而勤奮之咖啡與茶之種植者，在錫蘭頗爲有名，彼慣於對同伴侈談其如何善於射獵之事。某次彼攜僕至野外帳幕露宿，對其驚恐之僕人述說下例一則故事：

「我等前在巴的加羅（Batticaloa），爲一野象所擾，（Jock Cum ming）對此獸已追蹤多日，但總無法接近。那時我住在一間小屋內，夜間有一僕人睡於我之脚後。有一夜我爲僕人之驚呼所驚醒，同時聞屋頂上有一種如重物墜下之聲響。在昏暗之燈光下，我祇見一隻象之巨鼻在我頭上左右搖動，象之巨頭充塞小屋之門口，彼顯然想趁空間時來與我等嬉戲。我即探手至牀下，拾取一枝實彈之鎗，徐徐瞄準發射。霎時即聞一種天塌地崩之狂吼聲。我乃將鎗放置原處，一轉身，僅在五分鐘內又呼呼入睡。第二天早上，有一隻巨象直挺挺地躺在我小屋門前，蓋即我夜間所擊之象也」。

在彼掌握中之一羣象

Frederick Lewis回憶其在錫蘭六十四年之生活及經歷，曾向人訴說，有一次彼如何控制一象羣之故事：

「我攜鎗而行，但並不希望能獵得比山鳥更大之禽獸，故祇帶少許彈藥。且就當時之情形觀之，即使此少許彈藥亦無使用之必要，因在森林中似乎非常靜寂而缺少生氣。

「突然有一種砰磅聲使我等不覺大吃一驚，齊向聲響所來之方向注視。我等即刻爲一象羣所包圍，我之伙伴四散奔避，紛紛就臨近之樹木猱升而上，祇遺棄我一人陷入危境。在此千鈞一髮之際，我亦非速自爲謀不可。

「幸而相去數碼之遙，有一株相當大之無花果樹。我即用手帕繫住鎗機下面之鐵攀，以齒咬之，趕快爬上無花果樹，以期及早獲得安全。其時地面草木稀少，故我在樹上能望見相當距離以外。

「此一羣巨獸顯然向我等包圍上來，霎時停立不動，豎起長鼻在空中東嗅西嗅。我一數共有十七隻，但不全是大象。此次肇禍原因蓋由於一隻小牛。眞奇怪，此牛似知我藏身所在，老是跟隨不捨。

「我決定放射一鎗，但並不對準任何一隻象，不過擬藉此鎗聲而使羣獸驚走而已。第一鎗祇使羣象呆立不動，同時發出一種驚奇之狂吼，第二鎗居然發生效力。使羣象倉惶駭奔，不過不幸其所奔逃之方向正與我等歸去之路同一路線。

「我從樹上爬下來，召集我之伙伴，一同向前進發，但不到半小時，我等又被同一羣巨象所包圍；上述小牛緊緊躲在我之身旁，使我大受其累。

「我再連發二鎗，驅散羣象。但此次彼等向另一方向奔竄，故我等得以繼續前進而不再受阻擾」。

第二十章　早期之飲茶習俗

中國最早之煮茶方法——茶變爲社交上之習慣——飲茶成爲一種儀式——禪族人以茶作爲食品——緬甸以茶作爲生菜——壓製茶貨幣——日本人尊崇茶——西藏之牛乳茶——荷蘭之茶迷婦人——英國飲茶習俗之發展——一盤茶——午後茶——茶與節制——美國早期之飲茶習俗

最早之飲茶法，係將青葉放於鍋中烝煮，如郭璞所述者（約當公元二五〇年）。最初對於中國飲茶法之改進，則爲陸羽在「茶經」（公元七八〇年）中所引「廣雅」（譯者按：此書凡十卷，魏張揖撰，隋曹憲音釋，清王念孫註疏，爲一古代辭書）中之方法，「廣雅」云：「凡飲茶，燔茶餅使赤，搗碎置磁壺中，注沸水於其上，加葱、薑及橘。」

昔時茶之供應，半爲款待賓客，半爲藥用，以茶能助消化。增食欲之故也。待客時，必先出若干食品盤碟，再取出茶，直至陸羽後約二百年之宋代，始將茶作爲普通飲料。

中國飲茶至宋代（公元九六〇至一一二六年）而普遍於全國，末茶爲此時代之時尙，至是始廢去調味之鹽，而得嚐茶之固有香味。此時茶室興盛，名稱雅緻，如「八才子」、「純樂」、「珍珠」、「菀家室」、「二與二」、「三與三」等品稱，茶室內每飾以芬芳鮮花，並羅列「名當花」所製之薇茶及肉羹茶供售。

「廣雅」中列葱、薑及橘爲茶之調味品，陸羽更加以棗及薄荷，再後則只用鹽，此等調味品直至宋代亦未全廢。

耶穌會教士 Pére Couplet 於一六五九年到中國，深諳中國之歷史與風俗。據彼云：中國人亦常用一種雞蛋糖茶，其法係將一撮茶葉，用一杯開水冲泡，在飢餓而不及正式備餐時，則以兩枚新產雞蛋黃攪勻，加上充分之砂糖，然後傾入茶中調和飲之。

中國人普通飲茶從來不用牛乳或糖，唯一例外，只有在一六五五年中國皇帝招待數名荷蘭使者之宴會中，據云當時曾用熱牛乳於茶中。

無論早期飲茶之法如何簡陋原始，及其調製在想像中如何不適口，但茶終於代替水而成爲普遍之飲料，且用以招待賓客，並盛行於貴族社會中。在中國與日本之貴族及學族，每日無時不飲茶，而對往訪者亦爲唯一之款待物。

飲茶在習慣上用以招待偶然來訪之客，但亦時常爲正式之饗宴，當賓客入門時，主入贈給若干票券，以示歡迎，迎入第一廳內，賞飲以茶，然後再導入餐廳。華南定婚禮節中，亦以茶爲暗示物，即以一不能移植之茶苗，表示須從種子抽芽開始，此時，求婚一方，即暗示一新抽芽之茶苗，而非一移植之茶苗。

暹羅北部之禪族將茗（即野茶樹）或蒸、或煮，製成球形，與鹽、油、大蒜、猪油及乾魚同食，此種風俗現在依然保持。一八三五年，印度總督 William Bentinck 曾任命瓦 N. Wallich 爲茶葉委員會主席，從事調查在印度種茶之可能性，渠於當年曾有關於早期禪族飲茶習俗在以後發展之紀述，彼發見星孚族（Singkhos）及甘提族（Kamtee）皆飲野茶葉之浸汁，茶葉之製法爲「切成細屑，除去梗及筋，烝煮後擠乾成團，再於日光下晒乾，保存備用」。

禪族飲茶舊習之形跡亦見於緬甸 Ietpet 或茶之「生菜」之製法及吃法中，此爲丕耶族（Pelaungs）歷久相傳之一種醃茶，其製法係將野茶葉煮後再經搓捏，然後用紙包好，或用竹筒貯藏，埋於地下數月，使其醱酵。僅在婚禮及其他隆重之宴會中，方將其掘出作爲一種珍品。

此外，有人以茶爲一種飲料，亦有人以之爲一種食物，且倘有第三種用途，卽將茶當作貨幣。在中國以茶充作貨幣，由來甚古，茶初發現之時，卽有茶幣。中國之有紙幣，遠在西洋之前，但與僻處內地之各部落交易時，則因彼等大部份爲遊牧人民，紙幣甚少應用；至於壓縮而製成之茶幣，則旣可用爲消費品，又可用爲實物交易。眞正貨幣離其發行之地點愈遠，價値卽愈減；正相反，茶幣則離開中國茶園愈遠，價値愈增。最初之茶幣爲牛榨機所印之粗笨茶餅，此物以後爲機器製造之堅硬如石之茶磚所代替。其後茶幣流通之區域大見減縮，但磚茶在中國若干部份及西藏，則仍用爲貨幣。

日本人對茶之尊崇

飲茶之風傳入日本時，最初僅在佛寺中，作爲一種社交及醫藥上之飲料，僧人每誇耀茶之潔淨純潔，以示崇敬。

與茶相隨而起之美學的發展，漸次形成一種信條，一種禮儀，及一種哲學，禪宗僧徒在莊嚴之達摩像前行飲茶之禮，奠定著名之「茶道」禮式之基礎，此點已見上文。此在日本藝術及文化上給與一種强有力之影響。

壯觀之「茶旅行」

在一六二三年首次舉行之「茶旅行」，從使日本人予飲茶以更高之尊崇。此爲每年一度自宇治首次送新茶至江戶（今之東京）獻與將軍時之展覽行列，全程長達三百哩。

將軍府中有幾個大茶甕，皆爲眞正呂宋磁製品，其中三個每年輪流送還宇治。兩甕由兩「代表家族」裝滿茶葉，第三甕則由其餘九家「佩物茶師」裝入。運送茶甕有莊嚴之行列，以茶道大師一人爲前導，伴以大隊衛護及隨從，旅程所經之每一采邑，皆有鋪張之歡迎及奢費之盛宴。茶甕之運離江戶皆在夏至前五十日，抵達宇治之後，卽置於一特備之貯藏室中七日，以待其完全乾燥裝盛之後，送往京都，停留一百日，護送之人乃遥返江戶，待至秋日，再往京都攜取。茶甕之歸途，經過每縣，又有隆重之歡迎儀式及盛宴。凡路逢此行列之人，卽使爲國中最高貴者，亦須俯伏向茶甕致敬。

「茶旅行」頗爲靡費，節儉之將軍德川吉宗（一七一〇——四四）乃廢止之。

茶在日本，一方面被崇奉成爲一種唯美主義之宗敎，另一方面則成爲炫耀展覽之對象。同時，飲茶則開始拓展成爲一種國內消費，但在一二〇〇至一三三二年間，茶對於一般大衆仍爲一種過份之奢侈品。

「茶芝居」之遊戲

約在此時，又流行一種品茶之遊戲，稱爲「茶芝居」或「茶試」。其法乃羅列十處甚至百處茶園所產之茶，蒙蔽雙眼，就其中數十種茶樣關任擇試飲，而辨出其相同者。此種遊戲要求味覺上極端微妙之注意。其後此種遊戲之狂熱甚至使足利尊將軍（一三三六——五七）企圖加以禁止。此種遊戲直繼續至近代爲止。

西藏之攪茶

西藏人甚早卽發展彼等自己獨特之飲茶風習，直至今日。英國旅行家William Moorcroft在十九世紀初年曾發現喜馬拉雅地區之西藏各階層人士，皆飲大量之茶，其中且加奶油及其他成份而攪之。據彼所記：

早餐時，每人約飲五杯至十杯，每杯約三分之一品脫，當最末一杯飲至一半時，卽在所餘之茶中加入充分之大麥粉，調成粉糊，然後以此糊傾入一堆厚膩之泡沫，調成供食，此種泡沫則與以前數杯飲完之同時卽已準備者。

約供十人用之早茶，其調製法係將一隔磚茶及一隔蘇打放入一夸脫（四分之一加侖）之水中，烹煮至一小時，或烹至茶葉充分浸透，然後將茶汁濾淸，攙入十夸脫滾水，水中摻和一隔半之石鹽，再將全部傾入一狹細圓筒形之攪拌器中，加入奶油，攪之使成爲一種細勻油膩之褐色汁水，頗似朱古力，此時卽將其傾入茶壺，以供飲用。

在午飯時，財力寬裕之人又備茶，佐以麥餅，並有麥麵、奶油及糖混合之糊，皆熱食。

據Moorcroft訪知，西藏之飲茶普遍於各階層，惟此僅爲十八世紀中葉以後之事，但在此以前，則富裕階級已飲用數百年之久。

富人所用茶壺爲銀、或鍍銀之銅、或黃銅所製，飾以花葉及動物之各種奇異圖樣，皆爲浮雕或攘絲細工，每人皆有自已之茶杯，爲磁製，但更普遍者，則以一七葉樹之節製成，亦有於其邊上飾以銀者。

關於早期西藏飲茶最有趣之紀述，當推Lazarist傳教師Pére Evarist Régis Huc所作在一八五二年發表之「韃靼、西藏及中國紀行」一書。於紀述許多其他事物之中，並談及彼所認爲「自有紀錄以來最大之茶會。」在Kounboum一富有之巡禮者於一茶會中款待全體喇嘛四千人，據云當時之情景使人所得之印象最爲深刻，一行又一行之喇嘛端然靜坐，童僕自廚房運出大壺，以其中之茶分給衆僧，此時主人則俯伏於地，直待茶壺已空及祝頌之歌唱畢爲止。

荷蘭之茶迷婦人

在荷蘭，當茶葉輸入歐洲之時，茶價之高，使貴族以外之人皆不能飲用。茶葉皆裝入加封蓋印之小罐而送至荷蘭東印度公司諸要人之手，此外尚輸入「中國磁」，爲一種薄如蛋殼之細小茶杯、茶壺，以爲供備「中國飲品」之用，其可驚之費用僅次於茶葉價格。約至一六三七年，若干較富裕商人之妻開始以茶供客，而東印度公司之「十七頭」亦不得不命令「每隻船攜帶若干罐中國與日本之茶」。

至一六六六年，茶價稍稍降低，但仍多荒謬之索價，每磅能售二百至二百五十弗洛林（Florin），約當八十至一百美元，故僅富人能耽於飲茶。直至輸入量較大，價格因而抑抵之後，飲茶始成爲普遍化。在一六六六年至一六八〇年之間，飲茶成爲全國之時尚，富有之家皆備一特用之「茶室」，較低階層之市民，尤其是婦女，則在啤酒店中組成飲茶俱樂部。

飲茶之熱狂流行給與當時作家們以種種嘲諷之資料，其中之一例至

今仍可見於喜劇「茶迷貴婦人」，此劇曾於一七〇一年在阿姆斯特丹上演，並於同年將劇本刊行。

在此時代，飲茶賓客之蒞臨多在午後二時，主人以鄭重之禮貌接待之，寒暄之後，客皆置其足於生火之脚爐上飲茶，此爐冬夏皆設，此時女主人即從嵌銀絲之小磁茶盒中取出各種茶葉，放入小磁茶壺中，茶壺皆備有銀製之濾器。女主人照例請每一客自選其所好之茶，但此種選擇普通皆反請女主人決定，然後即裝入小杯。客有喜飲在茶中混入其他飲料者，則由女主人以小紅壺浸泡番紅花，另以一較大之杯盛較少之茶遞與該客，請其自行配飲。糖在最初即已使用，但在一六八〇年法國de la Sablière夫人發明加牛乳以前，並不見於茶盤之中——茶盤皆以磁或核桃木製成。

至於飲茶之時，則不用杯而用碟，飲時須囁吸作響，以表示讚賞女主人之「美茶」，談話內容則限於茶及與茶同進之糖果餅乾，每客狂飲十至二十杯——或云四至五杯——之後，並進白蘭地酒及葡萄乾，和糖而啜飲之，同時並供給煙管以供男女吸用。

茶會之狂潮，結果使無數家庭落入頹廢，蓋婦女皆因好閑遊而委家事於傭僕也。無數爲夫者歸家發見其妻委棄紡車而出遊，則忿然而往酒店。激烈之論爭自然即因之而起，社會改良家乃對茶加以攻擊，於是有許多著作亦多表示反對。

當荷蘭飲茶之「番紅花時代」（The Saffron period of tea），全期所用之茶皆爲中國與日本之綠茶，至十八世紀之後半期，則紅茶開始取而代之，此時紅茶亦取咖啡爲早晨飲料之地位至於某種程度。

英國飲茶習俗之發展

自一六六二年查理二世之后葡萄牙公主Catherine將飲茶之習傳入英國宮庭之後，一種飲茶方式與習慣乃開始形成。較早時期，茶在倫敦咖啡館中純粹供作男子之飲料，並無何種特別禮節，當時茶以小桶裝盛，猶如麥酒。但宮庭中人，由於受荷蘭王室及彼等自已之「飲茶王

后」之影響，而於飲茶上造成一種時髦風尚。茶在當時爲非常糜費之物——一六六四年東印度公司以每磅四十先令之價格，購買二磅以進英王——在其初傳入時，每杯中所供之茶僅大如指圈之一小堆。

在喬治一世時代（一七一四至二七年）以前，茶仍爲一種稀貴之物，至該則綠茶始隨以前飲用之武夷茶而進入英國市場。飲茶已漸見流行，茶葉價格亦降至約每磅十五先令；但在此價格之下，茶仍爲一種不能信託僕人之貴重物品，於是家庭起坐室中遂有裝璜富麗之茶箱，以木料編板、黃銅、或銀製成，分爲盛綠茶與盛紅茶者，皆加鎖珍藏。據 Humphrey Broadbent 言：在一七二二年時，英國之習慣飲法，係將足供一杯或數杯之茶，放入茶壺內，然後注入沸水任其浸泡片刻，再繼續添沸水至各人認爲適當之時。

茶壺大都爲高價之中國磁器，所容不過逾半品脫，茶杯之容量則少有超過一大湯匙者。又常用一種稍大些許之鐘形銀茶壺，此種茶壺，並爲 Anne 女王（一七〇二——一四）所愛賞，據傳說，當女王在位之時，時髦者皆以茶代替早餐時之麥酒，曾發生不少失態之事。

茶之有一定之社會地位，可由當時詩人之各種吟詠中看出。一七一五年，Pope 詠一貴婦人於喬治一世加冕禮之後離城赴鄉云：

讀書飲茶各有時，細斟獨啜且沉思。

在同時代之 Young，於「嘲諷」詩中詠城中一美人云：

兩瓣朱唇，燕風徐來，吹冷武夷，吹暖郎懷。

當貴婦人啜茶已足之時，卽將茶匙橫於自已茶杯之頂，不然則以茶匙輕叩自己之茶杯，以示在場之紳士可起而取去此杯。又別有一法表示茶已足夠者，則爲將茶杯倒轉，覆於碟中，有詩云：

怎麼了？親愛的 Hoggins 太太，你把碟子底朝天倒轉來！
奇怪！你怎麼喝得這麼快！

飲茶在愛丁堡（Edinburgh）自 York 公爵夫人傳入之後，亦成爲時髦風尙，在該處之貴婦間，認爲在未全飲乾以前，不應卽還杯再斟，因此須査點茶匙之數，以査每客是否皆已重行接得自己之茶杯。

愛丁堡飲茶之另一禮節，規定在杯中之茶用匙攪過以後，其匙應豎立於杯中，而不平放於碟中。飲時普通皆用「碟」，然後就碟而飲，此似卽由於留匙於杯中之習慣而起。

在一七八五年，倫敦茶價仍甚高昂，故茶客將茶葉浸泡數次以盡其味，由此種方法而發生定則，卽：武夷茶泡三次，工夫茶泡二次，普通綠茶、貢熙或珠茶則泡三至五次。

「一盤茶」

「一盤茶」（A dish of tea）一語卽暗示「裝碟」，但亦有各種不同之意義，蓋因其與一杯或一碗茶相對照，且爲伊麗沙白時代與「一盤牛乳」等習俗之沿傳。此法之存在迄於十九世紀中葉。在某一時期中，此「一盤茶」在午餐後飲用，卽在今日一小杯咖啡，亦於每餐之末進之也。

一盤茶在其另一意義上，有一段趣事流傳，卽「當第一磅之茶初到潘利司（Penrith）時，有人贈此茶與一小集團，而不指示如何用法，於是彼等立將其全部放入鍋中烹煮，然後環坐而食茶葉，佐以奶油及鹽，且以如此之食物竟有人嗜好爲異」。

「茶」、「茶時」及「厚茶」

「茶」之普通用義，初時似係指一用茶供待賓客之場合，例如一接待之禮。而「茶時」（Tea time）則指此種招待之時間，但以小酌與茶水同進，以當晚餐之所謂「茶」，則僅爲十八世紀以來之事。宗敎改革家 John Wesley 在一七八〇年曾記之云：彼所遇之社會中，一切分子皆「進早餐時並進茶」，此正說明當時茶已成爲正式之一餐。

「厚茶」或「肉茶」（high tea or meat tea）係以肉及其他美味

之物與茶同食之一餐，此似在「茶」本身已成爲正餐之後所採用者，但始於何時，則英國考古家亦未能證明。

午後茶之起源

午後茶之起源，可能由於十七世紀 Southerne 所作之「妻之宥恕」（The Wive's Excuse——一六九二年）中之數行書信。

Alexander Carlyle 在其自傳中述及一七六三年在哈羅門（Harrowgate）之時髦生活云：「諸貴婦輪流供給午後茶與咖啡」，午後茶之成爲一種顯著而一定之禮儀，全世界當歸功於第七世Bedford 公爵夫人Anna（一七八八至一八六一）。當時人皆食豐盛之早餐，午餐則爲類似野餐，並無僕人侍候。其後直至八時始進晚餐，中間並無其他飲食，晚餐後則於會客室中飲茶。公爵夫人乃別出心裁，規定於五時進茶及餅餌，蓋據其自言有「一種消沉之感覺」（Sinking feeling）。

女伶 Fanny Kemble 在其所著之「晚年生活」中，記載伊之最初認識午後茶，係於一八四二年在 Rutland 公爵之貝爾福別墅（Belvoir Castle）中，並云：伊不信此種在今日普遍尊重之習慣，起源於更早之時。

茶與節制

在一八三〇年代，茶於打倒酒精飲料一點上，成爲節制主義者之盟友，茶會(Tea Meeting)在利物浦(Liverpool)、伯明罕(Birmingham)及普列斯頓（Preston）皆有舉行，出席人數多至二千五百，皆供以茶。置茶具之桌上，並陳以鮮花及常青植物。當時有一種記載曾云：「財富、美麗與智慧皆出現，極多改善之美德與其含笑之侶伴，增加會場中不少興趣」。

美國早期之飲茶習慣

茶之用爲飲料，在荷蘭於十七世紀中葉已確定，午後茶之習尚，且越大西洋而至新阿姆斯特丹（New Amsterdam）。與茶一同傳入者，有茶盤、茶壺、糖盒、銀匙、濾器與其他茶桌上之附屬品，此皆荷蘭主婦所誇耀之物。

牛乳在最初並不使用，但新阿姆斯特丹善於社交之主婦皆以糖或番紅花及桃葉爲茶之調味品。伊等之客或取一糖塊而細嚼之，或以砂糖攪入茶中，故茶桌皆備糖盒。盒中分爲二部，一半盛糖塊，一半盛砂糖。桌上又有篩子（Ooma），其中實以肉桂粉及糖粉，用以洒佈於熱餅乾等物之上。

Washington Irving 在所著「臥鄉傳奇」（Legend of Sleepy Hallow）一文中，曾以生動之筆描寫一早年紐約（當時尚名新阿姆斯特丹）之奢華茶桌。

紐約人在革命前，烹茶皆用泉水，由水販在近郊之茶水䟽筒中汲取，沿街叫賣「茶水」，「出來拿你的茶水！」之呼聲，直至十八世紀中葉始不復聞。

英國統治者及彼等之富裕保守黨友人，實助成新英格蘭早期飲茶禮節之尊嚴，但在十七世紀之七十五年時代，茶價太高，終不許其常用。惟至該世紀之末，則飲茶已非常流行，不但影響於該時代之用具，且供茶之器，亦須銀、磁、或陶製，茶壺及磁茶杯、茶碟，皆富麗昂貴。此外，全部茶盤裝備，皆爲著名工藝家之作品。

許多起坐室中，皆備有數種茶桌，殖民者社會生活之大部皆集中於此。此事使他處轉輾仿效，由此發生波士頓茶會。最高之大桌、小鍋架及桌面爲一托盤之四足桌，皆爲特製以供此用者。此等桌子之木料甚爲精美，其上置以精雅美術化之茶壺、茶杯，與室中之色彩相配合，極能引起美感。其後，當美洲殖民地婦女不得不以放棄飲茶爲一種愛國義務時，使許多人歎息不復再見此等器具。

在共和國成立之初，茶始再出現於美國食桌，成爲各餐之主要品。由當時之記載，吾人可知華盛頓居於維爾農山（Vernon）之日，「平常早餐時，按照英國之風俗，有茶及印度餅，佐以奶油；有些亦以蜜佐食，因彼對於蜜有特別之嗜好。彼之晚餐甚爲簡單，有茶及烘麵包，並飲酒」。

茶在美國晚餐中爲主要飲料者，經過年代甚久，以致「晚餐」（supper）與「茶」（tea）二字，竟成爲同一意義。

第二十一章　近代之飲茶習俗

主要飲茶國之煮茶法與飲茶法——大不列顛與愛爾蘭，最大之飲茶者——新西蘭人與澳大利亞人每天飲茶七次——荷蘭——美國——其他歐洲各國——中國與日本——其他亞洲各國——非洲與拉丁美洲各國——報上之珍聞

亞洲飲茶之禮節及習俗，由來甚古。其中若干民族對於茶之煮法及飲法，至今仍墨守舊法，未少改變。在西方消費茶葉各國中，其最初之飲法，均模襲中國，嗣後由於各國風習之不同，飲茶方式亦逐漸演變。以下之敘述只限於主要消費諸國，次序先後，則依該國每人每年茶葉平均消費額之多寡為準。

不列顛及愛爾蘭

聯合王國之人民為全世界最大之茶葉消費者，彼等每人每年約消費茶葉十磅，其飲茶方法之講究，迥非他國可比，泡製及供飲之事，在該國幾認為一種藝術，全國無論男女老幼，似皆知道如何泡製一杯可口之好茶。

在不列顛本土，大部份均喜飲印、錫、爪哇及中國之拚和茶，惟印度、錫蘭茶則多數直接飲用而不拚和。中國茶不論拚和者或不拚和者，仍為評茶家所需求。大量之消費者購入各種精茶，惟私人消費者則每次購買極少有至一磅以上者。祇在英格蘭方能獲得濃厚之糖茶，適於英國人之口味，而且有助於茶葉之貿易。

銀製、磁製或陶製之茶壺，均屬適用，但磁製及陶製者常被認為最適於盛中國茶。若干茶壺並裝有浸泡筐（infuser-basket），以便於煮泡之後將茶葉取出。

一人用之茶壺，用茶葉一茶匙，放入預先燙熱之茶壺中，待水沸後，沖入浸泡，約五分鐘即可飲用。若不用浸泡筐，則有時將茶汁注入另一熱壺，使與茶葉分離，以免其味過濃。英國人不用茶袋，彼等以為無袋時更能泡出汁液；至於彼等取出茶葉之法，在富有人家則用裝於茶杯或茶壺上之濾器。

普通皆於茶杯中加牛乳或乳酪。多數人民則用冷牛乳摻和，但亦有喜熱飲者。茶杯中先放牛乳，然後將茶傾入。在蘇格蘭則因乳酪較薄，故與牛乳交互使用；在英格蘭西部則牛乳甚濃厚，故乳酪不甚使用。亦有少數飲俄國式茶者，其法即於玻璃杯中放一片檸檬。至於糖則完全為調味品。

咖啡館及飯店中供一人飲之茶，每壺售價自三便士至六便士（美金六分至一角二分）；在較好之中等飯店，普通茶價為每人一壺四便士（美金八分），但欲零泡壺則不一定供給。茶壺普通有種種大小，適用於一、二、三人或四人。

習慣上常以一隻與茶壺相稱之罐，盛熱水供客，以備有時添入茶壺之用。此法使茶可多泡數次，常有以每人一壺之茶斟至三杯者，此誠為最廉之飲料。

不列顛王國飲茶之程度，不但使美洲或歐洲大陸之遊客驚異，甚至使本國人對此加以估量者，亦為之驚異。英國社會中，每一階層皆有其特殊之飲茶風習。上層社會之午後茶，為英國風俗中最顯著之特點，亦為一日中聚會之最好機會，至於執家庭雜役之「老媽子」（Old Betty），如臨時雇用之女僕及洗衣服等人之午後茶，則為彼等最爽適之一餐。在富有之家之飲茶時間（Tea time）常在極遲之夜餐以前，但在貧家則在

極早之夜餐以後，此二極端恰為同一時間。

在屋有僕人之家庭，則有進早茶一杯之習慣，此第一杯茶由僕人送至床前，作為醒睡及興奮之劑，以開始一日之工作。許多旅館中亦有供給此茶之習慣，其賬單中常列有如此一項。

當勞働界採行十小時工作制之時，勞働階級皆於淸晨五時半飲茶一杯。丈夫多於此時起身，生火或點着煤氣燒茶，自飲一杯，另以一杯給與其妻，然後出門。彼之早餐則於兩小時半後，在工作處進用，亦飲茶。在今日八小時制之下，工人皆於出門以前進用早餐，十之八、九有飲茶習慣。

在較上等各階層中，早餐時飲咖啡者較為普遍，但亦有一大部份人飲茶。在旅館中進早餐時，可任意選擇茶或咖啡，可知茶亦為普遍之飲料。

在下午七、八時以後，茶壺照理應已無用，但亦有人於臨睡時尚須飲茶一杯，佐以少許麵包及乾乳酪者，其時間約在十時左右。新聞業及其他業中作夜工之人，則可在通夜開門之咖啡室中飲茶或咖啡。修理道路時，夜間看守工具之人亦於「警告危險之紅燈」圍繞之中，獨坐木屋，在燈光下進餐飲茶。

近年以來，英國社會狀況之變遷，使飲早茶及午茶之風推廣及於家庭僕人、店員及職業婦女之間。中午飲茶之習不常見於富家，但在勞働界及中下階層中，則甚普遍。此等人每日之主餐為午餐，有肉、蔬菜及甜食一種，繼之以茶一杯。英國上中階層著名之「五時茶」(five O'clock tea)，近來則以午後四時或四時以後五時以前飲茶為較通常。若認此茶為一餐，則可謂最簡單之一餐，僅有茶一杯及糕餅或餅乾而已。以午餐為主餐之人，其每日之第三餐即以茶為名，此餐較富有者之午後四時之茶為豐富，因其後不再進晚餐也。此茶常於午後六時當工人回家之時進之。

星期六下午及星期日，倫敦人可自由作郊外遊覽。往往特雇一小舟泛於泰晤士河中，攜其野餐及酒精鍋，於河岸樹蔭下，進其午後茶。至於僅能駕機器腳踏車出遊之人，則多於倫敦市外二、三十哩處，停車於樹林或山頂，以檯布鋪於草地上進其野餐之茶。

最近有移動茶店（Caravan tea shop）出現於英國南部，此係裝於一小汽車上，在乘汽車者羣集之處，停駐供茶。

往昔倫敦咖啡館盛行之時，一單身之婦女不能入內，但其後茶室代之而起，對於婦女亦與男子一視同仁。

倫敦茶室之先鋒為 Aërated Bread 公司，普通簡稱為 A. B. C。A. B. C. 之茶價每杯二便士，或每壺三便士。此公司有茶店六十五所，其競爭者甚多，如：「里昂」(Lyons)，在倫敦市內及市外有數百普通茶店及多數巨大華美之飯店，佈置成世界最大之茶店網。「先鋒咖啡館」(Pioneer Cafe)為數在五十以上；快速牛乳公司(Express Dairy Co.)有二十所飲茶店 。其他倫敦著名茶室尚有：白查德(Buszards)、里基衛(Ripgways)、卡賓(Cabins)、卡拉德(Callards)、弗萊明(Flemings)、魯勒爾(Rullers)、J. P.s、立普頓(Liptons)、麥加咖啡館(The Mecca Cafés)等等。倫敦大百貨商店如塞爾弗力茲(Selfridges)、惠特萊(Whiteleys)、哈洛德(Harrods)、巴克氏(Barkers)及蓬庭(Pontings)等，皆有佈置成富有誘惑性之茶室，以期吸引婦女顧客。無數較小之上等茶室，羅列於倫敦市之全部，其中皆有合奏樂隊及茶舞。倫敦平常茶店之茶價，每杯自二至三便士，每人一壺之茶則為三至四便士。

里昂茶店可算英國最好習俗之正式代表者。該店本其四十年來「一壺好茶售兩便士」之舊觀念，在里昂茶店中，至今仍可以三便士（美金六分）買茶一壺，或兩便士買茶一杯。

談到里昂茶店時，不可不提及綽號 Nippy 之女招待。里昂經理部之目的，在於抬高或甚至「尊崇」女招待之職務，所以設法從女招待之服裝上，除去每一點僕役之形迹，製成一種最時式之外衣，省去高領袖口及早期維多利亞時代之圍裙飄帶，務使此等女招待時髦高尚而又舒適。當採用此 Nippy 之名時，店中當局曾費數月之心機。此字在通用英語中之意味為「活潑、伶俐而有精神」。當此名用於里昂型女招待時，卽迅速變成之普遍之名詞，至今已通行於全倫敦市。

在「十字街頭之里昂茶室」（Lyons Corner Houses）中，每日有優良之合奏樂隊演奏。公司在合奏樂隊之音樂遊藝方面，每年通常須費十五萬鎊（美金七十萬元）以上。

在愛克塞特（Exeter）、派頓（Paignton）及湯頓（Taunton）各處之「德勒爾」——卽「西部咖啡館」（Dellers, the Cafes of the West），在倫敦以外可稱為典型之茶店，茶價每壺四便士。

當夏季時，英國每處幾皆可於舒適爽快之環境中，在露天飲午後茶。倫敦之公園中皆設有茶園，主要在海德公園（Hyde Park）、肯星頓花園（Kensington Gardens）、動物花園（The Zoalogical Gardens）及丘花園（Kew Gardens），每處茶價皆為四便士。在此等公共處所，可見倫敦社會之各色人物，在此據桌用其午後茶，或在樹蔭下，或張白傘以蔽日光。在露天下，每人各執一壺，另有熱水可「隨意」斟添。若至近郊各區，則私人邸宅於午後茶時間將其客室及後院暫變為茶室或茶園者，尤隨處可見。窗上或門口顯明地揭貼「茶」字，此為過客所最觸目者，而茶之標記粲然飄揚於旗桿之頂者，亦非少見。

倫敦許多旅館中，亦有午後茶供給住客及外來賓客。平均每客取費一先令六便士，連夾肉麵包及糕餅則為二先令六便士。在劇院及電影院之日場中，顧客亦於休息時進茶。所有俱樂部皆供茶。茶在重要社交大事，如阿斯柯馬賽（Ascot Races）、亨萊船賽（Henley Regatta）、勛爵球賽（Lords Cricket Ground on Harow vs. Eton day）及王公遊園年會（Kings Annual Garden Party）等等之中，皆屬有聲有色。此等場合如無午後茶，則似將失去英國之風光。

倫敦各級飯館極多，大半晝夜均有茶供飲，多數高貴飯店，雖均置備酒類，但實際均專於製備午後茶。

倫敦各鐵路車站終點，月台茶車及茶室營業發達，座客常滿，尤以夜車搭客，且爭欲得一熱茶以「送別」，此時尤為熱鬧。月台茶車及手推之小車，載一盛有熱水之缸，以一普利瑪斯燈（Primus lamp）保持其溫度。夜半火車到達倫敦之前，常先停於一、二百哩外之一站，以便搭客在站內小店中購飲熱茶或咖啡。

英國人必須隨時有茶——而須飲優級之茶，始感愉快，英國較重要之各鐵路皆顧及此點。故沿路皆有供給茶之設備，小自一簡單之茶盤，大至富麗之茶室或食堂車，均甚精緻。

英國鐵路力求旅客乘車之舒適，若干年後方有人擬於列車內設一餐車，或從車站月台上以盤盛茶，供給車廂中之旅客。來往倫敦與里茲間之大北鐵路於一八七九年首先裝備餐車。現今則任何客車均有此設備，一切等級之搭客，皆得享受，除茶點費之外，不另取費。

在倫敦中部與蘇格蘭鐵路（The London Midland & Scottish Railwy）之餐車中，每年供應之茶達一百十六萬杯。餐車中每杯茶售四便士，茶之外並附以麵包、奶油、土司或餅者，則售九便士。在大西鐵路上，曾於一年中供給茶二百五十萬杯以上，及茶籃一萬七千隻。

茶籃係就車廂而供給搭客，使彼等不必離開車上之座位；因其便利，或極普遍。在晝間正常進茶時間，當列車到站時，皆有大量茶籃供應，夜間更通宵售茶。茶籃用完後，則放置於一旁，或納入座位之下，待抵大站時，由特用之人伕收拾，送還與原來發出之站。大西鐵路之茶籃中，更有一搪磁襯盤。籃中除茶葉以外，並有熱水、牛乳、麵包與奶油三片，餅及香蕉或其他果品一枚，取費一先令三便士（美金三角）。

「茶時」之習慣，亦通行於一切英商所經營之大洋輪船中。在白晝，午後茶在大餐室中或甲板上供給，由甲板侍者主持之。卽在半夜中，上等艙室之侍者亦可應旅客之需要，而供給茶及餅。

英國最早之「空中茶」（Tea-in-air）由來往倫敦巴黎間之皇家航空公司（The Imperial Airways, Ltd.）於一九二七年首先創行。為便利倫敦人嘗試「空中茶」之風味起見，該公司特於五月至十月間，開設午後環繞倫敦市之正常飛行班次，全部費用每次為三十先令（美金七元五角）。

在世界大戰時期，許多英國工廠中開始一種新習慣，即於上午十一時前後，以與車站月台所用者相同之茶車，送茶至各工人所在之長機或機器之側，此種習慣似因當時大量女工進入工業而起。現在此種辦法實際上雖已消滅，但十一時飲茶之習，則仍以各種形式存在於許多工廠、大商店、辦公室等等地方之女工及女職員中。在不供給茶之辦公室中，男女工作人員常有規定之時間，可以出外在近處茶店飲茶。

倫敦商人於下午四時在其辦公室內之工作，必爲一女打字員之入室而間斷，同時有茶兩杯送入——其中一杯即供給進來之女職員者。即舉行董事會議時，亦須爲茶盤之攜入而暫時停頓。抑更有甚者，即堂堂衆議員亦不能免俗，茶室中不乏議員之足跡，在天氣晴和時，若輩且於面臨泰晤士河之著名露台上，露天飲茶。

數年前，倫敦一家手巾公司發明一種「辦公室茶」（Tea-in-the-office）之辦法，供給全副用品，包括新鮮之茶、糖及餅乾。

在北愛爾蘭自由邦，常倣效英國泡茶之方法，即將水燒至沸點，立即傾注於茶葉之上，在供飲以前，可浸泡五分至十分鐘。一般常喜極濃厚之泡製。各階層之人民皆用茶。飲茶常在早晨七時九時，用早餐時；十一時，午後一時，用午飯時；四時；七時，晚飯時；並往往在夜間十一時就寢之時。在北愛爾蘭，茶之零售常以一、二、四及五唡或一磅包裝於封套內。在自由邦，尤其在南部及西部之茶，則常取其最佳之品。

新西蘭

新西蘭人民每人每年消費茶葉約七磅半，每日須飲七次之多。近年來茶袋雖開始使用，但新西蘭主婦泡製之法，大體仍用英國式。住居鄉區之所謂「後排」（Back Blocks）中之人，則好用烝茶法。

飲茶常用兩隻壺，一只盛茶，另一只盛熱水，茶之濃淡按飲者之口味而調節。總之茶之濃度遠甚於大多數其他英語國家。新西蘭雖爲世界最大乳酪產地之一，但飲者卻偏重於牛乳調茶。

早晨起身時，進茶一大杯，佐以一片塗奶油之麵包，或一片餅乾。早飯時又飲茶一大杯。十一時進早茶，此不但爲家庭中之事，且爲大多數之辦公室及商店等習用之。全人口中至少有百分之九〇皆於午餐時飲茶。午後四時，家庭、旅館、飯店、茶室及辦公室中，又有茶之供給。晚宴時飲茶更多，約在九時或九時半。新西蘭人又有一餐謂之晚餐（supper），而進此最後一餐之主要理由，可謂即在飲茶。

總之，新西蘭人可說有百分之八〇皆每日飲茶七次，每次一至三大杯；百分之九〇每日飲六次；而百分之九九以上，則至少每日飲四或五次，錫蘭茶爲彼等所最歡迎。

新西蘭各重要城市皆有茶室。且有各種等級，自僅供麵包、奶油或餅以佐茶之無名小店，以至大百貨公司中常有之奢華茶室。後者在每日上午十一時及下午四時特別擁擠，社交之早茶亦與午後茶同樣普遍。

每家綢緞店皆設有一茶室。其中最佳之一爲基督教堂（Christchurch——地名）之巴蘭庭綢緞公司（J. Ballantyne & Co.）所設之巴蘭庭休息所（Ballantyne's Lounge）。另一著名之奧克蘭（Auckland）之條多茶室（Tudor Tea-room），設於密爾恩抑易斯百貨公司（Milne & Choyce's Department Store）內。該茶室一部分爲一飯店，除早茶及午後茶之外，並供給小食。所用鍍銀茶壺，分爲一人、二人或四人用者。所裝之茶皆用機器秤量，以期分量準確。條多茶室之經理部又設備一熱水烝煮器，以保證泡茶必用沸水。每人一壺之茶價爲六便士（美金一角二分），帶夾肉麵包及餅等物，爲一先令三便士（美金三角）。

澳洲

許多人認爲個人飲茶之優勝獎，應授與居住「後排」中之澳洲大牧場工人。此等居住空曠地方之「四餐肉食之人」（four-meal, meat-fed men）可算文明種族中之身材最高者，彼等於每一可能之機會，必飲最濃厚之茶。

世界上任何一國飲茶之普遍，鮮有能勝過澳洲者。該處每人每年之消費，幾近八磅。印度、錫蘭及爪哇茶之混合茶，最爲通行。在許多家庭及大部份之旅館中，每日供茶七次——早飯前，早飯時，午前十一時，午飯時，午後四時，晚飯時及就寢前。一切大辦公室及公司商店，皆於上午十一時及下午四時，以茶供給雇員。

在普通澳洲家庭中，茶之製備方法皆如新西蘭，但「後排」游牧民族之煮茶方法，則殊有差異。當彼等早晨從床舖中爬起時，立即以一烟薰焦黑之錫製 Billy 罐燒水，以一掬茶葉投於水中，任其煎煮。直至同時所煮之醃肉燒熟之時，茶已煮透可供早餐。食畢後，則任錫罐放置微火之上，待天晚歸家時，再將火燃起，將文火蒸煮竟日之濃黑茶湯，燒熱取飲，視爲無上快樂。

此等野人（Bushman, Sundowner 或 Swaggie）所用之錫罐，名爲Matilda，其理由則不明。有一首幾成國民歌曲之歌詞，詠讚此物，名爲「跳舞的Matilda」，其歌尾之疊句云：「你來伴我舞，Matilda」。

大城市中之茶室與在倫敦、紐約者甚相似。在悉德尼（Sydney）之Leonora 茶室，早茶及午後茶價皆一先令。各主要餐室皆供早茶及午後茶，普通每客一先令。在悉德尼之私人旅館，宿費皆按星期計算，其中包括午後茶。

在飯店中，茶之泡製使用大缸，其狀如在美國旅館及不用侍者之食堂中所常見者。在澳洲亦正如在美國一樣，此種辦法只行於廉價之處所。在飲午後茶時間，普樂亦爲其節目之一部份。

鐵路亦沿途供給茶。搭客在橫貫澳洲大鐵路（The Trans-Australian Railway）上，頭等搭客之早茶及午後茶皆免費供給，二等搭客則因不能進入休息車而在臥車中飲茶。一杯附有供麵包之茶取費六便士。除早茶及午後茶以外，車上於早晨七時尚就各搭客之舖位供茶一次。茶以剛沸之水泡製，傾注於茶葉上，泡至三、四分鐘，然後移入一預先燙熱之茶壺中供飲，最後供給一壺熱水。

加拿大

加拿大爲西半球最著名之飲茶國，每人每年消費幾達四磅，主要用印度茶及錫蘭茶，日本綠茶所佔百分數甚小，祗銷行於木材產區一類地方。

加拿大人泡茶之方法頗爲特別，多數家庭中之泡茶，皆係先將一陶製茶壺燙熱，放入一茶匙之茶葉——此爲兩杯茶之量——然後以已沸之水注於其上，浸至五至八分鐘，再將茶汁傾入另一熱壺供飲——通常加入乳酪與糖。加入檸檬或單飲茶汁者則不普遍。茶在加拿大爲早飯時之飲料，每日各餐中及臨睡前皆飲之，茶袋之使用，已逐漸加多。

主要都市中之大旅館與劇院，午後皆供給茶點。時髦之旅館，則午後茶售六十分，上等茶售八十五分。當加拿大冬季競技時期，鄉區沿路皆有應時開設之茶室與茶館，夏季避暑地亦有午後茶供應。商店以午後茶款待顧客，亦成爲時髦之事。大百貨公司大半皆備有茶室，在冬季營業尤特盛。在加拿大並無單供給咖啡之處，有如倫敦者。

加拿大各鐵路之餐車中，其供給茶亦大體如英國。一杯或一壺茶之普通價格約同於美國各鐵路。在加拿大人所有之航行河川及大湖之汽船中，則與英國人所有之大洋汽船不同，並無茶之特別供應，不過茶可以隨時向侍者索取而已。

在新不倫克（New Brunswick）、諾法斯科細亞（Nova Scatia）及紐芬蘭（Newfoundland），茶之泡製皆如英國，但茶袋則漸次盛行。在紐芬蘭之現代化新旅館中，五時茶漸成爲一種通例。

荷蘭

荷蘭人爲歐洲各國飲茶者之先導，每年消費茶葉平均每人約爲三又十分之八磅。嗜飲中國、爪哇、印度及錫蘭之紅茶。荷蘭主婦煮茶，先取初沸之水冲泡，俟五、六分鐘後將茶壺置於一茶套（Cozy）之內，使保持溫度，隨時供飲。

全國咖啡館、飯店及多數酒排間皆可飲茶。至較大之咖啡館中，雖有清淡以至含酒精之各項飲料，但半數以上之男性顧客通常習於飲茶。

稍較繁華之市區熱鬧中心，莫不茶室林立，規模相當於美國之茶室，但專售茶而不供他種飲料者則無之。在此等公共場所，午後及晚間均可飲茶。

在家庭中普通皆於早餐時飲茶，午飯後雖多飲咖啡，但飲茶者亦不在少數。在下午、傍晚及晚間晚飯後一小時，荷蘭多數家庭均有飲茶之習慣。午後茶爲家家戶戶之日常慣例，無論男女老幼以至外來賓客無不參加。

美國

美國茶葉之消費，每人每年約爲四分之三磅。紅茶、綠茶及烏龍茶均飲之。彼等異於英國者，對茶葉之外觀恆重於品質。茶之優劣則毫無鑑別力，近來飲茶知識逐漸普及，略能糾正過去之錯誤觀念，即認「橙黃白毫」一語與品質好爲同一意義。英國人常謂美國人不識貨，以致往往購買劣茶，且泡製亦常不得法。

美國各州對印錫紅茶之消費，頗爲普遍，兩者合計達消費總額百分之四二。爪哇茶及蘇門答臘茶百分之二〇。日本茶之需要，主要在北部邊界及極西諸州，約佔百分之一七。烏龍茶之消費，主要在紐約，賓雪文尼亞（Pennsylvania）、紐傑西（New Jersey）及東部諸州，由台灣輸入者，佔百分之八．五，特別爲紐約及波士頓所歡迎，而菲列特爾菲亞（Philadelphia）則常嗜福州之產品。中國茶約佔輸入額百分之八。其中紅茶仍爲全美國之品茗者所要求，至於綠茶之主要消費地則爲中部諸州，如俄亥俄（Ohio）、印第安那（Indiana）、密蘇里（Missouri）及肯特共（Kentuchy）。

在前世紀九十年代之轉換期中，美國之晚餐以 dinner 代替 supper 或「茶」。現在老一代之人尚能記憶晚間以茶爲主要品之小食習慣。咖啡在早餐及午餐桌上佔有不可動搖之勢力，但「茶」與晚餐（supper）則在十九世紀之美國人日常生活中，常認爲同一意義，爲不可分而深刻習染之部分。

美國之茶葉消費，在一八九七年達到最高峯，每人平均爲一．五六磅，其後即大減退。在都市居民中，dinner 取「茶」之地位而代之，而在此餐中，茶更爲咖啡所取代。直至一九〇七年，十年之間，每人每年消費額降至百分之〇．九六，嗣後數年益形降落。

美國主婦常喜用袋裝茶，袋之大小分爲四種——一磅裝、半磅裝、四分之一磅裝及售價一角之一唡半裝。最後一種銷行最廣，其市場皆在大都市中；四分之一磅裝及半磅裝者，則大抵銷行於次等地方。至於一磅裝者則僅爲少數之消費者所需。

茶之使用在全國絕不一致；若干區域消費甚多，而其他區域又使用極少，悉依人民之種族系統而定。亦有若干區域之消費爲季節性，例如南部諸州，於冬季僅稍用熱茶，但在夏季則大量消費冰茶。

在美國，隨處皆有飲冰室（Soda Fountain），近年開始以熱茶或冰茶列入於食單中，此事爲茶之公衆供給上開一新而重要之大路。

茶袋（Tea bag）或茶球（Tea ball）之傳入美國，大有助於茶之普及，其使用不僅限於家庭中，且更推及於廚司及侍役份子，侍役感認袋茶泡飲簡便，且茶湯清淨可口。

茶袋有兩種——一杯用及一壺用者。一壺用之分量自二杯至四杯。一杯用者每磅可裝二百袋；一壺用者，則多少不等，紅茶每磅裝一百五十袋，綠茶每磅裝一百袋。

冰茶用之茶袋，亦經傳入美國而普遍流行，此項茶袋之含量，自一至四唡不等，一唡之茶袋，可泡一加侖之水。

製茶袋之紗，則由化學師及製造家儘可能使其成爲純粹纖維質（Cellulose）。其目的在使茶水不致因使用茶袋而即吸收任何化學成分。

一般美國主婦泡茶之法，實際與英國相若，但自歐洲大陸移殖之第一、二代居民之家庭中，則依其母國之法泡製。其浸泡時間，自三分鐘至十分鐘不等，通常爲五分至七分鐘。

普通美國人皆以爲早餐用茶，「不起皺感（flat）、乏味（stale）、且無益（unprofitable）」，對於咖啡則認爲必不可少，但亦有許多人每喜於早餐及午飯時飲茶。

午茶在美國家庭中則各不皆同。在多數場合，英國"bun worry"之舊俗依然保存；但在較年輕之一代中，則有若干婦人之改革。例如：同一主婦，常於冬季供熱茶，而夏季則供冰茶。在冬季，茶壺大半自廚房中取來，茶葉已全部泡透，飲時無別物，只佐以烘脆之麵包，及家中自製之果醬。在夏季則於走廊上進冰茶。冰茶爲純粹美國之物，幾乎任何樣式及附隨之物皆適合於美國人。茶車（tea wagon）雖因使人節省勞動而盛行，但美國主婦常喜在固定之小桌上置一擺設整齊之茶盤，此亦成爲定則。代替英國茶普遍使用之煎餅桌（muffin stand）者，則爲一組桌子，由主婦分配與衆客，而留其最大者以置茶盤。

最近十年間，午後茶之觀念隨跳舞狂熱而復活，而午後茶又可望成爲一種美國習俗，於是飲茶在美國乃得到相當刺激。其後，每一都市城鎮及村莊皆開設各式茶室，往往名爲「茶園」（tea gardens），其實爲小食之處。

美國茶室之發達，由於公衆尤其是勞動者及遊樂者之要求而日益增加，即環境近似家庭，不若普通飯店中之嘈雜擾攘。普通茶價每杯十分，二人合飲者每壺二十五分，包括乳酪、糖或檸檬及開水。僅紐約市即有茶室兩百家，全美茶室及茶園之數則在二千四百至二千五百之間。

都市中之交際家，常光顧高尚大旅館之飯廳，飲用午後茶。該項場所無論紅茶、綠茶及烏龍茶，均有供應。紐約社交界之午後茶，皆於上等旅館之精雅清淨而富麗之環境中舉行。瓦爾多夫（Waldorf）、阿斯托里亞（Astoria）等旅館之茶資爲五十分，聖萊吉斯（St. Regis）爲四十五分；阿斯托（Astor）爲二十五分；藍佩美爾旅館（Rumpelmayer's）則爲四十分。普通皆用茶袋，惟藍佩美爾旅館則不用。格藍茂錫花園旅館（Gramercy Park Hotel）之廣告有云：「供茶時間：午後自三時至六時，晚間自八時至十二時」。

全國最優等之旅社，皆有茶之單獨供應。通常每杯售二十分，每壺供二人飲者售三十分，包括糖及乳酪或檸檬。普通使用茶袋。在史臘夫（Sehrafft's）一類連環飯店（Chain restaurant）中，一人飲之茶售二十分，二人者三十分；柴爾德連環飯店（Childs' Chain）則僅售單人飲者，每壺十五分，并包括糖及檸檬或乳酪。在紐約之「吉卜賽」茶室（"Gypsy" tea rooms），茶以外有肉桂、烘麵包或餅，售價五十分；并有祝詞云：「君之茶杯帶來眞正幸運」。在「帝國大廈」（The Empire State Building）第八十六層之泉水及茶室中，每壺三十分。

全美國沿海及內河汽船，航行遠洋之大輪，以及各主要鐵路上，皆以茶連同餐食一併供給。此等處所之茶，每人每壺普通取費二十分至二十五分，包括糖及乳酪或檸檬。大北鐵路（The Great Northern Railway）之遊覽車上，供給午後四時茶，各鐵路皆使用茶袋。

在若干較大之都市中，辦公室及工廠中之工作者皆有茶之供給。波士頓某公司並供給四時茶與雇員，彼等並可於每日任何時間隨意泡茶。在美國許多商業機關中，皆有午後茶之休息時間。

德國

德國飲茶之習慣，尚未養成，其每人年消費額僅五分之一磅。午後五時茶之流行範圍甚小。就大體而言，午後之飲料着重咖啡，茶則用於晚餐後。

德國家庭中能隨時備置英國之茶者甚少，且僅限於上層階級。泡製之方法亦不一律，對於茶之貯藏亦不注意。且專爲泡茶用之壺，亦往往不備，甚至有用咖啡壺者。在柏林、漢堡、慕尼黑等大都市，頭等旅館、咖啡館及酒排間中可得英國式之茶。此等地方之富人亦飲午後五時茶。咖啡館及飯店中，茶皆盛於玻璃杯，附「茶漏」（"tea egg"）——即穿孔之茶球以作浸泡之用。在東部各省之家庭中，則可見俄國式之銅茶缸。

四分之一磅及半磅小盒裝之茶雖亦有需要，但德國主婦常喜購五十克、一百克及一百五十克袋裝之茶。在鄉間則售十克及二十克小袋之廉價茶。所用茶葉，百分之七十五爲印度或錫蘭茶，其餘則來自中國及荷屬東印度。

法國

法國茶之消費每人每年僅約十分之一磅。飲茶僅限於資產階級，貧乏之大衆則喜飲多而且賤之酒類。英、美、俄諸國大批僑民，尤其在時髦之里維拉（Riviera）者，頗使法國人每年之消費量爲之增大。茶葉來自中國、越南及印度，近年則爪哇茶漸受歡迎。

茶之泡製殊類英國。普通皆不用茶袋。飲茶時間較英國稍遲，在午後五時至六時之間，此因法國人之晚餐較遲之故。

旅館、飯店及咖啡館中之午後茶，通常皆配以牛乳及砂糖或檸檬。飲客常有連飲二杯者，此或由於佐茶之糕餅過於甜膩所致。

巴黎人「五時茶」之習慣，開始時既不踴躍，其發展亦漸次而進。一九〇〇年時，Neal 兄弟初於其文具店（即現在之W. H. Smith 父子公司）中布置桌子二隻，以茶及餅乾供客。自此以後，午後茶在巴黎時髦人士中乃漸成爲重要而不可移易之風尚。

卡多瑪茶室（Kardomah Tea Rooms）爲最先使茶普遍化之現代茶室，其他茶室繼之而起，至今日則巴黎茶室之多，不亞於咖啡館及飯店。百貨商店更使「五時茶」大衆化。在布斯（Bois）之各飯店中亦有露天飲茶之設備。

午後茶每客售價三至十法郎，餅每件自一法郎起，在下午四時半至六時半之間營業。

蘇聯

蘇聯人民現在飲用中國、日本、錫蘭、印度及喬其亞之茶。「俄國茶」一語，多年來皆指自中國輸入俄國之茶而言。泡茶之水自一茶缸（samovar）中傾出；此缸爲銅、黃銅或銀製，大而華麗。有一金屬製之直筒，豎立貫於缸之中心，置炭於中，用以燒水。此筒通常有四足及一小鐵格，其頂上則冠以一碟形之蓋，以承茶壺。茶壺常置於燒熱之缸上，以備注入玻璃高杯中，而以「俄國法」飲之。

茶缸未取置桌上時，先以水注滿，然着直筒中之炭，並另加直筒一節於頂上，以減低火焰。待炭筒燒旺而水沸滾時，此足供四十餘杯之一缸香茗，乃送入室中，置於女主人右側一銀盤之上。

俄人會集飲茶時，主人坐於桌之一端，女主人則坐於其對面之一端而管理茶缸。以一小壺泡茶置於缸之頂上。一俟茶葉泡至充分之濃度，女主人即將壺中之茶注入每一杯中，約及其四分之一，後以缸中之沸水注滿其餘四分之三之部分。玻璃杯有帶柄之銀托，類似美國蘇打水中所用者。有檸檬時，每杯中皆放入一片，不用牛乳及乳酪。每客有小玻璃碟二只，一只盛果醬，一只盛糖。桌上另置一大盆，盛大塊之糖。衆客用糖鉗從大盆中取糖，置於小碟而以小銀鉗夾碎之。農民飲茶時則鮮有將糖和入茶中者，彼等每喝一口茶之先，食糖少許。又一常見之方法係將一湯匙之果醬和入茶中以代檸檬；在冬季則有時混入一湯匙之甜酒，以防感冒。

俄人習於飲茶已三世紀，其飲茶方法與其他民族不同。彼等大多數每日僅進豐實之餐食一頓；早餐所食甚少，僅麵包及茶而已；惟午餐、晚餐則合併而爲豐盛之一頓，於午後三時至六時之間進之，除睡眠時間外，只須有茶可得，彼等即終日不斷飲茶。

茶室俄語謂爲 Chainaya，遍佈於都市、鄉鎮及村落中，不分晝夜，可以隨意光顧。事實上，茶室已大部取帝俄時代酒店之地位而代之。

俄人飲茶亦非永遠用玻璃杯，有若干地方亦用磁茶杯及有柄之大杯。農民則用碟飲茶，此種碟有時用作玻璃茶杯之托。

在今日蘇聯之鐵路列車中，清晨之茶及乾麵包皆由政府免費供給，每到一站，俄人輒爭趨至一大燒水器前，取免費之熱水泡茶；凡此皆予遊歷者甚深之印象。

其他歐洲國家

其他歐洲國民皆非大量飲茶者。惟在奧地利、匈牙利、比利時、捷克、丹麥、芬蘭、希臘、義大利、波蘭、瑞典、挪威及瑞士之上等旅館暨有禮貌之社交中，則亦有午後之「五時茶」。

奧國人、匈牙利人及捷克人皆以甜酒、檸檬及牛乳混入茶中。希臘人喜於正餐後一小時左右飲茶。挪威人則於八時或九時左右之晚餐中飲之。波蘭人之飲茶爲「俄國式」。瑞典上層社會則於午後之咖啡會中與咖啡同進。瑞士人以茶招待外國人，而彼等自己則少有飲用者。居於歐洲極北部之拉普蘭人（Laplanders），於一大碗中煮茶，全家即輪傳飲。

中國

中國人爲飲茶之發明者，其飲茶或用茶壺，或即於有蓋之茶杯中沖泡而飲之，不用糖或牛乳。每人每年消費額因缺乏統計，無從斷定，有人認爲其數量必爲全世界中之最大者。

飲茶在中國最爲普遍，無論上層社會或下層社會皆喜飲茶，飲茶不拘時間，晝夜皆可取茶。在營業上，在交際上，在其餘一切場合，莫不以茶爲應酬品。家中有客至，即以新泡之蓋碗茶敬客，每人一碗，飲時並先舉碗向在座者表示敬意。所飲之茶紅綠茶皆有，但綠茶較爲普遍。

在各城市中，茶館林立，猶如歐陸之咖啡館，爲羣衆消閒之地。祇就上海一處而論，約有茶館四百家，各有一定之顧客，各幫茶客在一日中不同之時間光顧，顧客可自帶茶葉，略出小費，即可命侍者用熱水沖泡，且泡一壺茶即可全日坐在茶館中，侍者亦頻頻以熱水來沖，可謂最便宜之消閒地。

車站月台之熱水爐，爲中國各鐵路所習見者，爐上有一鉛皮棚，以蔽日光；在棚下，就飲者以置有炭火之銅器，保持滿盛熱水之茶壺之溫度。旅客通常自備茶葉、茶壺及茶杯，出銅元一、二枚即可得到熱水。凡未攜茶具者，此出售熱茶處亦可供給，此項茶具由火車帶至第二站，由該站之熱茶供應者收拾彙交與車僮帶回原站，或供他客取用，其辦法與英國甚相似。

日本

日本人一如中國人，皆爲大茶客。據估計，彼等每年約消費其本國產量之四分之三以上，或約六千五百萬磅。彼等極尊重茶，常稱之爲「御茶」。

日本在飲茶中之最大貢獻爲其茶禮，直至今日，其影響猶存在於社會上下層之生活中，主人仍以末茶奉敬貴客，彼先以熱水注入客之杯中，然後以小刀之尖滿挑末茶，撒入各杯，攪拌至發生泡沫而濃厚如羹湯之狀，以供飲用。大家閨秀之教育中，學習古代茶禮爲一重要部分；欲熟悉此等禮節，至少必須三年之講授與實習。

無論男女與兒童皆經常飲茶；全國一切工作可謂悉在飲茶中進行，所用茶葉大部分爲綠茶，惟至各大旅館、飯店、汽船及鐵路餐車中，亦有各種印、錫紅茶。飲茶時用無柄之茶杯，不用糖或牛乳。泡製之法係將剛沸之水冷至華氏一七六度上下，注入預先燙熱之茶壺，使茶葉在其中浸泡一至五分鐘。

在鐵路車站上有小販以裝於小綠瓶之茶售與旅客，每瓶約裝一品脫（Pint）之熱茶，售價四分，瓶蓋即爲玻璃杯，以供飲茶，飲時吮吸作響，蓋爲日人普遍之習慣也。泡好之印、錫紅茶，亦同樣出售，惟係裝於褐色小壺中，每份連壺售價七分半。

茶客遍於全國，舒適愉快而大衆化。日人認爲在家接待賓客，頗不大方，故行之於茶室、俱樂部及飯店中。茶室實爲日本國民生活中必不可無之一部分。飲綠茶用典型之日本茶壺及精美之無柄茶杯。日本大衆則飲用粗葉製成之「番茶」。

其他亞洲民族

西藏人始終注重煮沸而且加入奶油之茶。西藏人每日飲茶至少十五至二十杯，有人甚至飲至七十或八十杯。

西伯利亞人以俄國法飲用中國之葉茶及磚茶。蒙古及其他韃靼人部落將捻碎之磚茶用高臺地帶之鹹性水煮沸，加入鹽及脂肪而製成一種羹湯，然後將此羹濾過，混入牛乳、奶油及玉蜀黍粉。高麗人大部分飲用日本茶。其泡製法係將茶葉投入一鍋沸水中烹煮，飲時佐以生鷄蛋及米餅；一面啜茶，一面吸蛋，蛋吸盡後乃食米餅。

安南土人之泡茶一如中國之法，惟喜飲强烈有刺激性之茶，而不注重香氣。彼等從不飲甜茶，見歐人以糖置茶中則笑之。茶之熱度幾近沸點。人家門前常見一大茶壺以供來客及過路者之用。

緬甸土人飲用鹽醃之茶，名爲Letpct，並依最時尙之式樣而泡製。新婚夫婦合飲一杯浸於油中之茶葉所泡成之飲料，以祝伉儷之美滿。

暹羅人消費大量之土產「暹羅茶」，即所謂「茗」者，與鹽及其他調味品嚼而食之。中國、台灣及印度之茶，亦有少數之輸入。

海峽殖民地所消費之散裝茶，來自中國及錫蘭。廣大之華僑飲用無糖之茶，歐洲人則依英國習俗。

由於「茶稅委員會」不斷之努力，飲茶在英屬印度土著人中亦逐漸成爲一種習慣。土人所購買者僅限於茶末及最賤之茶葉，但現在每一雜貨舖及火車站中皆有茶葉攤，並有街頭小販以茶售與來往行人。英國居留民則飲用最佳之印度茶，並輸入小量之錫蘭及爪哇茶。

普通錫蘭村民亦有一杯茶或一碗茶之嗜好，飲時不用牛乳，惟用糖少許，尤常用一種棕櫚汁製成之粗糖（Jaggery）。勞動者及貧民所光顧之茶棚，則於每晨製備濃厚之茶膏，每杯用一湯匙，以沸水沖之供飲。外國居留民飲用錫蘭所產之優等茶，並輸入少量印度茶及爪哇茶。

茶爲伊朗之國民飲料。一伊朗人可以不食肉或蔬菜，惟每日必須飲茶七、八杯。本國所產者不足自給，百分之七十五均自中國、印度及爪哇輸入，大部分爲綠茶。

飲茶之習在阿拉伯近亦漸見普遍，其所需大部分亦爲綠茶。每一咖啡館皆備一茶桌，在抽屜中貯茶葉及一用以敲碎茶葉之鎚。大城市中有摩爾式（Moorish style）建築之華美茶室，其中茶及糕餅之精美，殊不亞於倫敦、巴黎或紐約之較大茶室所供給者。

輸入敍利亞及黎巴嫩（Lebanon）之茶葉，實際上全部爲歐美居留民及土著中之上層社會所消費。泡製之法一如英國。

巴勒斯坦之茶來自錫蘭、不列顚及印度，泡製法依英國式，飲時則用俄國法。在土耳其，街頭小販出售俄式泡製之茶，盛於玻璃杯而飲。所用器具包括一俄式黃銅茶缸及一輕便桌子，連同茶盤、鼓具、檸檬片、玻璃杯、湯匙及碟子。並備有一歐洲式茶壺，以供偶有西方顧客之需用。

喀什米爾（Cashmere）之印度土邦喜用攪茶及苦茶(Cha tulch)。苦茶製法係於一夾錫之銅壺中烹之，加入炭酸鉀（red potash）、大茴香及少許之鹽。攪茶則以苦茶和入牛乳攪之即成。

乳酪茶（Vumeh cha）爲土耳其斯坦之製法，在喀什米爾亦時有之。此法僅能使用紅茶，係將茶葉置一夾錫之銅壺中煮成濃汁，其濃度遠過於普通之茶。乳酪則於煮沸時或注入茶壺時加入。並以碎麵包浸於茶中。

在蘇聯之布哈拉共和國，土著人常自帶小袋之茶，每逢口渴時即覓最近之茶棚請主人代爲泡製。此種茶棚在該處數以千百計，惟出售茶葉者極少，其主人僅以其水及泡茶之技巧取酬。早餐亦飲茶，調以牛乳、乳酪或羊脂，並浸麵包於其中。布哈拉人之習慣常於飲完茶湯後再食其茶葉。

非洲之飲茶國家

綠茶爲摩洛哥之寶貴飲料，摩爾民族（Moors）中任何階級及地位之人皆以此爲其膳食中之主要品。所用茶葉幾全部來自中國。紅茶僅供該處之歐洲人使用。摩爾人以玻璃杯飲茶，和以糖，其濃厚幾成糖漿，並配以强烈之薄荷。

突尼斯人（Tunisia）所飲之茶大部來自中國、法國各屬地及英屬印度，習俗喜用紅茶。

阿爾及耳（Algeria）消費之茶大部自中國輸入。僑居之歐洲人，其泡茶之法極似英國，土著人則配以薄荷及多量之糖。

在埃及，歐洲人之泡茶、飲茶，皆如英國之法，土著人則以玻璃杯泡茶，飲時只加糖而不用他物。五時茶亦習行於外僑及歐化之埃及人中。

南非聯邦喜用之茶爲錫蘭茶、印度茶、納塔耳（Natal）所產之茶及一小部分荷印茶。飲茶時間在清晨起身時、午前十一時、午後及每餐之後，泡法、飲法皆如英國。

拉丁美洲之飲茶

在中美洲各國，飲茶爲一外來之習俗，流行於外國僑民中。墨西哥所用之茶來自美國、中國、英國、英屬印度（數額多少依國名次序）。土著人大都飲咖啡，茶供外僑及少數墨西哥上等階級之消費。墨西哥京城中有飯店、茶室、俱樂部等多家，皆供給午後茶。

瓜泰馬拉、薩爾瓦多、科斯達利加、洪都拉斯及尼加拉瓜各國用茶甚少，因其爲產咖啡之國家，而咖啡爲其國民飲料也。

在南美洲各國，飲茶主要流行於外僑及上層階級中，下層大衆幾一致喜飲咖啡及「巴拉圭茶」（Yerba mate）。在巴拉圭、阿根廷、智利、祕魯、玻利維亞、厄瓜多爾及南部巴西等國，普遍之飲料爲 Ilex

Paraguayensis 之葉製成之「巴拉圭茶」。此葉經烘焙及碾壓而製成；置一葫蘆器中，注以熱水，由一附有濾器之管中吸而飲之，有時並加入糖及牛乳或橘、香橼、檸檬等之汁。

新聞紙上茶葉珍聞

日報中關於茶之珍聞甚多，編輯者好用之以充篇幅，惟亦不盡可信。茲略引其代表作數則如下：

在倫敦動物園中，一猩猩在一特別茶室中之平台上飲茶，臨時皆着衣服。——英國鄉村居民被勸告以用過之茶葉投於火上，可以使煤之燃燒耐久。——在英國若干鄉村中，以草莓之乾葉代茶葉。——有一倫敦人死因不明，在驗屍時，證人謂死者有以茶葉作菸吸之習慣。——中國人以爲茶葉裝入枕中，可以明目。——在中國西南部及西藏有一時期曾以中國磚茶代錢幣，作爲交易之媒介頗廣，此種茶幣由各種品質之茶葉製成，故其價亦不一律。——以少許冷茶和入冷水，用柔軟之絨布蘸之，揩拭污穢之木器，可使光亮如新。——「蛇麻茶」（Hop Tea）爲一種印度茶與錫蘭茶加入英國肯特（Kent）所產蛇麻之混合茶。此茶係倫敦人 H. A. Snelling 所發明，在本世紀之三十年代曾大量製造而廣銷於聯合王國全境，最後方發現此物違犯二百年前國會議決之法案，該法案禁止以任何其他之葉與茶葉混合。——一九三三——三四年報紙上之茶葉珍聞，有日本「茶葉糖菓」及爪哇錫蘭「茶葉蘋果酒」之製造與銷售。

第二十二章　茶具之發展

最早之壺——中國人用酒壺式之茶壺——中國之大口壺——日本發明高柄壺——西藏茶壺——歐洲最早之茶壺——成套茶具之發現——近代之歐美壺類——發明文才與茶壺——嵌入濾器之茶壺——袋茶——其他泡製器——茶具雜錄

茶與咖啡同於紀元初期傳入東方各國，於十七世紀抵達西方大陸。因需要而產生各種較前更爲優美之煮茶器具及飲具，其式樣之進化，係以該兩種飲料所見之特性爲依歸。

據郭璞所註釋之「爾雅」所記（約作於紀元三五〇年時），最初泡茶方法係用煎煮，由此吾人推知最初煮茶器具必爲壺類。但華人不久即採用泡茶方法以代煎煮，自此以後，煮茶設備始有明確之規定。煮水時用一小壺：採用一種花瓶式口細而高之酒壺，爲泡製容器。最早之茶壺，如在第八世紀陸羽茶經內所載者，已指明爲此種形狀。但不久華人發覺酒壺式之茶壺，殊不適宜，以其太不穩定，對於所容煮沸之液體難保安全，且其細長之壺嘴常爲葉片所阻塞。於是逐漸有一種肥矮式茶壺之發明，此壺對於茶葉飲料甚爲適宜。

中國宜興茶壺

早在十六世紀，江蘇宜興之茶壺，頗著聲譽。歐人以葡萄牙字 Bo-ccarro（大口）名之。此壺與茶葉同時輸入歐洲，作爲歐洲最初茶壺之模範。照「陽羨名壺記」之著者周高起稱述，其形式爲一小型個體茶壺。古式宜興茶壺並不墨守一定之圖案，如各博物院及美術館所收藏者，有各種奇異式樣，係採自動物界、植物界、神學界及古代美術之多種花色而製成。其甜瓜式者，形圓如球，頗爲人所愛好。

宜興茶壺，迄今在中國仍甚流行。但近代出品，較諸明末所製者粗劣多矣。

日本及西藏茶壺

愛好宜興茶壺，在日本更爲顯著。朱砂器在日本名爲 shu-dei；白陶名爲 haku-dei 在日本茶人之茶具設備中，如無此二種名色，則不能認爲完備。日本有一種陶器，名爲「萬古燒」，係完全仿造宜興陶器，但略輕而粗糙。日本摹仿中國茶壺最髓意識之一點，厥爲改善模型及裝用高壺柄，使提攜便利。惟以用各種裝璜及瓷釉之甜瓜形式者，最爲普通。

與中國同時演進者，有西藏所製專爲攪乳茶用之一種水壺式茶壺。

歐洲最早之茶壺

當荷蘭及英國東印度公司開始輸入茶葉時，同時攜入與飲茶有關之附屬品，包括杯、壺、茶瓶等。

在十八世紀早期，荷蘭、德國及英國曾努力仿造中國宜興茶壺，略有成功。當時中國模型極受歡迎，且銳意仿製，蓋自輸入茶葉後，中國飲茶之風習尚仍然保存，他種方式即非歐人所欲採納。迨十八世紀後期，歐洲製陶專家及銀匠開始應用藝術化圖案及裝飾於陶器，茶壺在西方乃達到神化之時期。

最早於一六七〇年所製之英國茶壺，現尚存於倫敦維多利亞（Victoria）及阿爾柏（Albert）博物院中，爲一燈籠式之銀壺。從此種及他種早期茶壺至晚近喬治亞（Georgian）時代之華美茶具，其間顯然可見技術上之進步。以視當初摹仿中國所製最精緻之茶壺，其藝術之工拙，已不可同日而語。

一種錐形或梨形茶壺爲首先脫離中國窩臼而自出心裁製成者，此可以一六九〇年之小銀壺爲例。此壺有一口塞，用鏈繫於蓋頂上，壺高爲四又四分之三吋。錐形茶壺極盛行於 Anne 女王時代（一七〇二——一七一四），此種式樣至今仍尙流行。往昔之壺嘴，形如鴨頸，現乃改良而爲纖小優美之天鵝頸形；其梨形之壺體，則成倒置狀，大端在上，小端在下，安置於高起之底座上。

與錐形茶壺同時存在者，爲球形銀茶壺。壺身爲球形，置於高座上；其握手與口管則有種種不同之裝置。偶有幾種圓形茶壺，有直而尖削之口管，但通常多爲鴨頸式。握手常以木爲之，但亦有銀製者。接合處嵌入象牙墊板，作爲隔熱品。

其次爲路易十五世式高底座之花瓶形茶壺，壺身飾以花彩、帶結及浮彫之花紋，其口管爲精美之天鵝頸形，握手爲銀製，嵌有象牙絕緣器。此壺在茶壺進化史中，可稱爲唯一具有原始之酒壺形者。

成套茶具之發現

發明成套茶具之最大因素，係十八世紀後期英國瓷器及奶油色器皿之出現。在此期間，英國製瓷廠製出成套茶具。此種茶具，因藝術進步，在輪廓與裝飾方面，顯示非常美觀。

最初瓷器頗盛行於各階級，但此種傾向現已消失，至少在富有之家如此，若輩熱烈愛好銀製品，於是全套優美之銀製茶具乃應運而生。在喬治三世之後半期，英國與美國之銀匠大量生產此種茶具。

但在吾輩祖先時代，白銀如是之貴，白鐵匠因此製出較廉之白鐵茶具。當時雖無何種新式茶具出現，但就大體而論，其所製模樣視目下流行之銀器，較爲簡單化而已。

近代之歐美壺類

英、美在喬治亞時期，有二種新式銀茶壺出現，卽橢圓形及八角形，通常名爲「殖民地式」。此壺完全平底，有簡單之C形握手，其口管形式通常爲直而尖削。

歐洲瓷茶壺，因限於構造力，大體仍墨守各種球形及甜瓜形式樣；雖然在陶瓷原料可能範圍內，仍有極多非常美術化之模型產生。

在壺蓋演進期中，有一時期，壺蓋係置於壺身上之凹壁或匣上，適與以前之蓋置於壺頂者相反，今日兩種式樣皆用；惟爲防止倒茶時易於失墜起見，乃於蓋下加一凸邊。

供給空氣進路而使液體傾出時不致點滴而下，爲改造茶壺之主要點，此種改革，已獲效果；其法將壺蓋四周放寬，或置一通氣孔於液體平面之上；惟通常則置於蓋上。

置一濾器於壺身與壺嘴之間，此種構造，較早於茶葉之輸入，大約在紀元前一三〇〇年，此種思想先應用於製造咖啡壺，後乃應用於茶壺。

約在一七〇〇年，鐵皮及不列顛金製之茶壺及咖啡壺開始出現。鐵皮及銅皮製之茶壺，價值低廉，且有相當之耐久性。不列顛金爲一種銻、錫及銅之合金，在此種合金內，有時亦加入少數鉛、鋅、鉍等金屬。

形狀奇異之鹽釉陶器茶壺，在一七二〇至一七八〇年間爲斯塔福德郡（Staffordshire）之陶工所製造，其製法係用模型，而不用通常所用之轆轤，製成如房屋、動物及其他珍奇物品之形狀。

鍍鎳之銅及不列顛金所製之茶壺及咖啡壺之傳入，係在十九世紀後期，此種器具在琺瑯器具及晚近之鉛製品未出現以前，曾廣被採用。

琺瑯製茶壺及咖啡壺之普遍採用，始於十九世紀最後十年，其所以能流行如此之廣，全由於其表面層之合於衛生及易於消除故也。

今日在英美極風行之茶壺，爲一種褐色釉陶器壺，製造於斯溫登（Swinton）等古代陶器城市。在德國、捷克斯拉夫及法國最通行之壺類，係一種硬質瓷器，飾有一種與其所屬之餐具及茶具配合適稱之裝飾。

發明天才與茶壺

自茶壺輸入西方以來，有發明天才者仍繼續忙於改良製造。惟以年代久遠，欲詳閱各種茶壺模樣，殊不可能；但檢取數種標準模樣，猶能與研究茶具進化史者以一助。

第一具英國茶壺之專利權，係於一七七四年給與在密德爾塞克斯州（Middlesex）東方聖喬治教區（St. George-in the East）之 John Wadham，此壺形式，為一自來水壺，壺中有一熱鐵插入物，以保水之熱度。其次則為一具有酒精燈在下燃燒之茶壺，在一八一二年有一英國商人之妻 Sarah Guppy 發明一種鐵絲籃，懸於茶壺上部，作為煮蛋之用。

在十九世紀初，有一法國人 De Belloy 及英、美混血種人 Count Rumford，悉心研究，將古時之一種濾器壺，分別改良而成為法國滴漏咖啡壺及咖啡濾器。不久更出此發明一種嵌入壺中之濾器。

嵌入濾器之茶壺

在一八一七年，Henry Meade Ogle 所製之茶壺及咖啡壺，獲得英國專利權；此壺有一金屬製之葉籃，裝於壺底。在一八五六年，Charles Carey所製之茶壺，亦在英國得有專利權，此壺有一棉紗濾袋，裝於金屬架上，伸展幾至壺底；但係由壺口懸下。William Obdyke 在一八五八年獲得一嵌有濾器茶壺之美國專利權，此壺有一活塞，安置於茶葉上，用以榨出其濃汁。

在一八六三年，Alexander M. Bistol 在美國獲得一種茶壺專利權，此壺有兩柄兩嘴，一嘴與壺之外壁相聯，另一嘴通至下面之泡製籃，以供喜飲濃茶者取飲。另一美國人 John W. Brewster 在一八七六年獲得一具有濾器茶壺之專利權，此壺之蓋上，安有一活動茶葉籃。

一九〇一年，Earl of Dundonald在英國及美國獲有一種S. Y. P.

（簡單而完善）偏傾茶壺之專利權，此壺在泡製後回復其直立地位時，能自動將茶葉與液體分開。此壺在一九〇七年輸入美國時以「錫蘭茶壺」出名，因其作為錫蘭茶葉宣傳之用。

在一九一二年，Elmer N. Bachelder 在美國享受一種「The London Tea Bob」之專利權，此為一嵌有濾器之茶壺，並裝有滴漏式水滴記時器，以憑測驗茶葉在泡浸一定時間後即可取出之用。以前在一九一一年，John C. Hollands 在美國獲一茶壺專利權，此壺有一升降之葉籃。同時英人 Leonard Lumsden 在美國及L. L. Grimwade在英國各得一種裝有濾器茶壺之專利權，此壺蓋上有一「活門」（Valve），若將其開啟，即能使茶葉與液體分開，設想甚為巧妙。另有一種裝置空氣流通室，並能除單寧酸之茶壺，在一九一〇——一九二一年間，由A. F. Gardner及T. Voile二氏享受英國之專利權。

市上充滿一種非專利而有嵌入濾器之茶壺，此壺與在一世紀以前所用之茶壺相差甚微，其所以能迎合一般需要者，由於其簡單及易於清除故也。

放置茶葉於一有穿孔之金屬容器內，並用小鏈索或其他柔軟物懸掛此容器於壺內，此種設想早於十九世紀時已有之，但晚近所製之茶壺，在製造時即配就此種裝置，此為現代茶壺之特徵。

一九〇九年，在康涅狄格州新不列顛之 Landers, Frary Clark公司開始製造有茶膽之茶壺，在美國與英國皆得有專利權。此係一錐形茶壺，茶膽可調劑至二種地位，當茶膽提起時，即藏於壺內，使壺中祇剩液體。

一九一〇年，在馬薩諸塞州美利頓之 Manning Bowman 公司開始製造有茶膽之茶壺，亦得有專利權。其製法係將茶膽附連於頂球，當茶膽提起時，其曳引之鏈索即完全收藏於頂球內。

紐約之 Robeson Rochester 公司製造一種有茶膽之茶壺，壺蓋中心有一杯形受器，以為容納鏈頂球之用，茶膽並可任意升降。

在一九一六年，Irwin W. Cox 發明一種有茶膽之茶壺，享受美國之專利權，壺中有一重力平衡裝置，作為升降茶膽之用。

在一九一七年，Caleb A. Morales 計劃製造一種堅固活動之調節器，此壺已獲有美國專利權，其法在壺內設一鐘表機械，裝置便利，經過一定時間，從液體中取出茶膽。

個別茶袋

最近發明之泡茶方法為採用個別茶袋（Individual tea bag）。此種革新使英人感覺懷疑及驚惶，但在美國則已流行甚廣。

美國茶袋貿易，大約肇始於一九二〇年。自此時起，茶袋之需用漸廣，初時茶袋僅用於公共飲食場所，其後逐漸推及於家庭中。在某一時期，美國茶袋總數，百分之八十用於餐館，百分之二十用於家庭，但現在家庭之需用激增；其情形與前適成反比。

茶袋為容茶葉一匙或略多於一匙之縫合布包，並有一種特別設計，能照個別需要，浸入杯中或置於茶壺內泡製。當泡製完畢後，即可曳繩取去此小袋。

他種泡製器

在一八五八年，紐約人 James M. Ingram 製成一種茶及咖啡泡製器，得有美國專利權，此泡製器包括一蒸汽爐，連於泡製器。

在一九〇八年，芝加哥人 I. D. Richheimer 製成一種茶及咖啡蒸溜器，此為一種鉛質器具，安置於普通之茶壺及咖啡上。其構造係混合一種法國滴漏器及濾器而成，用一種日本紙作濾清之媒介物。茶蒸溜器與咖啡蒸溜器之不同處，在於前者有一小濾清器、許多通水之小孔及一張厚濾紙。

在一九〇九年，M. Marzetti 在英國得到一種自動電氣茶壺之專利權。其方法甚為精巧，一樞軸之上，架一能水平旋轉之蓋，其頂外部開口，由此處放入茶葉，在其下方，裝有兩熱電極，伸入壺內。冷水注入壺中，即將電流開啟。一俟水煮沸後，蒸氣壓力施於壺蓋邊緣，因平衡重力之助，使壺蓋部份向右方迴轉，因此傾入茶葉於壺中，同時將兩電極由水中提起。

一九一〇年，英人Thomas H. Russel 在英國及美國獲得一種茶壺之專利權，此壺齊握手上部，裝有一儲糖器，及一有鉸鍊之牛乳瓶式之活動蓋。次年，G. W. Adkins 及 K. L. Bronwich 在英國得到一自動沖淡茶壺之專利權，此壺有一熱水室及一泡浸室在兩者之間有一斜壁間隔。當茶壺傾側由泡浸室傾出茶汁時，熱水即超越間隔之壁，流入泡浸室，將茶沖淡，但當熱水傾出時，並無倒流之弊。在一九一一年，C. H. Worshop 及 G. Chappell 在英國得一茶壺專利權，此壺上部有一泡製室，下部有一分配室，其間有一活門及濾器。

在一九一六及一九一七年，R. C. Johnson 在英國及美國得有一立方體安全茶壺之專利權，此壺四面及頂底皆作成平直形，意在使包裝及儲藏時俱臻安全。一九一九年，在N. Joseph在英國得有一水壺與茶壺聯合式之茶壺專利權，其水壺中之沸水通入茶壺內，係經過一種活門。一九二一年，Ben F. Olsen 在美國得有一種茶壺專利權，此壺有兩握手及兩嘴，傾瀉時不致有濺潑之危險。

一九二三年，紐約人 Fritz Lowenstein 得一茶壺專利權，此壺之特點，為倒茶時能不使壺蓋墮入茶杯中。同年 William G. Barratt 在英國及美國得一茶壺專利權，壺身與握手相連處有一突出部份，高越壺蓋後部，用以解除同樣困難。有許多享受專利權者，更將此法改良而益使精巧。同時，在一九二三年，Arthur H. Gibson 在大西洋兩岸得有一茶壺專利權，此壺有一安全壺嘴緊貼壺身。

在一九二四年，加拿大 John A. Kaye 發明一種混合式茶壺，此壺具有一旋轉隔離室，作為烹製茶與咖啡之用。在一九二六年，菲列得爾菲亞之Stephen P. Enright得一蒸氣壓力之茶壺及咖啡壺之專利權，此壺一達沸點，即能自鳴。

在一九三二年，在哈德富特（Hartford）地方之赫德出品公司輸入一種耐熱玻璃茶壺，名為 Teaket 。在一九三四年，經改良後，加入一獲有專利之茶葉限制器，阻止茶葉與飲料同時傾出。此種茶壺之大小，計分二、四、六及八杯之容量，或裝一木柄，或裝一扇形金屬外殼及鍍錯柄。

茶膽及製茶匙

歐洲各國所稱茶膽或茶心，在十九世紀上半期，始獲進步。此種茶膽，近已改良爲一種穿孔之茶匙。其大小通常類似茶匙，配有一與碗同樣大小及形式之蓋。

茶具雜錄

在市場上有無數之茶濾器，因當時所用普通茶壺，於飲料傾出後，茶葉即倒出不用。最老及最流行之茶濾器，能適合安置於茶杯上。在十九世紀後期，由杯濾器改良而爲搖動之嘴濾器，附於茶壺嘴上。其主要缺點，爲其有一種點滴之傾向。

並非嘴濾器獨犯點滴之病，即許多完善美觀之壺嘴，亦同樣犯此弊病，自壺嘴流至下部，或流至壺身。但有許多發明天才，潛心研究此問題，結果發明獲有專利權之壺嘴數種，能用以克服此種困難。

茶壺與茶爐

茶杯或茶水爐之觀念，與最初之茶葉及茶壺同時自中國傳入。歐洲各國本有其無蓋及有蓋之煮水大釜，但華人製出一種煖鍋式之小茶水壺，置於能移動之木炭爐上。在第八世紀，陸羽曾述及此種茶壺，而日本亦有與同樣之茶壺，此種茶壺，日本通常用鐵製，間亦有用銅製，有各種精巧之式樣，但其大體則仍相同；如廣闊無蓋之頂部，以作傾出及注入液體之用，有幾種具有凸出壺身之設計，能安置於爐頂上，其上有一對穿孔之耳環嵌入，提起兩環，即可從火上取出。

有人以爲習見之歐洲有蓋及有嘴之茶壺，爲原始之茶釀造器——實際爲一茶壺。最早歐洲著作家出版之中國茶壺圖樣，可爲此種見解之明證。

第一具銀茶壺在歐洲桌上出現者，是在 Anne 皇后時代。此種茶壺，配以分開製造之承座，並有酒精燈。十八世紀後期在茶桌上所陳設者以銀壺代替茶壺，以致茶壺被擯，直至最近茶壺始重新流行。

銀壺較勝於茶壺之點有二：一爲形式高雅，二爲傾茶時無須提起電熱器，現今亦應用於銀壺、銅茶具及桌上茶壺；同時酒精燈仍能維持其地位於不墜。

俄國茶水壺通常爲銅製，在壺之中心，自頂至底，有一垂直之熾熱木炭管，以作煮水之用。

公用之茶壺及茶爐

因普通茶杯容量太小，不足以供大量之需求，乃有公用之大茶壺及茶爐出現。其最早而最簡單者，爲一種用原始紗布茶袋之圓筒形茶會大爐。此種大壺，今日在教堂及公共處所之集會與營幕中仍多用之，但高等餐館爲應客人用茶點時經常之需求，備有一種專利之茶具，以泡製最好之飲料，無論何時，祇須將栓塞開啟，即能自動供給新鮮沸水，傾注於置有適當數量茶葉之杯中或茶壺中。有許多美國餐館，從鍍鎳咖啡壺中抽取熱水泡茶，此種設備並不合於理想。其理由有二，因水並非新鮮煮沸；且在非飲茶時，通常需關閉以保存煤氣，致使此器中之水常在溫煖狀態。英、美方法不同之點，爲英國保證器中抽出之水常達沸點，而美國則反之。

茶盒之興衰

英、美之茶盒爲一種中國及日本用以貯藏少量製成茶之茶壺蛻變而成。在十八世紀末葉及十九世紀初期，Chippendale 及其他技師製成一種形式精美之小盒，以保證家常所用茶葉之安全。當茶在家庭中不甚值錢而失去其地位時，茶盒乃降爲廚房中之盛茶錫罐，至今此種錫茶罐仍多放置於廚房中。

杯及茶托之沿革

茶杯及茶托與茶壺，皆起源於東方。眞正中國磁器之發見，適與飲茶同時傳入，結果產生一種優美之無柄無托之磁茶杯。最初發明之茶托爲木製塗漆之杯托，以免手指接觸熱茶杯而燙痛，其後技巧之華人製成一種環形物，環繞茶杯底部。於是有許多式樣之杯托出現，從此種杯托逐漸改進爲磁茶托，如吾人今日之所見者。

中國茶杯及茶托，在十七世紀輸入歐洲時，爲一種小巧玲瓏之器皿，其頂部直徑爲二又四分之一吋，底部爲一又四分之一吋。茶托直徑爲四又二分之一吋。歐洲人仿製中國茶杯及茶托，初亦製成如中國小巧之形狀，但英國飲酒及酒乳，多用大杯，其大小與雙柄酒乳杯相等，嗣後卽製成一種容量較大之茶碟。茶與酒乳同爲熱飲品，英國人開始裝柄於茶碟之上，有裝兩柄及一蓋者，惟此種式樣並不如裝一柄者之普遍。有柄茶杯亦顯然爲西方之發明；雖然有時偶然亦可見到有柄之中國茶杯，然傳統之中國土製茶杯則不見有柄。

大約在一八〇〇年，英國人製出一種小型杯盤，以承受茶杯及輕巧之飲食物。在五十年後，此種式樣已不流行；但又重復盛行一種所謂 Bridge sets，爲供給茶及輕巧食品之用。又有一種形如小盆之橢圓茶盤，其形式與原始之圓形者不同。

俄國及各斯拉夫族國家，用玻璃杯替代茶杯，早見於十八世紀初期。

茶匙之發展

茶匙爲西方盛套茶具之輔助品，早在十三世紀，歐洲已有多種形式之小匙，惟吾人所知之茶匙用於大陸及英國之時髦家庭中者，係與茶葉及咖啡之輸入同時出現。

最早之茶匙，與吾人所用之咖啡匙同樣大小，且亦同樣稀少與貴重。在喬治時代，始改成現在之大小，數量亦大見增加。關於茶匙有一種値得注意之事，厥爲因技巧及美術之進步，而製出一種堅固美觀之茶匙。

第二十三章　茶之調製

科學化調製法之幾種觀點——英美人所認爲最佳之調製法——主要成份——水之沸滾——五分鐘冲泡——對茶之愛好者之忠告，如何買茶及調製——酒館、旅館、飲冰室中大量茶之調製法——幾種茶之調製法

論及茶之適當調製法問題，即不得不注意就地之環境，例如英國最通行之煑茶方法未必適宜於美國，或大不列顛之專家與鑑賞家所認爲最合理想之方法，在美國亦未必可如法泡製；正如在巴西煑飲咖啡之習俗不一定適用於美國相同。

吾人咸知對於最初之茶如何調製與飲用，亦知今日在各茶葉消費國中如何煑茶之方法。茲將科學與縱慾主義之二大英語國家——大不列顛及合衆國——認爲美滿之最好煑茶程序加以簡短之考察，因在最後之分析中，發現茶之風尚與習俗在高加索民族中有最優美之表現也。吾人不必驚奇何以關於氣候與民族特性之考慮，英國與美國適不相同。

作者有一擔任此書科學方面之合作者C. R. Harler，應作者之請，供獻下列關於茶之調製意見：

講到茶之優點，非寥寥數語所能盡述。鑑賞家之飲茶，取其微妙芳香與風味，在彼之目光中，視刺激與舒適之特質爲次要之因子。在他方面，居住於澳洲僻遠小屋中之土著或許爲世界之最喜飲茶者，若輩並不注意茶之較優品質，由其調製方法觀之，即可明瞭。在此等僻遠地方，將茶葉置於罐內燉煑，方法甚爲普通，此種程序可產生一種有刺激、强烈、濃厚之流汁，但缺少精製茶汁中之微妙性。在此荒僻殖民地上所調製之茶，與在中國及日本日常所飲者迥異。在此等國家中所製成之茶汁，通常非常淡薄，似乎祗作止渴之用。

主要之成份

在不列顛諸島、澳大利亞、北美及荷蘭等處，印度、錫蘭及爪哇之紅茶銷行最廣。在上述各地之飲茶，原取其有刺激之效力，其後更取其特殊之酸味。此種酸味或刺激，係由紅茶液汁中所含單寧或單寧化合物而來，其味因習慣而變成適口。有刺激性之有機鹽基之茶素，當作藥用時略帶苦味，但在尋常茶汁中所含少量之茶素，實際上並無滋味。

在一小劑中所含之茶素足以增加智力與體力，亦無使人疲乏之後果。在一大劑中所含之單寧，對於口中黏膜及食管均有損害，但在一杯精製之茶湯中，含量甚微，不足爲害。茶之一種理想製法係提取最大量之茶素及不致過多之單寧。此種製法亦能保持香氣滋味，不良之製法則易於失去其所含發散性之質素。

如欲在茶湯中提取其最佳之品質，有兩種主要條件必須注意，第一、飲水必須新鮮煑沸；第二、泡浸不得超過五分鐘。尚有其他須注意之點，但均屬次要，當在以後順便述及之。

泡茶所用之水極爲重要，但此事出於茶之消費者之能力以外，因彼祗能從水管中取水。茶商之購買茶葉係根據茶葉銷售區域之需要，往往即用該區域之水試驗樣茶。至於本地之水如何影響於買茶商人，可舉例以明之。有若干茶師認爲英國肯特城（Kent）含白堊質之水最宜於用略高火力所烘製之茶葉，不過一尋常飲茶者之味覺能否辨別此項微細之差異，則爲一疑問。有鹼性或鐵質之水則使茶之水色晦澀。茶葉在軟水中比在硬水中容易泡出，强烈而無苦味之紅茶適合於軟水，硬水則需要强烈而有刺激有香氣之茶葉。利物濤之水出於附近之韋爾什山（Welsh mt.），據稱爲英國最軟性之水，亦最適於泡茶。

水管中之水曾經通過炭酸，現代之灌溉計劃包括水源供給之炭酸濾淨作用，而使水流過一有微紋之閘。當水達到沸滾而繼續沸滾至若干時以後，水中所溶解之空氣即被驅逐而變成無刺激性（flat），用此種水泡製之茶，即失去由剛沸滾之水所泡茶湯中之一種新鮮滋味。

在火車站及輪船上所泡之茶多不甚佳，即使其所用者爲上等混合茶亦然。其所以不佳之理由，因茶在罐內烹煑，不僅使水失去刺激性，且有多量之單寧被提出，香氣及滋味之來源——即芳香油亦在水蒸氣中被蒸發。在船

中當以蒸氣通過一種盛水之器而蒸熱之，此項容器與家常習用之壺不同，在此處因蒸煮過久而使水過度沸滾，故即使茶在個別之茶壺內泡製，亦不能得到最佳之液汁。船上無好茶之另一普通原因，在於採用人造牛乳；此種牛乳係用奶粉、乳酪等在「鐵牛」中製成。據稱用此種牛乳在船上泡茶，現已有極大之進步。

沸滾而起泡沫之水

煮茶所用之水應以達到沸滾而起泡沫爲度，方能得到最佳之效果。在高原上之水，遠在華氏寒暑表二一二〇度以下即已沸滾，故極難泡成一杯好茶。

所需茶葉之數量普通規定「每人一匙，每壺亦一匙」，此種規定顯屬不健全，不僅茶匙有大小，且因不斷參與飲茶之人數而妄加額外一匙之茶葉，亦極不合理。在茶之嗜飲者中，由積久之經驗而知以一又三分之二噸之茶葉與一夸脫水配合（十八克與九〇〇立方公分之比），爲最好之比例。

當水傾入於茶壺內時，必須使茶葉浸透，在此時應使茶壺保持暖熱。習用之保持暖熱方法係用一種不傳熱之物質罩住茶壺，例如茶壺套或茶壺筒，或在茶壺下面用微火熱之。後一種方法不宜採用，因茶湯或將逐漸沸滾，當然有少許水蒸氣蒸發，因此芳香油亦將有一部份消失。欲使茶壺保持暖熱，最好在未加入茶葉以前，用熱水將茶壺外漂洗。

泡茶以五分鐘爲最佳

泡茶應歷若干時間爲最佳之一問題，向來全憑經驗而決定，得到某種結論以後，即在實驗室內加以證實。就醱酵茶而論，無論關於茶素或單寧之數量，均以泡浸五分鐘所得之效果爲最佳。不過此與前美國茶葉查驗官蔡貝George F. Mitchell數年前在美國農業部經過若干試驗以後所得之結論略有不同。依據彼之試驗，證明在化學的觀點上爲一杯完美之茶，然不幸在消費者之立場，則並非完美之茶。在化學的觀點上，平均沸水沖入茶葉上以後三分鐘，茶素及全溶解物質有最大量之浸出，而單寧之浸出則爲最少量，過此以後則單寧之浸出較多，而茶素祇有少許浸出。但在大多數情形中，此使一杯淡薄（Skinny）之茶缺少濃度（Body），並喪失爲一般飲茶者所需要之若干刺激性，自然如將乳酪或牛乳加入此茶湯中，更將失去少量之刺激性，而使茶湯更不合飲用。因此彼下一結論，凡泡浸三、四分鐘之茶不宜加入乳酪或牛乳，泡浸四、五分鐘甚或六分鐘者方可用乳酪或牛乳，有數種茶。其眞正香味必待六分鐘以後方能發出。

據Mitchell之意見，以爲美國人所以不多飲茶之理由之一，係因若輩一見充分醱酵之茶略現顏色時，即認爲過於烈強；若輩未能將茶葉浸至相當時間，以獲得其香味與濃度之最大利益。若輩應學習不以顏色而判斷茶之濃度，因有一種深色，未必即爲茶汁強烈之表示，此全視乎所用茶葉之種類而定。

茶葉經泡過五分鐘或五分鐘以上，應將其半浸透之茶葉取去。如浸過五分鐘以後，茶汁尚未全部倒出，則應將此部分之茶汁倒出，使離開茶葉，以備以後飲用。

Messmer泡製法

法蘭克福（Frankfort）之Messmer發明一種泡製方法，此種方法極爲科學化，「如作爲合於人類天性之日常食品似覺過佳」。其法係用一茶匙之茶葉置於預先做熱之磁壺內，冲入充分沸滾之水，使茶葉全部淹沒而得在浸液中舒展，浸至五分鐘以後，將浸液傾入於一較小之壺內。如此繼續行之，惟每次祇泡三分鐘，將第二次浸液加入於第一次內，在杯內可視茶汁濃淡程度而加入若干開水。依照此種方法即可得到最大量之刺激性、香氣及滋味，而與最少量之單寧有極和諧之配合。

茶素與單甯之成份

平均一杯茶內含茶素四分之三喱（grain），單寧二喱。藥劑上此二物之用量如英國醫藥條例所示者，茶素爲一至五喱，單寧則爲五至十喱。吾人須知茶葉中所含此二種最重要之成分，爲數極微，尤其在經過消化器官時，茶素係漸漸注入，而單寧則被蛋白質凝着。

牛乳與白糖

茶內應加入牛乳，此不但使滋味柔和，並可增加液汁之濃度，且其所含乾酪質（casein）使單寧變成不溶解性。在此種情形下，單寧失去其收斂性，而對於口中黏膜之損害亦被消除，直至進入小腸以後，單寧始恢復其本性。過多之牛乳或乳酪足以減除茶之特性，故大多數飲茶者在茶汁現琥珀色時即不再加牛乳。

牛乳含乾酪質百分之三·五，此可使單寧沈澱。如特蘭郡（Devonshire）所出之純粹乳酪，含乾酪質極少，其所含乾酪質大部份留存於浮沫內。美國乳酪實際上無異濃厚之牛乳，故其所含乾酪質遠較英國製之乳酪爲多，但較少於普通之牛乳。因此吾人對美國人不妨云「加入牛乳或乳酪」，但對於英國人則須云「加入牛乳」，乳酪一字在此二國中有不同之意義。

加入白糖不過爲滋味關係，有許多人不加白糖，因足以掩沒茶之特殊風味。在俄國常加入檸檬，即可得一種檸檬之香味。以如此方法飲茶時，茶汁通常極爲淡薄。

在平均一杯茶內，肉類及蛋白質被二種單寧所沈澱之數量雖細微至不足重輕，但總以肉類不與茶同食爲佳。

科學泡製的規則

茶之最佳泡製法如下：

一、飲水必須沸滾。
二、茶壺應用熱水漂洗使暖。
三、以一又三分之二嘸茶葉泡製一夸脫液汁。
四、在茶壺套或茶壺筒之蓋罩下，將茶葉泡浸五分鐘。
五、如泡成之茶非一時所能飲盡，則可將餘茶傾出而貯於另一壺內，以備以後取用。
六、在第二次飲茶時，不可祇在半泡過之茶葉上加水，必須重新泡製。
七、加入牛乳應以茶變成琥珀色時爲度。
八、不妨加入若干白糖。

爲英國之飲茶者設想

英國之老於飲茶者往往喜飲濃烈之茶，其濃度常以茶色之深淺爲測量之標準；數年以前，捲曲之茶葉爲英國市場所需要。此等茶葉當葉片舒展時，其可溶解而有色之物質漸漸發洩，故在茶壺內可加水一、二次，然後此等物質方消耗盡淨。不過加水能使茶汁淡弱而缺少刺激性。飲茶者在第二次所泡之茶內，有時加入一片蘇打，以加强茶汁之濃度，結果，蘇打使茶湯變成鹼性，因而結成赭色之二氧化單寧化合物，茶之效益亦因此減少而成爲沖淡無刺激性之液汁，但茶汁之色加深，足爲此項液汁尚可飲用之保證。惟加水一事總覺不足取法。

近來英國之茶葉消費量激增，一般人相信其一部份原因在於碎茶之應用日廣，甚至將取葉茶之地位而代之。碎茶係在製造時因揉捻過重，以致碾成碎片而非捲緊之葉。碎茶易於泡出汁液，大部份效益則在最初之茶汁內消失。此項速成之液汁適合於今日匆忙之時代。加水於第一次泡過之茶葉時，其由碎茶泡成之液汁較由葉茶所泡者爲劣。

在印度及其餘飲茶之熱帶諸國，能使人自由發汗，正與其他熱飲料相同，但對於飲用者最後之效力則爲涼爽。即使當印度有冰供給時，一般人亦常取熱茶而捨冷飲品。根據生理學上之解釋，從毛孔中之蒸發足以抵銷因飲茶實際所得之熱而有餘，事實上，無論冰水或熱茶之涼爽效力，主要在於蒸發以後。據云，冰水除在飲時使人涼爽以外，在事後更能從毛孔中消散十五倍之熱度；至於一杯熱茶則能從皮膚蒸發而消除五十倍於飲茶所得之熱度。

對於嗜茶者之勸告

對於欲得關於茶及泡製茶液更多之智識之消費者，或對於渴望成爲一鑒賞家之嗜茶者，可與討論關於此項題目之各方面。

茶之特質——就一般而論，茶葉可分成三類：一、醱酵或紅茶；二、不醱酵或綠茶；三、半醱酵或烏龍茶。在各國之茶樹初無差別，上述各類茶葉之不同係由於製造方法、各地氣候及栽培情形不同所致。茶葉商標種類繁多，隨各國、各茶區及各茶園而異；至於可能之混合茶，更多至不可勝計。

醱酵茶或紅茶包括中國工夫茶或「英國早餐茶」（English breakfast），其中又可分成來自漢口之華北工夫（黑葉）及來自福州之華南工夫（紅葉）；此外復有印度、錫蘭及爪哇所產之紅茶。

不醱酵茶或綠茶包括兩大類，即中國茶及日本茶；此項綠茶在印度、錫蘭及爪哇亦可製造。

半醱酵之烏龍茶爲台灣及福建之出產。

在南印度、錫蘭、爪哇及蘇門答臘所產並可長年採摘之紅茶中，所能得到最優良之品質如下：在南印度以十二月及一月所摘者爲最佳；在錫蘭以二月、三月、四月、七月、八月及九月爲最佳；爪哇及蘇門答臘以七月、八月及九月爲最佳。

北印度、中國、日本及台灣有定期之茶，北印度之紅茶以從六、七兩月第二次芽葉及自九月以上之秋季芽葉所製成者爲最佳。華北、華南之紅茶以在四月至十月第一次所採摘者爲最佳。中國最優良之綠茶係在六、七兩月所製造，但在六月至九月間亦可製優良之綠茶。日本之茶季爲五月至十月，一年中有數次收穫。但以第一、二次——五月及六月一爲最佳。在台灣，收穫期有五次，即春季，夏季二期，秋季及冬季。茶季自四月延亘至十一月，而以夏茶——六月及七月——爲最佳。

「橙黃白毫」(Orange Pekoe)爲美國茶商用以宣傳乙一種名稱，而與Orange(橘子)並無關係，亦非一種特殊品種或品質之茶葉，不過大部份係由茶芽上第一、第二葉所合成之一種茶葉。此種茶葉經烘焙以後，從有某種大小網眼之篩分而成。從高茶叢所採製之橙黃白毫，其品質極爲優良，從低茶叢所採摘者，其品質顯然較爲低劣，或不如從山上茶叢採摘較大之葉。「橙黃白毫」之一名詞並非指一種品質之意，因其在杯中之價值全視乎原出產地之高度、氣候，以及製造之方法而定。

應買何種茶葉——在分包茶普遍銷行以前，一個普通之消費者向零售商購買一磅紅茶或綠茶，除此以外，彼對於茶葉可謂一無所知，故將其餘一切悉聽零售商代爲決定。在零售商與消費者雙方均不知單在紅茶中亦有極大之不同，正如茶與其他飲料或咖啡與可可之不同然，在今日普通之消費者對於包裝商爲彼所選製之分包混合茶，必須表示滿意，除非彼有意爲一茶葉鑑賞家或就一茶葉專家之職業。

茶商所能供給之中國紅茶商標究有多少？吾人不雜列舉以應之曰：約有五百種；綠茶有多少？約有二百種；錫蘭與印度共有若干？約在二千種以上；日本有多少？約有一百種；爪哇、蘇門答臘及其他產茶國至少尚有二百種　。此三千種茶葉皆可用作混合，則可製成無數種之混合茶。所可注意者，在千百年以後必將有許多人不知如何覓得一種適合於若輩之茶；在若輩覓到以後亦不知如何製泡。不過無論如何，總有一種適合於每一個人口胃之茶或混合茶。

何者爲供飲用之最優良之茶葉？吾人之忠告則爲：第一、可嘗試最優品種之茶，在決定一種適合口胃之茶以後，再在同一品種中擇其最高級者飲之，　每種茶葉之最高品級均同樣純潔與優美　。吾人如不飲茶則已，飲必擇其最優良者，因飲低級之茶爲最愚笨之事，此種茶葉缺少香味與滋養之效力。

每磅茶葉可泡一五〇或二〇〇杯之茶。結果，就每磅一元售價較高之茶而論，　消費者所費每杯爲二分之一或三分之二分，　如茶汁不求過濃，則尚可減省。每磅五角之茶，其所費每杯僅爲四分之一分至三分之一分。凡瓶裝之飲料絕無更廉於此者。

混合茶之花色雖極繁多，但如不嫌抉擇之繁，亦未始不可得到一種稱心滿意之茶，不過一般人除非有成爲鑑賞家之意，絕少有時間與願望以悉心探究此項問題者。因此，吾人提出下列簡單之建議：以著名產茶各國之茶葉爲標題，　寫成一種指南式之手冊，　以供欲享受飲茶者之參考。

中國茶——在中國之醱酵茶中，最著名者爲華北工夫或英人慣飲之「英國早餐茶」。此「英國早餐茶」之名稱最先流行於美洲，係指殖民時代英人在早餐時所飲之茶。此名原祇應用於中國紅茶，今則包括一切有顯著之華茶滋味之混合茶。

華北工夫性質強烈而有香氣，如欲嘗試，可取寧州及祁門所產之茶，在開水中泡四、五分鐘。

華南工夫或紅葉工夫，其汁液較淡，最著名爲白琳及坦洋。在開水中泡四分鐘。一切醱酵之中國茶，在飲用時，有加糖亦有不加糖　，但常加入牛乳或乳酪。

中國綠茶分爲路莊茶(Country Greens)、湖州茶(Hoochows)及平水茶數種，製成下列之方式：珠茶、圓茶、眉茶及貢熙。可用婺源麻珠或婺源眉茶以供嘗試。在開水中泡五分鐘，專供清飲，不加糖及牛乳等。

有數種中國茶製成半醱酵之茶，即所謂烏龍茶，與台灣茶相似，依輸出口岸而有福州烏龍與厦門烏龍之別。在中國所產者尚有一種花薰橙黃白毫，係一種小種茶，在製造時用茉莉、梔子或玉蘭花等薰製而成。

此項茶葉如不能單獨買到，可向零售商選購以中國茶爲主要成分之一種上等混合茶。

印度茶——印度茶葉大部份以出產地而得名，　例如大吉嶺　、亞薩姆、杜爾斯、卡察、雪爾赫脫、丹雷、古門、康格拉、尼爾吉利及爪盤谷等處之茶。然亦有因所產之茶園而得名者。此等茶葉係用機器製造，依商業上之分類而有碎橙黃白毫、橙黃白毫、碎白毫、白毫、白毫小種、茶片及茶末等之區別。

請購買一種大吉嶺混合茶，此為最上品最有香氣之印度茶，在開水中泡五分鐘，飲用時加糖與否聽便，但常加入牛乳或乳酪。如不能買到散裝之大吉嶺混合茶或別種印度茶，可向零售商購買優良品質之混合小包茶。

錫蘭茶——在錫蘭所製之茶，大部份為紅茶，其分類與印度相同，不顧其品級如何，亦以其所產之茶園而得名。因在泡製時與茶之特質有關。大別之，可分為高地茶與低地茶。高地茶種於內地之山區，而以有良好之香氣與滋味著名；低地茶種於近海低窪之平原上，其汁液較為平庸而粗劣，且缺少香氣。

請購買一種高地錫蘭茶或以錫蘭為主要成分所拚和之上等小包茶，在開水中泡四、五分鐘，飲時用糖或不用糖均可，惟常加入牛乳或乳酪。

爪哇及蘇門答臘茶——在荷屬東印度之爪哇及蘇門答臘二島上所產之茶亦如印度、錫蘭，係用機械製造，其所製幾全紅茶。茶葉之分類與印度、錫蘭相同，亦以其所產之茶園而得名。爪哇茶又分為亞薩姆種及中國種二類；前者係從亞薩姆茶籽栽培而成，後者則為中國茶籽。亞薩姆種所泡茶湯之特質與較為溫和之印度茶相似，中國種在杯中之特質則具有中國之典型。

請購買爪哇茶或一種含有爪哇或蘇門答臘茶之優良小包茶，在開水中泡五分鐘，飲時用糖與否聽便，但常加入牛乳或乳酪。

日本茶——日本茶指係不醱酵或綠茶，製成下列之型式：日曬茶，釜製茶(直葉)，玉露茶(一種捲葉之釜製茶)，籠製茶及「自然葉」。所謂「自然葉」係一種矯揉造作之名辭，並無特殊之意義，不過指不用揉捻或手術之茶而已。日本茶依各茶區所產茶葉之型式及其液汁之品質而分類，在商業上通常所分別者如下：Extra Choicest、Choicest、Choice、Finest Fine、Good Medium、Medium、Good Common、Common：此外尚有芽尖、茶末及茶屑等之區別。在開水中須浸三分至五分鐘，可清飲或加檸檬。

請嘗試 Momikiri 茶(意即「美麗之手指」，係產於遠州茶區之一種優良品質之茶)，或山城茶，或任何上等混合茶之小包茶。

台灣茶——台灣烏龍茶有極好之香氣及滋味，因係半醱酵茶，故兼有紅綠茶之特質，彷彿為二者拚和而成之一種茶葉。

請嘗試一種台灣夏茶或任何用紙包之優良混合茶，在開水中須浸五分鐘。飲時可任意加糖或不加糖，但不用牛乳或乳酪。

作者之選擇——作者承認對於大吉嶺茶及台灣烏龍不分軒輊，對於華北工夫尤其祁門紅茶微嫌薄弱，而高地錫蘭茶似可差強人意。其後作者遊歷荷屬東印度，覺爪哇茶最為滿意，在日本似以宇治茶區所產之玉露茶最適合當地之風土。用台灣烏龍茶百分之一〇至二〇與大吉嶺茶拚和，可得極美好之調和。

如何泡製及如何飲茶——泡製之技術包括下列三項：(一)優良品質之茶；(二)新鮮沸滾之水；(三)經過適當之泡浸以後，將茶湯傾出而與用過之茶葉分離。泡浸之時間視茶葉之種類而異，大約自三分鐘至五分鐘。

製茶有 種重要之過程，但就大體而論，一杯完美之茶非用上品之茶葉及新鮮而沸滾至起泡沫為度之水不可。泡茶必須在一有茶膽之壺內——此茶膽須能取出或經過適當之泡浸後，即能自動使茶葉與液汁隔離——或將液汁傾入於另一容器內。凡用過之茶葉不宜再用。盛茶最好用磁壺。

下列各條為飲用一切散裝茶之最好方法：

一、購買合於汝之口胃及汝之所在地之一種茶葉而擇其最上品者。
二、用新從水管汲取稍微軟性或稍微硬性之冷水。
三、將水煮沸至起泡沫為度，
四、每杯茶用一標準茶匙之茶葉。
五、茶葉置於微熱之陶器、瓷器或玻璃壺內，用新沸滾之水沖入，視所用茶葉之種類而浸泡三至五分鐘；在泡製時應常加以攪動。

六、將茶汁傾入另一設熱之磁器內；用過之茶葉第二次不能再用。

七、保持茶湯之熱度，飲時加入白糖、牛乳或乳酪與否，悉聽飲茶者自己裁決。如認爲有加入之必要，可在茶未傾出以前，將白糖與牛乳或乳酪依次放入。

用個別茶袋之泡茶法：

一、將茶袋放入一微熱之杯內。

二、將新鮮猛滾之水沖入杯內，浸泡三至五分鐘，以適合口味爲度。從杯中取出茶袋。

三、用於茶壺者：一個茶袋可泡二杯或三杯。

四、用作冰茶者：浸泡五、六分鐘，然後加入冰塊及一片檸檬，

茶在何時飲用——茶可在早餐、午餐或晚餐時飲用，但按美國之慣例，特別宜在下午飲茶，假定爲午後四時。此時飲茶最能解除一天之疲勞，增進工作之效率，而達到快樂圓滿之結束。茶之具有魔力之性質，在英國社交上已行之而有效，其亦必適用於美國無疑。

大量茶之製法

在旅館、酒樓、飲冰室及其他大量需茶之處，茶之最好泡製法，莫如預備濃厚之茶汁，將茶汁分配於許多茶杯中，使各杯茶有相當之濃度。所用茶葉之數量，必須等於各杯所需之總和。

假如供給二十四人所飲之茶，則須用二十四茶匙之茶葉，此可在一隻能容六杯之茶壺內，按正常之方法泡製。將二十四茶匙之茶葉悉數放入壺內，用滾透之水沖入。泡浸五分鐘，然後將茶葉攪動而使之沉下，一面將茶汁傾入於另一茶壺或適宜之容器內，如此即可製成茶汁。

將茶汁約四分之一杯，分配於各杯，用沸水沖滿。無論需茶若干杯，皆可用同樣方法按比例分配。此不過爲保持每杯所需茶葉之適當比例而已，同時並須注意在泡製茶汁時勿使泡浸過久或不足。至於冰茶則係將此沸熱之液汁傾入已置冰塊之玻璃杯內。

茶之數種泡製法

從茶內加入或取去任何物質，仍不失爲一種可口之飲料，但已非茶

之本來面目。不過喜變換口味者亦頗不乏人，爲此等人之利益着想，如最近之食譜不能使之滿意，則下列之方法可供採擇：

美國之冰茶

與熱茶同樣泡製，每杯用一滿茶匙之茶葉，將熱茶倒入於高玻璃杯內，此玻璃杯之三分之二已盛滿碎冰，飲時加入成片之檸檬，並加入適量之糖。有時亦加入丁香、碎橘皮及小片薄荷。

英國之冰茶

每半品脫（容量名，等於半夸脫）之水用茶葉一茶匙，將茶葉置於設熱之壺內，用水沖入，浸泡四分鐘然後用沸水將茶壺沖滿，再浸三分鐘。在一瓶內放入一大塊冰將熱茶沖在冰上。

倫敦有一家最大之調味餐館 Maitre Laitry，用各種不同方法，製成倫敦冰茶。用中國茶葉泡製一種相當強烈之茶汁，將茶汁靜置一、二分鐘以後，倒入於盛有碎冰之玻璃杯內。飲時通常不必加糖，祗用一、二片檸檬，但亦並非實際加入於茶內。

雞尾酒茶或與其他酒類合製之茶

先用紅茶泡成非常濃烈之液汁，混和三分之一之橘汁，置於一種雞尾酒搖動器內，照常例搖動之，然後倒入酒杯內，飲時加入一顆櫻桃。與另一種酒High-ball混合之製法，係用茶汁四分之一，其餘部分則用上等蘇打水或薑酒，混合而飲。

與五味酒混和之茶

與五味酒合製之茶有多種，一種係用兩茶匙紅茶泡於一又四分之一杯之沸水中，浸五分鐘以後，倒入於一杯白糖內，俟溶化後，加入橘子露四分之三杯及檸檬汁三分之一杯，濾清而傾入於一碗有冰塊之五味酒內，飲時再加入一品脫薑酒，一品脫上等蘇打水及數片橘子。

另一種製法，係用一品脫沸水沖泡兩羹匙任何強烈之紅茶，泡浸五分鐘。另用兩杯開水，一杯白糖，煮五分鐘，加入三成檸檬汁，二成橘子汁，及一品脫楊梅汁或一罐碎菠蘿蜜於此糖漿中。俟其涼時，將預備好之茶汁及碎冰倒入，然後斟入高玻璃杯內飲之，並可加入一小片新鮮薄荷。

俄國茶

俄國茶用三茶匙紅茶，冲入兩杯沸水，泡浸五分鐘。盛於玻璃杯內加入白糖、蜜餞、櫻桃或草莓與數片檸檬，冷飲或熱飲均可。用一茶匙甜酒，二、三枚白蘭地浸製之生菓及麥糖，爲一種奇異之製法。另一種有時稱爲櫻桃茶者，盛於杯中飲之，飲時加入櫻桃酒及兩面撒有肉桂粉之檸檬數片。

檸檬茶

英國有一種檸檬茶新製法，係用一茶匙茶葉及半小片檸檬，以供一人之飲。其法將檸檬榨汁傾入於半品脫之沸水內，將此液汁傾入於一溫熱茶壺所盛之茶內，使浸四分鐘，然後用沸水冲滿此茶壺，再浸三分鐘。飲時斟入於玻璃杯內，並置切碎之檸檬片於其旁。冰過之檸檬茶亦爲夏日之一種良好飲料，每杯置一小塊冰，俟茶冷透後倒入於各杯內。如不用檸檬，則用橘子亦可。

牛乳茶

牛乳茶在英國有二種製法：（一）每半品脫牛乳用一滿茶匙茶葉，將牛乳煮滾，茶壺先用沸水燙熱，置茶葉於其中，然後將沸滾之牛乳倒入，浸過七分鐘，方可取飲；（二）將茶壺燙熱，置茶葉於其中，然後將沸滾之牛乳，以半壺爲度，使浸四分鐘，然後用沸水將茶壺冲滿。此種製法不免使牛乳變味，而爲一部份人所不喜飲。

冰淇淋茶

用强烈之紅茶液汁以增加尋常冰淇淋之香味，在凍結以前，加入碎橘皮、肉桂或白葡萄酒。

下列爲日本京都所飲用之一種冰淇淋譃茶之製法，所用者爲優良有香氣之宇治茶。由此種茶葉所製成之冰淇淋，其形狀彷彿阿月渾子（一種阿拉伯樹之果實），不過其味則全然不同。

其法係在一大碗或類似之容器內，置一夸脫商用單純之冰淇淋，一品脫牛乳及一杯半白糖，使混和透澈至白糖溶化時爲止。置一茶匙碾成粉末之「末茶」於杯內，冲入溫水至四分之三杯爲度，然後將茶與水混合而成爲一種薄漿。將此薄漿傾入於冰淇淋牛乳及糖之混合物內，使其混和透澈，即可按尋常方法凝結之。

日本末茶之調味

Tealate 係日本綠茶粉末與可可奶油混合所製成堅硬之餅，可作香料之用，以代替苦味之朱古力。此爲日本東京之長崎恭藏所創製之新奇出品，已在日本及美國註冊專利。Tealate 形似煮熟之朱古力，惟其色深綠而非朱古力色，凡用此種香料之食品，如糖果、糕餅、布丁、乳油、菓子露等，皆呈嫩綠色，並有一種茶之香味。此外亦可用於冰與餅類之着色及加香味，並可用以製成不必泡製之冰茶。

茶之新奇出品

下列爲關於數種重要新出品茶之敍述：

蘋果酒茶

蘋果酒茶一九一一年在德國早已有之，據稱係由東方所傳入；在爪哇及錫蘭則於一九三三年開始試驗製造。

製造之手續比較簡單，用一兩半至二兩茶葉與一加侖沸水泡製一種尋常之茶湯，將茶湯從茶葉中濾出，加入百分之十之糖，即一加侖液汁用糖一磅。待其涼時，置於一開口而遮蔽之瓶內，加入酵母或酒母而使糖變成酒精及炭酸氣，炭酸氣不久發散，酒精因黴菌作用而變成醋酸，此項反應造成蘋果酒之特質。所用酒母似爲菌類之一種混合物。根據錫蘭茶葉研究所C. H. Gadd之意見，以爲其中重要之菌類祇有二種，一種酒母（Saccharomycodes ludwigi），他一種爲桿狀細菌（Bacterium xylinum）。應用何種特殊之酒母雖無甚關係，不過上述特種菌類頗爲重要，因其使蘋果酒茶有一種特殊之香氣與滋味。

此有糖之液汁起初帶有甜味，但當酒母開始發生效力而增加酸性時，其甜味即逐漸消失。至於甜或酸之程度係關於口味之問題，故醱酵之久暫而異。醱酵所需之時間因氣候而不同，有須經過二、三天之久者。

當此項液汁已得適當之香氣與滋味以後，可用雙層厚布濾過裝入瓶內，惟瓶須灌滿，並用木塞塞緊。瓶內因無空氣，可使細菌之作用停止，但酒母繼續發生效力而產生氣體，使液汁起泡。此種蘋果酒須置於蔭涼處，緊密封閉，其所含之酒精鮮有超過百分之一者。一種茶醋之製法係使醱酵繼續至一月之久，然後將醋榨出煮沸，而裝入於瓶內。

「大寶來」茶及茶片

「大寶來」（Tabloid，一種註冊商標之名稱）茶係由開設於倫敦及紐約之Burroughs Wellcome公司爲便利旅客及露營者而製，已歷有年所。此種茶係製成小圓片之狀，每杯飲料用一、二片即足。

新近在爪哇萬隆，有一家商店開始製造茶片（Tea tablet），分有糖與無糖二種。無論有糖與否，皆係將碾成粉末之商用茶葉製成。此種機器與化學工程師所用以製造各種片狀出品者相同。

從茶之汁液製成「茶香片」（Tea aroma tablet）之一種方法已為一家來比錫（Leipzig）商店所專利。據稱此種方法能保存凡所需要之香味，而此項香味在製造任何提煉之濃液時可隨意變化，以適合杯中泡製之茶或更變成濃厚而可作為糖果、口香糖之用。所用化學藥品在使用後仍可恢復原狀。

茶浸出物精汁及炭酸鹽茶

對於茶浸出物精汁之製造，曾經多次之嘗試，但多數均歸失敗。新近紐約之印度茶葉局發明一種可溶解而有相當濃度之茶汁之製法，以熱水沖入此種浸出物中，一杯茶頃刻即可製成，或用冰沖入則可製成冰茶。此項濃厚之浸出物稍微帶有甜性，據稱概為固定。亦可用炭酸鹽水而製成一種糖漿茶，並可用以製造一種蜜酒相似之瓶裝炭酸鹽飲料。

第六篇　藝術方面

第二十四章　茶與美術

圖畫中對於茶與飲茶之稱頌——雕刻及音樂——中國與日本之採茶歌——歌劇中之茶——中國及日本之陶瓷藝術——西方國家之茶具——精美之銀製茶具——舍非爾德鍍銀器——電鍍器——白鑞製品——茶盒與茶匙——現代銀製食具

飲茶在若干國家內顯已成爲藝術家及雕刻家靈感之源泉，而東方之飲茶禮節及西方之茶桌習尙，對於陶器及銀器製造上之影響，亦緊隨實用主義之後而達最高之成就。

葡萄牙人在十六世紀時已自遠東傳入絲織品、磁器及各種香料，惟茶則直至十七世紀初年方由荷蘭人輸入歐洲。同時，並輸入華麗之中國茶壺，精巧之茶杯及美觀之茶瓶。歐洲之陶工及銀匠眩於中國製品價値之高，乃開始倣造，以應當時對於高度藝術化器具日益增大之要求。

遠東繪畫藝術與茶

中國古代之繪畫以茶爲題材者殊少，惟在英國博物館中存有一幅，題名曰：「爲皇煮茗」（Preparing Tea for His Majesty），作者爲明朝之仇英（譯音，Chiu Ying，一三六八——一六四四），圖上繪一宮殿中之花園，地點可能爲當時之首都南京。繪於一暗色之絹軸上，展軸可見皇帝高坐於皇宮之花園中。

在十八世紀時，有中國畫一組，圖示栽培及製造之各種景象，包括種籽下土以至最後裝箱及售與茶商之全部過程。

日本之繪畫藝術大抵均發源於中國，但於題材之處理上，則表現甚大之創造性。此於高貴莊嚴之佛教畫中卽可見日本畫與中國畫有極類似之處，「明惠上人圖」卽其一例。此圖爲高山寺珍品之一，現藏於日本西京市博物館。明惠在宇治栽植第一株茶樹。在此圖中，彼坐禪於一松林之下，以爲不朽之象徵。

某次著者遊日本時，日本中央茶業協會贈以稀見而貴重之手卷（卷物）一軸，圖示歷史上之「茶旅行」禮，凡十二景。此禮行於一六二三年至十八世紀初葉之時，爲每年自宇治運茶至東京進貢時之儀節。

數百年來，日本畫家所作茶葉產製景象之圖至多。英國博物院中藏有未經裝裱之日本畫一組，作者爲十九世紀之 Uwa-Bayashi Sei-sen，題材爲製茶之全部過程，用墨水繪於絹上，並着色。描繪茶葉產製中之每一步驟，以迄最後之獻茶典禮。

達摩爲離奇古怪而相者所喜用之題材。在傳說中，彼與茶樹之神祕起源有關。有許多作者繪此類之圖。

藝術家向自然界中選取題材，亦有至大之興趣，如十八世紀 Nishikawa Sukenobu 所作之「菊與茶」圖，卽其一例。圖示一日本紳士面對一盆菊花靜坐，圖之中心爲一羣女性，右側廊下，則爲茶釜及茶具。

西方繪畫藝術與茶

最早之歐洲繪畫以茶爲題材者，爲一鋼製之彫版，用以印刷早期關於中國茶樹記載中之插圖。此物現已罕見，如一六六五年在阿姆斯特丹印刷者，卽爲一例。圖中刻一中國茶園及採摘之方法，其中前面之兩株茶樹均盡量放大，以顯示其枝葉之結構。

此種以另一透視法放大一株或數株之法，似爲歐洲早期彫版家所樂用，故當時所印刷之茶畫，有傳至今日者，大部分皆具此特徵。

迨至下一世紀，茶在北歐及美洲已成爲時尙之飲料，於是世情畫之美術家，常於此新環境下描繪飲茶之景。

以線紋雕版（line engraving）描寫十八世紀之飲茶者，可以二圖爲代表：一爲「咖啡與茶」，係一書中插圖，作橢圓形而嵌於一方框中，見於Martin Engelbrecht之「圖形集」，此書於一七二〇——五〇年間刊行於德國之奧格斯堡（Augsburg）；另一幅爲「恬靜者」，係出自R. Brichel之手，一七八四年在奧格斯堡根據Joseph Franz Goz（一七五四——一八一五）之繪畫而作。「恬靜者」繪一飲茶家，手執烟管，旁置茶壺，於其神態中傳出一種放蕩不羈之想像。

愛爾蘭人像畫家Nathaniel Hone（一七三〇——八四年）於一七七一年曾作一勤人之飲茶圖，繪其女之像。此少女穿燦爛耀目之錦衣，以皎潔如雪之花邊織物披肩，右手捧碟，其上置一無柄之「茶盤」，左手以小銀匙攪調其中之熱茶。

George Morland（一七六四——一八〇四）之名畫「巴格尼格井泉之茶會」，圖示一家庭中人集於此名園中享用Al Fresco茶時之情景。

倫敦畫家Edward Edwards（一七三八——一八〇六）於一七九二年作一畫，描繪牛津街潘芙安茶館（Pantheon）句廂中飲茶之景，其中繪一冶容豔服之蕩婦，方自一鉄綱悉稱之浪子手中接取一小杯之茶，在前方之桌上有一盤，其中盡置當時之茶具，另一女子則方就此婦耳語，有如加以提示者，對方並可見其他廂中之飲茶客。

W. R. Bigg. R. A.（一七五五——一八二八）所畫之「村舍內」，現藏於維多利亞與阿爾培博物館中，署明爲一七九三年所作。圖示一中年村婦備茶之狀。

蘇格蘭畫家Daniel Wilkie（一八〇五——四一）之「茶桌之愉快」，描寫十九世紀初年英國家庭中飲茶時之舒適狀態，時在狄更斯時代之前。圖示一鋪白布之大圓桌，置於壁爐之前，二男二女方在飲茶，表現出滿足之狀。一貓安然蜷伏於爐前，更表現出家庭生活之情趣。

著名之中國快剪船競賽，係自福州及其他中國海口裝運新茶至紐約及倫敦，此事亦予當時及現代海景畫家以甚多之靈感。

紐約大都會美術博物院（Metropolitan Museum of Art）中懸有關於茶之圖畫二幀，一爲Mary Cassatt之「一杯茶」（The Cup of Tea），一爲Wm. M. Paxton之「茶葉」（Tea Leaves），爲遊客所習見。比利時安特衛普之皇家美術博物院有茲衆飲茶之畫多幅，其中有Oleffe之「春日」（Spring Time），Ensor之「俄斯坦德」（Ostend）之午後」，Miller之「人物與茶事」（Figure and Tea Service）及Portielje之「揶揄」（Teasing）。

蘇聯各處「人民之宮」，均附有茶寮（Chainaya），取帝俄時代之酒店而代之。藝術家A. Kokel所繪之「茶寮」，現懸掛於列寧格勒之美術學院中。

茶與雕刻

中國茶商多奉陸羽爲茶業之創始者，雅州茶業公會之會堂中亦有其造像，尺寸大小一如人身。用楷書寫明陸羽之名，稱爲「先師」。其像以玻璃框架慎重保護。

中國茶廠亦多設有小型之陸羽像，以祈其福佑。

榮西禪師爲日本茶業之鼻祖，京都之Kennin寺即爲其所創。寺中置有彼之木像，雕刻甚精。

達摩爲佛教祖師之一，在日本傳說中，與茶樹之神秘起源相關。其造像在日本甚多，像狀大小不一，或爲極大之偶像，或若兒童之玩具；或莊或諧。莊嚴之達摩像爲一黑色之印度人，短鬚如蝟毛；一種爲圓滑面孔之東方人。根據傳說，達摩常立於一蘆葦渡過長江，或扶一稷杖或竹杖而立於江海之波濤上。

前日本中央茶業協會會長大谷嘉平，爲日本茶業界之元老，其造像有二，一在靜岡，一在橫濱，均在彼生前所建。

茶與音樂及跳舞

茶給予音樂家之靈感不若咖啡之大，茶不能使任何大作曲家作曲譜美其魔力，Bach 有讚美咖啡之曲，Meilhat 與 Deffes 在巴黎亦爲咖啡作一喜劇。法國不列丹尼（Brittany）及其他各省皆有讚頌咖啡之歌曲，惟茶則從未受人歌頌。關於茶之音樂，在遠東，當以採茶歌爲代表，在西方則有少數之勸戒詩及各種民歌。其中有喜劇性質者，亦有不然者——惟其內容所涉，則於茶之社會作用方面較茶之本身爲多。

在中國及日本產茶區內，茶之出現於樂律中者由來甚早，其形式大抵爲採茶者之歌謠，其作用蓋在引起採茶人——通常爲婦女——之精神，並提高其工作能力。著者最近在日本三重縣津市一公共招待會中，曾聆學校兒童唱一首歌曲，歌名「摘茶」，可爲代表，其辭云：

立春過後八八夜，滿山遍野發嫩芽；
那邊不是採茶嗎？紅袖雙絞草笠斜。
今朝天晴春光下，靜心靜氣來採茶。
採啊，採呀，莫停罷！停時日本沒有（了）茶！

日本人有採茶之舞，以藝妓表演之。

英國人爲西方最早之茶客，亦偶有關於茶之歌曲，十九世紀中之節飲運動，產生此類歌曲數闋，在所謂「茶會」（Tea Meeting）中熱烈歌唱之，其最普遍者之一爲「給我的一杯」（The Cup foı me）：

讓他們唱來把酒誇，
讓他們想那好生涯，
那片刻之歡，
永遠輪不到咱，
給咱一杯茶！

J. Beuler 所作之「亭中之茶」（Tea in the Arbour）爲一喜劇歌曲，由 Ac. Whitcomb 製譜，約在一八四〇年時，由 Fitzwilliam 歌唱而博得絕大喝采。Charles Dickens 之數種最佳作品卽成於此時。爲其繪插圖之著名漫畫家 George Cruikshank，曾爲「亭中之茶」繪一幽默之封面。歌中故事敍述一鄉居之人，邀請城中莫逆之友，觀賞彼之爲蟲所荒之園亭小徑，然後請其雜坐於毛蟲及青蛙之間，而「飲茶於亭中」。

「茶之散文與詩」（Poezie en Proza in de Thee）爲一荷蘭語之朗誦文，讀時伴以鋼琴，並以一歌結束之，係由著名荷蘭唱歌家 J. Louis Pisuisse 與 Max Blokzue 製譜表演，其時爲一九一八年，彼等方周遊荷、印諸地。

現代美國作曲家 Louise Ayers Garnett 曾作一高音獨唱曲，題爲「茶歌」（A Tea Song）共有詞及譜，曲中之語爲一來自日本之「褐色小姑娘」，其詞述供備日本茶時之快樂，以告欣賞之美國人，此曲雖非爲宜傳而作，然實具有宣傳之效力。

中國之陶磁藝術

中國陶磁藝術與茶之傳播，一同開始。蓋美術磁器之製法與其所需材料之發見，卽與茶之流行時間相同。此種藝術不久卽傳至日本，該國飲茶之典禮，採用塗釉陶器；但精美而藝術化之磁茶具，亦頗見重。陶磁藝術其次傳至荷蘭，荷蘭船自中國載返歐洲者，除最早之茶葉外，卽爲精巧之磁器。此類中國磁器其後卽成爲荷蘭及德、法、英等國製磁業者之藍本。

中國發明堅硬半透明釉磁器之製法，與發見其製造之材料，此對於全世界實爲一不朽之貢獻。中國人在此方面之成功，自唐代卽已開始，其他國家固亦早有陶器之製造，但以中國人之天才，表現於美術之「磁」者，其形狀與色彩之美麗，爲其他各國所難與較衡，並使之成爲一切茶用美術陶器之源泉。

現存古磁之製於明代以前者，已甚罕見。在大英博物院中藏有一宋代建窰之茶碗，碗身爲淡黃色之磁，裏面之釉，斑駁多彩，有塗飾之圓形浮雕，外呈黑色，並有褐色之龜板紋。

中國製磁業之中心景德鎭，自一三六九年卽已設立一工場，以製造皇室茶禮所需之上品磁器。淸乾隆帝在位時期之六十年間，爲中國陶器藝術上各大時代之結束。當時景德鎭之磁工，其技巧實已達於頂點。

日本陶磁藝術

日本亦如他國，本有其原始之陶業，但其發展則遠在中國之後；直至十三世紀時始因兩大事件相併而與以刺激，其一即爲飲茶習俗在日本之發展；其二則爲加藤左衛門自中國研究製磁業返國。加藤通稱爲籐四郎，卜居瀨戶，歷代從事製陶業，保持其一家在瀨戶陶器生產中之傳統。

惟直至十六世紀之末，日本製陶術並無更進一步之發展，至當時乃有若干高麗陶工，隨豐臣秀吉返國之軍隊而入日本，同時利休則樹立「茶道」之儀式，陶磁之製造爲適應此種禮節，曾費極大之注意。當時有茶道大師數人，皆有其自造之磁窰，其製品幾成爲無價之寶。有一等磁器極粗，無華飾，但具有潛藏之美，爲日本鑑賞家所重視，價値連城。不久以前，在東京有一小茶罐，竟售美金二萬元；有一名匠仁清所繪飾之茶碗，售至美金二萬五千元以上；一無飾之黑碗之價，則將近美金三萬三千元；一著名之「曜變天目茶碗」（此種茶碗據云係模倣中國「建安」天目山製品者），外面爲黑色光彩之釉，內有虹霓色彩之泡沫狀花樣，價値美金八萬一千元。

茶罐之最貴者，爲古瀨戶磁器。其外觀爲深黑色或幾近深黑色，其中間有出自加藤之手者。但此等磁品如不附有原來之絹包及木盒，則不能認爲完備。

「茶道」所用茶碗之身坯，粗糙多孔，塗以乳酪狀之低火釉，此種物質，爲熱之不良導體，故於衆客遞相傳飲時，能保持茶之熱度，且不致燙手，其釉則光滑適於口唇，其色彩淺自淡橙紅色，深至濃黑色。釉之狀如糖漿，其色調則均頗奇異。

「樂燒」磁器亦爲高價之品，爲京都名工長四郎所創製，形樣則爲茶道大師千利休所設計。當時之趣味要求茶碗素樸無飾，但仁清（清右衛門）及其他巨匠所製之名貴品數種，彼等在極單純之一部份，加上極度之裝飾。在無飾之「茶道」用磁器中，其特別高貴者有長門省所出之「荻市」。

最早倣效高麗之磁器，在十六世紀末或十七世紀初製於松本地方，此器之釉作銀灰色，狀如牛乳，上有裂紋，外形特別，其後該省之他處亦設窰製造。釉之色彩，則有種種變異，在西方鑑賞家之目中，此種磁器之趣味，主要在其裂紋之變化及美觀。

約在十七世紀之後半期，京都加賀 Ohimachi 地方有一陶工，彼及其子孫所製之「茶道」用磁器，塗有稀鬆之濕泥，式樣依照「樂燒」。其釉之色彩爲濃厚半透明之褐色，模擬褐色中國琥珀。

施釉成績之最佳者，似應屬於高取及膳所（滋賀附近地名）之製品。「高取燒」之最精者，爲十七世紀以後之產物。其特色爲土質作淡灰色，其構成細而且堅。至有人以爲有花飾之乳酪色磁器，即爲薩摩出品者，實爲錯誤，蓋薩摩磁之釉，不論有色與淨素，皆有種種差别。其最著者爲塗以有色釉——所謂「瀨戶燒物藥」之器者是。

茶道諸大師之個性，影響於瀨戶磁器者，以古田織部正重能及志野宗信爲最著。十六世紀將終之頃，尾張之鳴海市新設一窰，重能在此窰監製絕精之茶罐六十六個，自此以後該窰所燒之器常記重能之名，宗信則於足利義政保護之下，亦製成各種深爲鑑賞家所重之磁器，顯示各種有來歷之特徵。

在日本最早製造磁器者，爲五郎太夫（此人在中國時化名吳祥瑞，故其所製磁器亦稱「祥瑞」——譯者），曾於一五一〇年赴中國景德鎭研究磁器製造歷五年之久。將製造景德鎭青磁白磁之知識，及其製造上所需之原料帶返日本。其後設窰於有田——其地後以陶土著名——惟彼所能爲者僅限於以有限之中國材料，製其所曾學得者而已。此種製品，現已成稀珍而極昂貴。

高麗陶工金江參平最先在日本 Tzwma 山發見陶土，後即在有田設立工場，開始製造眞正之日本磁器。約在一六六〇年，陶工德右衛門製成最合日本趣味之精緻塗釉製品「有田燒」，後以此馳名。衛門釉之色彩，有淡橙紅、草綠、蓮靑、淡櫻色、玉色、金色及暗藍色等。自一六四一年荷蘭人獲得允許在出島設立商店以後，彼等對於此種磁器購求甚殷，當時在商品目錄稱此項磁器爲「日本之最高品色」。

然「有田燒」頗適於當時荷蘭人之趣味，於是在伊萬里地方乃發展成更爲華飾之式樣，以應歐洲市場需要。此種磁器常爲粗糙而灰色，式樣不規則而混亂，但在歐洲則頗爲流行，稱之爲「老伊萬里」（Old Imari）。

衛門及「老伊萬里」皆爲中國陶工所倣製，以適應出口貿易之需要。中國倣製品多使普通鑑別者不易辨別，惟眞正專家始能由其燒製過程中所留之某種徵記而識別之。

歐洲之茶用陶瓷

荷蘭人將中國茶壺、茶杯輸入至歐洲以後不久，大陸之陶工即模倣之而製成一種繪有和錫之釉，而有花飾之陶器，稱爲 Faience，其始創者爲荷蘭德爾夫市（Delft）之名工 Aelbregt de Keiser，時在一六五〇年。

十七世紀之德爾夫陶器爲裝飾華美之 Faience 中之一種，荷蘭藝術家於此種製品上，頗能學得中國青白磁器之色調及其動人之處。此器之坯身以淡黃色之泥製成，於第一次燒後即侵入白色之錫釉中。其底子加以彩繪之後，敷一層透明之鉛釉於其上，再燒第二次。約至十七世紀中葉，成套之茶具出現，多數法國德國之 Faience 製造者，乃轉移其注意力於假造中國之磁茶壺及其他茶具。在下一世紀中，則有斯堪的那維亞——丹麥、瑞典、挪威之陶工繼其後。此類早期之歐洲茶壺，現在保存者尙多。

約在一七一〇年，德國邁森市（Meissen）著名陶工 Böttger 始製成眞磁之茶壺及茶杯等物，此爲中國、日本以外所產最早之磁器。其工廠直至一八六三年尙存在，該廠雖設於邁森，但其製成磁器則通稱爲德勒斯登磁器（Dresden ware），一七六一年普魯士菲烈德力大帝（Frederick the Great）自邁森招雇工人在柏林設立皇家磁器廠，現存柏林出產之磁器，尙可顯示其受邁森之影響。荷蘭、丹麥及瑞典所製造之成套茶具，皆依德國式，但法國人則發展成一種特殊之玻璃磁器，有極大之半透明性。並以此大規模倣製日本式之「伊萬里」（Imari）茶具。文生（Vincennes）之法蘭西磁器工廠有數家製造此類磁器，其中有一家本爲私人企業，於一七五六年受皇家之津貼，並遷移至塞佛爾（Sevres）。自此以後，其出品依照當時之法、德藝術，而於其外觀及式樣上皆有所發展。塞佛爾磁器以其底色馳名，有深藍、玫瑰、豆綠、蘋果綠等色。現收藏家所保存之茶桌用具中，有若干形狀美麗之品，據傳係受 Pompadour 夫人之影響。其中有數種之底色繪有玫瑰花之美麗式樣，即以夫人之名爲其名。

英國之茶用陶瓷

陶器——約在一六七二年，富耳罕（Fulham）——現爲倫敦之一部——陶工 John Dwight 製造最初之英國產茶壺，係摹倣中國宜興磁之高火紅色茶壺。並製造其他架上、桌上所用之縞背紋或「瑪瑙」雜色器。

英國 Faience——當Dwight在富耳罕開始製造茶壺之時，錫釉陶器之製造，亦已在倫敦南方之藍貝司（Lambeth）地方發軔。十七世紀之末，該地及布律斯托（Bristol）與利物浦二市並倣造精緻之德爾夫茶杯茶壺。Faience 在英國製造直繼續至十八世紀之末，始爲英國本國之乳酪色陶器所取代。

鹽釉器——斯塔福郡（Staffordshire）精巧之荷蘭陶工名 Elers 者，約於一六九〇年製成鹽釉之茶具。此器以砂土爲坯身，上釉時則投鹽於窰中。此器在今日歐美之收藏者中，珍奇之品頗多。Elers 並得 John Chandler 之協助，又製造一種赤色陶器茶壺，斯塔福郡之名由此而著。Chandler 曾在富耳罕與 J. Dwight 合作。該縣另一陶工 Thomas Whieldon 所製之茶壺亦爲現代各美術博物館所熱烈搜求者，彼於一七四〇——一七八〇年之間，在小芬頓（Little Fenton）亦建一工場。

乳酪色陶器——斯塔福郡乳酪色陶器茶具之發展，在英國市場中取錫釉 Faience 之銷路而代之，在此種轉變中起積極作用者，有Josiah Wedgwood、Warburtons、Turners、Adamses 及其他諸人，其中成績最佳者則爲 Josiah Wedgwood（一七三〇——九五）。在彼之製品中最精者爲其乳酪色「王后窰」（Queensware），彼並創製「碧玉窰」（Jasperware），其底子並不上釉，色彩有藍、綠、黑等等，花飾爲古典式，用白色。在其製品中，並有茶壺、茶杯等，其式樣多數爲模倣希臘、羅馬之寶石及花瓶者。彼又製有一種黑陶土器，亦不上釉，在藝術上有絕大之成就。

英國磁器——英國所產之磁器，能達於商業化程度者，實始於一七四五至一七五五年之期間。當時在 Chelsea、Bow、Worcester及Derby 地方皆有重要磁器工廠之設立，惟最初之出品僅限於倣造法國製造之玻璃磁器。迨一八〇〇年，Josiah Spode 始放棄使用玻璃，而完全以磁土、骨灰及長石倣造磁器，敷以濃厚之鉛釉。中國磁之影響在最初極佔重要，但較後則稍花巧之日本「伊萬里」磁器，爲一般製磁者所倣造。

約在一七五〇——五五年間，磁器廠在布律斯托（Bristol）及普利穆斯（Plymouth）皆有設立，模倣中國之眞磁器，惟此等製品之釉，雖光彩而無趣味，其美觀遠不及其他製品，現存者價値之高，實由於物稀爲貴而已。

利物浦博物院中現藏有十八世紀後半期該處陶工所製之茶用磁器若干，當時 Leeds、Caughley Coalport、Swansea 等地皆有磁器廠。此時斯塔福郡各廠亦製造磁器茶具。

楊柳式——此有名之花飾係模倣中國磁器之白地藍花花紋，被斷爲一七八〇年前後創始於希洛普郡（Shropshire）之 Caughley 市者，後由移動之雕版師立刻在斯塔福郡各廠及英國各處倣製「楊柳式」。圖示一中國戀愛故事，此故事之內容，傳說頗多，大意爲一對情侶，因戀愛發生問題，最後殉情而化爲雙鴿云。

傳印花飾——與茶相連之美術磁器之最偉大時期（手工藝與高價之時期）隨十八世紀而俱去。其後之英國磁器在合用、堅固及精整各點，在某種程度上確爲前所未見，但其一般採用傳印花飾之法，則使其截然脫離美術之領域，而轉爲大量生產。此法係將花飾自雕成之銅版印於紙上，然後再從紙上轉印於磁上，在釉上或在釉下。此法幾可將同樣之花飾傳印無盡。

陶磁藝術在歐美之發展

一八六七年之巴黎展覽會中，有日本廠用美術品之精彩陳列，使全歐陶磁製造上立即復趨向於東方化，其最佳之代表作品爲 Worcester 之出品。此種日本美術趣味在磁器上之復興，使皇家哥本哈根磁廠出品之茶具及其他飲食器上所繪之花飾，形成一種新型之發展——此種新型幾可稱爲一種新藝術。此種磁器之坯身製造絕精，其原料爲最細之瑞典長石或石英及最細之德國與康渥爾（Cornwall）之高嶺土，以青、綠、灰等色之釉繪成魚、鳥及其他動物、山水等花飾。

同時，美國之製磁工業亦在發展中，以英國之方法爲基礎，最初之人員亦用英國磁工。磁廠在新傑西（New Jersey）之德蘭頓（Trenton）及弗來門頓（Flemington），俄亥俄（Ohio）之東利佛浦爾（East Liverpool）及紐約之雪來克司（Syracuse）等地，皆有設立。當時在此等製磁中心，整套之陶器茶具及餐具皆倣英國最佳之規範；在美術製品方面，亦有若干個人的成績。

精美之銀製茶具

當十七世紀飲茶在歐洲上層社會中成爲一種時尚時，所用之茶壺皆爲磁器，惟歐洲之銀匠不久即開始以銀製造茶壺、茶匙等物。最早之銀茶壺，用頂上純銀（"Solid" silver）製造，迨一七五五——六〇年間，開始有鍍銀之茶壺出現，其中頗有高度美術化者。

早期英國銀茶壺——在英國銀器中，以十八世紀所製者爲最饒趣味，其製造之精美，英國任何其他時期之製品，無與倫比。此時英國銀器之最大部份，類皆輸往美洲殖民地。由於當時茶葉之珍貴，故早期之銀茶壺亦多半爲小型者。現在所收藏者，其樣式皆甚樸素，或作燈形，或作梨形。最早期者爲燈形，其時代最古至一六七〇年，惟皆極樸素而無美術性，其樣式實際與最早之咖啡壺相同。

梨形茶壺初見於 Anne 女王時代，此種形狀常流行於各時代而不過時。就吾人所知，美洲茶壺之最早者卽屬此形，此壺爲波士頓之 John Coney（一六五五——一七二二）所製，現存紐約市立美術博物院（Metropditan Museum of Art）中。迄喬治一世時代（一七一四——一七二七）之全期，皆通用此種梨形之素樸茶壺，但至該時代之末期，則皆飾以當時流行於法國之 Rococo 式雕鏤。

自十八世紀初期至以後之三十餘年間，皆崇尙一種球形有脚之壺。此壺之早期形式，壺嘴尖細而直，後期形式，壺嘴則尖細而彎曲；其壺柄亦如大多數之早期銀茶壺，常以木製，但亦有少數以銀製而嵌以象牙，以防傳熱。

約在一七七〇——八〇年間，格拉斯哥（Glasgow）之銀匠創製一種新形式，將 Anne 女王時代之梨形倒轉，置其較大之部份於上部。此等壺飾以浮雕花紋，仿擬 Rococo 式。當時有一種顯著之趨勢，卽以銀茶壺之單純者爲美。壺爲八角形或橢圓形，各邊側垂直作直線，底平，壺嘴尖細而直，柄作渦卷形，其蓋則微作圓頂形。

舍非爾德(Sheffield)鍍銀器——舍非爾德鍍銀器(Sheffield plate)外觀上大體與純銀器相似，但價値較廉。在一七六〇年開始製造此種飲食器，至一八四〇年乃爲電鍍器所取代。舍非爾德鍍銀器製於英國銀器製造史之最後時代，名工如 John Flaxman 及 Adam 兄弟等，皆以其古典的匠心，創造藝術上價値絕高之品。

電鍍器——自一八四〇年以來，電鍍之術，在大西洋兩岸主要之銀器製造者間，採用甚廣，彼等於美術的飲食器之製造上，皆獲有優良之設計者與各種便利。此等器皿之設計及其美觀，無論在何方面皆不遜於最精之純銀製品。且由於其構造更爲堅實，在實用主義者之觀點上言，亦較純銀器尤爲可貴。

白鑞製品（Pewter）——此爲數種低賤金屬之合金，其中以錫爲主要成分，在十七世紀之末，飲食器之製造幾普遍使用之。惟至十八世紀時，因磁器之價廉與鍍銀器之發明，乃趨沒落。

茶盒及茶匙（Caddies and Teaspoons）——茶價極端昂貴之時代既過，茶盒亦無其必要，惟在茶葉價格每磅達六先令至十先令之時，自須加鎖保藏。此等常爲小銀盒，每種茶葉各貯一盒。有時此等貯藏器爲一小箱，飾以銀柄，上鎖處嵌以銀片，四角亦包以精緻雕飾之銀片。美麗之茶盒隨各時代之時尙而有各種不同之樣式與形狀，其中頗多甚爲精妙，甚至難有用適切之言語形容。

茶匙在各種匙中雖爲最小者，但其最初出現時，實托庇於時尙而成爲匙中之寵兒。十七八世紀精工製造而爲今日各較大收藏家所藏者，形式皆甚美觀。一般而言，茶匙之樣式與設計，常隨茶壺樣式之演變而變化，自簡樸趨於華巧。

十八世紀中通用之茶匙，形狀種種不同，或寬闊肥短，或作貝殼樹葉等形，皆以純銀製成，並巧施雕鏤。匙柄間有用木質及象牙者，惟以銀製者爲最多。

現代銀製食具——現代銀匠之藝術，實集過去一切技巧之大成，過去關於銀製飲食器之製造技術，未有失傳者；實際上，關於精雅美術化茶用及咖啡用器具之製造，其新技術與新技巧方與年俱增，整套之器具，可以由鑑賞家指定仿造任何時代之品，在任何方面皆與原物相若。

銀器設計之時，尙以循環式而演變。十九世紀末年崇尙華巧之後，再繼以簡樸。銀製茶具各種樣式以時代分者，現有伊麗莎白式（Elizabethan）、義大利文藝復興式(Italian Rennaissance)、西班牙文藝復興式（Spanish Rennaissance)、路易十四世式(Louis 14)、路易十五世式(Louis 15)、路易十六世式(Louis 16)、雅各賓式（Jacobean）、安娜女王式、喬治一世式、喬治三世式、塞拉頓式（Sheraton）、殖民地式（Colonial）或列維爾式（Paul Revere）及維多利亞（Victorian）式，在現代銀器中，Anne女王時代之優雅曲綫與廣闊之平面，以及 Paul Revere 所製之直線及橢圓形者，皆可發見。

第二十五章　茶與文學

茶在世界文學中已歷十二世紀——詩人，歷史、醫藥及哲學寫作家，科學家，戲劇家及小說著作家之豐富的題材——早期中國及日本散文中之茶——中國及日本詩歌中之茶——早期西方詩歌中之茶——在近代詩中——早期歐西散文中之茶——在現代散文中——茶與飲茶趣話

文學因茶而獲新穎充實之題材，始自中國、日本之傳記，迄今亘一千二百餘年之長期間，作者如林，就茶之各方面加以論述，其中反對者偶亦有之，惟擁護者則更多。中國文學中富於飲茶起源之知識；日本文學闡明其發展爲一種文化之歷程；西洋文學則於其成爲世界最大溫和飲料之一之過程中，予以無數之陪襯。

中國早期散文中之茶

印刷術之發明，即在飲茶傳佈之時代，此使極多關於茶之早期著作得以保存。陸羽之茶經即發表於唐代。

關於陸羽之有趣神話甚多，致使若干中國學者懷疑是否有其人之存在。彼等疑茶經爲唐代中葉一、二茶商所作，或請學者代作而託名於陸羽，蓋多以陸羽爲「茶聖」也。茶經云：「茶之爲用，味至寒，精行儉德之人，爲飲最宜」（一之源）。英國Johnson博士在一七五六年之飲茶大辯論中，嘗引此節攻擊Jonas Hanway。

中國古代文學中，關於茶之典故，豐富無比，玆略引數則。

李將軍與茶聖

代宗朝，李季卿刺湖州，至維揚，逢陸鴻漸。抵揚子驛，將食，李曰：「陸君別茶，聞揚子南濡水又殊絕，今者二妙千載一遇。」命軍士謹愼者深入南濡，陸利器以俟。俄而水至，陸以杓揚水曰：「江則江矣，非南濡，似臨岸者。」使者曰：「某棹舟深入，見者累百，敢有紿乎？」陸不言，既而傾諸盆，至半，陸遽止之，又以杓揚之曰：「自此南濡者矣！」使者蹶然馳曰：「某自南濡賫至岸，舟蕩，覆過半，懼其勘，挹岸水增之，處士之鑑，神鑑也！某其敢隱焉？」（溫庭筠採茶錄）

攜茶壺之老婦

晉元帝時，有老姥每旦擎一器茗；往市鬻之，市人競買，自旦至暮，其器不減；茗所得錢，散路旁孤貧乞人。人或異之，執而繫之於獄，夜擎所賣茗器，自牖飛去。（廣陵耆老傳）

寡婦之酬報

剡縣陳務妻，少寡，與二子同居，好飲茶，家有古塚，每飲輒先祀之。二子欲掘之，母止之，夜夢人云：「吾止此塚三百餘年，今二子恆欲見毀，賴相保護，又享吾佳茗，雖潛朽壤，豈忘翳桑之報！」及曉，於庭中獲錢十萬，似久埋者，惟貫新。母告二子，慚祠愈切。（異苑）

古代中國文學中論茶及與茶相關之事物者極多，上述茶經之外，有明代顧元慶之「茶譜」，唐代張又新之「煎茶水記」，蘇廙之「十六湯品」，明代徐獻忠之「水品」，及明代周高起之「陽羨名壺記」等。

清代曹雪芹之「紅樓夢」爲描寫中國上流家庭生活之一大奇書，中有談及飲茶之一段，足予吾人一種觀念，認爲如何方爲眞正之品茶家。

古代日本散文中之茶

茶在日本人之社交及宗教生活中，佔有極高之地位，其在文學中亦

極豐富。現存最古飲茶文學之一，見於「輿儀抄」中，此爲詩人營原孝助所作，彼卒於治承元年（一一七八）。在日本古史「類聚國史」中有涉及茶之重要文字，此書爲營原道眞所纂，時在一五五二年，彼爲當時最著名之文人。

日本最早專論茶之書爲「喫茶養生記」，榮西禪師著，凡二卷。

中國詩中之茶

茶自最初之時卽助成詩思。西晉詩人張載（孟陽）有句云：「芳茶冠六情」。唐代爲中國詩之極盛時代，河南詩人盧同有飲茶詩，膾炙人口，其辭云：

日高三丈睡正濃，軍將叩門驚周公，口云：「諫議送書信」，白絹斜封三道印，開緘宛見諫議面，手閱月團三百片。聞道新年入山裏，蟄蟲驚動春風起，天子未嘗陽羨茶，百草不敢先開花。仁風暗結珠蓓蕾，先春抽出黃金芽；摘鮮烘芳旋封裹，至精至好且不奢，至尊之餘合王公，何事便到山人家？柴門反關無俗客，紗帽籠頭且煎吃。碧雲引風吹不斷，白花浮光凝碗面。一椀喉吻潤；二椀破孤悶；三椀搜枯腸，惟有古文五千卷；四椀發輕汗；平生不平事，盡向毛孔散；五椀肌骨淸；六椀通仙靈；七椀吃不得，惟覺兩腋習習淸風生！（謝孟諫議寄新茶詩）

白居易有涉及茶之詩二首：

食後

食罷一覺睡；起來兩甌茶，舉頭看日影，已復西南斜。樂人惜日促憂人厭年賒，無憂無樂者，長短任生涯。

晚起

爛熳朝眠後，頻伸晚起時。暖爐生火早，寒鏡裹頭遲。融雪煎香茗；調酥煑乳糜。慵饞還日晒，快活亦誰知？酒性溫無毒，琴聲淡不悲。榮公三樂外，仍弄小男兒。

中國關於茶之詩歌，自宋以後，至爲豐富，不及備列。

日本詩中之茶

在日本文學之黃金時代，有淳和親王之茶詩。親王爲嵯峨天皇（八一〇——二四年）之弟，其後卽繼兄位，是爲淳和天皇。作詩時，茶之傳入日本尙不及十二年也。

散懷

綠竹環池絕世塵，孤村迥立仿林園。紅薇結實知春去，綠蘚生錢報夏來。幽徑樹邊香茗沸，碧梧蔭下淸琴諧。颯颯遙集消千慮，踽踽歸途暮始迴。（此詩據英譯文重譯——譯者）

「俳句」爲最短之日本詩體，其作風亦如其他日本詩，皆爲印象主義者。詩人 Onitsura 有採茶俳句云：

宇治來，
採茶如蝶舞。

早期西洋詩中之茶

十七世紀最後之二十五年中，英國文學在亞流拉丁文詩人影響之F，始進入新階段。當時 Edumnd Waller 以一誕辰頌歌進於查理二世之「飲茶王后」（Catherine of Braganza），是爲第一首英文茶詩，時在一六六三年，詩云：

花神寵秋色，嫦娥矜月桂；
月桂與秋色，美難與茶比。
一爲后中英，一爲羣芳最；
物阜稱東土，攜來感勇士；
助我淸明思，湛然祛煩累。
欣逢后誕辰，祝辭介以此。

當時英國人讀 Tea（茶）之音爲 Tay，今日大多數西歐國家皆此讀音。

在一六八七年，Matthew Prior 與 Charles Montague 所作之「市鼠與鄉鼠」詩中。其韻脚始讀 Tea 爲Tee，然此或不過爲詩中之特例而已。

早在一六九二年，Southerne之「妻之寬恕」(The Wives Excuse)一劇中，有二角色於園中談論茶事。同年，同一作者又有「少女之最後祈禱」(The Maid's Last Prayer)，亦描寫一茶會。

「快活的婚禮客人」爲一六七九年一荷蘭之跳舞小曲，稱讚茶之醫藥作用，此爲早期飲茶者所最注重之點。

Nicholas Brady 博士（一六五九——一七二六）爲英王威廉第三及瑪麗女王宮廷中博學之牧師，作茶桌詩云：

大哉植物之后，
傲此純樂園亭！
錯綜之偉力，
吾將何以頌名？
惟神奇萬能之藥，
消青春念慮之狂熱，激暮年凍凝之血氣。
…………………………

茶桌詩於一七〇〇年刊行於倫敦，與 Panacea 合刊。後者爲其合作者 Nahum Tate 所作關於茶之頌咒之諷喻詩，其警句有云：

無畏於魔甌（Circaean Bowls），是乃健康之液，靈魂之飲。

一七〇九年，博學之 Pierre Daniel Huet 在巴黎發表其拉丁文之詩章 Poemata，其中有長篇抒情詩，以悲歌之句詠茶。Alexander Pope於一七一一年作「額髮之凌辱」詩，其時Tea（茶）字仍讀 Tay，詩中有道及 Anne 女王之名句：

三邦是服，大哉安娜，
時而聽政，時而御茶。

Pope 詩中又呼茶爲「武夷」（Bohea），此名爲當時所流行者。Bohea 之音亦如 Tay 然，讀作 Bohay，此於詩之韻脚中可以見之。

pope於一七一五年又有一詩，詠一貴婦人在喬治五世加冕禮後離城赴鄉，有云：

讀書飲茶各有時，細斟獨酌且沈思。

法國文學家 Peter Antoine Motteux 居於倫敦，作「茶頌」（A Poem upon Tea），發表於一七一二年。詩中假設衆神集會於奧林普斯山（Olympus），論酒德與茶德。作者於辯論中頌茶云：

偉哉生命之液兮，
賴實靈感之力而頌聲簸揚，
和而寫之其不爽兮，何吾琴之鏗鏘！
唯賢淑美之宜人兮，已無殊乎妙想之浚注，
實惟吾之主題兮，亦吾詩思與靈囊。

又云：

天之悅樂惟此芳茶兮，亦自然至眞至貴之財利，
蓋快適之療治兮，而康寧之信質；
輔邦者之補佐兮，貞淑之柔情，
詩仙（Muse）之甘露兮，而「大神」(Jove)之所嗜。

辯論之兩方，或爲茶讚，或爲酒謗，於長久相持之後，「大神」(Jove)乃斷定論爭有利於茶，其言曰：

衆神聽哉，易絕酒瓶！
茶必繼酒兮，猶戰之終以和平；
俾偉葡萄兮，構人於災慝，
終飲彼茶兮，貫神人之甘露。

Tea 字讀音之轉爲 Tee，在 Pope 作「額髮之凌辱」以後，必已頗爲普遍，蓋不僅上述 Motteux詩中之韻脚已如此，而於一七二〇年所作青年紳士之求愛（A Young Gentleman in Love）詩中亦然也。

蘇格蘭詩人之 Allen Ramsay 於一七二一年歌云：

臨印度之長川兮，倚恆河之雙流，
玉葉是生兮，芳原之陬，
信淼靈之殊袗兮而百卉之尤，
稱絲茶兮而「武夷」之名以優。

（譯者按：Ramsay 誤以當時之茶產自印度）。

以茶滓卜休咎之俗，由來必甚早，英國大衆詩人Charles Churchil於一七二五年所作「幽靈」（The Ghost）詩中云：

主婦舉杯以觀，命之「底」（Ground）存乎茶之「底」。

一七四三年，有無名氏之諷喻詩一篇刊行於倫敦，文長至九千字以

上，題爲茶詩三章（Tea, a Poem in Three Cantos），其開端云：

> 彈唱兩人惟歌彼兇殘之武威，
> 爾截之榮則無逸我温柔之詩；
> 我詩遠勝夫暴亂之征戰，
> 香茗莫禦之力將歌以命之：
> 爾佳人之嫺雅稍舉兮塗其溢止！
> 爾此詩人兮而啓悟新詞。

此時茶在閨閣中已成爲一重要之社交儀節。英國上流社會之婦女做效法國習慣，非向午不離床，且接待友人皆於私室中梳妝時行之。詩人John Gay（一六八八——一七三二）初時曾爲Monmouth夫人之私人祕書，有句道及此事云：

> 亭午仕女朝講時，啜我芳茶之蕭蕤。

Edward Young於一九二五年所作「聲譽女神之愛」（The Love of Fame, the Universal Passion）詩中述一麗人云：

> 兩擷朱唇，薰風徐來，
> 吹冷「武夷」，吹暖郎懷。

字典編纂家Johnson博士約於一七七〇年嘗信口作小詩，以嘲諷小曲式之詩風：

> 我親愛的蕙娓，那末聽吧，
> 聽着也不要愁眉詫；
> 你便把茶泡得再快些，
> 也趕不上我把牠吞下。
> 親愛的蕙娓，我所以要夯你的駕，
> 請你再給我泡下，
> 把奶酪砂糖好好調化，
> 另加一盞茶。

一七七三年，蘇格蘭放浪詩人Robert Fergusson以下列之句貢獻於茶飲：

> 愛神永其微笑兮，舉天國之芳茶而命之，
> 沸煎若風雨而不厲兮，乃表神美之懿徽；
> 是惟靈泉以六情之疾兮，
> 使佚女絕乎嬌嗔啜泣與傷悲。
> 女尊爲神致爾慶祭兮！
> 彼標識之甘液，唯工作、熙春與武夷，
> 無復朝與露夕兮，
> 於爾玉案其來儀。

承十八世紀早期英國詩人之虛矯藻飾之後，Wm. Cowper詠誦「快樂之杯」（The Cups That Cheer）則以質素單純勝。「快樂之杯」爲Berkeley主教之名言，引用者廣。其「課業」（The Task）一詩發表於一七八五年，詩云：

> 撥發爐火，速閉窗格，
> 垂放簾帷，推轉沙發，
> 茶壺氣蒸成柱，
> 鏡沸高鳴啷啷，
> 「快樂之杯」不醉人，留待人人，
> 歡然迎此和平夕。

一七八五年又有The Rolliad一詩刊行，此爲自由黨員數人所作之諷刺詩，據傳爲指保守黨政客Rolle勳爵者。其中一節以當時所用各種茶名列爲韻語：

> 茶葉色色，何香能別？
> 武夷與貢熙，藝綠與郁紅；
> 松蘿工夫，白毫與小種，
> 花熏芬馥，麻珠彌濃。

一七八九年，英國詩人兼植物生理學家Erasmus Darwin作植物園詩（The Botanic Garden），頗流行於當時，惟於現代讀者則似稍嫌華巧。詩中「植物之愛」（Loves of The Plants）一題下述及茶云：

> 臨小澗之磷磷兮，佇貞靜之川靈，
> 盈彼軍持兮，以滌水之晶瑩；
> 積彼樵柏兮，繞此銀甖，
> 束薪焦爆兮，光焰徐升。
> 擷綠叢爲中夏之名園兮，
> 注華盃以寶液之流體；

熊熊然其巧美兮，
鑄造此芳茶之精英。

英國大詩Byron「爲中國之淚水——綠茶女神所感動」。Percy B. Shelley（一七八六年）則雀躍而云：

藥師醫士任狺狺，
痛飲狂酣我自存，
飲死塞尾歸淨土，
殉茶第一是吾身。

早期美洲殖民之程度尚未至有獨立之詩歌文學，彼等大多數爲英國詩之讀者，一七七六年之革命，產生若干歌謠及抒情詩。在戰爭及數年禁戒之後，茶不能再恢復其普遍飲料之地位，因之革命以後時代之詩人無有詠及之者。戰塵與偏見消逝之後，美國一早期而無名之戒酒運動主持者刊布一種大幅一面印之印刷物，題爲「甜酒之瓶」與「茶之盤」。其原刊現藏波士頓公共圖書館中，其中有云：

一盤茶，更怡怡，
發歡歡，起徽音，
啓寬志，無鄙猥。

詩人John Keats謂癖愛者「含吮其烘麵包而以歎息吹冷其茶」。Hartley Coleridge 欲人「感悟吾之天才及吾之茶湯」，後又有詩云：

中庸之道吾當持，適飲綠茶第七杯。

維多利亞時代之詩人Alfred Tennyson 歌詠Anne女王朝代云：

茶帶集裙（Hoop 借用），花領（Patch 借用）委地時。

一八七三年十二月十六日「茶會」（Tea Party）之百年紀念中，美國詩人Ralph Waldo Emerson 宣讀一愛國之詩，題爲「波士頓」，其首段云：

憑其來自喬治英王；
王曰：「買菜紫菖，
今予文蹈買等，
買當輸將茶稅；

稅則至微，輕而易舉，
乃與爾約，賦爾榮光。」

又述其結果云：

茶貨來兮！
使「印第安人」而獲之，
箱箱投諸蛟美之海股，
則其吝將安歸？
帆與舟，何所施，
土地贖，生命贖，抑自由之危？

新英格蘭詩人 Oliver Wendell Holmes（一八〇九——九四）在「波士頓茶會謠」（Ballad of tte Boston Tea Party）中，對此事有其評論：

叛變海灣中之水，
猶帶茶滋味，
「北頭」老會（Old North Enders）在水蒸管內，
猶辨得熙春香氣；
自由之茶杯依然充沛，
滿當新之甘靈甘醴，
盡誘其藏於酣眠，
惟覺醒之民族是勵！

現代詩歌中之茶

一八九九年十二月號之「聖尼古拉斯雜誌」（St. Nichlas magazine）載有 Helen Gray Cone之詩，題曰「一杯茶」，描寫出家庭生活景象，其首段云：

佳人臨綺窗，揚風見枯楊，
疏條舞金羽，飄颻帶斜陽；
長渠靜冬野，迢迢漫寒光，
風車翻且停，枯竹猶高揚。
「我何此幽獨，轉暮復轉涼；
且烹我小鼎，售此一杯茶」！

溯及茶之神秘起源者有Francis Saltus（卒於一八八九年）絕佳之英文茶詩——「瓶與罇」（Flasks and Flagons）：

妙葉自何許，無乃伊甸（Eden）歟？
芬芳趣薇茹，慾魂饜靡限，
豈伊亞當前，已見發其英？
薔薇釀爾味，灼灼爾有生，
未知斯葉者，讓儕昏神明，
森宵忽春夜，詭譎無能名。
滴滴琥珀紅，冥想來紛沓，
彷彿蒙古中，浮居盡巉峙，
旌旗翻蒸犢，饞斂睨饞蹄；
吾聞閟宮靡歆饗，
吾欲為龍之芳馨，
異香發，燕山亭，
衆香之總，簡抵其朋！

一九〇九年之茶與咖啡貿易雜誌（The Tea and Coffee Trade Journal）中，E. M. Ford有詩詠印度茶之美云：

茶風（A Tea Idyl）

維亞麗姈之故族兮，
印度之芳茶繁哉爰止；
自彼海國，絲思綢以鎖纈兮，
日引風儀，來此「品水」王子。
麗露來霏於館之前兮，
曰：「斯奇葩維余是皆，
自其有生而俱然兮，
於自然實實是」。
願所慕而鳴咽兮，
印度茶曰：「余唯適王子」。
蓋無往而不然兮，
亦蓋此援擴之人類，
媼烈嶶以為閨閫兮，
謂爭者曰：「余其決是」。
還慄少婦冒此危矣兮，

衆手擎壺而承厥玉體，
人曰：「此若盜體之芬馨兮，
觀乎，好迷若勇矣」！
品水蹴此殷許兮，
冽冽睇蹤蹤然其逝。
豐國之爾投而無懼兮，
蒸氣贊以「進矣」，
坼越獄屏攜厥繽兮，
印度之茶十倍其靈！
羣斯世而頌彼嘉耦兮，
乳酪砂糖貽厥嚴體。

一九二六年愛爾蘭禮拜六夜報（Ireland's Saturday Night）中有一小曲，題曰「一滴茶」，作者為Aquilo，共八節，茲引其中二節：

破曉時分給我一滴茶，
我將為天上的「茶壺鬥頂」祝報，
當太陽運行午前的程途，
十一點左右給我一滴茶；
待到午餐將罷，
再給我一滴，為了快活瀟灑！

進了午後的消閑鄉，
時間沉悶而精神頹唐，
給我一只小壺，一只小盞，一只小杓，
一點奶酪，一點砂糖，
小小一滴茶，
讓我夢茫茫！

早期西洋散文中之茶

茶初見於歐洲文學之時，威尼斯因其地理上位於東方陸路與歐洲水路之間，故為大陸最早之大商業中心，是以歐洲作品之最早述及茶者，為一威尼斯人所刊行，實無足異。此即Giambatista Ramusio所作之著名之記載，刊於一五五九年。

十六世紀及十七世紀初期爲新發現及商業急速發展之時代，航海及遊歷之記載均被熱烈誦讀，當時一切關於茶之文字悉見於此類性質之作品。其中多屬教會人士所作，大部份爲羅馬舊教耶穌會派（Jesuit Order）僧侶。茶之傳入歐洲，竟使醫藥界爲之狼狽，而引起恐怖之呼聲，此在今日似難置信。一六三五年，德國醫生及植物學家Simon Pauli對茶猛烈攻擊；一六四八年，巴黎醫生及法蘭西學院(College de France)教授Gui Patin則謂茶爲本世紀中不適當之奇物。

當歐陸醫藥界作家大開筆戰之際，茶已油然侵入於飲麥酒之英國，惟無人能確記其適在何時。在英國文學之記載中，最近乎此者則爲一六六〇年倫敦咖啡館主人Thomas Garaway 所發行之一幅廣告。此種廣告旨在傳播此種新中國飲料之知識及名聲，題爲「茶葉生長、品質及性能之精確說明」（An Exact Description of the Growth, Quality and Vertues of the Tea Leaf）。在同年，長期日記作者Samuel Pepys亦有購買一杯茶之記載。

在十七世紀末期之年代中，大陸作家紛紛發表其關於茶之意見，或擁護之，或反對之。其中有Jean Nieuhoff、P. S. Dufour、S. Molinaris、A. Kircher、Bontekoe、Sevrigne夫人及Jan N. Pechlin博士。

英國劇作家Wm. Congreve於一六九四年作「雙重買賣人」（The Double Dealer），初以「茶」之一字與「醜行」（Scandal）相連，其中一角色之道白有云：「彼等在廊之一端，退歸於彼等之茶及醜行」。

John Ovington爲一寬大之英國牧師，且爲當時之名人，於一六九九年在倫敦發表關於茶之性質及品質(Essay upon the Nature and Qualities of Tea)一論文，其結論以爲茶實爲「一種快樂之葉」云云。

此種讚頌使作家 John Waldron 爲之不快，乃作打油詩「對於茶之嘲笑」（A Satyr against Tea）以應之。

當時茶之流行引起各種譏笑。一七〇一年在阿姆斯特丹上演之戲劇「茶迷貴婦人」即爲其一，此劇即於同年刊行，至今尚存。英國Richard Steele爵士（一六七一——一七二九）曾刊行一種三星期刊「饒舌家」（Tatler），其後又協助 John Addison 編輯「觀察者」（Spectator）日報，亦作一喜劇曰「葬禮」（The Funeral, or Grief a la Mode）以嘲「茶汁」（Juice of the Tea）。劇中有一角色呼喊曰：「君不見彼輩牛飲之茶汁，乃用足踐踏之野艸葉所成者乎」。

Pope於一七一八年亦以有趣之描寫形容一貴族婦人早晨九時飲茶之情態。

有相當歷史之重要性者，當推一七一八年在巴黎出版之「第九世紀二回教徒中國印度旅行記」一書，此書由法國遠東學家Abbe Eusebe Renaudot（一六四六——一七二〇年）自阿拉伯文譯出，其中謂中國人以茶防止一切病患。阿符蘭希老主教D. Huet亦極信茶有治療能力，彼之奇異之自傳式備忘錄刊於一七一八年，自謂以茶治愈胃痛及眼炎。

英國之放縱喜劇家Colley Cibber（一六七一——一七五七）稱讚茶有使女性之舌舒緩之效。Henry Fielding（一七〇七——五四）爲小說家及劇作家，在其處女作之喜劇「五副面具下之愛」（Love in Seven Masques）中云：「愛情與醜行爲調茶使甜之最佳品」。

蘇格蘭醫生Thomas Short於一七三〇年於倫敦發表「茶論」（A Dissertation upon Tea）。Jean Baptiste Duhalde神父在其一七三五年出版於巴黎之「中國記」（Descript de l' Chine）中，亦有述及茶之一章。一七四五年，Simon Mason發表「茶之好果與惡果」（The Good and Bad Effects of Tea）一書；一七四八年，著名宗教改革家John Wesley 則於一長至十六頁之與友人論茶書（A letter To a Friend Concerning Tea）中攻擊茶之飲用。尤有趣者，Wesley自此戒茶至十二年之久，後從醫士之勸，始復飲。

在十八世紀反對飲茶者之中，無人較仁慈改良家倫敦商人 Jonas Hanway 更爲堅信茶爲完全有害者。彼於一七五六年發表論茶（An Essay on Tea）一文，謂茶危及健康，妨害實業，並使國家貧弱。彼以爲茶乃神經衰弱、壞血病及齒疾之源，並計算生產茶葉時所耗費之時間及每年之總損失，據彼之估計達一六六、六六六鎊。

Johnson博士自稱爲「頑强而無恥之飲茶者」，此種對彼所愛飲料之毁謗者，當然引起忿激而奮起反抗，乃於文學雜誌（Literary Magazine）中以兩文答覆之。

英國文學家Isaac D'Israeli於其一七九〇年所作之「文學之珍異」(Curiosities of Literature)中論及茶時，引用愛丁堡評論(Edinburgh Review)之文云：

> 此著名植物之進展，頗類於眞理之進展；始則被懷疑，僅少數敢於一嘗者能知其甘美；及其流行寖廣，則被摈拒；及其傳佈漸普遍，則被侮辱；最後乃獲致勝利，使全國自宮廷以迄草廬皆得心暢神怡，此不過由於時間及其自身德性之緩而不可抗之力而已。

Thomas De Quincey（一七八五——一八五九）爲文云：「茶因爲感應性粗笨之人所嘲辱，若聾或因天生如此，或因飲酒而致此，對於如此精妙之興奮品，不能感得其影響，然而茶終將永爲智識分子所愛好之飲料」。又云：「確乎人人皆感知冬日圍爐列坐時之神聖樂趣；午後四時所燃之燭，溫暖之爐邊地氈，茶，一泡茶者，綺窗深閉，繡幕低垂，而風雨方瀟瀟於屋外也。」

英國小說家Charles Dickens亦爲一茶迷，惟尚未能儕於Johnson之列耳。彼於一八三七年發表之"Pickwick Papers"中描寫一戒酒協會之集會，其中首要分子數人之異常茶量，使Weller大驚不置。

> 「Sammy」，Weller先生附耳低語說：「如果這裏有幾個人明天早晨不要『放水』，那我不是你的爸爸。那個坐在我隔壁的這老太太簡直是在用茶把她自己淹起來了！」
>
> 「你不能靜點兒嗎」？Sammy喃喃着說。
>
> 「Sammy」，Weller先生過了一會兒又用一種有深刻的煽動性的調子說：「孩子，留神着我的話；如果這裏的那個書記再繼續下去五分鐘，他要讓烤麵包和水把自己脹滿了。」
>
> Sammy答道：「好的，如果他歡喜的話，那不關你的事情。」
>
> Weller先生又用同樣的低聲說：「Sammy，如果這裏再延長些時候，我要感到我作一個人類的責任，是應當起來把他們這種高興說幾句話了，坐在旁邊的那個年青女人恰好無獨有偶，她已經喝了早餐用的杯子九杯半；在我敎像的眼睛裏，明明的已經膨脹起來了。」

英國Sigmond博士於一八三九年爲文云：「茶桌在吾國一如爐邊，爲一種國民的愉快」。英國神學家兼論文作家Sydney Smith（一七七一——一八四五）爲茶所感而謂：「感謝上帝賜我以茶！世界苟無茶則將奈何？將如何存在？吾自幸不生於有茶時代以前」。

現代散文中之茶

蘇格蘭作家及醫學博士Gordon Stables於一八八三年在倫敦發表「茶：快樂與健康之飲品」一書，引用讚茶之語極多。

一八八四年，「學習與興奮劑」(Study and Stimulants)之作者Reade於倫敦發表「茶與飲茶」一書，編列舊派詩人及作家涉及茶之文字。同年，波士頓之Samuel F. Drake則發表波士頓茶會中各騷動事件之歷史，題爲「茶葉」。

愛爾蘭人希臘人混血之作家小泉八雲，其歸後化爲日本人，自稱爲「廣大而神祕之中國奇想樂園中之一卑賤旅人」而已，然其於有關茶樹起源之達摩故事，則多所潤色，其於一八八七年發表之「中國幽靈」(Some Chinese Ghosts)一書，即以此爲其「茶樹之傳說」中之題材。彼於敍說達摩爲懺悔而割斷眼皮之後，詳述此種奇異之木如何從眼皮投棄處之地中突起，且謂達摩於命名之爲「茶」以後，祝之云：

> 祝爾甘美之嘉木，索德癡之精神，仁惠而賦與新生！觀乎！爾馨名將從被及地角，爾馨香將達乎高高之祿而臨天風！永久之未來，飲爾之汁者，將得其清快，不爲疲憊所困，不爲倦怠所侵，不知睡眠之擾。不於操作祈禱之際而思眠。祝爾如斯！

有人以爲一切英國小說中之過接處皆有飲茶之事。在"Robert Elsmere"一書中，飲茶凡二十三次，"Marcella"中二十次，而"David Grieve"中則多至四十八次。

俄國小說家果戈里、托爾斯太及屠格涅夫，於其故事中以飲茶充塡過接處，亦不亞於英國作家；唯一差異僅在於對其沸騰之銅茶缸之描寫而已。

一九〇一年印度加爾各答刊行一無名氏之選集，其作者據推測爲一亞薩姆茶園之助手。此等文章以前曾見於「英國人」中，題爲 "Rings from a Chota Sahib's Pihe"。其文皆幽默而頗具文學風味。

一九〇三年，Gray 發表小茶書於紐約，旨在證明文學中著名作家對於茶之深切注意。彼云：「在家庭，在社會，茶實爲一世界的飲品」。

一九〇六年，日本東京帝國美術院之創始者及第一任院長 Okakura Kakuzo 以英文發表「茶書」（The Book of Tea）。此書引起西方讀書界之興趣，爲時甚久。書中追溯「茶道」之起源，列敍「茶道」各派之演變：道教及禪宗之與茶結連；並討論日本茶禮——「茶道」。

George Gissing（一八五七——一九〇三）於其 "The Private Papers of Henry Ryecroft" 一書中宣稱：英國天才作家描寫家庭生活之表現，莫過於其在「午後茶」中者。

在我們的時代，當午後散步稍微疲乏而回來的時候，脫下靴子，換上拖鞋，卸去外套，披上家常的舊短衫，靠進深而且軟的安樂椅子，而等候茶盤的送來，這是最精彩的時間之一……現在，茶壺出現在面前了，那和柔而透鼻的茶香是怎樣的精妙！第一杯得着怎樣的安慰！第二杯是怎樣的慢吮細啜！在一次冷雨裏的散步以後，茶給與一種怎樣的溫暖！這時候，我看顧我四面的圖書，吟味着它們平靜的樂趣。我投一瞥到我的烟管；恐怕我在着有所思地預備裝菸呢。淡巴菰再沒有像在喝茶——茶自己就是一個溫和的靈感之物——以後來吸的時候那樣的快慰，那樣的啓發人類思想的了……讓不速之客來參加你的茶桌，那簡直是褻瀆，反之，英國式的款待客人在這裏有它最親善的面目；對於朋友的歡迎，再沒有比得過請他來參加喝一杯茶的了。

談及此種禮節，與此種純男性的觀點截然相反者，則有英國女詩人及小說家 May Sinclair 在其「靈魂的治療」（A Cure of Souls）中一段之動人描寫。地點爲一英國村鎮，該處社交生活以教區禮拜堂總牧師住宅及獨身之總牧師 Camon Chanberlain 爲中心。Beauchamp 夫人爲一富裕而有魅力之孀婦，最近於該教區中置一住宅，Chamberlain 往訪之。

在那一霎時，侍女進來，帶着各種茶具。雪白的細布飄動着，磁器和銀器叮噹地響着，一陣熱奶油氣送過來。

他站起來。

「啊！茶剛送進來，不要走，請坐下喝點。」

坐在深厚的軟椅裏，吃着熱奶油的薄餅乾，喝着有他所歡喜的烟燻氣的中國茶，看着那肥而細嫩的手來往於茶杯茶壺之間，那是可喜的。Beauchamp 夫人享樂飲茶時間的樂趣，也斷定他也會享樂它的。

那些茶杯——他注意這類的東西——闊而淺，花色是白地上塗淡綠色和金色，碗口裏邊底下有一道綠色和金色的寬帶。他的鼻孔聞進了茶的香氣。「我覺得奇怪，爲什麼杯子有着綠色的裏面就能使茶這樣更妙得多了，而事實卻正是這樣的。」他說。

「我知道那是這樣的」，她感動地說。

「有個人家給你用深藍色磁器喝濃厚的印度茶。比這再恐怖的東西你是想像不到的。」

「會是這樣的。」

「而一切茶杯都應當闊而且淺。」

「是的，那和香檳酒在闊玻璃杯子裏一樣，是不是？」

「我想那是給香氣一個更大的面。」

「如果有淡綠色滋味和深藍色滋味，那才奇怪，但是那卻真有。不過，我想除我以外沒有人注意過這件事的。」

好個快樂的有意味的一笑，而像他自已一樣，她也感到這些事是當真的。

關於英王喬治三世與美洲殖民者間有名之茶葉爭議，Hendrik van Loon 於一九二七年之紐約阿美利加雜誌上作新解：

稅率誠極輕微，一磅不過三辨士而已，惟此爲一可厭之事，蓋一和平之市民，每次泡製一杯快適飲料之時，彼輒自感其方在爲一種自已認爲不公之法律作幫兇也。

其結果，此等卑微之茶杯（世所認爲許多暴風雨之舞台者）乃掘起一大颶風以搖撼一個大洋以上之範圍，而此不過爲預期每年僅值二十萬元之收入。

Wm. Lyon Phelps 教授之選集於一九三〇年刊行於紐約，其「論茶」（Essay on Tea）文中，關於英國午後茶之習俗有如下之見解：

每日恰在下午四時十三分之時，普通之英國人皆欲一嘗茶之滋味。彼不問茶與熱水抑與熱檸檬汁相混。彼寧濃茶，其濃使我感其有一種毛髮氣……茶在英國之盛，有數點充分之理由。早餐時間當在九時（在我則以爲上午之中間），故需有較早之茶。晚餐需在八時半，於是午後茶又總非多餘之物。更有進者，一年三百六十五日中，在英國溫暖之日稀少；午後茶非但愉快及適於社交，且在大部分之英國內地，對於血液循環確爲必要。

冬日在鄉村人家生活中，甚少有較飲茶更爲有趣之時機。天色至四時即昏黑，家人及賓客皆自寒冷之戶外入室，放下帷幔，燃燒木材以取暖，環桌而坐，進一頓適意之餐飲——蓋最吸引人之食物。在英國則於午後茶中進之——而飲此爽快之飲料。

美國論文家 Agnes Repplier 女士於一九三二年發表一動人之茶桌漫談，題爲「茶思」（To Think of Tea），書中記載十七世紀以來飲茶習慣在英國之發展。

一九三三年，退休之植茶者 Montfort Chamney 發表「茶葉故事」（The Story of Tea Leaf）一書，收集關於茶之早期之歷史傳說。特別談論如何泡茶之對白，出現於美國舞台，以在"By Your Leave."一劇中者爲第一次。此劇作者爲Gladys Hurebut及Emma Wells，一九三四年於紐約演出。

最近時期，惟 Bernard Shaw 爲唯一茶之反對者，彼對於茶感覺嫌惡，此種立場在一堅決之素食者及飲開水者，亦固其理由也。

諷刺與逸話

Grce nville之日記云：當 David Garrick 聲名極盛而遊於貴人之間時，Johnson 博士尚未知名，常語之曰：「David，吾不羨君之多金，亦不羨君之交遊，吾惟羨君飲茶之力有如是者。」

Johnson 博士常不負其「無恥之飲茶者」之令名。戲劇作家Richard Cumberlnd 曾述及一發生於其家中之趣事，即當 Joshua Reynolds 大胆提醒 Johnson，謂彼已飲茶至十一杯時，博士答曰：「吾不數君飲酒之杯數，然則君何故數吾飲茶之杯數？」因笑曰：「若無君之提示，吾當已不致再多擾女主人，今則君已提醒我一打之數僅缺其一，吾必欲請Cumberland 夫人爲我補足之」。

一夕，Sydney Smith 飲茶於 Austin 夫人家。時座客滿室，僕人

擎茶釜入，望之幾若無從穿越衆賓之間，然當彼與釜所到之處，衆輒引身急避之。Sydney 在旁，乃謂女主人云：「吾宜稱，人生欲求出路者，莫善於手擎沸騰之茶釜以涉斯世」。

法國小說家Balzac保有少量之茶葉，其品質既無比，價值之貴尤令人難以置信。僅僅與彼相識者，彼固從不以相享，即其知友亦少得嘗之。此茶具有浪漫的歷史，蓋由美麗處女歌而採之於多露之晨，攜而進之於中國皇帝；中國朝廷貽與俄國沙皇，而彼則由一著名之俄國公使而獲此茶葉。此茶入俄時且曾受人血之洗禮；蓋商隊在途中，有土著部落謀殺而奪之也。更有一迷信之見，以爲此茶幾於聖品，飲至一杯以上，即有瀆神之罪，當令飲者失明。Balzac 最偉大友人之一 Laurent Jan 飲時必先冷然而言：「再飲則我賭一目，然而此亦値得也。」

海底電線之祖Cyrus Field 遊歷極廣，所至必攜自用之茶葉及茶具而自行泡製之。一日，行抵紐約市茶葉與咖啡集中區之前街（Front street），見一茶師方在泡茶而嘗之，乃就而察其方法，終乃入其店肆而詢之曰：「汝業此幾何時矣」？茶師曰：「三十一年矣」；此茶師之年薪幾及二萬美元也。Field 問云：「善，汝不如改業爲佳！汝實不知如何泡茶，而學習則又已老也。吾試爲汝泡一杯茶」！於是從衣袋出小包茶葉，取少許，注以水，浸數秒鐘，令茶師嘗之。其人嘗而立吐出之，云：「其劣未之前見！甚至泡亦未泡好」！Field 乃轉身去之，喃喃而言：「汝著爲一專家，仁慈之上帝，盍稍救吾人之飲茶者」！迫此百萬富翁蹤跡已杳，茶師乃狂笑謂一店員云：「彼即老 Field，乃一狂怪之飲茶者，其所飲常爲金錢所能買得之最精者，每磅貴至美金九元，而我則告彼謂其茶不佳，蓋戲弄之也」。

在盎格羅薩克遜民族之作家中，Byrou 及 Matley 皆爲茶客，皆加乳酪而飲之。法國之 Victor Hugo及 Balzac 於夜間工作時皆飲茶，惟彼等皆歡茶中混以白蘭地酒，則能使其後之睡眠更爲安適。日耳曼民族之文人則常喜以甜酒（Rum）混入茶中。

英國大政治家 W. E. Gladstone亦爲一著名飲茶家，曾謂自己於午

夜至晨四時之間所飲之茶，較之下議院議員中任何二人之量尤多。哲學家Kant每工作至長時間，輒恃茶及菸以支持之。歷史家 Buckle爲一最古怪之茶客，彼主張茶杯、碟、茶匙皆須於茶汁注入之先，使之充分暖熱。美國詩人 Henry W. Longfellow云：「茶促進靈魂之平靜」。英國名將Wellington在滑鐵盧時，曾諭部下諸將，謂茶清淨頭腦而使彼無所誤謬。

美國前總統 Theodore Roosevelt 爲勤奮生活之信徒，喜以茶爲其早餐之飲料。彼於其探險之旅行中，亦喜以白蘭地酒混入茶中？其一九一二年之一書信中有云：「予之經驗……使予信茶勝於白蘭地酒，最近在非洲之六個月中，即在病中予亦未嘗飲白蘭地酒，皆以茶代之」。

附錄：茶葉年表

紀元前二七三七年　傳稱神農氏嘗百草而得茶。

紀元二二五—二二一　另一傳說，後漢時甘露和尚由印度攜茶樹至中國。

紀元二二一—六五　據明代之茶譜所載，茶發現於後漢之時。

約紀元三五〇年　郭璞註爾雅，描述茶樹及茶之飲用。

三八六—五三五年　中國川鄂邊界居民製茶成餅，烘乾舂碎爲粉，和水飲之。

約四七五　七耳其人至蒙古邊境，以物易茶。

五〇〇年　茶在中國飲用漸廣；主要作爲藥用。

五八九年　隋時始以茶爲社交飲料。

約五九三　茶之智識傳至日本。

約七二五　茶之名始定。

約七八〇　陸羽著茶經。

七八〇　中國始徵茶稅。

八〇五　日僧傳行大師（Dengyo Daishi）自中國攜茶種返國，是爲日本有茶種之始。

八一五　日本嵯峨天皇（Emperor Saga）下詔植茶京畿左近五省。

八五〇　阿剌伯人Soliman著兩阿剌伯旅行者關於茶之報告，爲外人記載最早之茶書。

約九〇七—九二三　茶飲用於下層階級。

九五一　日人以茶爲防疫飲料。

九六〇　宋太祖詔設茶庫。

約一一五九　日本創行「茶道」儀式。

一一九一　日僧榮西（Yeisai）再授種茶法與其國人，並著書行世，是爲日本第一部茶書。

一三六八—一六二八　中國在明代發明綠茶製造法。

一五五九　威尼斯人Giambatista Ramusio發行第一部茶書，開歐人論茶之先河。

約一五六〇　葡萄牙神父Gaspar da Cruz著中國茶飲錄。

一五六七　俄人Ivan Petroff及Boornash Yalysheff介紹茶樹新聞入俄。

約一五七五　日本主持茶道儀式之高僧紹賢（Jo-o）傳茶道儀式與獨裁者信長（Nobunaga）。

約一五八二　日高僧千利休（Sen-no Rikyu）授茶道儀式於日本中級人民。

一五八八　羅馬神父Giovanni Maffei於其用拉丁文著作之印度史中有茶之敘述，並引舉Almeida之茶葉摘記。

一五八八　日本獨裁軍官秀吉（Hideyoshi）舉行盛大茶會於北野（Kitano）松園。

一五八九　威尼斯人Gionanni Botero著城市興盛之源，敘及茶飲。

一五九七　Johann Bauhin著植物學，述及種茶概要。

一五九八　以英文介紹茶葉，始於Jan Hugo Van Linschooten之航海與旅行一書。該書原係拉丁文，一五九五——九六年出版於荷蘭。

一六〇六——〇七　荷人自澳門販茶葉至爪哇。

約一六一〇　荷蘭始輸茶入歐。

一六一五　英國東印度公司駐西拉多經理處 R. L. Wickham 報告函中，有關於茶之摘記，是爲英人自有茶葉參考資料之始。

一六一八　中國出使俄國欽差餽茶與俄皇。

一六三五　德醫士 Simon Paulli 著文抨擊茶與煙之過量服用。

一六三七　茶飲習尚，風靡全荷，荷屬東印度公司爰囑其西返船隻，每次均購中、日茶葉若干，以資應市。

一六三八　Adam Olearius 與 Albert von Mandelslo 所著德使使波錄，謂其時茶飲已遍於波斯與印度之蘇拉特。

約一六四〇　茶成爲海牙社會上之時髦飲料。

一六四一　荷蘭名醫Nicolas Dirx於所撰之藥考中，對茶備致稱譽。

一六四八　巴黎名醫 Guy Patin 詆茶爲今世之不良飲料，並謂青年醫生 Morriset 所撰茶頌一文，已受醫界猛烈之非難。

約一六五〇　英人已偶飲茶，其價格每磅自六鎊至十鎊。
荷人攜茶至新阿姆斯特丹，即今之紐約。

一六五一　荷蘭東印度公司之駛日商船，運日茶三十磅入荷。

一六五五　Johann Nieuhoff 記茶與牛乳同飲，始自廣州我國官吏宴請荷使之時。

一六五七　法醫士Jonquet 譽茶爲神草，與瓊酒仙漿媲美，象徵法醫藥界對茶態度之轉變。

一六五七　英倫敦 Garway 咖啡室開始售茶。

一六五八　英國倫敦九月三十日政治公報登載 Sultaness Head 咖啡室售茶廣告，爲茶葉登報廣告之始。

一六五九　倫敦本年十一月十四日政治公報稱茶、咖啡與巧克力幾乎遍傳均有出售。

一六六一　日本烏奇郡僧隱元（Ingen）發明烘焙製茶法，所製茶即名「隱元茶」。

一六六四　英國東印度公司獻茶二磅二兩與英皇 Charles II。

一六六六　英 Arlington 與 Ossory 爵士以攜至海牙之茶餽與同寅，飲茶習尚，於是風行一時。
巴黎 Abbe Raynal 記當時倫敦茶價每磅值二鎊十五先令又五辨士。

一六六七　英國東印度公司囑其爪哇萬丹經理處，購辦頂上中國茶百磅備用。

一六六九　英國東印度公司首次直接輸茶入英，其中有一百四十三磅半，係販自爪哇萬丹。
英禁荷茶輸入。

一六七二　日山代省人上林彌平（Mihei Kamibayashi）首用烘焙機製茶。
熱那亞人 Simon de Molinaris 出版亞洲茶（或茶之特點與功用）一書。

一六七八　英國東印度公司自萬丹運茶四千七百十七磅抵英倫敦，茶市爲之擁斥。
英人 Henry Sayville 於其友人前謂其叔已以茶代煙酒。
York 公爵夫人介紹蘇格蘭人以茶款客之習尚。

一六八〇　倫敦公報刊登售茶廣告每磅價三十先令。在英屬美洲殖民地最賤茶價每磅亦需五、六金元。
法詩人 de la Sabliere 夫人介紹其國人以茶與牛乳和飲之習尚。

一六八一　英國東印度公司囑其萬丹經理處每年固定購入價值千鎊之茶葉運英。

一六八四　荷人將英人逐出爪哇，以便獨得茶葉。

	Andreas Cleyer 以首批日本茶樹介紹至爪哇。
	英國東印度公司命其麻打拉斯經理處每年選購茶葉五、六簍至英。
一六八九	中國首次直接輸英之茶，由廈門抵英。
	中俄簽訂尼布楚條約，華茶源源入俄。
一六九〇	Benjamin Harris 與Daniel Vernon獲得在波士頓之售茶執照。
一六九六	中國准西藏人購茶於打箭爐。
約一七〇〇	美洲殖民地人始以牛乳或乳酪攙茶飲用。
	英雜貨舖開始售茶葉，前此僅能於藥店或咖啡館獲得之。
一七〇五	愛丁堡金匠刊登廣告，綠茶每磅售十六先令，紅茶三十先令。
一七一〇—四四	日僧長吉宗廢止每年舉行之茶道旅行。
一七一二	波士頓藥商Zabdiel Boylston刊載廣告，出售紅綠茶葉。
	法東方通 Eusebe Renaudot 在巴黎發表中、印問題，討論集內譯載 Soliman 所著二應學讀穆人遊阿拉伯記，謂阿人飲茶始自彼等之介紹，時在紀元後八百五十年。
一七一五	英人始飲綠茶。
一七二一	英輸入茶葉首次超過一百萬磅。
	英政府爲使東印度公司之茶葉專利權加强起見，下令禁止由歐陸其他國家輸入茶葉。
一七二五	英首次頒布禁止茶攙僞條例。
一七二八	荷蘭東印度公司在爪哇植茶失敗。
	英傳述家 Mary Delany 夫人，記當時茶價爲紅茶每磅自二十至三十先令，綠茶自十二至三十先令。
一七三〇	蘇格蘭醫學博士 Thomas Short 發表茶論一書，敍及荷人於其二次東渡時，以蘿香易茶葉之事。
一七三〇—三一	英國會二次通過禁止茶攙僞條例。
一七三四	荷蘭輸入茶葉總額達八十八萬五千五百六十七磅。
一七三五	俄女皇伊麗沙白參預華茶陸路運俄開幕典禮。
一七三八	日人 Soichiro Nagatani 發明日本綠茶製造法。
一七三九	東印度輸荷農產品總值中茶葉價値躍居首位，
一七四八	紐約人習染成風，烹茶必用著名唧筒所輸之水。
一七四九	開放倫敦爲自由港，以利愛爾蘭與美國之茶運。
一七五〇	紅茶在荷漸奪綠茶之市場，往昔以咖啡爲早餐飲料者，亦多以紅茶代之。
	日茶首次輸出，由華商自長崎運出。
一七五三	瑞典植物學家 Linnaeus 於所著植物分類論中分茶爲二屬，即 Thea Camellia 與 Thea Sinensis。
	英國飲茶習尚，遍及農民。
一七六二	Linnaeus 所著植物分類論再版中將前定名之 Thea Sinensis刪去，更分爲二屬，命其名曰 Thea Bohea (Black) 與 Thea Viridis (Green)。
一七六三	歐洲首次植茶，俱瑞典猶不沙爾 (Upsal) Linnaeus 之研究。
一七六六—六七	英禁止茶攙僞條例罰則中增入監禁處分之規定。
一七六七	英國國會通過貿易與國稅條例 (Act of Trade and Revenue) 加重茶及其他物品輸入美洲殖民地之稅，遭美洲人之反抗。
一七七〇	英廢止貿易與國稅條例所規定之一切稅則，但茶稅除外，就實際言，其時殖民地人所飲用茶葉，均早由荷蘭私運而來。
一七七二	英植物學家Lettsom分茶爲二屬，與Linnaeus之分法同。

一七七三　英國會特許英國東印度公司販茶至美，並派專員駐美辦理茶稅徵收事宜。

一七七三　英國東印度公司之茶葉，均載特約船隻駛往波士頓、紐滷特、紐約、菲列特爾菲亞、却爾斯頓等處。十二月十六日波士頓公民多人喬裝爲印第安人，將東印度公司運到之茶葉悉沉水中。十二月二十六日有開往菲列特爾菲亞茶船一艘，被阻於港口，在縱火焚船威脅下被迫返英。有茶船首次運茶抵却爾斯頓，因未納稅，關吏扣留其茶，置之地窖，旋均霉壞。

一七七四　四月，有茶船兩艘開抵紐約，其一所載茶葉，卽悉被投入水中；另一艘見勢不佳，遂逸返倫敦。八月，某貨船載有茶葉開赴安那浦里斯（Annapolis），未抵埠，卽被迫駛返。十月，Peggy Stewar 號載茶二千磅抵安城，於其停泊處被焚。十一月十一日 Britannia Ball號載茶八箱駛抵却爾斯頓，卸貨時，船主自沉其茶於水。十二月二十二日格林威池殖民地人，焚毀該地所屯茶葉。

一七七六　英人 John Wadham首先獲得製茶機器之專利權。

一七七七　英當局不顧殖民地之輿情，强征茶稅，美國大革命遂起。

一七七九　英國會三次通過禁止茶攙僞條例。

一七八〇　當局下令强迫茶商製置售茶標記於其店面，以便顧客。英屬印度總督 Warren Hastings 以其部屬由中國攜返之綠茶茶籽，分贈北印度布丹之 George Bogle 及加爾加答之 Robert Kyd 各少許，Kyd 植於園中，後竟成長。

一七八二　中國改組廣州行商，以便管理國茶對外貿易。

一七八四　英茶稅頻增，竟達値百抽百二十。倫敦茶葉零售商巨擘 Richard Twining對充斥市場之攙雜茶葉大肆攻擊。在青年內閣William Pitt 任內，英國國會通過減稅條例，將茶稅減至其舊稅率十分之一。

一七八五　中國皇后號抵紐約，爲美船運華茶至美之嚆矢。

一七八五　英註册茶葉躉售及零售商人共計三萬家。

一七八五——九一　自一七八五年至一七九一年荷蘭每年輸入茶葉總額平均約爲三百五十萬磅，較之五十年前計增四倍。

一七八六　菲列特爾菲亞第一艘加入華茶貿易船隻之廣東號開始行駛。

一七八八　英著名博物學家 Joseph Banks 提請注意英屬印度栽茶之可能性。

一七八八　英國東印度公司以在印度植茶有礙其華茶貿易，加以阻撓。

一七八九　美政府始征茶稅，紅茶每磅課十五分，圓茶二十二分，雨茶五十五分。

一七九〇　法國植物學家 Andre Michaux 最先在却爾斯頓附近之密德頓（Middleton）植茶。

一七九〇——八〇〇　十八世紀之末十年，英國東印度公司每年輸英茶葉平均爲三百三十萬磅。

一七九三　隨英使 Macartney 來華之科學家多人，運載中國茶籽至加爾加答。

一八〇二　錫蘭試種茶樹失敗。

一八〇五　Cordiner 謂錫蘭有野生茶樹，後世認爲不確。

一八一〇　華人自廈門至台灣，投種茶之法。

一八一三　巴西植茶失敗。

一八一四　英國會廢止英國東印度公司在印之貿易專利權，但對其在華貿易專利權則准予延長二十年。戰時利得者煽引菲列特爾菲亞居民組織不消費會，會員均約値不騰價値每磅二十五分以上之咖啡，與不實新進口之茶葉。

一八一五　Latter 促世人注意印度上亞薩姆印度土著所飲用之野生茶。

一八一五　Govan 博士介紹英人在孟加拉西北一帶試種茶樹。

拿破崙戰爭結束，英增茶稅至値百抽九十六。

一八二一　上海始有綠茶貿易。

一八二三　Robert Bruce 在印度亞薩姆發現土生茶樹。

一八二四　荷政府命隨荷使使日之博物學家 Philipp Franz von Siebold 搜集日本茶籽運至爪哇。

一八二五　倫敦美藝社捐獻金質獎章一枚，贈與在英首次栽製茶葉成功者。

英政府駐亞薩姆事務官 David Scott 送馬尼坡茶樹葉至加爾加答，但未能證實爲眞正之茶葉。

一八二六　爪哇試種 Siebold 博士由日攜返之茶籽。

倫敦好里門商店之創辦人 Horiman 首先出售包裝茶葉。

一八二七　F. Corbyn 在下緬甸阿拉幹（Arakan）之三多華（Sandoway）發現土生茶樹。

爪哇茂物與牙律之政府植物園中，植有日本茶籽長成之茶樹一千五百株。

爪哇政府派 J. I. L. L. Jacobson 赴中國考察茶葉之栽培與製造。

科學家兼著作家 J. F. Royle 博士力勸植茶於印度喜馬拉亞山區之西北部。

一八二八　爪哇首於製成樣茶，爰於克拉萬省（Krawang）之華那乍沙（Wanajasa）闢場試種茶樹。

一八二八—二九　Jacobson 二次由華返爪哇，攜回茶樹十一株。

一八三〇　爪哇始有製茶廠一，在華那乍沙，規模甚小。

英國每年茶葉消費量爲三千萬磅，其他歐美國家每年消費總額則爲二千二百萬磅。

一八三一　A. Charlton 送亞薩姆土生茶樹至加爾加答國家植物園，但被認爲山茶，旋告枯斃。

一八三二　麻打拉斯（Madras）政府官員 Christie 在南印度之尼格里斯山（Nilgiris Hills）試種茶樹。

C. A. Bruce 促政府官員 Francis Jenkins 注意亞薩姆之土生茶樹。

巴爾的摩爾商人 Isaac McKim 首建巨型快艇 Ann McKim 號，專供載運華茶之用。

一八三三　英茶商註冊計達十萬零一千六百八十七家，每家年繳營業稅十一先令。

Jacobson 第六次由中國返爪（亦即其最後一次），攜回茶籽七百萬粒，茶工十五人及製茶工具多種。

Jacobson 以積勤被任爲爪哇公營茶葉企業之主持人。

英國會廢止東印度公司之華茶貿易專利權。

一八三四　印度總督 William Charles Cavendish Bentinck 下令組織茶葉委員會，研究印茶栽植方案。

印度茶葉委員會派秘書 George James Gordon 赴中國，羅致茶工茶籽，並考察華茶產製方法。

美國頒給 W. W. Crossman 第一次茶壺特許專利狀。

英國東印度公司茶葉專利權停止後，倫敦明星巷開始茶葉交易。

Charlton 再以亞薩姆茶樹標本送至加爾加答，此次並附有茶果、茶蕾、茶葉，藉助研究，結果證實該樹爲亞薩姆土生茶樹。

一八三五　第一批爪哇茶運阿姆斯特丹（Amsterdam）應市。

由於印度土生茶樹之證實，Gordon 於遣運中國茶籽三船至加爾加答後，旋即應召賦歸。

印度總督更進而下令組織科學會，命其研究並介紹最有希望之實驗茶區。

一八三五—三六　日茶商 Tokuó 發明「Gyokuro 茶」製造法。

印度科學會以二對一之比通過移植中國茶樹，並以同票數通過捨喜馬拉亞山而屬意上亞薩姆爲最有希望之茶區。

印度以長成於加爾加答之中國茶樹四萬二千株，分植於上亞薩姆、古門 (Kumaon)、蘇末爾 (Sirmore)及南印度。

C. A. Bruce 被任爲亞薩姆植茶監督，闢茶園於薩地亞 (Sadiya) 附近之沙克華 (Saikhwa) 。

Hugh Falconer博士被任爲古門植茶監督，其所辦布爾浦(Bhurtyur)與布漢都(Bhemtal)兩茶園均告失敗，嗣在古門、蘇末爾、格華(Garhwal)三地開闢茶園，始著成效。

中國茶樹二千株由加爾加答運抵南印度，盡枯斃。

一八三六　Bruce 於試植華茶外，並在薩地亞辦一苗圃，專事栽種土生茶樹。

Bruce 得華籍紅茶製造專家三人，當將瑪塔克 (Matak) 土生茶葉製成小樣若干，送至加爾加答。

是年秋，Bruce 送第二批亞薩姆樣茶五盒至加爾加答。

一八三八　亞薩姆首次外銷茶八箱運往倫敦。

一八三九　第一批亞薩姆茶抵英，計八箱，由東印度公司在倫敦之印度大廈出售。

亞薩姆土生茶籽首次由加爾加答運往錫蘭。

印度茶葉種植公司之先進亞薩姆公司成立，採用複理事會制，一設倫敦，一設加爾加答。

一八四〇　亞薩姆公司接辦政府在印度東北省份所經營之茶園三分之二。

第二批印度茶九十五箱運抵倫敦市。

英屬印度吉大港 (Chittagang) 開始植茶。

錫蘭皮來地尼亞植物園(Peradeniya Botanic Gardens) 自加爾加答植物園運到亞薩姆茶樹約二百五十株。

一八四一　錫蘭人 Maurice B. Worms 自華歸國，攜回茶樹之苗，植於普斯拉華 (Pusalawa)之羅司直爾茶園(Rothschild Estate)。同時 Llewellyn 由加爾加答購得亞薩姆土生茶樹，植於多洛司(Dolosbage)之濱侖茶園(Penylan Estate)。

一八四一—四二　Garraways 咖啡店成爲倫敦茶葉投機中心。

一八四二　荷政府開始在爪放棄其種植茶樹之專利。

中、英簽訂南京條約，廢除公行制度，並開放上海、寧波、福州、廈門爲通商口岸。

印度台拉屯 (Dehra Dun) 始種茶。

一八四三　Falconer 博士首次攜中國茶種所製成之古門樣茶蒞英。

Jacobson 之植茶指南問世。

英賦稅部檢舉製售囘籠茶。

一八四四　毛里求斯島 (Mauritius) 始試種茶樹。

一八四七　俄外高加索始種茶。

一八四八　東印度公司治下之印度政府派 Robert Fortune 赴中國採集茶樹、茶工及茶具。

格林威爾 (Greenville) 之 Junius Smith 始在美植茶。

一八五〇　英屬東非納塔爾 (Ntaal) 之賓班植物園 (Durban) 始試種茶。

「東方號」爲美快艇中第一艘販華茶至倫敦者。

一八五一　R. Fortune自中國返加爾加答，攜大批茶樹、茶具、茶工以歸。

倫敦繼續檢舉囘籠茶。

Hannay 自辦茶園，爲亞薩姆私人接有茶園之嚆矢。

一八五三　美海軍副少將 Perry 建立美、日直接商業關係，爲後日美、日茶葉貿易之序幕。

一八五四　Kay Oura 夫人爲日本茶商寄送樣茶至國外之第一人。Jameson 在印度古門 Byznath 附近之阿亞土里（Ayar Toli）創立基本茶園。

一八五五　錫蘭種植者協會（Planters Assaciation）成立。英人Charles Henry Olivier獲得製造烘焙機之專利狀。印度卡察（Cachar）發現土生茶樹。英人 Alfred Savage 獲得切茶機、分離機、混合機之專利狀。

一八五六　英商人Ault 向日本 Oara 夫人購運茶葉一百担（一、三三三磅）。卡察與雪爾赫脫間之山地發現滿佈土生茶樹，雪爾赫脫山東北亦然。

一八五七　卡察與大吉嶺開始植茶。雪爾赫脫始闢茶園。

一八五八　美政府遣 Robert Fortune 赴華採集茶籽，以備分種於南部各洲。

一八五九　橫濱爲日本最優茶產區之門戶，是年起開放，計輸出茶葉四十萬磅。

一八六〇　爪哇政府決定放棄其茶業專利權。英頒佈禁止食品攙雜通例。

一八六一　俄商第一家磚茶廠成立於漢口。

一八六一—六五　美南北戰爭時茶稅每磅二十五分。

一八六二　日本第一家複製茶廠在橫濱成立。中國製茶專家授日人以茶葉人工染色法。

一八六二—六五　自爪哇政府將茶園租予私人經營後，爪哇茶葉栽種事業頓告繁榮。

一八六三　三桅船 Benefactor 號載首批日茶直接運美。Jacob Bell 號與 Oneida 號載價值二千五百萬美金之華茶，由上海往紐約，中途爲聯邦政府戰鬥艦 Florida 號劫去。

一八六三—六六　印度茶地價格飛漲，加以茶業投機熱烈欲狂，致釀成後一時期茶業之崩潰。

一八六四　錫蘭鄧巴拉（Dumbara）來甲薜拉人（Rajawala）David Baird Lindsay 購得亞薩姆茶籽若干植之。

一八六六　由福州駛英載茶快艇十一艘速率競賽，Ariel 號以九十日到達，最爲迅捷。錫蘭政府遣 Arthur Morice赴印考察亞薩姆茶區。W. Martin Leake 爲其所辦 Kier Dundas 公司訂購首批中國亞薩姆混合種茶籽運錫試植。

一八六七　錫政府在甘提(Kandy)附近之龍里康地拉(Loolecandera)闢田地廿畝，栽種茶樹，派 James Taylor 監督其事。是年 Dodd 公司試運台灣烏龍茶至廈門，其受主爲 Tait 公司之華經理人，台灣烏龍茶之輸出始於此時。

一八六八　中國海關始有茶葉輸出統計。日本靜岡縣始種茶樹。

一八六八　外國洋行多家在神戶設辦事處及倉庫。Dodd 公司在台灣首創覆焙設備，並由福州、廈門聘來專門技工，以司其事。

一八六九　英國牙買加島國立農事試驗場闢地一畝，試植茶樹。蘇彝士運河之開闢，變更並縮短東來茶運路線。

一八七〇　巴拉甘沙拉克（Parakan Salak）人 A. Holle 始在爪哇以機械揉捻茶。

爪哇農業法規定土地租期爲七十五年，於種茶事業頗多激勵。

福州始設磚茶廠。

一八七二 神戶始有茶葉烘焙設備。

錫人 J. Taylor 以其在羅里康地拉（Loolecondera）所製之首批茶葉送甘提應市。

英國勃列斯托（Bristol）人 John Bartlett獲得混合機特許專利狀，遂創辦 Bartlett父子公司。

印度發明茶機之先進 William Jackson 於傑哈脫(Jorhat)製成其第一部揉茶機。

一八七三 錫蘭茶首次輸出，運往英國，計二十三磅。

一八七四 印度 Edward Money 發明茶葉烘焙機。

一八七四—七五 印度杜爾斯始種茶樹。

一八七五 英食物藥品條例中規定禁止劣茶輸入。

一八七五—七六 錫蘭之咖啡農場爲病虫所毀，茶樹種植事業頓有長足之進展。

一八七六 黟縣茶商余某，至祁門傳授紅茶製造法，祁紅聲譽，自是鵲起。

雪爾赫脫二土著少年合設茶園，爲印人擁有茶園之嚆矢。

東京公共複製茶廠成立，私家複焙貨棧亦遍設於台津、狹山、林松等地。

芝沙拉克（Tjisalak）行政長官首爲爪哇裝置 Jackson 式揉茶機。

日人赤掘玉三郎與高堂衛介發明日本籠烘茶製造法。

菲列特爾菲亞百年紀念博覽會列有日茶展覽。

印度茶業協會組織未成。

一八七七 納塔耳始植商用茶樹。

Samuel Davidson 發明其第一部 Sirocco 式揉茶機。

爪哇茶葉栽培業將所製樣茶至倫敦茶業經紀人，徵求品評。

一八七八 爪哇茶園輸入亞薩姆茶籽，並採用亞薩姆植茶方法。

漢口磚茶廠採用水力製造茶磚。

一八七九 日本第一次茶業競賽會舉行於橫濱，參加茶商計八百四十八家。

Siroceo 一號上引式乾燥機爲第一部上引乾燥機，首次陳列於市。

印度地方茶業協會成立於倫敦。

一八八〇 錫蘭第一部自製揉捻機係由 John Walker 公司經手出售。

D. Robbie 在斐吉羣島中萬那勒服（Vanua Levu）試種茶樹。

第一批納塔耳茶三十磅運抵倫敦應市。

一八八一 S. C. Davidson 創辦 Sirocco 機器廠於伯爾法斯特（Belfast）。

美議會指撥基金專爲在南部各州提倡栽種茶樹之用。

一八八一 印度茶業協會成立於加爾加答。

日本紅茶製造業聯合組織橫濱紅茶會社。

爪哇索加保密（Soekaboemi）農業聯合協會成立。

一八八二 錫蘭第一部茶葉烘焙機製成於杜洛司貝（Dolosbage）之溫德森林場（Windson Forest Plantation）。

巴黎有一售印、錫茶葉之店舖開業。

一八八二—八三 William Cameron 改良錫蘭茶樹剪枝法。

一八八三 哥倫坡（Colombo）首次茶葉拍賣在 Somerville 公司舉行。

美議會通過首次茶葉法，意在取締攙僞茶葉之輸入。
日本第二次茶葉競賽會舉行於神戶，參加茶商計二千七百五十二家。
日本中央茶商公會成立。

一八八四　William Jackson 製成其第一部茶葉揉捻機。
A. Solovtzoff 在俄國外高加索之恰克代（Chakva）植茶五畝半。

一八八五　高林謙三獲得兩種揉捻機之特許專利狀，爲日本製造綠茶機械之嚆矢。

一八八六　爪哇茶樹栽培者二人訪印、錫考察新式茶葉栽製法。
是年華茶對外貿易造其極峯。
日本中央茶商公會遣橫山孫一郎赴俄考察茶市。
錫蘭茶業聯合基金由 H. K. Rutherford 發起，並將錫茶分贈海外，計贈出六萬七千磅。
日本中央茶商公會遣平生喜造赴華、錫、印三地考察茶葉栽焙。
第二批納塔耳茶五百磅運抵倫敦。

一八八七　William Jackson 第一部揉捻篩分機問世。
尼亞薩蘭（Nyasaland）始植茶樹。

一八八八　Jackson 製成其第一部茶葉揀選機。
日本中央茶葉協會調查海外茶市。
錫蘭茶業界發起自動捐集錫蘭茶業基金充錫茶宣傳之用。
錫蘭茶業基金會供給美商行多家以錫茶樣品。
倫敦茶業清算所（Tea Clearing House）落成。
錫蘭協會成立於倫敦。

一八八九　錫蘭樣茶佈贈政策推及南愛爾蘭、俄國、維也納及君士坦丁堡。
錫蘭茶葉基金會盛茶於裝璜美麗之盒，進獻 Fyfe 公爵，始以茶爲餽贈貴顯之禮物。

約一八九〇　C. U. Shepard 設茶園、茶廠各一於美國南加羅里那州之桑茂維爾（Somerville）地方。
蘇門答臘始設茶園於德里，但未獲成果。
錫茶宣傳在俄開始，由 Maurice Rogivue 主其事。
巴西輸入亞薩姆茶籽，試植於門納斯格來司（Minas Geraes）。
錫蘭茶業基金委員會津貼並贈樣茶與該國在坦司曼尼亞(Tasmania)、瑞典、德意志、加拿大及俄羅斯之商行。

一八九一　Charles Bartlett 獲得第一部輸式茶葉混合機特許專利權。
錫茶有每磅售至二十五鎊十先令者，造成倫敦競賣市場茶價之新紀錄。
九江始製小京磚茶。

一八九二—一九〇一　俄商在九江創辦磚茶廠。

一八九三　是年一月一日起，錫蘭政府開征出口茶稅，每百磅征十錫蘭分。
支加哥世界博覽會開幕，印錫茶業均作強度宣傳，由Richard Blechynden 與 John J. Grinlinton 分主其事。
日本中央茶業協會搆設大茶亭一座於支加哥世界博覽會。
C. S. Popoff 闢茶業試驗場於外高加索之恰克代附近，帝俄農業部旋植茶六百畝於該地。
爪哇茶樹種植者合聘一化學技師研究茶樹之科學栽培法。

一八九四　哥倫坡茶商協會成立。
錫蘭茶樹種植者協會與總商會聯合決議：予 Thomas J. Lipton 公司及其他錫茶出口商以補助金。
錫蘭茶業基金委員會展拓其活動範圍至澳大利亞、彼拉克

(Perak)、匈牙利、羅馬尼亞、塞爾維亞、加里福尼亞及英屬哥倫比亞等地。

倫敦之印度地方茶業協會與加爾加答之印度茶業協會合併，易名為印度茶業協會，設會址於倫敦。

印度茶業自動認捐茶稅，籌集基金，充茶業宣傳之用，自本年起，以九年為期，至一九〇二年止。

蘇門答臘首批出口茶葉自德里之 Rimboen 茶園運往倫敦。

錫蘭茶業基金由各方代表三十人組織一委員會保管後，該會遂改名為三十人委員會。

三十人委員會派代表二人赴美考察錫茶推廣之最善方策。

William Mackenzie 被任為錫蘭駐美茶業推廣專員。

錫蘭茶出口稅率增為每百磅二十錫蘭分。

一八九五 中國割台灣與日，日政府極力提倡台灣茶業。

錫蘭駐美茶業推廣專員 Mackenzie 報告稱，美人習飲綠茶。並建議增加綠茶產量。

一八九六 是年錫茶宣傳在歐開始，直至一九一二年止。

錫蘭三十人委員會議決：予出口綠茶以每磅十錫蘭分之獎勵金，自本年起，以九年為期，至一九〇四年止。

印、錫茶業在美聯合宣傳。

倫敦 A. V. Smith 首先獲得茶袋專利特許狀。

一八九七 美議會通過第二次茶葉法，禁止攙雜及劣等茶葉輸入。

日茶製造始改用機器。

美國每人茶葉消費量達其最高峯，計為一・五六磅。

錫茶推廣運動委員會駐俄辦事處改組為有限公司，專營錫茶。

九江俄商磚茶製造廠開始向錫收買茶末。

一八九八 美徵「美西戰爭」茶稅每磅美金十分。

錫茶駐美推廣專員在美領導為推廣綠茶特辦之廣告運動。

錫蘭三十人委員會聘 M. Kelway Bamber 為農業化學技師。

日人原崎源作發明製造綠茶用之機器蒸鍋。

日茶開始在美宣傳，直至一九〇六年止。

日茶開始在俄宣傳，僅於一九〇五、一九〇九、一九一六之三年中曾暫中輟。

錫茶贈樣宣傳推廣及於非洲。

紐約茶業協會成立。

一八九九 大吉嶺雨量達二十八吋，各處山崩，該地茶區被波及者達百分之七。

巴黎博覽會開幕，錫茶參加陳列。

一八九九 日本闢清水為通商口岸，茶市中心旋由橫濱、神戶移至靜岡。

一九〇〇 印、錫茶葉成為華茶在俄市場之勁敵。

錫蘭三十人委員會對綠茶出口獎勵減為每磅七錫蘭分。

波斯(伊朗)始植茶樹。

J. H. Renton 任錫茶駐歐推廣專員。

法屬印度支那開始輸出茶葉。

爪哇來羅(Boenga-Meloer)首備萎凋房。

受生產過剩影響，印、錫停止植茶。

印度茶業協會之托格拉(Tocklai)茶業試驗場成立，僅有農業化學技師一人。

一九〇一 巴黎博覽會開幕，日、台茶葉參加陳列。

茶與咖啡貿易雜誌(The Tea and Coffee Trade Journal)在紐約刊行。

南加羅里那州考里頓郡(Colleton County)植茶事業發韌，但後告失敗。

一九〇二　茶稅廢除協會在紐約成立，請願取消美、西戰爭茶稅。
尼亞蘇蘭始植商用茶樹。
爲供應美國茶市起見，少數印度茶園續製綠茶。
錫茶宣傳運動在阿富汗開始。
錫出口茶稅率增至每百磅征三十錫蘭分。
爪哇茂物茶葉研究所成立。

一九〇三　印當局征出口茶稅每磅四分之一派（Pie），以供促進世界印茶銷售量之用。

一九〇三—〇四　印茶開始在美宣傳，直至一九一八年三月底止。

一九〇三　美國國家茶業協會在紐約成立。
美議會通過廢止茶稅。
納塔耳茶葉產量達其最高峯，計共爲二百六十八萬一千磅。

一九〇四　聖路易斯展覽會開幕，印、錫、日茶均參加陳列。
錫蘭研究烏龍茶產製之可能性。

一九〇四—〇五　印茶在美開始宣傳。

一九〇五　日茶廣事宣傳，廣贈茶樣於澳洲，刊登廣告於法國報紙，參加比京博覽會。
爪哇種植業組織茶葉鑑定局（Taa Expert Bureau）。
中國茶葉考察團赴印錫考察茶葉產製。
反茶稅協會在倫敦成立。

一九〇五—〇六　印茶在歐宣傳開始。

一九〇六　舊金山大火，全城茶業機關幾均被燬。
W. A. Courtney 繼 William Mackenzie 任錫茶駐美推廣專員。

一九〇七　因一九〇〇年生產過剩而停頓之印、錫植茶事業，是年復業。
日本在美國與加拿大之茶葉宣傳結束。
中國茶業協會在倫敦成立。

一九〇八　錫蘭停征茶稅，其駐美推廣專員 Courtney 隨即辭職。

一九〇九　「優良茶」（Fine Tea）運動在英開始。

一九〇九—一〇　爪茶在澳宣傳由巴達維亞茶葉鑑定局 H. Lambe 主持。

一九一〇　蘇門答臘開始大規模種植茶樹。
台灣政府予某公司津貼製造紅茶。
英屬東非烏干達開始植茶。

一九一一　美禁止人工染色茶輸入。

一九一一—一二　印茶宣傳在南美開始。

一九一二　紐約茶業協會改組成立美國茶業協會。
日茶在美繼續宣傳。

一九一四　爲德巡洋艦 Emden 號所擊沉之貨物中，計有茶葉一千二百萬磅。

一九一四—一八　歐戰時，德人購茶極感困難。

一九一五　中國農商部在祁門南鄉平里設祁門茶業改良場。
Charles U. Shepard 逝世，其在南加里福尼亞州索茂維爾（Somerville）所營之茶園，旋亦日就荒蕪。
由於俄軍大量採購紅茶之故，歐戰頗予華茶以極好之復興機會。
日本人 Sampei Uchida 發明採茶鋏，獲得專利權。

一九一五—一六　印茶在英屬印度開始宣傳。

一九一七　巴達維亞茶葉鑑定局 H. J. Edwards 訪美，謀改進爪哇茶在美銷場。

英政府實施戰時茶葉統制，管理茶葉貿易。

俄大革命，茶葉貿易隨而崩潰。

一九一八　漢口俄商茶廠均告停業，中國茶棧多家亦告清理。

台灣政府對台灣茶葉開始採取普遍扶植政策。

一九一九　英廢止戰時茶葉統制。

英設特惠稅則，對輸入英產茶葉每磅減稅二辨士，是年起施行。

美茶業協會謀舉辦全國茶業宣傳運動，開始設法使栽茶者、運茶者、售茶者及茶葉經紀人均能參加。

德茶稅增至百分之百，國內茶葉消量爲之疲滯。

一九二〇　美茶葉法修正條文，增設美國茶葉檢査所（U. S. Board of Tea Appeals）。

本世紀第二次茶葉生產過剩所引起之恐慌，使英屬植茶業互相約定是年節制生產。

一九二一　德輸入茶量再度達到戰前水準。

印、錫植茶業採精細摘茶法，減低產量。

印茶稅稅率由每磅四分之一派增至每百磅四安那。

一九二二　台灣政府開始爲台茶在美作報紙宣傳運動。

印、錫繼續限制茶葉生產。

一九二二—二三　爪哇茶在美開始商業性宣傳。

印茶繼續在歐美宣傳。

一九二三　台灣政府設茶葉檢驗所。

日本地震，燬東京橫濱所儲茶葉約三百萬磅。

印度茶稅委員會委員 Harold W. Newby 訪美尋求推廣印茶美銷可能性。

印度茶稅委員會議決歲撥美金二十萬元充印茶在美宣傳費用，並派 Charles Higham 主其事。

印茶出口稅率增至每百磅六安那。

一九二四　是年尼亞薩蘭輸出茶量逾百萬紀錄，計爲一百零五萬八千五百另四磅。

爪哇茶業會議在萬丹開幕。

日化學家宣稱，在日產綠茶內發現丙種維他命。

一九二五　蘇維埃聯邦共和國以茶葉收購爲政府專利事業。

一九二五　Brooke Bond 公司與 James Tinlay 公司在東非之墾耶（Kenya）闢地廣事植茶。

蘇聯續在各茶市大規模收購茶葉。

錫蘭茶葉研究所成立，政府爲其征出口茶稅每百磅十分貼補之。

一九二六　台灣紅茶產量增進，每年約達四十萬磅。

日本中央茶業組合在美五年宣傳運動開始。

一九二七　印茶在法宣傳運動停止。

墾耶茶葉首次輸出倫敦應市。

Leopold Belling 被任爲印茶駐美專員。

在美具有二百六十九年歷史之茶稅廢止。

一九三〇　烏干達茶在倫敦初度應市。

英、荷植茶業互相節制生產，是年產量計減少四千一百萬磅，共預期額則爲五千七百五十萬磅。

一九三一　中國設茶葉檢驗機關於上海、漢口。

英、荷植茶業廢止限制茶產協定。

英發動購買英茶運動，是項運動計歷時二年始止。

一九三二　摩洛哥頒佈取締着色茶入口法令。

錫蘭國務院通過議決案：設立錫茶宣傳委員會，進行錫茶對內對外宣傳，並規定茶葉出口稅每磅不得超過一分，如歲入達九萬一千鎊時，則茶稅爲半分。

錫蘭禁劣茶輸出。

荷印茶葉栽培協會在爪哇巴達維亞成立。

是年四月起英復征茶稅，外茶輸入每磅課四辨士，帝國茶課二辨士。

英屬印錫及荷印政府採用茶葉輸出限制五年計劃。

支加哥世界博覽會開幕，日本陳列茶葉及新出樣茶。

G. Huxley 被任爲錫茶宣傳運動委員會首席委員。

F. E. Gourlay 主持下之蒙德利爾（Montreal）錫蘭茶葉局開始爲錫茶在加拿大宣傳。

錫茶開始在南非宣傳，Leslie Dow 任駐非委員。

國際茶葉委員會在倫敦成立，爲英屬印錫及荷印所採茶葉輸出限制五年計劃之執行機關。

印度出口茶稅增至每磅八安那。

英國帝國茶葉運動重新組織命名爲「帝國茶產者」（Empire Tea Growers）。

「帝國茶產者」在英開始聯合運動。

荷印總督下令征收茶葉宣傳稅，規定茶園出茶每百磅征三十九分，土製茶十九分半。

印、錫、爪茶業界代表組織調查團赴美，謀增進茶葉美銷數量。

在美國復興行政設施下，美茶葉界採同業公平競爭法則。

美農業部頒佈法令，宣告外國茶葉必須合於華盛頓食物藥料管理局規定之化驗標準，方准進口。

坦喀尼加、烏干達、尼亞薩蘭聯合議決，限制新闢茶區之面積爲七、九〇〇畝，並議定在印錫茶之輸出限期內禁止茶籽販運出口。

一九三五　國際茶業委員會定本年印、錫、荷印之輸出限額爲百分之八二・五。

一九三五—三六　蘇聯茶葉產量突飛猛晉，計一九三五年爲二、五九〇噸，一九三六年爲四、五九〇噸。

希臘試植茶樹。

一九三六　國際茶業委員會議決，限制茶葉出口協定自一九三八年四月一日起繼續有效五年。

馬來聯邦通過限制並統制茶樹種植及茶籽出口條例。

中國皖贛兩省合組皖贛紅茶運銷委員會，從事改良祁寧茶葉之種植、製造及運銷。

南印名貴「橙黃白毫」在倫敦以每磅三十六鎊十三先令四辨士之高價售出，開倫敦公賣市場之新紀錄。

台灣開闢高山茶園，謀提高茶葉品質。

一九三七　英增茶稅，對輸入外茶每磅課六辨士，帝國茶四辨士。

美國農業部公佈，自一九三七年五月一日至一九三八年四月三十日美國輸入標準茶名十種。

中國實業部聯合產茶六省暨茶商領袖，創設中國茶葉公司。

茶葉全書（下）

書名：茶葉全書（權威中譯足本）（下）
系列：心一堂・飲食文化經典文庫
原著/譯著：美國威廉・烏克斯
翻譯：中國茶葉研究社
主編・責任編輯：陳劍聰

出版：心一堂有限公司
通訊地址：香港九龍旺角彌敦道六一〇號荷李活商業中心十八樓〇五一〇六室
深港讀者服務中心：中國深圳市羅湖區立新路六號羅湖商業大厦負一層〇〇八室
電話號碼：(852) 67150840
網址：publish.sunyata.cc
淘宝店地址：https://shop210782774.taobao.com
微店地址：　https://weidian.com/s/1212826297
臉書：　　　https://www.facebook.com/sunyatabook
讀者論壇：　http://bbs.sunyata.cc

香港發行：香港聯合書刊物流有限公司
地址：香港新界大埔汀麗路36號中華商務印刷大廈3樓
電話號碼：(852) 2150-2100
傳真號碼：(852) 2407-3062
電郵：info@suplogistics.com.hk

台灣發行：秀威資訊科技股份有限公司
地址：台灣台北市內湖區瑞光路七十六巷六十五號一樓
電話號碼：+886-2-2796-3638
傳真號碼：+886-2-2796-1377
網絡書店：www.bodbooks.com.tw
心一堂台灣國家書店讀者服務中心：
地址：台灣台北市中山區松江路二〇九號1樓
電話號碼：+886-2-2518-0207
傳真號碼：+886-2-2518-0778
網址：http://www.govbooks.com.tw

中國大陸發行　零售：深圳心一堂文化傳播有限公司
深圳地址：深圳市羅湖區立新路六號羅湖商業大厦負一層008室
電話號碼：(86)0755-82224934

版次：二零一七年十月初版，平裝
裝訂：上下兩冊不分售

心一堂微店二維碼

心一堂淘寶店二維碼

定價：港幣　　三百八十八元正
　　　新台幣　一千四百九十八元正

國際書號 ISBN 978-988-8317-85-1